核材料辐照位错环

Dislocation Loops in Irradiated Nuclear Materials

郭立平　罗凤凤　于雁霞　著

国防工业出版社

·北京·

内 容 简 介

位错环是辐照引入的一种最常见的缺陷。本书系统介绍了位错环形核和长大的过程、规律和机理,讨论了位错环的各种影响因素,阐述了位错环与其他辐照效应的关系,介绍了各种常见核合金的位错环研究进展。在理论方面,着重介绍了位错环形核和生长的速率理论及其应用。在实验技术方面,详细介绍了位错环的透射电镜观测技术以及对位错环的机理研究有重要意义的透射电镜原位观测装置、技术和应用。

本书可供从事核材料辐照损伤和辐照效应研究的科研人员参考,也可供高校相关专业的教师和研究生参考。

图书在版编目(CIP)数据

核材料辐照位错环 / 郭立平,罗凤凤,于雁霞著.
— 北京:国防工业出版社,2017.11
ISBN 978 - 7 - 118 - 11240 - 5

Ⅰ.①核… Ⅱ.①郭…②罗…③于… Ⅲ.①核工程
- 工程材料 - 辐射 - 位错环 - 研究 Ⅳ.①TL34

中国版本图书馆 CIP 数据核字(2017)第 248652 号

※

国防工业出版社出版发行
(北京市海淀区紫竹院南路 23 号 邮政编码 100048)
北京嘉恒彩色印刷有限责任公司
新华书店经售

*

开本 710×1000 1/16 印张 18¼ 字数 367 千字
2017 年 11 月第 1 版第 1 次印刷 印数 1—2000 册 定价 86.00 元

(本书如有印装错误,我社负责调换)

国防书店:(010)88540777 发行邮购:(010)88540776
发行传真:(010)88540755 发行业务:(010)88540717

序

位错环对于材料辐照损伤机理分析的重要性,怎么估计都不过分。

举一个不太适当的比喻。我们很难爬上大树,直接测量树的高度。但是,我们可以在地面上很容易获得树影的长度,然后根据太阳光线的入射角度,来推测树的高度。类似地,我们很难直接知道辐照肿胀等材料辐照行为,但是可以从辐照形成的位错环的行为来推测这些材料辐照行为。从实验所需的辐照剂量来看,位错环实验要远低于辐照肿胀实验,因此开展位错环研究,可以大大降低辐照实验的难度。另外,通过分析影响各种位错环形成的因素,还可以探索开发新的抗辐照材料的途径。

要深入理解辐照缺陷的行为,就离不开速率理论研究。这里说的速率理论研究,不仅仅在于提出一个更合适的速率理论公式,事实上,或由于研究角度的不同,或由于数学处理的简化,人们提出了众多的速率理论公式。但比具体公式更重要的是如何利用速率理论的概念来探讨辐照点缺陷的变化规律。在速率理论分析的各个因素中,位错环无疑占据首要位置。运用速率理论,可以直接与位错环的辐照行为建立关联。这一特点为材料辐照损伤的理论与实验的结合提供了非常好的前提条件。

根据我国国情,使用透射电子显微镜是分析材料中位错环行为的最合适、最直观的手段。

综合上述理由,我一直在呼吁国内辐照损伤领域大力开展这一方面的研究。

郭立平老师以极大的热情,投入到这个领域。本书的出版,足以见证郭老师付出的巨大努力。通过阅读本书,我们能够在新的高度,从位错环和速率理论的角度,深入研究材料辐照损伤的学术问题。以往的材料辐照损伤领域的著作,一般都是从比较全面的角度进行论述。本书则将重点放在辐照损伤过程中的位错环问题,具有鲜明的特色。从这个意义来说,它的下一个姊妹篇的内容就应该是材料辐照损伤过程中的表面与界面问题,希望有勇气的人来承担这本书的编写工作。

感谢郭老师给我这个作序的机会,使我能有机会表达自己的一些看法,也希望我的这些未必正确的看法能够引发大家的深入讨论,从而促进我国材料辐照损伤研究的进一步发展。

万发荣

2016 年 10 月

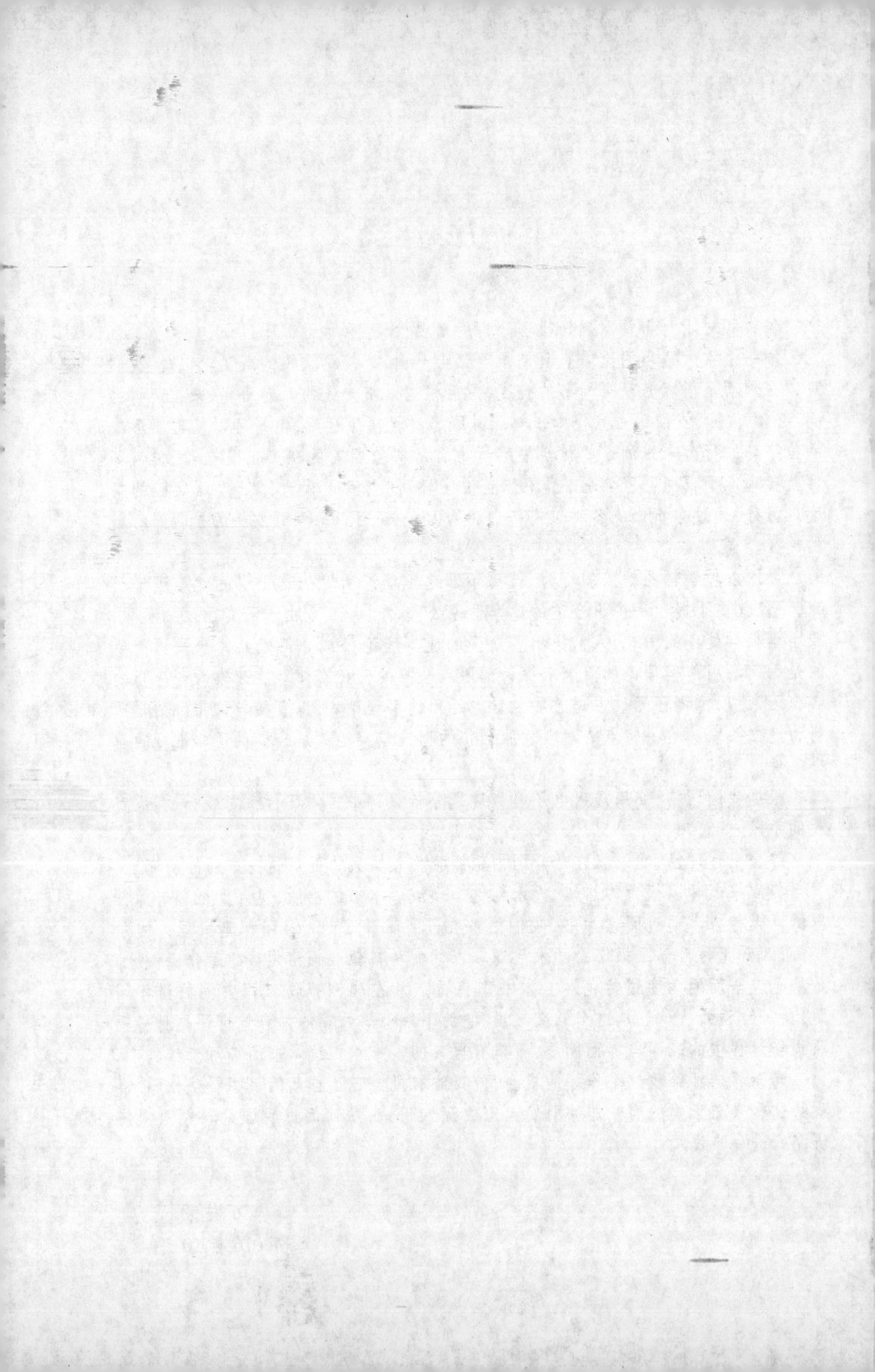

前　言

位错环是材料在高能粒子辐照下产生的一种常见缺陷,直接影响材料的服役行为,是导致核材料性能恶化的罪魁祸首之一。与需要在较高的温度和剂量下才出现的辐照肿胀、辐照偏析和析出不同,位错环在很低的辐照剂量下就开始形核和生长。可以说,位错环是辐照引入的一种基础性缺陷,对材料的力学性能有着根本性影响。

迄今为止,关于位错环的研究和论述散见于各种期刊论文和部分专著中,读者一般难以窥其全貌。本书专门以位错环为研究对象,力图对其展开较为全面系统的论述。书中介绍了位错环形核和长大的过程、规律和机理,讨论了位错环的各种影响因素,阐述了位错环与其他辐照效应的关系,介绍了各种常见核合金的位错环研究进展。在理论方面,着重对缺陷反应的速率理论做了较为详细的介绍。在实验技术方面,介绍了位错环的透射电镜观测技术以及对位错环的机理研究特别重要的透射电镜原位观测设备、技术和应用。除第1章外,其他各章都融入了作者科研组的研究工作。下面对各章的旨趣和重点做一导读。

第1章介绍了位错环形核、运动和长大的过程、规律和机理。其中碰撞级联期间产生的缺陷团是位错环演化的起点,不同辐照环境下形成的不同产额偏压对位错环的类型、密度和尺寸演变有着极为重要的影响。很多辐照现象的差异,追根溯源,还是来自于产额偏压的差异。因此,几乎可以这样比喻:"起点决定终点"。而位错环的运动则关系到位错环的类型和长大机制。离开位错环的运动,不但位错环现象无法得到正确解释,而且辐照肿胀等其他辐照现象也无法完整理解。因此产额偏压和位错环的运动是在位错环机理研究中需要着重关注的方面。

第2章介绍了位错环形成和演变过程的速率理论。缺陷反应速率理论让辐照损伤研究从定性走向了定量,它是定量研究位错环演变过程的基础,也是定量研究辐照空洞和气泡、辐照偏析、辐照析出、辐照下的相稳定性等一系列辐照效应的基础。可以说,没有速率理论,就没有现代辐照损伤理论。速率理论既可以解释观察到的实验现象,也可以揭示现象背后的机理;既可以还原实验无法观察到的缺陷早期演变图像,也可以预测材料在长期辐照下微观结构的演变趋势。本章给出了不同缺陷反应的速率系数、各种缺陷阱的强度、速率理论的模型构建、速率常数的选取、速率方程组的数值求解方法,以及中子辐照、离子辐照、电子辐照、中子与 He 离子混合辐照下的速率理论方程。应用速率理论,作者研究了马氏体钢在 He 离子辐照下位错环的平均尺寸和数密度随温度和剂量的演变，以及CW316不锈钢在中子辐照下位错环的尺寸分布。后面的章节中，也尽可能从速率理论的角度展开论述。可以说，速率理论是全书之"魂"。

第3章介绍了位错环的实验观测技术——透射电镜观测。尽管有多种方法可以从不同的侧面对位错环和其他缺陷开展一些研究，但最主要也最重要的方法还是用透射电镜进行直接观测，这也一直是辐照缺陷观察的主流方法。普通的形貌和衍射观察只需通过简单的电镜操作即可实现，与此大为不同的是，位错环的性质、类型以及不同类型位错环的数密度和尺寸分布，需要应用比较专门的相衬和衍射技术进行细致的观察、测定和计算。本章对这些技术的原理和具体的实验操作过程做了翔实的介绍，其中包含了作者的一些观察实例。通过此章的介绍，相信有一定的电镜理论知识和实际操作经验的读者，可以完成位错环观察的技术操作。可以说，透射电镜是全书之"眼"。

第4章介绍了位错环的各种影响因素。这是位错环研究中内容最丰富的部分，也是材料设计中最感兴趣的问题，只有搞清了这些影响因素，才有可能设计出抗辐照性能更好的材料。这些因素可分为两大类：辐照参数和样品参数。前者包括辐照温度、剂量、剂量率、辐照粒子的种类和能量；后者包括样品成分、位错线、表面和界面等。原则上，所有这些参数对位错环的影响全都可以通过求解速率方程得到理解。在讨论He对位错环的影响时，作者就应用速率理论进行了研究。但限于篇幅，在讨论其他因素影响时，只是给出了实验结果和定性的分析，以及速率理论的一些研究结论，而略去了速率理论的具体细节。

第5章介绍了位错环与其他辐照效应的关系。位错环与辐照肿胀是高度相关的，可以说，不了解位错环的行为，是不可能完整地理解辐照肿胀的。本章用速率理论对位错环与辐照肿胀之间的直接相关性进行了说明。位错环与辐照析出和偏析的关系，也通过速率方程做了简要介绍。另外，简要介绍了位错环对辐照硬化、辐照脆化和辐照蠕变的影响机制。

第6章介绍了常见核合金材料中的位错环研究进展。鉴于核合金材料种类极为繁多，相关的研究文献浩如烟海，作者选取其中几种比较有代表性的核合金材料中的位错环研究进行介绍，包括低活化铁素体/马氏体钢（RAFM钢）、奥氏体钢、镍基合金、钨合金、锆合金以及钒合金材料。根据作者的研究兴趣和承担的科研项目，重点介绍前3种材料（RAFM钢、奥氏体钢和镍基合金），在介绍了相关进展之后，着重介绍了作者科研组的相关研究工作。RAFM钢被认为是未来商用核聚变堆首选的候选结构材料，但面临着非常棘手的辐照损伤与氢氦协同效应问题。作者在研究这一问题时，发现了两个有趣的现象：一是He离子辐照比其他粒子辐照能产生尺寸大得多的超大位错环，本章对此进行了详细的论述。应用速率理论，作者对此现象进行了初步的解释（见第4章）。二是如果在He离子辐照前预先注入H，令人惊奇的是，位错环的异常长大就几乎被完全地抑制住了（见第4章）。针对这个现象的深入研究仍在进行之中。HR3C 奥氏体不锈钢是非常有希望的超临界水冷堆候选燃料包壳材料，作者在研究其位错环行为时，发现了一个反常的现象：位错环附近产生了 $Cr_{23}C_6$ 的析出，而不是通常在奥氏体钢中所看到的 Cr 的贫化，书中对此现象进行了描述和讨论。

第 7 章介绍了原位透射电镜设备及其在位错环研究中的应用。在辐照损伤研究领域，原位透射电镜的出现可以说是辐照研究手段的一个革命性的重大进展。它把离子束或电子束直接送进透射电镜内，在辐照现场原位甚至实时地观测辐照下微观结构的演变过程，可以获得离线实验永远无法企及的缺陷动态变化信息，而这些信息对于速率理论是至关重要的，为检验理论模型、提供输入参数、获得缺陷迁移能等重要参数提供了理想的实验数据。本章首先介绍了搭建原位电镜设备的技术难点，并以武汉大学建设的国内唯一一台原位电镜为例，介绍了在搭建过程中解决的关键技术问题。然后分别介绍了高压电子辐照的原位电镜和离子辐照的原位电镜在位错环研究中的各种精彩应用。

由于作者水平有限，书中定有不足之处，诚恳欢迎各位读者批评指正。

郭立平　罗凤凤　于雁霞

2016 年 8 月

目　　录

第1章　位错环的形成、运动和长大 ···················· 1

1.1　点缺陷的形成能 ····························· 1

　　1.1.1　间隙原子 ··························· 2

　　1.1.2　空位 ···························· 4

1.2　辐照产生的点缺陷和缺陷团簇 ····················· 5

　　1.2.1　辐照缺陷演化的 4 个阶段 ···················· 5

　　1.2.2　辐照产生的点缺陷和缺陷团 ·················· 7

　　1.2.3　计算 dpa 的 NRT 模型 ···················· 9

　　1.2.4　存活缺陷和离位效率 ····················· 10

　　1.2.5　可迁移缺陷 ························· 11

　　1.2.6　损伤函数的影响因素 ····················· 12

　　1.2.7　碰撞级联产生的缺陷团的比例、类型、稳定性和移动性········· 13

　　1.2.8　有效缺陷产额和产额偏压 ···················· 17

1.3　点缺陷的迁移 ···························· 18

　　1.3.1　点缺陷的迁移机制 ······················ 18

　　1.3.2　点缺陷的扩散系数 ······················ 21

　　1.3.3　点缺陷的迁移能 ······················· 22

　　1.3.4　合金化和杂质原子对点缺陷迁移能的影响 ·············· 23

　　1.3.5　点缺陷平衡方程 ······················· 24

1.4　位错环的形成和分类 ·························· 25

　　1.4.1　位错的基本属性和表征参数 ··················· 25

　　1.4.2　位错反应条件 ························ 27

　　1.4.3　位错环形成的位错反应机制 ··················· 27

　　1.4.4　位错环形成的间隙团簇机制 ··················· 30

　　1.4.5　位错环形成的挤列子机制 ···················· 31

　　1.4.6　位错环形成的固定结合体机制 ·················· 32

1.5　位错环的运动 ···························· 33

　　1.5.1　位错的运动方式 ······················· 33

　　1.5.2　位错滑移的启动 ······················· 34

　　1.5.3　辐照作用下位错环的运动 ······························· 36

　　1.5.4　高温下位错环的运动 ································· 37

　1.6　位错环的长大 ··· 38

　　1.6.1　扩展缺陷的能量 ··································· 38

　　1.6.2　位错环形核的 Russell 模型 ····················· 41

　　1.6.3　团簇理论 ··· 43

　　1.6.4　产额偏压驱动的团簇形核 ························· 45

　　1.6.5　位错环生长 ······································· 48

　参考文献 ··· 50

第2章　位错环形成和演变过程的速率理论模拟 ··············· 54

　2.1　缺陷反应速率系数和缺陷阱强度 ························· 54

　　2.1.1　缺陷之间的反应过程 ······························· 54

　　2.1.2　反应速率控制过程 ································· 55

　　2.1.3　扩散速率控制过程 ································· 58

　　2.1.4　混合速率控制过程 ································· 62

　2.2　速率理论模型的发展 ····································· 64

　　2.2.1　三维迁移模型 ····································· 64

　　2.2.2　产生基模型 ······································· 65

　2.3　缺陷反应的一般速率理论和速率方程组的数值解法 ······· 65

　　2.3.1　间隙原子团簇的形核和长大 ······················· 66

　　2.3.2　尺寸分布函数 ····································· 67

　　2.3.3　位错环和空洞的长大方程 ························· 68

　　2.3.4　速率理论的数值算法 ······························· 69

　　2.3.5　速率方程中参数值的选取 ························· 72

　　2.3.6　不同的相截断方法 ································· 72

　2.4　中子辐照位错环的速率理论 ······························· 73

　　2.4.1　基本方程 ··· 73

　　2.4.2　改进的模型 ······································· 75

　　2.4.3　中子辐照位错环的速率理论应用实例 ··············· 76

　2.5　电子辐照位错环的速率理论 ······························· 84

　　2.5.1　基本方程 ··· 84

　　2.5.2　速率方程中的主要参数 ··························· 85

　　2.5.3　合金中迁移能参数的选取 ························· 85

　2.6　离子辐照位错环的速率理论 ······························· 86

2.7 He 离子辐照下位错环演变的速率理论 ················ 88
    2.7.1 基本方程 ················ 88
    2.7.2 速率系数 ················ 90
  参考文献 ················ 91

第3章 位错环的透射电镜观测技术 ················ 95

3.1 透射电子显微镜基础知识 ················ 95
    3.1.1 电子与物质的相互作用 ················ 95
    3.1.2 透射电子显微电镜的构成和基本操作 ················ 99
3.2 位错环的透射电子显微镜观测方法 ················ 106
    3.2.1 相位衬度 ················ 107
    3.2.2 振幅衬度 ················ 107
3.3 位错环伯格斯矢量的测定方法 ················ 112
    3.3.1 不可见判据原理 ················ 112
    3.3.2 位错环伯格斯矢量的测定 ················ 114
3.4 空位型和间隙型位错环的测定方法 ················ 116
3.5 位错环尺寸和密度分布的测定 ················ 119
    3.5.1 位错环尺寸的测定 ················ 119
    3.5.2 位错环数密度分布统计 ················ 121
3.6 观察区厚度的测定和估计方法 ················ 122
    3.6.1 等厚条纹方法 ················ 122
    3.6.2 电子能量损失谱分析法 ················ 124
    3.6.3 会聚电子束衍射法 ················ 125
    3.6.4 立体模型法 ················ 126
3.7 位错环观测对透射电镜样品的要求 ················ 128
  参考文献 ················ 129

第4章 位错环的影响因素 ················ 130

4.1 辐照温度对位错环的影响 ················ 130
4.2 辐照剂量对位错环的影响 ················ 132
4.3 辐照剂量率对位错环的影响 ················ 133
4.4 合金化元素和杂质元素对位错环的影响 ················ 135
    4.4.1 Fe 中 C 对位错环演化的影响 ················ 135
    4.4.2 压力容器钢及模型钢中 Mn 对位错环形成的影响 ················ 137
    4.4.3 Fe – Cu 模型合金中 Cu 对位错环的影响 ················ 139
    4.4.4 Fe – Cr 合金中 Cr 对位错环演化的影响 ················ 139
    4.4.5 马氏体钢中 Ti 对位错环的影响 ················ 140

4.4.6 马氏体钢中 W 对位错环的影响 ·············· 141

4.4.7 W 和 V 合金中掺杂元素对位错环的影响 ·············· 142

4.5 He 对位错环的影响 ·············· 142

4.5.1 He 离子辐照低活化马氏体钢的速率理论模型描述 ·············· 145

4.5.2 速率理论模拟结果分析 ·············· 148

4.6 H 对位错环的影响 ·············· 150

4.6.1 预注入的 H 对 Fe 中位错环的影响 ·············· 151

4.6.2 预注入和后注入的 H 对马氏体钢中位错环的影响 ·············· 152

4.7 H、He 与离位损伤的协同效应对位错环的影响 ·············· 154

4.7.1 He、H 与中子辐照的协同效应 ·············· 155

4.7.2 He 与离子辐照的协同效应 ·············· 156

4.7.3 He、H 与离子辐照的协同效应 ·············· 158

4.8 表面和界面对位错环的影响 ·············· 159

4.8.1 表面对位错环的影响 ·············· 160

4.8.2 晶界对位错环的影响 ·············· 162

4.8.3 纳米晶粒的晶界对位错环的影响 ·············· 164

4.8.4 析出物与基体界面对位错环的影响 ·············· 164

4.9 位错对位错环的影响 ·············· 166

4.10 中子、离子和电子辐照引起的位错环差异 ·············· 167

参考文献 ·············· 168

第 5 章 位错环与其他辐照效应 ·············· 174

5.1 位错环与辐照肿胀 ·············· 174

5.1.1 位错环与空洞肿胀 ·············· 174

5.1.2 位错环与 He 泡肿胀 ·············· 180

5.2 位错环与辐照偏析和析出 ·············· 182

5.3 位错环与辐照硬化 ·············· 185

5.4 析出物和空洞引起的硬化 ·············· 187

5.5 位错环与辐照脆化 ·············· 189

5.6 位错环与辐照蠕变 ·············· 194

参考文献 ·············· 197

第 6 章 常见核合金材料中的辐照位错环 ·············· 200

6.1 铁素体/马氏体钢中的位错环 ·············· 200

6.1.1 纯 Fe 中的辐照位错环 ·············· 200

6.1.2 Fe 基二元合金中的辐照位错环 ·············· 201

6.1.3 低活化钢中的辐照位错环 ·············· 202

  6.1.4 辐照温度对低活化钢中位错环的影响 ·············· 204

  6.1.5 辐照剂量对低活化钢中位错环的影响 ·············· 210

 6.2 奥氏体不锈钢中的位错环 ·························· 214

  6.2.1 奥氏体不锈钢中位错环的形核 ···················· 214

  6.2.2 HR3C 奥氏体不锈钢在离子辐照下的位错环 ········ 216

 6.3 镍基合金中的位错环 ······························ 221

  6.3.1 He 对 Ni 基合金中位错环的影响 ················· 222

  6.3.2 辐照温度变化对 Ni 基合金中位错环的影响 ········ 223

  6.3.3 原有缺陷对 Ni 基合金中位错环的影响 ············ 223

  6.3.4 Ni 基合金 C－276 在离子辐照下的位错环 ········· 224

 6.4 钨和钨合金中的位错环 ···························· 233

  6.4.1 W 中的辐照位错环 ···························· 234

  6.4.2 W 合金中的辐照位错环 ························· 237

 6.5 锆合金中的位错环 ································ 237

  6.5.1 Zr 合金中的 ＜a＞ 型位错环 ····················· 238

  6.5.2 Zr 合金中的 ＜c＞ 型位错环 ····················· 238

 6.6 钒和钒合金中的位错环 ···························· 240

  6.6.1 钒和钒合金中的点缺陷 ························· 240

  6.6.2 合金元素对钒合金中位错环的影响 ··············· 241

  6.6.3 钒中位错环的性质的模拟研究 ··················· 242

  6.6.4 恒温和变温离子辐照下钒和钒合金中的位错环 ····· 242

 参考文献 ··· 244

第7章 位错环的原位透射电镜观测 ······················ 253

 7.1 辐照损伤的原位 TEM 观测概述 ···················· 253

 7.2 原位透射电镜装置和实验技术 ······················ 255

  7.2.1 原位透射电镜装置发展概述 ····················· 255

  7.2.2 原位透射电镜装置的分类 ······················ 258

  7.2.3 原位透射电镜实验的分类 ······················ 258

  7.2.4 原位透射电镜装置的技术难点 ··················· 259

  7.2.5 武汉大学原位透射电镜装置简介 ················· 260

 7.3 电子辐照位错环的原位观测 ························ 264

  7.3.1 位错环长大的原位观测和点缺陷迁移能的测定 ····· 264

  7.3.2 位错环收缩的原位观测和空位型位错环 ··········· 267

  7.3.3 电子束与激光束双束原位辐照下的位错环演变 ····· 267

  7.3.4 电子束与离子束双束原位辐照下的位错环演变 ····· 268

7.3.5　位错环运动的原位观测 ………………………………… 269

7.3.6　位错环伯格斯矢量变化的原位观测 ……………………… 270

7.4　离子辐照位错环的原位观测 ………………………………… 271

7.4.1　表面效应对位错环影响的原位观测 ……………………… 271

7.4.2　多束辐照下位错环的原位观测 …………………………… 272

参考文献 ………………………………………………………… 273

后记 ……………………………………………………………… 277

第1章 位错环的形成、运动和长大

实际的晶体中都存在缺陷,包括点阵缺陷和化学缺陷,而且不能完全消除。金属晶体在含有某种点阵缺陷时,其自由能比完整晶体状态时还低,因此,从原理上不可能完全消除点阵缺陷。金属中最低的杂质含量约为 10^{-6},最纯的晶体 – 半导体硅中杂质含量为 10^{-10},化学缺陷也不能完全消除。在载能粒子(中子、质子、电子和各种离子)辐照下,材料中又形成新的缺陷。按照缺陷的维度不同,辐照后材料晶粒内部的缺陷可分如下几类:

(1)零维点缺陷:包括间隙原子、空位、杂质原子(包括间隙型和替代型)和由点缺陷形成的小缺陷团。

(2)一维线缺陷:位错线,包括刃型位错、螺型位错和混合位错。

(3)二维面缺陷:位错环,包括间隙型位错环和空位型位错环;层错;相界。

(4)三维体缺陷:空洞、气泡、层错四面体、析出物、非晶区等。

在晶粒之外,还有晶界、孪晶界、表面等缺陷,它们可吸收晶粒内的点缺陷,是缺陷阱(defect sinks)。

在辐照引起的各种缺陷中,以位错环、空洞、气泡和析出物最为重要,它们可对材料的各种力学性能产生重大影响,如发生辐照硬化、辐照脆化、辐照肿胀、辐照蠕变、辐照生长等,决定材料的安全性和使用寿命。它们都属于二次缺陷,是从点缺陷这种初次缺陷发展演变而来的。因此,要研究它们的形核、长大、收缩等演变过程、影响因素和物理机制,就必须研究各种点缺陷的存在形式、点缺陷的产生、复合、迁移、扩散、聚集、吸收、发射或解离等基本过程。

1.1 点缺陷的形成能

晶体点阵上的原子偏离平衡位置,就形成由一个自间隙原子(Self – Interstitial Atom,SIA)和一个空位(vacancy)组成的弗仑克尔对(Frenkel pairs)。间隙原子和空位是任何材料中都存在的基本缺陷,也是辐照过程中直接产生的最主要的初级缺陷。本节讨论间隙原子和空位的各种组态和形成能。

间隙原子的形成能 E_i^f 定义为从晶体表面取走一个原子并挤进点阵内的间隙位置所需要的能量。空位形成能 E_v^f 定义为从晶体内部的点阵位置上取出一个原子放到晶体表面所需要的能量。间隙原子(或空位)的形成能与迁移能之和等于

1

其扩散激活能。研究形成能和迁移能是研究辐照形成的各种二次缺陷的基础。

点缺陷的形成能,既可以通过实验测定,也可以从理论上计算。

实验上有多种方法可以测定空位形成能:第一种是热平衡实验,通过测量高温热平衡状态下金属长度的变化率和点阵常数的变化率,测出空位的绝对量,并获得空位的结合能;第二种是正电子湮灭法,通过改变温度测量角关联曲线的形状,估算空位的形成能,可应用于大多数金属;第三种是急冷实验,通过将金属从高温放入液氮、盐水等介质中以 10^5℃/s 的速率急冷,将金属在高温下形成的空位保留下来,测量金属电阻率的变化,求出空位的迁移能。

形成能的理论计算,需要利用原子间相互作用势,并考虑点缺陷周围的点阵畸变、点缺陷对电子状态的影响等因素。而且,很显然,无论是间隙原子还是空位,其形成能都与它们在晶体点阵内所处的位置和组合有直接关系。下面将分别讨论。

1.1.1　间隙原子

间隙原子的存在形式可分为 4 种,即单个间隙原子、双间隙原子、多间隙原子、间隙原子 – 杂质复合体。晶体的点阵结构不同,间隙原子的存在形式有所不同[1]。图 1 - 1 和图 1 - 2 分别列出了面心立方(fcc)和体心立方(bcc)晶格中各种间隙原子及其组合的位置。

1. 单个间隙原子

可存在于晶格中八面体中心和四面体中心这些较大的间隙中,又称简单间隙原子。其形成能较高,不能稳定地存在。

有一种填隙方式称为挤列型(crowdion),即沿点阵最密排方向的原子列中插入一个间隙原子,如 fcc 晶体的[110]方向,bcc 晶体的[111]方向。原来方向上的 N 个点阵位置挤进一个填隙原子后,变成 $N+1$ 个原子共同占据。

2. 双间隙原子

是指两个间隙原子共同占有一个晶格格点位置,两者相对于所占据的格点呈对称分布,形成一个哑铃形组合(dumbbell configuration)。又看成一个格点一劈为二,故又称为劈开型组合(split - interstitial configuration)。一般地,对于 fcc 金属,哑铃的轴沿 <100> 方向(图 1 - 1(c)),bcc 金属沿 <110> 方向(图 1 - 2(c)),hcp 金属沿 <0001> 方向。哑铃型间隙原子的形成能较低,是金属晶体中稳定的间隙原子组合。

为了在一个格点位置同时容纳下两个间隙原子,哑铃形间隙原子的紧邻原子会稍微偏离其所在的格点位置,这种偏离会进一步对它近邻的原子产生干扰,依此类推,这些偏离现象就会从间隙原子缺陷处散发出去,形成一个弹性偏离场。

考虑 fcc 的金属 Al 中 <100> 方向的哑铃形间隙原子(图 1 - 1(c))。两个哑铃间隙原子相互靠近,距离是 $0.6a$,a 是点阵常数,比未畸变的点阵中最近邻格点间距 0.707a 小 15%。同时,每个哑铃原子的 4 个最近邻原子都向外偏离约 0.1a,总的驰豫体积约为 2Ω,Ω 是原子体积。这些值都可通过计算求得。自间隙原子造成的高驰豫体积值引起大的点阵畸变,进而导致与其他自间隙原子和点阵缺陷(如位错、杂质原子等)的强烈相互作用。这种弹性相互作用的净效果,就是把移动的自间隙原子吸引到这些缺陷处。

3. 多间隙原子

由高温下移动的自间隙原子聚集而成。其结合能高,约为 1eV 的量级。从一个大的多间隙原子团中解离出一个间隙原子所需要的能量接近自间隙原子的形成能(2~4eV),因此,在低温下自间隙原子团非常稳定,难于解离。

计算机模拟预测,fcc 金属中双间隙原子的稳定组合是两个平行的 <100> 哑铃位于最近邻的格点上(图 1-1(d)),三间隙原子的稳定组合是 3 个正交的 <100> 哑铃位于最近邻的格点上。bcc 金属中,双间隙原子的稳定组合是两个平行的 <110> 哑铃位于最近邻的格点上(图 1-2(d))。

4. 间隙原子-杂质复合体

杂质原子是自间隙原子的有效的捕陷阱。由过小尺寸(undersized,与之相反的是 oversized 即过大尺寸,都是相对于基体原子的尺寸而言)的杂质原子与自间隙原子构成的稳定复合体,在低于一定温度(空位开始移动的温度)时不会被热解离。一种可能的组合是混合哑铃形,即哑铃中的一个间隙原子被杂质原子所取代(图 1-1(e))。结合能是 0.5~1.0eV 量级。过尺寸杂质原子对间隙原子的较弱捕陷作用也被观察到了。

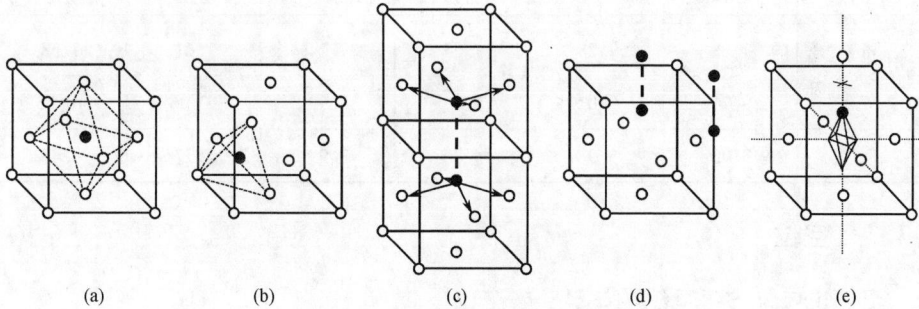

(a)　　(b)　　(c)　　(d)　　(e)

图 1-1　fcc 点阵中的间隙原子

(a)八面体间隙;(b)四面体间隙;

(c) <100> 型哑铃;(d) <100> 型哑铃的稳定组合;(e)间隙原子-杂质对和鸟笼。

在 fcc 晶胞内,间隙原子-杂质复合体只需要一个小的活化能(约 0.01eV),杂质原子就能在晶胞内的 8 个等效位置即八面体的 8 个顶点之间迁移(图 1-1(e)),调整哑铃轴的方向,这就是鸟笼运动。

表 1-1 列出了用多体相互作用势计算得到的 bcc 金属中不同类型的间隙原子形成能[2]。

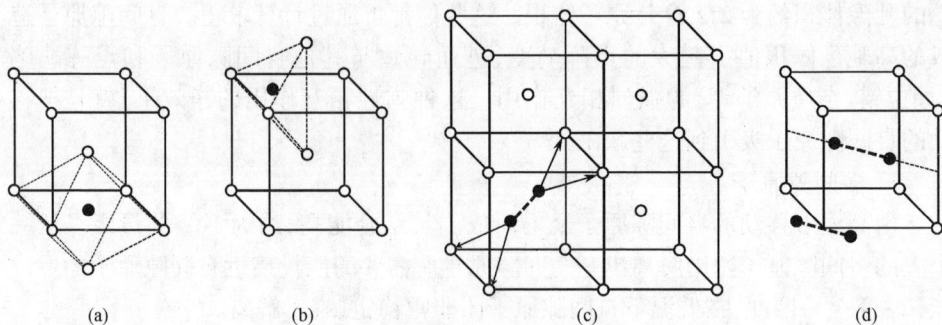

图 1 - 2　bcc 点阵中的间隙原子
(a)八面体间隙；(b)四面体间隙；
(c) <110> 型哑铃；(d) <110> 型哑铃的稳定组合。

表 1 - 1　不同类型的间隙原子形成能

金属	<110> 型哑铃	<111> 型哑铃	<100> 型哑铃	挤列型	八面体间隙	四面体间隙
V	4.23	4.72	4.98	4.70	4.84	4.82
Nb	4.54	4.88	4.85	4.95	4.91	4.95
Ta	6.97	7.31	8.16	7.31	8.08	7.75
Cr	4.14	3.58	3.99	3.58	4.04	4.09
Mo	7.08	7.28	7.23	7.24	7.61	7.58
W	9.71	9.02	9.88	8.99	10.06	10.05
Fe	3.93	3.98	4.75	3.99	4.77	4.43

1.1.2　空位

空位也可分为单空位、双空位、多空位等。

（1）单空位:点阵格点上失去一个原子,就形成一个空位,空位是晶体中最简单的缺陷。所有的计算都表明,单空位的最近邻原子都朝向空位方向驰豫,即向内驰豫,因此晶胞向内收缩。这一过程正好与间隙原子的相反:间隙原子的最近邻原子是向外驰豫,晶胞向外扩张。

（2）多空位:点阵格点上失去两个和多个原子,就形成双空位和多空位,并可以形成丰富的空位组合。多空位比多间隙原子团的结合能小(0.1eV),但在辐照的金属中经常观察到。

（3）溶质 - 空位和杂质 - 空位缺陷团:空位能与过尺寸溶质原子或过尺寸杂

质原子结合,以降低晶体的总自由能。对于 fcc 点阵,该结合能的范围估计为 0.2～1.0eV。因此,这些溶质原子能成为空位的捕陷阱。

空位的形成能 E_v^f 跟晶体的结合能密切相关,晶体的熔点 T_m 也跟结合能有关,因此空位的形成能与熔点有很好的相关性,大致于正比于晶体的熔点:

$$E_v^f \approx 9kT_m \tag{1-1}$$

式中:$k = 8.62 \times 10^{-5} \mathrm{eV \cdot K^{-1}}$ 为玻耳兹曼常数。

表 1-2 所列为几种金属的熔点和空位形成能。

表 1-2 几种金属的熔点和空位形成能

金属	Al	Ag	Au	Cu	Ni	Fe	Pt	Mo	W
T_m/K	933	1235	1338	1357	1726	1808	2042	2896	3695
E_v^f/eV	0.76	1.03	0.98	1.0	1.4	1.6	1.51	3.2	3.3

一般地,空位的形成能约 1eV 左右,自间隙原子的形成能约为空位形成能的 2～3 倍。G. Was 对 Al、Cu、Pt、Mo、W 的点缺陷参数进行了归纳对比,包括间隙原子和空位的驰豫体积、形成能、迁移能、熔点处的平衡浓度、自扩散激活能等[3]160。自间隙原子驰豫体积大(约 2Ω),形成能高(>2eV),迁移能低(<0.15eV);而空位正好相反,驰豫体积小(约 $0.1\sim0.5\Omega$)且为负值,形成能低(<2eV),迁移能高(>0.5eV)。两相比较而言,间隙原子难形成而易移动,空位易形成而难移动。

在热平衡态下,点缺陷的浓度为

$$C = \mathrm{e}^{\frac{S^f}{k}} \cdot \mathrm{e}^{-\frac{E^f}{kT}} \tag{1-2}$$

式中:系数 $\mathrm{e}^{\frac{S^f}{k}}$ 为熵因子,其实验值约为 1～10,其中 S^f 为形成熵。

热平衡点缺陷浓度很低,在熔点附近,金属中空位和间隙原子的热平衡浓度分别约 10^{-4} 和 10^{-10},室温下分别约 10^{-12} 和 10^{-50},是非常小的量。热平衡状态下,金属中主要的点缺陷是低浓度的空位,而且熔点附近的空位浓度在不同金属中的值大致相同。热生成的点缺陷通常是在晶体的不完整部分产生和聚集,例如在晶界、表面和刃形位错处。

非热平衡态点缺陷比热平衡态点缺陷高得多,可通过淬火、塑性形变、非化学配比和辐照等方法注入。下面介绍辐照引入的点缺陷。

1.2 辐照产生的点缺陷和缺陷团簇

1.2.1 辐照缺陷演化的 4 个阶段

高能粒子辐照可在晶体中产生浓度非常高的过饱和点缺陷。当入射粒子能量较高,使得被碰撞的点阵原子获得高于其离位阈能 E_d 的动能时,该反冲原子才能被撞出格点位置,形成空位－间隙原子对。如果初级撞出原子(Primary Knock – on Atom,PKA)的能量足够高,就可以引起附近其他原子离位,形成级联碰撞和进一步的子级联碰撞。E_d 的值可以计算,也可通过电子辐照实验测定,而且 E_d 与原子的反冲方向有关,即各向异性。高能粒子辐照产生缺陷的过程比较复杂,既与被辐照材料的结构和成分相关,又与辐照粒子的种类、能量、剂量、剂量率等多种因素相关。辐照碰撞涉及原子离位概率、碰撞级联、聚焦碰撞、沟道效应、离位峰、热峰、裂变峰、原子混合等问题或过程,很多文献中都有详细论述[3,4],在此只讨论跟位错环密切相关的点缺陷和缺陷团的产生、存活和迁移问题。

碰撞级联的缺陷演变过程会经历4个阶段(图1－3):

第一阶段是碰撞阶段(collisional):从载能粒子入射启动碰撞过程开始,直到没有任何原子有足够能量去建立进一步的碰撞离位时结束,持续时间小于1ps。此阶段的损伤由载能的离位原子和空的点阵位置组成,但还没有时间形成稳定的点阵缺陷。

第二阶段是热峰阶段(thermal spike):离位原子的碰撞能量传递给附近高沉积能量密度区的邻近原子,热峰的形成需要约0.1ps,热峰区内的温度非常高,其中的原子与熔化的材料相似。由于能量传递给周围的原子,熔化区会回到凝聚或淬火冷却阶段,建立热力学平衡态(约10ps)。

第三阶段是淬火阶段(quenching):持续约几个皮秒,冷却期间形成了稳定的点阵缺陷,包括点缺陷和缺陷团。但此阶段的缺陷总数量比碰撞阶段的离位原子数小得多。

第四阶段是退火阶段(annealing):通过可迁移点阵缺陷的热激发扩散,缺陷进一步重组和相互作用。很显然,退火阶段会持续到级联区中所有的可迁移缺陷都逸出时为止,或级联区中发生另一个级联时为止。因此,其时间尺度从纳秒延伸到月,视温度和辐照条件而定。退火阶段是连接辐照级联和可观测效应的桥梁,可用速率理论进行研究(见第2章)。

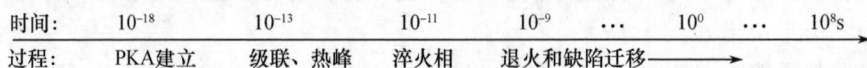

时间:	10^{-18}	10^{-13}	10^{-11}	10^{-9}	...	10^0	...	10^8s
过程:	PKA建立	级联、热峰	淬火相	退火和缺陷迁移——————→				

图1－3 辐照缺陷的演变过程和对应的时间尺度

上述4个阶段是大致的划分。有些研究根据缺陷演化的时间、发生的事件、产生的结果和对应的特征参数,对离位损伤演化的各个阶段做了更细致的划分,文献中对此做了总结[4]。

下面介绍辐照产生的缺陷、复合后的存活缺陷以及存活缺陷中的可迁移缺陷,它们分别与上述各阶段有关。

1.2.2 辐照产生的点缺陷和缺陷团

点缺陷是辐照过程中直接产生的最主要缺陷。在辐照损伤量的计算中,用离位原子的浓度表示被辐照材料的损伤剂量[1]:

$$C_{\mathrm{d}} = \frac{N_{\mathrm{d}}}{N} = \int_0^t \int_0^\infty \int_{E_{\mathrm{d}}}^{E_{\mathrm{p,max}}} \Phi(E,t) \frac{\mathrm{d}\sigma(E,E_{\mathrm{p}})}{\mathrm{d}E_{\mathrm{p}}} \nu(E_{\mathrm{p}}) \mathrm{d}E_{\mathrm{p}} \mathrm{d}E \mathrm{d}t \qquad (1-3)$$

式中:N_{d},N 分别为单位体积内的离位原子数和靶原子数;t 为辐照时间;E 为入射粒子的能量;E_{p} 为离位原子的能量;E_{d} 为离位阈能;$E_{\mathrm{p,max}}$ 为离位原子获得的最大能量;$\nu(E_{\mathrm{p}})$ 为离位损伤函数,表示一个能量为 E_{p} 的 PKA 在离位级联中所产生的离位原子的数量;$\mathrm{d}\sigma(E,E_{\mathrm{p}})$ 为初级离位的微分散射截面,表示能量为 E 的入射粒子通过散射产生能量为 E_{p} 的离位原子的概率;$\Phi(E,t)$ 为粒子通量分布。

$E_{\mathrm{p,max}}$ 可由下式求得

$$E_{\mathrm{p,max}} = \Lambda E \qquad (1-4)$$

$$\Lambda = \frac{4Mm}{(M+m)^2} \qquad (1-5)$$

式中:M 为靶原子的质量;m 为入射粒子的质量。

可见,离位原子的浓度 C_{d} 与入射粒子的能谱、散射截面、离位损伤函数和辐照时间有关。C_{d} 的单位是 dpa(displacement per atom),1dpa 表示辐照期间平均每个点阵原子被撞击而离位一次。

在单能粒子辐照情况下,入射粒子通量 Φ 与能量 E 无关(对于具有通量分布的非单能中子,其通量分布可以用一个平均通量代替,下面的讨论也适用),可用下式对 C_{d} 进行近似估算:

$$C_{\mathrm{d}} = t\Phi\sigma_{\mathrm{p}}\langle\nu\rangle \qquad (1-6)$$

式中:σ_{p} 为初级离位的全散射截面;$<\nu>$ 为离位损伤函数 $\nu(E_{\mathrm{p}})$ 的平均值;σ_{p} 和 $<\nu>$ 都与入射粒子的种类、能量 E 和靶原子的质量数 A(amu)有关,$<\nu>$ 还与靶原子的离位阈能 E_{d} 有关。

将能量为 E 的入射粒子在固体中引起离位碰撞的总截面定义为离位效能 $\sigma_{\mathrm{p}}^{\mathrm{tot}}$:

$$\sigma_{\mathrm{p}}^{\mathrm{tot}} = \frac{\mathrm{dpa}}{(\text{粒子}/\mathrm{cm}^2)}(\text{在 } x \text{ 处}) = \int_{E_{\mathrm{d}}}^{E_{\mathrm{p,max}}} K(E,E_{\mathrm{p}}) v(E_{\mathrm{p}}) \mathrm{d}E_{\mathrm{p}} \qquad (1-7)$$

式中:$\sigma_{\mathrm{p}}^{\mathrm{tot}}$ 为在固体单位面积上入射一个粒子时,在距离表面 x 深处所产生的 dpa 数。

根据式(1-6)和式(1-7),可用 σ_{p} 与 $<\nu>$ 的积对 $\sigma_{\mathrm{p}}^{\mathrm{tot}}$ 做近似估算。表1-3中列出了单能中子、离子和电子辐照时的离位截面、损伤函数和离位效能[4]。离子的射程一般较浅,如果要计算不同深度 x 处的损伤分布,则表中的 E_{i} 应该用深度

x 处的离子能量 E_x 代替，E_x 可通过能损过程算出[4]174。

表 1-3 单能中子、离子和电子辐照时的离位截面、损伤函数和离位效能

项目	σ_p	$<E>$	$<\nu>$	σ_p^{tot}
单能中子	$\sigma_s(1\sim 10b)$	$\dfrac{\Lambda E_n}{2}$	$\dfrac{\Lambda E_n}{4E_d}$	$\dfrac{\Lambda E_n}{4E_d}\sigma_s$
重离子	$\dfrac{\pi Z_i^2 Z_2^2}{E_i E_d}\times\dfrac{M_i}{M_2}$	$E_d\ln\left(\dfrac{\Lambda E_i}{E_d}\right)$	$\dfrac{1}{2}\ln\left(\dfrac{\Lambda E_i}{E_d}\right)$	$\dfrac{\pi Z_i^2 Z_2^2}{2E_i E_d}\dfrac{M_i}{M_2}\ln\left(\dfrac{\Lambda E_i}{E_d}\right)$
低能离子	$\sigma_c\left(1-\dfrac{E_d}{\Lambda E_i}\right)$	$\dfrac{\Lambda E_i}{2}$	$\dfrac{\Lambda E_i}{4E_d}$	$\sigma_c\dfrac{\Lambda E_i}{4E_d}\left(1-\dfrac{E_d}{\Lambda E_i}\right)$
高能电子	$\dfrac{\pi b^2(1-\beta^2)}{4}\left\{\dfrac{E_{p,max}}{E_d}-1-\beta^2\ln\dfrac{E_{p,max}}{E_d}+\pi\alpha\beta\left[2\left(\dfrac{E_{p,max}}{E_d}\right)^{\frac{1}{2}}-2-\ln\dfrac{E_{p,max}}{E_d}\right]\right\}$	$E_d\left[\ln\left(\dfrac{E^m}{E_s}\right)-1+\pi\alpha\right]$	$1\sim 2$	约 σ_p

注：Z_2 为靶核的电荷数；$\alpha=Z_2/137$，$\beta=v/c$ 为电子的相对速度；σ_s 为靶核的中子弹性散射截面；σ_c 为刚球势的散射截面；E_i，Z_i 为入射离子的能量和核电荷数；$<E>$ 为初级离位原子的平均能量；E^m 为电子传输给质量为 M 的原子的最大能量，$E^m=\dfrac{2E_e(E_e+2m_e c^2)}{Mc^2}$。

需要注意的是，离位原子的浓度与点缺陷浓度不是一回事：辐照过程中同一个原子有可能被多次撞出，离位原子浓度值是可以大于 1 的。但总体来说，离位原子的浓度越高，辐照直接产生的点缺陷的浓度越高，一般都远高于热平衡时的浓度。

除了直接产生过饱和的点缺陷外，辐照过程中还能直接产生小的间隙原子团和贫原子区。Brinkman 在研究碰撞级联内离位原子和空位的空间分布时[5]，认为在局部损伤集中区内，存在一个由大量空位构成的中心空芯，周围被间隙原子壳所包围，称为离位峰（图 1-4）。Seeger 在考虑聚焦碰撞和聚焦换位碰撞系列的能量和质量传输后指出，间隙原子壳应该距离中心空芯更远一些，并认为中心空芯是个贫原子区[6]（图 1-5）。贫原子区和离位峰都不稳定，既可以吸收周围的空位而长大成微观空洞，也可能坍塌形成位错环。因此，贫原子区可以直接成为空洞胚胎，外围过饱和浓度的间隙原子可聚集成间隙原子环的胚胎。另外，热峰会在局部区域产生的很大的压力，足以使晶体出现塑性形变而形成位错，导致位错环的形成。上述的碰撞级联过程和离位峰都可以用分子动力学进行模拟。

8

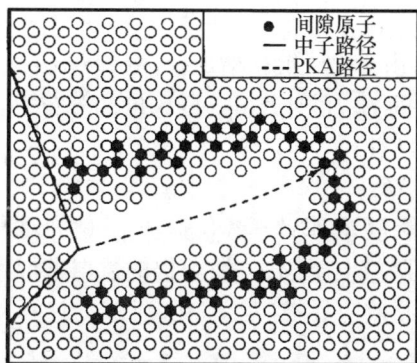

图 1 - 4　辐照形成的离位峰

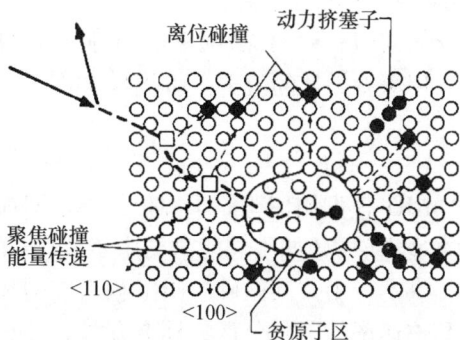

图 1 - 5　辐照形成的离位峰和贫原子区
□空位；●间隙原子；○格点原子。

1.2.3　计算 dpa 的 NRT 模型

表 1 - 3 中离子和中子辐照的损伤函数 $<\nu>$ 是基于 Kinchin - Pease 模型算出的[7],但该模型忽略了入射离子使靶原子激发时所损失的能量即电子阻止能损,算出的金属的 ν 值一般高估了 2 ~ 10 倍。Lindhard 考虑到电子阻止能损后用能量配分理论对 Kinchin - Pease 模型做了改进,在损伤函数 $E_{\mathrm{p}}/(2E_{\mathrm{d}})$ 前乘以一个修正因子,以对离位损伤能量进行修正,称为损伤能量效率函数,其值随 PKA 能量的增加而减小,并随原子序数 Z 的减小而减小。Norgett,Robinson 和 Torrens 用 Lindhard 模型计算得到,当 PKA 的离位弹性碰撞能量为 E_{D} 时,产生的离位原子数为[8]

$$\nu_{\mathrm{NRT}} = \frac{0.8E_{\mathrm{D}}}{2E_{\mathrm{d}}} \qquad (1-8\mathrm{a})$$

式中:E_{D} 为 PKA 动能 E_{p} 减去碰撞时电子激发能损 E_{e} 后的剩余部分,称为损伤能量(damage energy),是纯粹用于产生原子离位的弹性碰撞能量。这种计算方法称为 NRT 模型。E_{D} 是 PKA 能量的函数,对于离子辐照,其具体表达式为

$$E_{\mathrm{D}} = \frac{E_{\mathrm{p}}}{1 + k_{\mathrm{N}}g(\varepsilon_{\mathrm{N}})} \qquad (1-8\mathrm{b})$$

其中

$$k_{\mathrm{N}} = 0.1337Z_1^{1/6}\left(\frac{Z_1}{A_1}\right)^{\frac{1}{2}} \qquad (1-8\mathrm{c})$$

$$g(\varepsilon_{\mathrm{N}}) = 3.4008\varepsilon_{\mathrm{N}}^{1/6} + 0.40244\varepsilon_{\mathrm{N}}^{3/4} + \varepsilon_{\mathrm{N}} \qquad (1-8\mathrm{d})$$

$$\varepsilon_{\mathrm{N}} = \left(\frac{A_2 E_{\mathrm{p}}}{A_1 + A_2}\right)\left(\frac{a}{Z_1 Z_2 \varepsilon^2}\right) \qquad (1-8\mathrm{e})$$

$$a = \left(\frac{9\pi^2}{128}\right)^{\frac{1}{3}} a_0 (Z_1^{2/3} + Z_2^{2/3})^{-1/2} \qquad (1-8\mathrm{f})$$

式中:Z_1,Z_2,A_1,A_2 分别为入射离子和靶原子的原子序数和相对原子质量;a_0 为波

9

尔半径;ε 为单位电荷。

从式(1-8)可见,随着 PKA 能量的增加,由于电子能损增加,E_D/E_p 减小。

用深度 x 处的值 $F_D(x)$ 代替 NRT 模型中的 E_D,可计算 dpa 随深度的分布[3]:

$$\mathrm{dpa} = \frac{N_d(x)}{N} = \frac{0.4 F_D(x)}{N E_d} \Phi \qquad (1-9)$$

NRT 模型用使靶原子离位的能量即损伤能量 E_D 来计算离位损伤,这就为对不同类型辐照源(如不同能谱的中子源、离子辐照或电子辐照)所获得的数据进行比较提供了一个共同基础。NRT 模型在国际辐照效应界被广泛采用,已成为计算原子离位速率的国际公认的标准方法。

现在广泛使用蒙特卡罗方法随机选取碰撞参数,模拟跟踪粒子在固体中的碰撞过程,计算辐照产生的损伤分布。对于离子辐照,最常用的计算离子辐照损伤的软件是 TRIM 及其改进版 SRIM[9]。最近,Stoller 等建议利用该软件算出的 E_D 值再用 NRT 公式(1-8a)计算 dpa[10]。对于中子辐照,商业和研究界使用的标准程序如 SPCTER 也是用 NRT 模型计算 dpa 的[11]。这样,离子辐照算出的 dpa 值就与中子辐照的 dpa 值具有可比性。

1.2.4 存活缺陷和离位效率

辐照产生的缺陷,有一部分在离位级联内相互复合,称为级联内复合或相关复合。在级联淬火相中,残存下来的未复合的缺陷称为存活缺陷(SD)。存活缺陷占辐照产生的 dpa 值的比例,称为离位效率[3],用 ξ 表示。每个 dpa 的存活空位数与存活间隙原子数是相等的,都等于 ξ。在 0K 时,缺陷全部冻结不能移动,不能相互复合,因此全部存活下来,ξ 等于损伤效率 ξ^0。

分子动力学模拟研究发现,离位效率 ξ 依赖于靶原子的反冲能[12]。Zinkle 和 Singh 研究了 Cu 在低温($T=10\mathrm{K}$,约为熔点温度 $T_m=1357\mathrm{K}$ 的 0.0074 倍)下辐照的离位效率 ξ 与反冲能的关系。发现当反冲能低于几十电子伏时,ξ 的值接近于 1;随着反冲能增加到 5keV 以上,ξ 的值逐渐降低到约 0.3,并基本上保持不变。这意味着,对于电子和轻离子辐照,因 PKA 能量较低,$\xi \approx 1$;对于中子和重离子辐照,PKA 能量较高,$\xi \approx 0.3$。

并非所有的存活缺陷都对辐照微观结构即二次缺陷的形成有贡献。进一步分析,离位效率 ξ 由三部分构成:①孤立的点缺陷部分,用 γ 表示;②缺陷团部分,用 δ 表示;③淬火相后刚开始以孤立或成团形式存在,随后在短期($>10^{-11}\mathrm{s}$)的级联内部热扩散时湮灭的部分,用 ζ 表示。这 4 个量的关系为

$$\xi = \gamma_i + \delta_i + \zeta = \gamma_v + \delta_v + \zeta \qquad (1-10)$$

γ 的值为 0.01~0.10,与 PKA 能量和辐照温度有关,温度越高,γ 值越小。对于 $\xi=0.3$,级联内湮灭部分 ζ 约为 0.07。缺陷团部分 δ 包括不可迁移的大缺陷团和在一定温度下可以迁移的小缺陷团。对于一个 5keV 的级联,δ_i 约为 0.06,δ_v 接

近0.18。有一部分缺陷团可"蒸发"出一些可自由迁移的缺陷,它们跟上述的孤立缺陷部分 γ 一起,共同构成可迁移的"有效缺陷"(available defects)。

中子和重离子产生密集的级联,在冷却或淬火期间级联内大部分缺陷发生复合,存活缺陷的比例小,即离位效率低;电子辐照只能产生一些间隔开的孤立的弗伦克尔对,发生复合的概率低,因此与中子或重离子相比,离位效率高出约两个数量级;质子辐照产生小的间隔开的级联,因此离位效率介于电子和中子这两种极端情形之间。

1.2.5 可迁移缺陷

上述"有限缺陷",即可迁移缺陷或自由缺陷,包括单个的间隙原子和空位,以及由单个缺陷聚合而成的复合缺陷,可以在晶体内自由地迁移。它们可以迁移到缺陷阱、形成缺陷团、跟已有缺陷团相互作用、参与流向晶界的缺陷流并导致偏析等过程,因此对二次缺陷的形成有强烈影响。

每个dpa产生的逸出间隙原子和逸出空位数分别用 η_{EI} 和 η_{EV} 表示。则 $\xi - \eta_{EI}$ 和 $\xi - \eta_{EV}$ 是每个dpa产生的没有从母体离位级联中逸出的间隙原子和空位数。ξ、η_{EI} 和 η_{EV} 与温度有关[13]。通过低温下辐照后做缺陷回复实验,可研究迁移率和稳定性。

图1-6所示为电子和快中子辐照铜的 η_{EI}、η_{EV} 和 ξ 与温度的关系[14]。它们随温度的变化大致可分为5个区间或5个阶段。

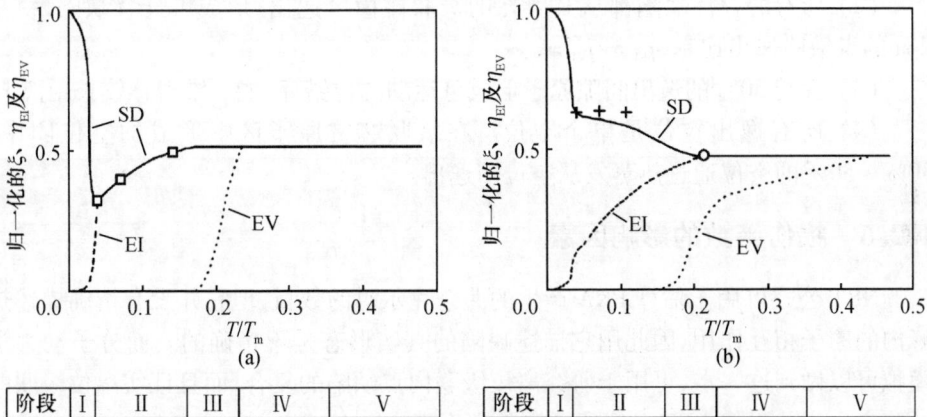

图1-6 电子和快中子辐照铜的 η_{EI}, η_{EV} 和 ξ 与温度的关系,

分别归一化到0K时的值 ξ^0

对于电子,$\xi^0 = 1$;对于中子,$\xi^0 = 0.25$。

第 I 阶段,$T \leqslant 0.025\ T_m$,η_{EI} 从0开始迅速增加,表明间隙原子开始激活移动。移动的间隙原子可以与静止的空位相互复合湮灭。只产生弗伦克尔对的电子辐照比有碰撞级联的中子辐照的复合量大得多,因为中子级联碰撞产生的离位峰使间隙原子和空位分别偏聚在级联区的外层和内层,减小了二者相遇湮灭的概率。

第 II 阶段,$T = (0.025 \sim 0.17)\ T_m$,$\eta_{EI}$ 增速减缓,直到饱和,此时大量移动的间

11

隙原子可以聚集成间隙原子团。

第Ⅲ阶段，$T = 0.17 \sim 0.23\ T_m$，η_{VI} 从 0 开始迅速增加，表明空位开始变得可迁移，可与间隙原子和间隙原子团结合使其数目减少。

第Ⅳ阶段，$T = 0.23 \sim 0.35\ T_m$，中子辐照的 η_{VI} 值增速减缓，电子辐照的 η_{VI} 值处于饱和，此阶段空位可聚集形成空位团。

第Ⅴ阶段，$T > 0.35\ T_m$，中子辐照的 η_{VI} 值继续缓慢增加直到饱和，此阶段温度高，空位团开始可以解离，分解出单个的空位。

上述 5 个阶段中 η_{EI}、η_{EV} 的变化与电阻率回复的 5 个阶段正好——对应。其中第Ⅰ和第Ⅲ阶段的电阻率快速回复，正是对应间隙原子移动和空位移动造成复合湮灭的结果，第Ⅱ和第Ⅳ阶段的电阻率回复比较缓慢，则是间隙原子聚集成团和空位聚集成团的结果。

金属核材料的运行温度大多介于室温至 650℃ 之间，相当于铁基合金的 $(0.15 \sim 0.55)T_m$ 之间，对应于上述的第Ⅲ、Ⅳ、Ⅴ阶段。其中，在工艺最感兴趣的温度范围 $T > 0.4\ T_m$，实验和分子动力学模拟结果都表明，中子辐照缺陷的存活率和可迁移比率有如下规律：

（1）存活缺陷占 dpa 的比率 $\xi \approx 0.5\xi^0 \approx 0.13\text{dpa}^{-1}$（电子、质子和自离子辐照的 ξ 值分别约为 0.5、0.2 和 0.02dpa^{-1}）。

（2）所有的存活缺陷都从其所在的级联碰撞区逸出，形成可迁移缺陷，每个 dpa 的点缺陷逸出比率 $\eta_{EI} = \eta_{VI} = \xi$。

（3）大约 50% 的逸出间隙原子形成可运动的位错环，能一维滑移较长距离。

（4）所有逸出空位是单个空位。在级联芯贫原子区中形成的空位团中，30% ~ 50% 的空位通过热蒸发从空位团逸出。

1.2.6 损伤函数的影响因素

NRT 公式可用于估算 PKA 产生的弗仑克尔对的数目，但它并没有精确描述热峰内的原子相互作用，因此用它描述缺陷的真实形态是不精确的。而分子动力学模拟可以做到这一点，可用于研究离位级联内点缺陷的复合，而且证实离位级联的缺陷产生率并不像 NRT 公式所预测的那么高。

Ni – 12.7% Si 合金的高温（$350 \sim 650$℃）离子辐照实验显示，在 $2\text{MeV}\,{}^4\text{He}^+$、$2\text{MeV}\,{}^7\text{Li}^+$、$3\text{MeV}\,{}^{58}\text{Ni}^+$、$3.25\text{MeV}\,{}^{84}\text{Kr}^+$ 辐照下，靶原子的加权平均反冲能为 1.8，2.7、51 和 74keV，所产生的可长程迁移缺陷分别是 $1\text{MeV}\,{}^1\text{H}^+$ 辐照（PKA 最大 66keV，对应的靶原子加权平均反冲能为 730eV）时的 48%、37%、8% 和 < 2%，显示对 PKA 能量的严重依赖性[15]。

低温下（10K）对几种金属的分子动力学模拟结果表明，弗仑克尔对的数量 ν_{MD} 依赖于 PKA 的动能[16]：

$$\nu_{MD} = AE_p^n \tag{1-11}$$

式中:A、n 为对金属和温度依赖比较弱的常数;E_p 的单位是 keV,对于 Ti、Fe、Ni$_3$Al、Cu、Zr、Ni、Al,A 的值分别为 6.01、5.57、5.47、5.13、4.55、4.37 和 8.07,n 的值分别为 0.80、0.83、0.71、0.75、0.74、0.74 和 0.83。其中 Cu、Ni 和 Al 是 fcc 结构,Fe 是 bcc 结构,Ti 和 Zr 是 hcp 结构,Ni$_3$Al 是 L1$_2$ 结构,可见式(1-11)可适用于不同的晶体结构。从 A 的值可知,损伤效率是跟金属的原子量有关:随着原子量的增加,损伤效率降低。n 随相对原子质量的变化不大。

对 Fe-10% Cr 和 Cu-15% Au 合金的分子动力学模拟研究还显示,在宽的 PKA 能量范围内,ν_{MD} 不依赖于合金的成分[3]150。

辐照温度对弗仑克尔对的形成也有影响。Bacon 等用分子动力学模拟研究 fcc、bcc 和 hcp 金属的初级损伤时发现,温度越高,产生的弗仑克尔对越少[16]。在 α-Fe 中,对于 PKA 能量分别为 2keV、5keV、10keV、20keV 和 40keV,当辐照温度为 100K 时,每个级联产生的弗仑克尔对数目分别约为 11、18、39、69 和 129,而当辐照温度上升到 600K 时,对应的弗仑克尔对数目分别减小到约 9、17、29、64 和 121。这是因为高温可延长热峰的寿命,在热峰冷却下来之前允许更多的缺陷移动,因而在级联区内发生更多的空位-间隙原子之间的热复合。

式(1-11)对应的 ν_{MD} 小于 NRT 公式的计算值 ν_{NRT}。对于能量大于 1~2keV 的碰撞级联,损伤函数 ν 约为 NRT 计算值 ν_{NRT} 的 20%~40%。这与前述的级联冷却后离位效率 ξ 的值比较低相一致。

1.2.7 碰撞级联产生的缺陷团的比例、类型、稳定性和移动性

级联内的缺陷成团现象非常重要,它可促进包括位错环在内的各种扩展缺陷的形核,位错环演化的起点即是从级联碰撞产生的初始缺陷团开始的。因此,了解碰撞级联产生的缺陷团,是理解位错环的形核和生长过程的基础。

1. 缺陷团的比例

如前节所述,由于级联内的复合湮灭,碰撞级联淬火冷却后存活下来的缺陷只占 NRT 模型计算值的 20%~40%,其中相当一部分是以缺陷团的形式存在。如果这些缺陷团是稳定的,就可以从级联区迁移出来。间隙型团簇和空位型团簇必须分开处理,因为间隙型团簇是稳定的,而空位型团簇不稳定。二者的移动性也不同,间隙型团簇的移动性要大得多。

级联内间隙型团簇的形成有两种途径:一是在从碰撞相向热峰相转变的过程中形成,此时从级联中心位移的原子被初始冲击波推进到间隙位置;二是在热峰相期间,通过相邻间隙原子间的弹性相互作用所驱动的短程扩散而成团。成团概率和团簇尺寸随 PKA 能量的增加而增加,自间隙原子比空位形成团簇的比例要高。Bacon 等用分子动力学模拟研究了 Fe、Zr、Cu、Ti、Ni$_3$Al 中存活的间隙型缺陷团[16],发现当损伤从单原子离位向级联转变时,成团的比例随 PKA 能量迅速增加,而且与晶体的点阵类型有关:fcc 晶体(如 Cu)的成团比例最高,bcc 最低(如

Fe),hcp(如 Zr)介于两者之间。例如,对于在 100K 下辐照的 Cu,当 PKA 能量为 1keV、2keV、5keV 和 10keV 时,自间隙原子中以团簇形式存活的比例分别约为 0.54、0.57、0.7 和 0.73;对于 Fe,当 PKA 能量为 1keV、2keV、5keV、10keV、20keV 和 40keV 时,对应的比例分别约为 0.34、0.48、0.38、0.46、0.46 和 0.57。

间隙原子成团与温度有关。随着温度的升高,间隙原子中形成团簇的比例增加,但考虑到温度升高时间隙原子因与空位复合而导致间隙原子总数减少,间隙型团簇的净产额是降低的。另外,小尺寸缺陷团的比例比大尺寸缺陷团的高。

在级联芯处空位也能成团,成团的程度随点阵类型而异。根据空位团尺寸和数密度的测量结果,估计缺陷团中空位团的比例低于 15% 。

2. 缺陷团的类型

MD 模拟显示,缺陷团的类型强烈依赖于晶体结构[17]。人们在研究位错环的形核等基本现象时,常以 bcc 的 α – Fe 和 fcc 的 Cu 这两种简单金属为对象,分述如下(其中有关位错环的内容可参阅 1.4 节):

在 bcc 的 α – Fe 中,间隙型小团簇(<10 个自间隙原子)最稳定的组态是一组 <111> 挤列子,次稳定的是 <110> 挤列子,随着缺陷团尺寸增加(大于 7 个 SIA 自间隙原子),只有 <111> 和 <110> 这两种挤列子是稳定的。这些挤列子也可以分别成为 $\frac{1}{2}$ <111> 或 <100> 间隙型全位错环的初始形核。对于空位型团簇,要么是两个近邻{100}平面上的一组双空位,要么是一个{110}平面上的一组最近邻空位。空位团生长期间,前者形成伯格斯矢量为 <100> 的全位错环,后者形成伯格斯矢量为 $\frac{1}{2}$ <111> 的全位错环。空位型位错环也能存在于层错中,当空位数达到约 40 个时形成全位错。

在 fcc 的 Cu 中, <100> 哑铃型是自间隙原子的稳定组态,最小团簇是以双 <100> 哑铃的形态存在。大些的团簇有两种组态:一组 <100> 哑铃或一组 <110> 挤列子,二者的惯习面都是{111}面。在生长期间,缺陷团转变成伯格斯矢量为 $\frac{1}{3}$ <111> 的弗兰克层错环和伯格斯矢量为 $\frac{1}{2}$ <110> 的全位错环。对于空位型缺陷团,最稳定的组态是层错四面体和{111}面上形成 $\frac{1}{3}$ <111> 弗兰克环的层错团。透射电镜观察也显示,在很多 fcc 金属中,碰撞级联形成了几个纳米大小的空位型位错环和层错四面体。

3. 缺陷团的稳定性

小缺陷团一般都不稳定,其稳定性取决于结合能,结合能越高则团簇越稳定。Soneda 等通过分子动力学模拟给出了 α – Fe 中尺寸较大($n > 10$)的间隙型和空位型团簇的结合能公式[18]:

$$E_b^i = 4.33 - 5.76[n^{2/3} - (n-1)^{2/3}] \qquad (\text{eV}) \qquad (1-12a)$$

$$E_b^v = 1.73 - 2.59\left[n^{2/3} - (n-1)^{2/3}\right] \qquad (\text{eV}) \qquad\qquad (1-12b)$$

根据式(1-12)计算的结合能如图1-7所示。

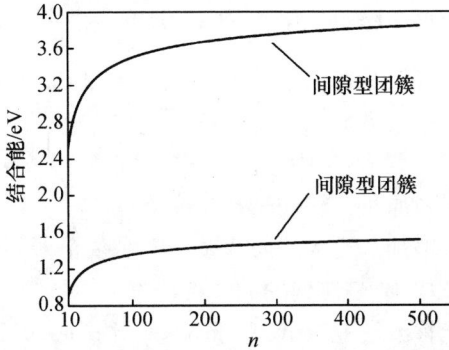

图1-7　间隙型缺陷团和空位型缺陷团的结合能随团簇尺寸的变化

不同点阵类型金属的结合能计算结果表明,间隙型团簇的形成能比空位型团簇大。Osetsky 等研究了不同伯格斯矢量的位错环和缺陷团的稳定性[17],发现在 bcc 的 α - Fe 中,数目为 100 个间隙原子或 100 个空位构成的缺陷团,平均每个间隙原子或空位的结合能分别为 3.0eV 和 1.0eV;而构成数目为 20 个时对应的结合能分别为 2.2eV 和 0.5eV。这说明间隙型缺陷团比空位型缺陷团更稳定,而且缺陷团尺寸越大越稳定。缺陷团中点缺陷数目超过 100 后,结合能趋于饱和值,变化不大。fcc 的 Cu 中也有相似的规律,只不过结合能的值比 α - Fe 的对应值稍小。缺陷团中点缺陷数目超过 50 后,结合能基本没有变化。

4. 缺陷团的移动性

碰撞级联中形成的间隙型团簇具有高移动性,在级联寿命期(约 10 ps)能迁移原子尺度的距离。然而,并非所有的团簇都是可滑移的。到热峰结束时,除了形成稳定的层错环外,自间隙原子还可以形成亚稳态的、不能滑移的团簇,这些团簇非常重要,因为它们并不从级联中迁移出去,而是可以成为扩展缺陷生长的形核位置。例如,在 α - Fe 中,热峰结束时,不可迁移的亚稳态组态中自间隙团簇的比例约为 30% ~ 50%。这些团簇的形式随晶体结构而异。在 α - Fe 中,3 个自间隙原子能形成一个平行于｛111｝面但从该面移开的三角形。如果形成层错环,如 fcc 晶体的 $\frac{1}{3}<111>$、bcc 晶体的 $\frac{1}{2}<110>$ 和 hcp 晶体的 $\frac{1}{2}<0001>$ 层错环,则不能迁移。如果形成小的全位错环,如 fcc 晶体的 $\frac{1}{2}<110>$、bcc 晶体的 $\frac{1}{2}<111>$ 和 $<100>$、hcp 晶体的 $\frac{1}{3}<11\bar{2}0>$ 位错环,则可以滑移。

不同点阵晶体的位错环的伯格斯矢量及其移动性总结如下[16]:

(1) fcc 晶体:$\frac{1}{2}<110>$,可滑移;$\frac{1}{3}<111>$,固定;SFT(空位),固定。

（2）bcc 晶体：$\frac{1}{2}<111>$ 和 $<100>$，可滑移；$\frac{1}{2}<110>$，固定。

（3）hcp 晶体：$\frac{1}{3}<11\bar{2}0>$，可滑移；$\frac{1}{2}<10\bar{1}0>$ 和 $\frac{1}{2}<0001>$，固定。

自间隙原子团簇大部分是可以滑移的。$\alpha-Fe$ 和 Cu 中双间隙原子团簇和三间隙原子团簇可以沿挤列子方向做一维滑移。这些小团簇中，挤列子能转动，然后在另一个等效的方向发生滑移。因此，这种转动实质上导致了团簇的三维运动。三间隙原子团簇比双间隙原子团簇的转动频率要低一些。这两种间隙原子团的转动频率都随温度上升而增加。更大的团簇基本上是伯格斯矢量沿挤列子方向的全位错环，它们的移动可以看成是热辅助的一维滑移。

间隙原子团簇的迁移激活能很低，对于 $\alpha-Fe$ 约为 0.022～0.026eV，对 Cu 约为 0.024～0.030eV，比单个间隙原子低一个数量级，说明间隙团簇比单个间隙原子更容易迁移，激活能与团簇尺寸呈弱依赖关系。

间隙原子团簇的跃迁频率（或扩散前置因子，见 1.3 节）与团簇尺寸关系密切。对于 $\alpha-Fe$ 和 Cu，有[17]

$$v_n = v_0 n^{-s} \exp(-\langle E^m \rangle / KT) \qquad (1-13)$$

式中：$S \approx 0.65$。

图 1-8 所示为总前置因子随团簇尺寸的变化。当 $n < 10$ 时，v_n 的值随 n 的增加快速减小；n 值超过 10 以后，v_n 缓慢减小；当 $n > 50$ 时，v_n 的值基本不变。前置因子随团簇尺寸的这种变化关系，可能是因为自间隙原子挤列子组态的增强聚焦，导致连续跳跃的概率增加所致。

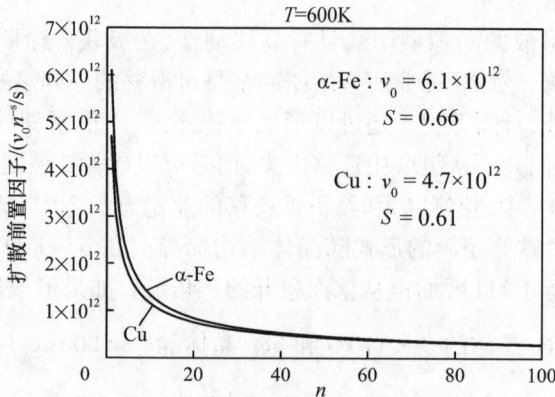

图 1-8　跃迁频率的前置因子与团簇尺寸的关系[17]

构成全位错环的空位团簇也是内禀可滑移的。MD 模拟显示，对于 Cu 和 $\alpha-Fe$ 中伯格斯矢量为 $\frac{1}{2}<110>$ 和 $\frac{1}{2}<111>$ 的空位型位错环，其移动性只是稍稍低于具有相同间隙型挤列子数目的间隙型团簇。只要是具有全位错环形式的空位团,都是可移动的;而那些形成弗兰克环或层错四面体或者不能坍塌成位错结构的空位团,都是不可移动的。

可移动团簇之间可以发生相互作用,也可以与杂质原子如 He 原子相互作用。例如,自间隙原子与点阵替代位上的 2 个 He 原子相互作用时,可将 He 原子推到间隙位置,然后 He 原子迁移并捕陷其他替代位的 He 原子;6 个间隙原子构成的团簇与 3 个替代位的 He 原子相互作用时,将其中的 2 个 He 原子推出替代位,形成有 4 个间隙原子和 1 个 He 原子构成的团簇,以及由一个间隙 He 原子和 1 个替代 He 原子构成的团簇。

1.2.8 有效缺陷产额和产额偏压

辐照下微观结构的演化最终是由空位和间隙原子中的可迁移缺陷部分所控制的。Zinkle 和 Singh 制作了一个流程图[12],表示各种缺陷形式的演化,如图 1-9 所示。

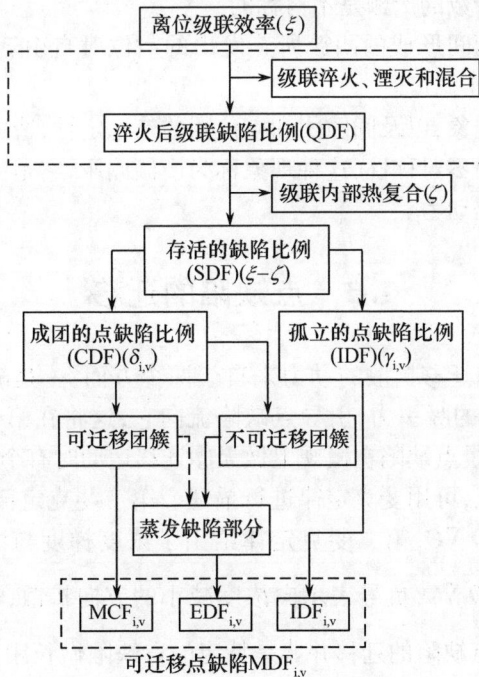

图 1-9 孤立点缺陷、可迁移缺陷团和蒸发缺陷对可迁移缺陷的贡献流程图

图 1-9 中,离位级联效率 ξ 是存活缺陷占辐照产生的 dpa 值的比例(见 1.2.4 节),这其中有一部分(ζ)在级联内部热扩散时湮灭掉了,剩下的存活缺陷部分 SDF(等于 $\xi-\zeta$)就是可迁移缺陷 $MDF_{i,v}$ 的来源。$MDF_{i,v}$(i,v 分别表示间隙原子和空位)由三部分构成:第一部分是存活缺陷(SDF)中的孤立点缺陷部分 $IDF_{i,v}$,是由级联碰撞直接产生的;第二部分是存活缺陷团簇(CDF)中的可迁移缺陷团部分 $MCF_{i,v}$,由可迁移的间隙型团簇和可迁移的空位型团簇构成;第三部分是蒸发缺陷

部分 $EDF_{i,v}$,是存活的缺陷团(包括可迁移和不可迁移的)通过蒸发而释放的间隙原子和空位,在非常高的温度下这部分非常重要。

Zinkle 和 Singh 通过总结可以测定 $MDF_{i,v}$ 值的实验结果发现,迁移缺陷部分占计算的 NRT 产额的比例一般为 $3\% < MDF_i < 10\%$,$1\% < MDF_v < 10\%$。虽然具体数值有相当的不确定性,但可用于界定预期的可迁移缺陷部分的范围。

这些过程的重要性在于:它们在微观结构演化的传统速率理论模型中常常没有被述及。为建立级联损伤条件下缺陷产生和积累的一个精确的物理模型,必须考虑如下几个方面:

(1)一大部分缺陷的产额是以空位团和间隙团的形式存在的,其余的是以孤立的空位和间隙原子形式存在。

(2)缺陷阱处对可迁移的间隙团和对自由迁移的间隙原子的吸收存在偏压。

(3)形成团簇的或孤立的间隙原子和空位的分数无需相等,等价于空位和间隙原子的自由迁移分数的产额是不对称的。

(4)级联淬火期间形成的团簇所蒸发出的空位对自由迁移空位的总数有贡献,贡献的大小依赖于温度。

级联内的成团现象,以及间隙团和空位团的热稳定性,造成了产生可迁移空位和可迁移间隙原子的不对称性,这种现象称为产额偏压,它是位错环和空洞形核和生长的一种强大的驱动力。

1.3　点缺陷的迁移

点缺陷在晶体内迁移扩散的动力来自于两个方面:一是缺陷阱(defect sinks,有些著作译为尾闾)的吸引力,引导点缺陷流向它,这将在第 2 章中介绍;二是点缺陷的浓度差,使大量点缺陷在微观上做无序迁移运动时有个统计上的宏观定向,形成宏观上的缺陷流,可用斐克定律进行描述。第一斐克定律给出了浓度梯度与通量的关系: $J = -D\nabla C$;第二斐克定律给出了浓度梯度与浓度变化率的关系: $\frac{\partial C}{\partial t} = -\nabla \cdot J = \nabla \cdot D\nabla C$,负号表示向浓度减小的方向扩散,$D$ 为扩散系数,单位是 cm^2/s。微观上,点缺陷的迁移并非是特定的点缺陷做长距离的移动,而往往是通过与点阵原子交换位置实现某种类型点缺陷的迁移,犹如不同参赛队伍的接力赛。在点缺陷实现迁移的同时,点阵原子也借助于点缺陷这种媒介伴随着发生了迁移。由于点缺陷有不同的存在状态,点缺陷周围的点阵排列环境各不相同,因此,扩散有多种可能的微观机制。下面介绍点缺陷的微观迁移机制,以及扩散系数与迁移能等微观参数的关系。

1.3.1　点缺陷的迁移机制

晶体点阵上的原子由于热振动而处于恒常运动的状态,这意味着点阵中的缺陷也处于运动状态。热振动的随机性导致原子通过缺陷做无规行走,称为自扩散(self-diffusion)。如果纯金属中混入了杂质原子,它们的扩散称为异质扩散(heterodiffusion)。如果晶体中出现了缺陷的局部浓度梯度,就会出现自扩散,驱动原子向消除梯度的方向移动。扩散(diffusion)则是被浓度梯度之外的作用力所驱动,如应力或应变、电场梯度、温度等。多晶中由于存在晶界、内表面、位错等缺陷阱,其扩散机制比较复杂。这里先只考虑单晶中的点阵扩散,它们都是从晶体点阵中的一个稳定位置向另一个稳定位置的跳跃。点阵扩散有多种机制,有些需要缺陷的参加,有些则不需要。下面是几种常见的扩散机制[3]:

1. 交换和环形机制(exchange and ring mechanisms):

(1)交换机制(图1-10):两个处于相邻的晶格位置上的原子之间互相交换位置。这种机制下相邻原子之间的迁移会在基体中引起相当大的畸变,因此需要较高的激活能。

(2)环形机制(图1-11):相邻的3~5个处于晶格位置上的原子之间互相交换位置。这种形式的扩散机制发生概率较低,并且所需能量也较高。

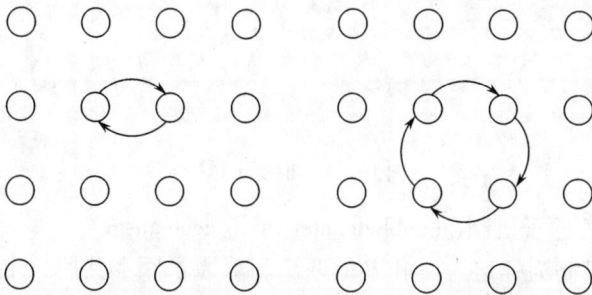

图1-10 交换机制　　　　　图1-11 环形机制

2. 空位机制(vacancy mechanism)

这是金属和合金中最简单的一种扩散机制(图1-12)。晶体中并非所有晶格位置都被原子所占据,而是在一定温度下对应一定的平衡空位浓度。这种扩散机制为一个处于晶格位置上的原子跳到相邻的空位上,这个过程也可以看作空位做与晶格原子反向的运动。空位机制也是fcc金属中扩散的主要机制。

3. 间隙机制(interstitial mechanism)

这种机制认为晶格位置上的原子是不动的,发生间隙扩散的主要是间隙原子。原子从一个间隙位置运动到另一个近邻的间隙位置(图1-13)。这种扩散机制只有当运动的杂质原子比晶格原子小的情况下才有可能发生。

4. 推填子机制(interstitialcy mechanism)

在这种扩散机制下一个间隙原子把一个近邻晶格原子击出至间隙位置。它有两种形式:一种是沿着直线进行;另一种是被击晶格原子击出的方向与被击方向有一定夹角(图1-14)。

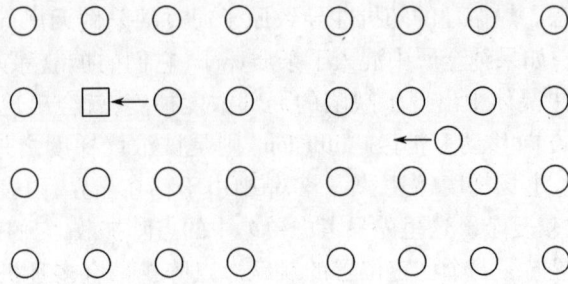

图 1-12 空位机制 　　图 1-13 间隙机制

(a)　　　　　　　　　　　(b)

图 1-14 推填子机制

5. 哑铃间隙原子机制(dumbbell interstitial mechanism)

这种扩散机制为标记为 A 和 B 的两个间隙原子原本共用一个晶格位置,随后 A 先占据晶格位置,B 被挤出与 C 共用一个晶格位置。最终 B 占据晶格位置,C 被击出成为间隙原子(图 1-15)。

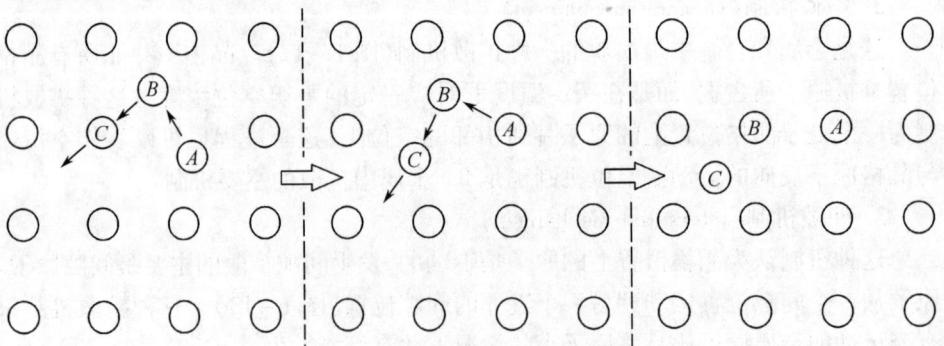

图 1-15 哑铃间隙原子机制

6. 挤列(crowding (crowdion) mechanism)机制

这种机制可以表示为将一个原子放置于晶格平面,但并不停留于一个间隙位置,这将会引起其他多个原子的移位。最终这 $N+1$ 个原子将占据 N 个晶格位置并形成一列(图1-16)。

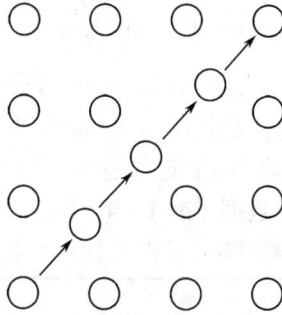

图1-16 挤列机制

1.3.2 点缺陷的扩散系数

从上述点缺陷的各种迁移机制可见,点缺陷的迁移,都伴随着点阵原子从一个稳定位置越过周围原子构成的势场,跳跃到另一个稳定位置的过程。两个位置之间的势能马鞍点即势垒的高度,就是迁移的激活能 Q。对于点缺陷,其迁移所需的能量即迁移能就是激活能;对于借助点缺陷媒介而进行的点阵原子的自扩散,激活能中还要包括缺陷的形成能。

根据爱因斯坦公式:

$$D = \frac{1}{6}\lambda^2\Gamma \tag{1-14}$$

式中:λ 为点阵原子的跳跃距离即自由程,$\lambda = Aa$,A 为点阵的最近邻格点距离,a 为点阵常数;Γ 为点阵原子跳向近邻平衡位置的频率,$\Gamma = zN\omega$,z 为最近邻格点数目,N 为近邻位置为空位或间隙原子的概率,ω 为向单个格点位置的跳跃频率,Γ 比点阵原子的振动频率低几个数量级。

宏观扩散参数 D 与微观扩散参数可由式(1-14)联系起来。考虑到原子热振动的能量超过激活能的概率是 $\exp(-Q/kT)$,$\omega = \nu\exp(S^m/k)\exp(-E^m/kT)$,可得到点缺陷的扩散系数:

$$D_\theta = \alpha a^2\nu\exp\left(\frac{S_\theta^m}{k}\right)\exp\left(\frac{-E_\theta^m}{kT}\right) \tag{1-15a}$$

式中:$\theta = v,i$ 分别表示空位和间隙原子;ν 为德拜频率,约为 $10^{13}\mathrm{s}^{-1}$,$\alpha = zA^2/6$,S^m 和 E^m 分别是点缺陷的迁移熵和迁移能。

通过空位(或间隙原子)机制的原子自扩散,简称空位自扩散(或间隙自扩散)系数:

$$D_\theta^a = \alpha a^2\nu\exp\left(\frac{S_\theta^f + S_\theta^m}{k}\right)\exp\left(\frac{-E_\theta^f - E_\theta^m}{kT}\right) \tag{1-15b}$$

式中:S^f,E^f分别为点缺陷的形成熵和形成能。

式(1-15a)和式(1-15b)可以写成一个统一的形式,即

$$D = D_0 \exp\left(\frac{-Q}{kT}\right) \tag{1-16}$$

式中:Q 为迁移激活能;熵项 D_0 为与温度无关的前置因子,表1-4列出了 fcc 和 bcc 点阵的 D 值和微观常数值。表中 $D = \alpha a^2 N\omega$,ω 为 ν 与式(1-15)指数项之积,N 为跃迁的点阵原子(或点缺陷)的最近邻点阵位置存在一个空位或间隙原子的概率。不同扩散机制的扩散系数列于表1-4中。

表1-4 不同扩散机制的扩散系数

扩散机制	z	A	α	N	D
fcc					
空位	12	$1/\sqrt{2}$	1	1	$a^2\omega$
空位自扩散	12	$1/\sqrt{2}$	1	N_v	$a^2\omega N_v$
间隙	12	$1/2$	$1/2$	1	$a^2\omega/2$
间隙自扩散	12	$1/2$	$1/2$	N_i	$a^2\omega N_v/2$
bcc					
空位	8	$\sqrt{3}/2$	1	1	$a^2\omega$
空位自扩散	8	$\sqrt{3}/2$	1	N_v	$a^2\omega N_i$
间隙	4	$1/2$	$1/6$	1	$a^2\omega/6$
间隙自扩散	4	$1/2$	$1/6$	N_i	$a^2\omega N_i/6$

考虑到点缺陷在连续两次跃迁之间有一定的相关性,D 应乘以一个关联因子 f,f 的值与点阵类型和缺陷类型有关,在 0.75 左右[19]。

从式(1-16)可见,空位和间隙的扩散系数强烈依赖于迁移能和温度。以金属 Cu 为例,间隙原子和空位的迁移能分别约为 0.1eV 和 0.8eV,室温 300K 时隙原子的跳跃概率约为 10^{11}/s,而空位的的跳跃概率约为 10^{-6}/s,空位跳动一次约需 10 天。在熔点 1350K 附近,空位的跳动概率约为 10^{10}/s,可见对温度十分敏感。在 500℃下,Cu 中间隙原子和空位的扩散系数分别约为 7×10^{-2} cm^2/s 和 5×10^{-6} cm^2/s。一般而言,在相同温度下,fcc 晶体中间隙的扩散系数比空位高出几个数量级,通过间隙机制的原子自扩散系数比空位机制的原子自扩散系数低几个数量级。

实验中,可通过测量不同温度 T 下的扩散系数 D,求得前置因子 D_0 和迁移激活能 Q 的值。

1.3.3 点缺陷的迁移能

点缺陷的迁移能可以通过分子动力学进行计算,但计算过程比较复杂,因为点缺陷周围的原子组态(甚至电子态)和势场随着点缺陷的移动而不断变化。有多种方法可以测量迁移能,在第 7 章中介绍了用电子辐照产生位错环,通过阿伦尼乌

斯方程测量迁移能的方法和实例。

空位的迁移能与晶体结构有关。对于 fcc 晶体,空位迁移能 E_v^m 与形成能 E_v^f 大致相等;对于 bcc 晶体,E_v^m 约为 E_v^f 的 $\frac{1}{2}$;对于金刚石结构的 Si 和 Ge,E_v^m 小于 E_v^i 的 1/10。

双空位比单空位的迁移能小(例如,对于 Ni,双空位和单空位的迁移能分别为 0.9eV 和 1.32eV),因此双空位比单空位更容易迁移。但随着尺寸的增加,空位团迁移能增加。四面体空位则由于比较稳定,只能通过分解而迁移,因此四面体空位似乎是空位团进一步长大的第一个稳定核。

在相同温度下,同一种金属内间隙原子的迁移能低于空位迁移能。除 Fe 外,所有 bcc 过渡金属中间隙原子的迁移能都非常低,目前还没有合适的原子间相互作用势可以算出这种结果,是一个有待解决的问题[20]。文献中归纳了 Al、Cu、Pt、Mo、W 的点缺陷参数(表 1-5)。

表 1-5　几种金属的点缺陷参数

缺陷	物理参数	Al	Cu	Pt	Mo	W
间隙原子	弛豫体积/Ω	1.9	1.4	2.0	1.1	—
	形成能/eV	3.2	2.2	3.5	—	—
	熔点处平衡浓度	10^{-18}	10^{-7}	10^{-6}		
	迁移能/eV	0.12	0.12	0.06		0.054
空位	弛豫体积/Ω	0.05	-0.2	-0.4		
	形成能/eV	0.66	1.27	1.51	3.2	3.8
	熔点处平衡浓度	9×10^{-6}	2×10^{-6}	—	—	4×10^{-5}
	迁移能/eV	0.62	0.8	1.43	1.3	1.8
弗仑克尔对	形成能/eV	3.9	3.5	5	—	—

1.3.4　合金化和杂质原子对点缺陷迁移能的影响

核工程上实际使用的是金属合金材料,而且添加了 C、N、O 等杂质元素,在服役过程中通过辐照又引入了 H 和 He,这些合金化元素和杂质元素都能对迁移能产生明显的影响。杂质或溶质原子容易捕获点缺陷,导致其移能增加,阻碍其迁移。反过来,点缺陷的存在可以促进溶质原子的迁移扩散。

纯 Fe 的间隙原子迁移能是 0.26eV,而 Fe-16Cr-17Ni 合金的间隙原子迁移能是 0.90eV,比纯 Fe 大得多。纯 Fe 的空位迁移能是 0.7eV,分别加入 Cr(8%)、W(2%)、V(0.2%)、Ta(0.04%)、C(227appm①)等元素后,对应的空位迁移能分别为增加到 1.0eV、1.0eV、1.1eV、0.9eV、0.9eV。在 Fe-8Cr 合金中分别加入 H(20appm)和 He(20appm)后,空位迁移能都进一步增加到 1.5eV。日本的 F82H 低

---

① appm(atom parts permillon,百万分率原子浓度)。

活化马氏体钢(主要成分为包含上述比例元素的 F－Cr－W－V－Ta 合金)的空位迁移能是 1.2~1.3eV,添加 H、He 后的 F82H+20appmH 和 F82H+20appmHe 的空位迁移能分别 1.3~1.4eV 和 1.4~1.5eV。可见,杂质元素比合金化元素对空位迁移能的影响更大一些,杂质元素引起空位迁移能增加的顺序分别是 C<N≤H<He[21]。

V 合金的情况似乎比较复杂。纯 V 的间隙原子迁移能 E_i^m 和空位迁移能 E_v^m 分别为 0.56eV 和 1.57eV,作为聚变堆候选结构材料之一的 V－4Ti－4Cr 合金,测得的 E_i^m 和 E_v^m 值分别为 0.62eV 和 1.02eV,即添加合金化元素后间隙原子迁移能增加,空位迁移能反而减小了[22]。而 V－20Ti 的 E_v^m 值为 1.36eV,相比纯 V 增加很多。

1.3.5　点缺陷平衡方程

位错环、空洞等缺陷的形成、生长、收缩和解体不仅依赖于点缺陷的扩散及其与缺陷阱的反应,而且与点缺陷的浓度有关,而任何时刻任何位置处点缺陷的浓度是其产生率与消失率之间的平衡,这种平衡可以用点缺陷平衡方程来描述。

在第二斐克定律 $\dfrac{\partial C}{\partial t} = \nabla \cdot D\nabla C$ 的基础上,如果考虑到辐照过程中点缺陷的产生率 K_0、点缺陷之间的复合,以及点缺陷被缺陷阱的捕获对缺陷浓度的影响,则点缺陷的动力学平衡方程为

$$\frac{\partial C_i}{\partial t} = \nabla \cdot D_i \nabla C_i + K_0 - K_{i,v}C_iC_v - K_S^i C_iC_s \tag{1-17}$$

$$\frac{\partial C_v}{\partial t} = \nabla \cdot D_v \nabla C_v + K_0 - K_{i,v}C_iC_v - K_S^v C_vC_s \tag{1-18}$$

式中:C 为浓度;D 为扩散系数;下标 i,v 分别表示间隙原子和空位;下标 S 表示缺陷阱;K_0 为可自由迁移的点缺陷的产生率;$K_{i,v}$ 为单位浓度间隙原子与单位浓度空位的复合速率系数;K_S^i 和 K_S^v 分别为单位浓度间隙原子和空位被单位浓度的某种缺陷阱 S 吸收的速率系数(详见第 2 章)。注意,如果 S 是发射该类型点缺陷使其浓度增加,则方程右侧第三项前面的负号应改为正号,如果有多种缺陷阱,则方程的最后一项要改成多项,每一项对应一种缺陷阱。

求解上述方程不仅需要点缺陷浓度的初值条件,而且需要边界条件。如果缺陷反应在固体内不同空间处是均匀发生的,即反应速率只与点缺陷的浓度有关,而与空间位置 r 无关,则 $\nabla C(r) = 0$。在点缺陷平均间距远大于缺陷阱平均间距即缺陷阱密度远高于点缺陷密度的情况下,$\nabla C(r) \approx 0$。这时上述方程简化为

$$\frac{\partial C_i}{\partial t} = K_0 - K_{i,v}C_iC_v - K_S^i C_iC_s \tag{1-19}$$

$$\frac{\partial C_v}{\partial t} = K_0 - K_{i,v}C_iC_v - K_S^v C_vC_s \tag{1-20}$$

由于它们是在假设缺陷反应是均匀的情况下得到的,与化学反应相似,所以也

24

称为化学速率方程。

点缺陷平衡方程中，由于 K_S^i 与 K_S^v 不相等，因此是个不对称的非线性微分方程组，难以得到解析解。不仅如此，速率常数的大小可能相差几个数量级，例如 K_S^i 可能比 K_S^v 大几个数量级，因此该方程组是刚性方程组，必须采用刚性方程组的数值方法进行求解。

Sizemann 通过一个简化的模型，得到了低温且低缺陷阱密度、低温且中等缺陷阱密度、低温且高缺陷阱密度、高温等多种极端情形下点缺陷平衡方程的解析解[23]。对于点缺陷平衡方程及其解析解，有一个重要特点与位错环等缺陷阱的生长有关：任何缺陷阱，只要其对间隙和空位的捕获强度即速率系数相等，流向该缺陷阱的净点缺陷流就为 0；任何缺陷阱包括位错环只有存在净的间隙原子或空位偏压，才能生长。实际金属中正是如此。

通过点缺陷平衡方程，可以求得辐照条件下点阵原子的扩散系数 D_{rad}：

$$D_{rad} = D_i C_i + D_v C_v \qquad (1-21)$$

由于辐照时产生过饱和的点缺陷 C_i 和 C_v，因此 D_{rad} 远大于热扩散系数，一般可大几个数量级，这就是辐照增强扩散（radiation - enhanced diffusion），它直接导致了辐照诱发的偏析（radiation - induced segregation）。

1.4 位错环的形成和分类

位错线起始和终止于晶粒边界或晶体表面，但如果形成封闭环，就起止于晶粒内部或晶体内部，这种封闭的环状位错就是位错环。位错环经常出现在被载能粒子辐照的材料中，是一种常见的辐照缺陷。此外，固体在快冷过程中，过饱和空位聚集成团后再塌陷也能形成位错环；位错运动经过晶粒中的小沉淀颗粒时，在颗粒周围也能留下一个小位错环。本书关注的是辐照形成的位错环。

彻底理解辐照材料中位错环是如何形成的是个至关重要的问题，因为位错环作为辐照产生的点缺陷和小缺陷团聚集的结果，对材料的力学性质如硬化和脆化有着决定性的影响。不仅如此，位错环还强烈影响其他性质，如肿胀、辐照蠕变和析出。

传统理论认为，位错环是通过位错反应机制形成的：首先是点缺陷沿密排面聚集，形成层错；然后移动的层错发生位错反应，形成位错环。也有人提出一些其他的机制，如哑铃型间隙原子聚集直接长大机制、挤列子重排和重新定向机制等。

下面先介绍位错的基本属性和位错反应条件，然后介绍不同结构晶体中位错环的形成机制。

1.4.1 位错的基本属性和表征参数

位错可以看作是晶体内相对滑移的两个局部区域之间的边界过渡区，此过渡区的宽度通常只有几个原子间距,非常狭窄,可以用一条边界线 l 来描述。l 可以是直线,也可以是曲线,如果是封闭的曲线,就是位错环。可见,位错环是一种特殊形态的位错。

位错(环)实际上是个管状的缺陷区,区内原子的周期性排列受到破坏。

需要注意的是,虽然位错环中的原子是错排的,但位错环所包围的区域中的原子一般是有序排列的。

位错的一个基本特性是连续性:要么形成封闭的位错环,要么起止于晶界或晶体表面。

表征位错的参数有位错密度、位错环密度、位错环尺寸、伯格斯矢量。位错密度的定义是单位体积内位错线的总长度,即 $\rho = \sum l_i / V$,单位是 m/m^3。由于位错通常相互缠结,形状复杂,所以通常用晶体外表面单位面积上的露头数来估算。位错环密度的定义是单位体积内位错环的总数目,即 $\rho = \sum n_i / V$,单位是 $1/m^3$。

晶体的强度和变形速率都与位错密度有关:晶体的强度在一定位错密度值下最小,大于或小于此密度值则强度上升,呈 U 形曲线关系。而在外加剪切应力的作用下,晶体的变形速率即单位时间内的平均切变 γ 正比于位错密度,即 $d\gamma/dt = \rho bv$,v 是位错的滑移速率。

伯格斯矢量是表征位错属性的基本参数。如果做一个包围位错的伯格斯回路,那么使伯格斯回路不封闭的那段不封闭段矢量就是该位错的伯格斯矢量 b。对于一定的晶体,伯格斯矢量 b 是一定的。如果 $b // l$,就是螺型位错;如果 $b \perp l$,就是刃形位错;如果 b 与 l 既不平行也不垂直,就是混合位错。一般地,螺形位错必须是直线,刃形和混合位错既可以是直线,也可以是曲线或封闭的位错环。因此,位错环一定不是螺型位错,而是刃型位错或包含刃型成分的位错。

伯格斯矢量 b 是表征位错的最重要参数,其物理意义如下:

(1) 对于滑移位错,b 是晶体的滑移矢量,描述了晶体内局部滑移的方向和大小;对于一般位错,如果用局部切割的方法构造位错,那么 b 就是局部切割时的位移矢量,表征了局部位移的大小和方向。

(2) b 代表了沿伯格斯回路所累积的晶格弹性变形。

(3) b 的大小反映了位错的强度。作为边界过渡区,位错内的原子是错排的,b 越大,位错中心区内原子的错排越严重,错排能越高,中心区周围的弹性变形也越大,弹性能(与 b^2 成正比)也越高。

伯格斯矢量具有守恒性,可以表述为:如果有多条位错在晶体中某点处交汇(此点称为节点),那么流向节点的伯格斯矢量之和等于流出节点的伯格斯矢量之和;如果只有流入,没有流出,那么流入节点的伯格斯矢量之和必为 0;如果没有流入,只有流出,那么流出节点的伯格斯矢量之和必为 0。根据守恒性,可以得到一个推论:一根位错线只有一个伯格斯矢量。

1.4.2　位错反应条件

在满足下述两个条件的情况下,伯格斯矢量不同的位错在相遇(合并)时有可能形成一个新的位错;反之,一个位错也可能分解成伯格斯矢量不同的两个位错。这种位错的合成和分解现象,称为位错反应。

(1)几何条件:反应前后总的伯格斯矢量守恒,即参与反应的位错的伯格斯矢量之和等于反应后生成的位错的伯格斯矢量之和,即

$$\sum \boldsymbol{b}_i = \sum \boldsymbol{b}'_i \tag{1-22}$$

式中:$\boldsymbol{b}_i$,$\boldsymbol{b}'_i$分别为反应前后的各位错的伯格斯矢量。

由于伯格斯矢量代表位错的局部滑移或位移矢量,因此上述几何条件实际就是位移的合成或分解原理。

(2)能量条件:反应后生成的位错的总弹性能不能高于参与反应的位错的总弹性能。

由于位错的弹性能正比于伯格斯矢量的长度的平方,因此这个能量条件可表达为

$$\sum (\boldsymbol{b}_i)^2 = \sum (\boldsymbol{b}'_i)^2 \tag{1-23}$$

1.4.3　位错环形成的位错反应机制

不同点阵结构的晶体中,点阵原子排列的方式不同,点缺陷在点阵中的存在形式和聚集行为不同,导致形成具有不同伯格斯矢量的位错环,形成过程也不相同。

1. fcc 晶体

fcc 晶体拥有密堆积面{111},每层密堆积面内的近邻原子彼此相切,相邻密堆积面上的原子也彼此相切,相邻层之间原子堆积次序为 ABCABCABC。当空位在点阵内聚集时,是优先沿着{111}面聚集成一个空位圆盘。假设空位圆盘位于其中的一个 B 层,即形成了 ABCA:CABC 顺序堆积,其中":"表示有空位聚集成的圆盘。当圆盘直径足够大时,上下的原子面将发生崩塌,就形成一个层错。

如果当空位面塌陷时,原子面的堆积顺序不变,还是 ABCABCABC,由此生成的晶格畸变全部集中在四周的位错环上,位错环的伯格斯矢量 $\boldsymbol{b}$ 就是 $\frac{1}{2}<110>$。这种位错环是 fcc 晶体的全位错,因为其伯格斯矢量的大小等于沿滑移方向的原子间距,即伯格斯矢量就是这类晶体的简单晶格矢量。这种位错环可在棱柱面上滑移,故又称为棱柱位错环(prismatic loop)。

如果当空位面塌陷时,原子面的堆积顺序变为 ABCACABC,就形成一个层错,层错周围出现一圈不全位错(伯格斯矢量的大小小于滑移方向上的原子间距的位错)(图1-17)。由于相邻的平行密排面沿其法线方向移动(合拢)了一个面间距

$d_{\{111\}}$，故其伯格斯矢量 $\boldsymbol{b}$ 为 $\frac{1}{3}<111>$。无论其形状如何，这一圈不全位错都是刃型位错。由于任何位错都只能在包含伯格斯矢量 $\boldsymbol{b}$ 的平面上滑移，且 fcc 晶体的滑移面必须是一个密排面 $\{111\}$，而伯格斯矢量 $\boldsymbol{b}=\frac{1}{3}<111>$ 垂直于密排面 $\{111\}$，任何包含此伯格斯矢量的平面都垂直于密排面即滑移面，因此这个刃型位错是"定位错"，不能滑移，只能攀移（半原子面扩大或缩小），故称为弗兰克不全位错（Frank sessile dislocation）。由它形成的位错环称为弗兰克位错环（Frank loop）或层错环（faulted loop）。

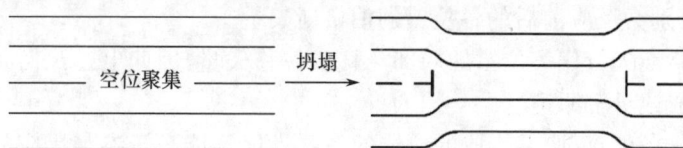

图 1-17　空位层错环的形成

层错环长大到一定尺寸后就会转变成完全位错环，过程是：首先在位错环内形成 $\boldsymbol{b}=\frac{1}{6}<112>$ 的肖克莱分位错的圆环，然后长大与弗兰克不全位错发生如下位错反应

$$\frac{1}{3}[\bar{1}11]+\frac{1}{6}[\bar{1}21]\rightarrow\frac{1}{2}[\bar{1}01] \tag{1-24}$$

形成一种全位错，即 $\frac{1}{2}<110>$ 空位型位错环：

空位型层错环也可以形成一种稳定的缺陷——层错四面体（Stacking Fault Tetrahedral，SFT）。围成 SFT 的 4 个侧面都是空位型层错环，6 个边是梯杆位错，SFT 的内部是一块四面体形状的晶体。有人认为 SFT 是从弗兰克环演化而来，也有人认为 SFT 可以直接从级联产生的空位型团簇演化而来。受到层错能的限制，SFT 的边长不超过 50nm。SFT 是 fcc 晶体中常见的一种空位型缺陷，且一旦形成，就非常稳定（式(1-41)和图 1-20）。

fcc 晶体中，哑铃型间隙原子也可以在 $\{111\}$ 面聚集，形成插入的层错（图 1-18)，然后通过下列的反应，层错消失，形成 $\frac{1}{2}<110>$ 间隙型位错环：

$$\frac{1}{3}[\bar{1}\bar{1}1]+\frac{1}{6}[11\bar{2}]+\frac{1}{6}[1\bar{2}1]\rightarrow\frac{1}{2}[0\bar{1}1] \tag{1-25}$$

2. bcc 晶体

bcc 晶体中位错环的情况比 fcc 晶体复杂。bcc 晶体中没有 fcc 晶体中那样的密堆积面，所以 fcc 晶体中观察到的原子排列组态和详细的位错反应动力学不能被直接采纳到 bcc 晶体中。

28

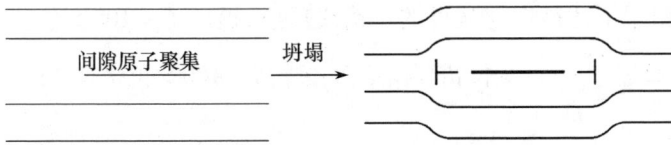

间隙原子聚集 →坍塌

图 1 - 18　间隙型层错环的形成

bcc 晶体中最短的点阵矢量是 $\frac{1}{2} < 111 >$，所以全位错伯格斯矢量是 $\frac{1}{2} < 111 >$ 型的。实验已经观察到，bcc 晶体中可能出现伯格斯矢量为 $\frac{1}{2} < 111 >$ 和 $< 100 >$ 的两种位错环。

实际上，bcc 晶体中 $< 100 >$ 位错环的出现，完全是一个出乎意料之外的现象。1963 年，当伯克利核实验室的 Masters 在 Fe 离子高温辐照过的 Fe 箔中观察到 $< 100 >$ 位错环后，立即以快讯的形式在 Nature 上做了简短报道[24]，引起了人们的广泛关注。这个现象不但有学术上的重要性，尤其是在核工程上具有重大意义：铁素体/马氏体钢优越的抗辐照肿胀性能（相对于奥氏体钢）即来源于 $< 100 >$ 位错环的出现[25]。

按照常理，bcc 晶体的密排面是 $\{111\}$，因此除了 $\frac{1}{2} < 111 >$ 外，不应该出现其他类型伯格斯矢量的位错环。从位错能的角度，$< 100 >$ 位错环的能量比 $\frac{1}{2} < 111 >$ 位错环高，也不利于其形成。事实上，在除 Fe 外的其他 bcc 金属中确实只出现 $\frac{1}{2} < 111 >$ 位错环。但是，bcc 的 $\alpha -$ Fe 和铁素体合金中，在高温辐照（包括离子辐照和中子辐照）下却出现了 $< 100 >$ 环。这一现象自发现以来已经过去 50 多年了，至今仍然是个迷。$< 100 >$ 位错环相对于 $\frac{1}{2} < 111 >$ 位错环的形成概率也未得到完整的解释。

Eyre 和 Bartlett 最早提出了 bcc 晶体中基于位错反应的位错环形成机制[26]：bcc 晶体的最密排原子面是 $\{110\}$，$< 110 >$ 哑铃型填隙原子沿着密排面聚集，形成伯格斯矢量为 $\frac{1}{2} < 110 >$ 的层错，然后通过下列两种剪切反应使层错消失，分别形成 $\boldsymbol{b} = \frac{1}{2} < 111 >$ 和 $\boldsymbol{b} = < 100 >$ 的位错环：

$$\frac{1}{2}[110] + \frac{1}{2}[00\bar{1}] \rightarrow \frac{1}{2}[11\bar{1}]$$

$$\frac{1}{2}[110] + \frac{1}{2}[\bar{1}10] \rightarrow [010] \tag{1 - 26}$$

29

Masters 根据下述被广泛认可的位错线反应,提出了 <100> 位错环的另一种形成机制,即通过 $\frac{1}{2}$<111> 位错环反应直接形成 <100> 位错环[27]:

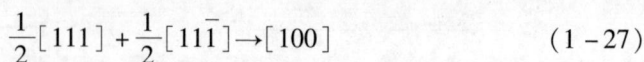

$$\frac{1}{2}[111] + \frac{1}{2}[11\bar{1}] \rightarrow [100] \qquad (1-27)$$

3. hcp 晶体

在 hcp 晶体中,空位沿着 $\{\bar{1}010\}$ 面聚集,形成层错,然后通过下述位错反应,层错消失,形成 $b = \frac{1}{3}$<1120> 的位错环:

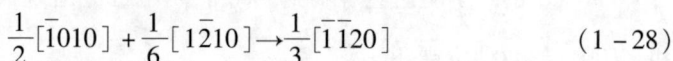

$$\frac{1}{2}[\bar{1}010] + \frac{1}{6}[1\bar{2}10] \rightarrow \frac{1}{3}[\bar{1}\bar{1}20] \qquad (1-28)$$

1.4.4　位错环形成的间隙团簇机制

Marian,Wirth 通过分子动力学模拟,提出 bcc Fe 和 Fe 基合金中 <100> 位错环的另一种机制,这个机制与从原子尺度模拟所获得的对间隙团簇形成、扩散和生长的理解是一致的[28],即碰撞级联中产生的自间隙原子刚开始聚集成小的 $\frac{1}{2}$<111> 间隙原子团簇,这些团簇要么快速向缺陷阱迁移,要么彼此之间发生相互作用。通过尺寸相当的 $\frac{1}{2}$<111> 团簇间的直接相互作用 $\left(\frac{1}{2}[111] + \frac{1}{2}[11\bar{1}] \rightarrow [100]\right)$,形成 <100> 位错环核。两个相互作用的位错环根据下述反应传播通过彼此的惯习面:

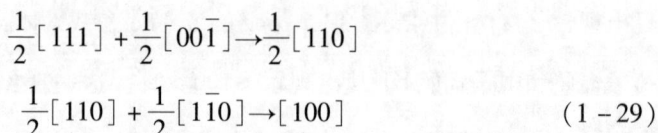

$$\frac{1}{2}[111] + \frac{1}{2}[00\bar{1}] \rightarrow \frac{1}{2}[110]$$
$$\frac{1}{2}[110] + \frac{1}{2}[1\bar{1}0] \rightarrow [100] \qquad (1-29)$$

最终导致 <100>{110} 结合点的生长,直到整个位错环转变完成。产生的 <100> 位错环相对于 $\frac{1}{2}$<111> 是亚稳的,但两者能量相差相当小,且重新定向成 $\frac{1}{2}$<111> 的激活势垒相当大。随着尺寸增加到 $n > 68$, <100>{110} 位错环重排到 {100} 惯习面上。在这种组合下, <100> 是亚稳的,而且实际上是固定不动的,允许通过直接转动机制(反应如下)吸收其他小的 $\left(\frac{1}{2}\right)$<111> 团簇:

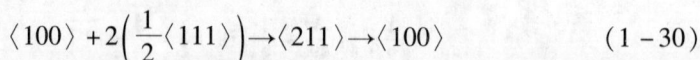

$$\langle 100 \rangle + 2\left(\frac{1}{2}\langle 111 \rangle\right) \rightarrow \langle 211 \rangle \rightarrow \langle 100 \rangle \qquad (1-30)$$

长大成透射电镜下的可观察尺寸。式(1-30)表示在 <100> 自间隙团簇存在的情况下, <111> 取向的个体间隙原子团转动变成亚稳态的 <211> 取向,然后迅速

转成 < 100 > 取向。

1.4.5　位错环形成的挤列子机制

上面介绍的基于位错反应的 Eyre 模型、Masters 模型和 Marian 模型,与后来原位透射电镜实验所发现的一些新的实验事实并不相符。

例如,Arakawa 等发现,使用高能电子辐照甚至简单的加热,就能使 $\frac{1}{2}$ < 111 > 位错环在不与其他外部位错环接触的情况下,转变成 < 100 > 位错环或转变成另一个 $\frac{1}{2}$ < 111 > 位错环,甚至 < 100 > 位错环能转变成一个 $\frac{1}{2}$ < 111 > 位错环[29]。Arakawa 等还发现,当大位错环与小位错环相遇碰撞时,无论二者伯格斯矢量是否相同,大位错环都能吸收小位错环[30]。

Chen 等在 α 粒子辐照的 α – Fe 中(辐照温度 573K,损伤剂量 0.13dpa)观察到尺寸 2.5 ~ 10nm 的间隙位错环,其中 < 100 > 位错环的惯习面是(100),$\frac{1}{2}$ < 111 > 位错环的惯习面是{110}、{111}和{211}及它们的组合,甚至有些惯习面介于{110}和{111}之间。而且还首次观察到位错环含有 $\frac{1}{2}$ < 111 > {211} 和 < 100 > {100} 的成分,可能是 $\frac{1}{2}$ < 111 > 位错环向 < 100 > 位错环转变的过渡阶段,并认为这可能是 < 100 > (100) 位错环形成的关键步骤[31]。

基于观察到的多种位错环组态,Chen 等通过分子动力学模拟,提出一个通过自间隙原子的重排实现位错环转变的新机制。图 1 – 19 是该机制的示意图,图中示出了两个(011)面的原子排列,每个面沿[1$\bar{1}$1]方向有 6 个挤列子。它们以这样一种方式排列:每条〈1$\bar{1}$1〉线上的"中心"原子(从正常的点阵位置轴向最大偏离的原子)都落在一个平面上,这个平面成为位错环的惯习面。这 12 个自间隙原子都画在图 1 – 19 中,它们体现了(0$\bar{1}$1)惯习面的特征。通过沿着〈1$\bar{1}$1〉方向的相对移动,这些平行的间隙子也能形成其他的低指数惯习面(1$\bar{1}$1)和(2$\bar{1}$1)。在一个(4 +1)步的过程(途径)中,$\frac{1}{2}$〈1$\bar{1}$1〉(2$\bar{1}$1)位错环向〈100〉(100)的转变也是可能的:①〈1$\bar{1}$1〉挤列子滑移一步 $\frac{1}{2}$[1$\bar{1}$1];②挤列子从[1$\bar{1}$1]转到[$\bar{1}$$\bar{1}$1];③[$\bar{1}$$\bar{1}$1]挤列子滑移一步 $\frac{1}{2}$[$\bar{1}$$\bar{1}$1];④自间隙原子跳到一个[100]取向,形成一个〈100〉(100)位错环的片段;⑤〈100〉(100)位错环的一个片段沿[100]滑移一步。步骤①~⑤重复进行直到整个环转变过来。例如,图 1 – 19 中,第 4 行上的挤列子触发上述过程形成实验上观察到的 CD1 组态,然后第 8 行上的挤列子继续这个过程形成 CD2,

最后第 12 行上的挤列子完成这个过程,形成完整的〈100〉(100) 位错环。

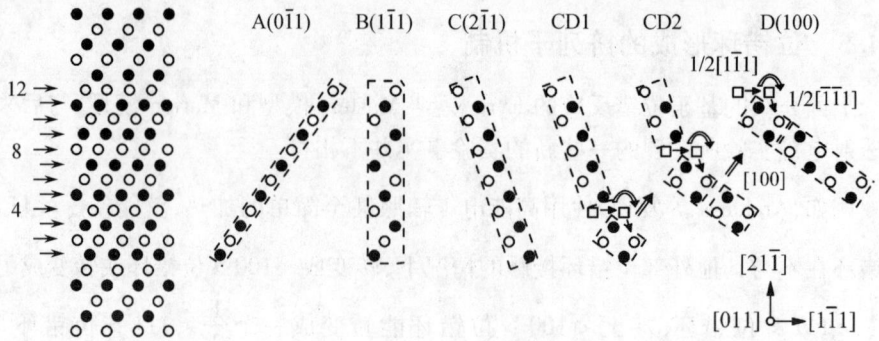

图 1 – 19　位错环形成的挤列子机制[31]

概括起来,上述位错环转变过程包括了〈111〉挤列子沿〈111〉方向滑移,{100}位错环的片段沿〈100〉方向滑移,〈111〉挤列子在不同〈111〉方向之间跳转,以及转到〈100〉方向这几个过程。其中 $\frac{1}{2}$〈111〉环和〈100〉环之间的相互转变,在实验上也已观察[29],说明在高温下 $\frac{1}{2}$〈111〉环和〈100〉环之间的能量相差小。分子动力学计算结果表明[31],从 $\frac{1}{2}$〈111〉环转为〈100〉环约需 1.6 ~ 1.7eV,对应的转变温度为 640K,与 Yao 等实验报道的结果(约 673K)[32]和本书作者的实验结果(约 623K)相近(见 6.1 节)。

1.4.6　位错环形成的固定结合体机制

Xu 等发现了 α – Fe 中 <100> 位错环形成的一种新机制[33],这种机制不同于以前提出的所有机制,它并不遵守众所周知的柏格斯矢量守恒定律。两个 1/2 〈111〉位错环相互作用,连接在一起形成一个不能滑移的结合体(sessile junction)。如果这个结合体中含有部分[100]或[010]方向,它可能沿两个路径继续演化:沿路径 A 演化成[100]或[010]位错环;沿路径 B 演化成 $\frac{1}{2}$[111]或 $\frac{1}{2}$[11$\bar{1}$]位错环。

如果这个结合体不含有部分[100]或[010]方向,它将沿路径 C 演化成 $\frac{1}{2}$[111]或 $\frac{1}{2}$[11$\bar{1}$]位错环。其中路径 A 是通过结合体中取向为[100]或[010]的片段的逐步扩展,最后实现了整个结合体都形成[100]或[010]取向。他们用动力学蒙特卡罗方法直接观察到了 <100> 环的形成,然后通过分子动力学模拟得到了证实。[100]环的这种形成机制,并不遵守式(1 – 27)所表示的柏格斯矢量守恒。例如,

$\frac{1}{2}[111]$ 环与 $\frac{1}{2}[\bar{1}\bar{1}1]$ 环反应,在此机制下生成了 $[100]$ 环,而不是守恒律所要求的 $[001]$ 环。

1.5 位错环的运动

在外加应力或其他位错的应力场作用下,位错和位错环可以发生运动。其运动方式包括滑移和攀移,不同方式的运动需要不同的启动应力,这种启动可以在辐照、高温和外应力等多种情况下发生。位错环运动后,有可能相遇,发生位错反应或吸收反应,引起位错环类型、尺寸和密度变化。一些计算和理论还表明,在高能粒子辐照下的核聚变和核裂变材料的退化过程中,位错环的迁移扩散发挥了中心作用,例如能促进肿胀,甚至在晶体内形成空洞的点阵[34,35]。因此,研究位错环的运动对于理解位错环和空洞的演化行为是不可缺少的。作为封闭的位错线,位错环也是位错的一种。下面先简单介绍位错运动的一般规律,然后介绍位错环在辐照和高温下的运动。

1.5.1 位错的运动方式

位错的运动有两种基本方式,即滑移和攀移。

滑移是位错在滑移面上的运动。由于滑移过程中滑移面上的原子数目不变,因此滑移是位错的保守运动。实际晶体的滑移面必须是晶体学上允许的某些特定的平面,一般是密排面。因为跟非密排面比,密排面的晶面间距大,面间结合力相对较小,滑移需要克服的阻力较小。滑移方向总是密排方向,因为在此方向上原子从一个平衡位置移动到下一个位置所需的位移小。

晶体的对称度越高,往往等价的滑移系统越多,也越容易滑移。fcc 晶体有 4 个不同位向的 {111} 密排面,每个密排面上有 3 个 <110> 密排方向,因此室温下共有 12 个等价的 {111} <110> 滑移系统。bcc 晶体在室温下都有 {110} <111> 滑移系统,其中 $\alpha - Fe$ 同时有 3 个滑移面 (100)、(112) 和 (123),这 3 个滑移面不等价,但滑移方向都是 <111>。因此,$\alpha - Fe$ 的滑移线往往呈波浪形,称为铅笔状滑移。底心正交的 $\alpha - U$ 有 (010)、(001)、{110} 和 {011} 滑移面,以 (010) 为最常见,滑移方向均为 <100>。hcp 结构的 $\alpha - Zr$ 的滑移面是 {1010},滑移方向是 <1120>。

温度是影响滑移系统的主要因素,在高温下可启动新的滑移系统,也越容易滑移。例如 fcc 晶体的滑移系统是 {111} <110>,高温下可启动 {100} <011>。实际上,滑移也是高对称晶体发生塑性变形的主要方式,特别是在高温下。此外,孪生可以诱发滑移,滑移也可以诱发孪生。

螺型位错只能滑移,其滑移面的法线方向是 $l \times b$,l 是位错线,b 是伯格斯矢

33

量,但是由于螺型位错的 $l \parallel b$,故 $l \times b = 0$,因此包含螺型位错线的任何平面都可以是它的滑移面,即滑移面不是唯一的。

刃型位错($l \perp b$ 的位错)既可发生滑移,也可发生攀移。刃型位错滑移时,位错的运动面就是滑移面 $l \times b$,运动方向 ν 与位错线垂直 $l(\nu \perp l)$。

刃型位错的攀移:刃型位错的原子分布可以看成是在滑移面的上方(或下方)插入了半个垂直于滑移面的原子面,插入的这个额外的半原子面的边缘就是刃型位错线。在较高温度下,点阵中的原子可能扩散到位错线上,致使额外的半原子面扩大;或者反过来,位错线上的原子可能扩散到晶体点阵中,导致额外的半原子面缩小。这两种情况下,位错线都脱离滑移面而运动。这种由于原子扩散而导致的位错线脱离滑移面的运动,称为位错的攀移。攀移运动伴随着攀移面上原子数的变化,因此攀移是位错的非保守运动,它对应着晶体的伸长或缩短。

刃型位错发生攀移时,位错的运动面与滑移面垂直,且运动面的法线平行于 b,位错的运动方向 $\nu \parallel (l \times b)$,即与位错线垂直。

位错环一般是混合位错,可分解成刃型和螺型两个分量,因此即可滑移,也可攀移。

对于包括位错环在内的混合位错,上述规律也成立:位错的运动方向 ν 总是和位错线垂直,运动面的法线为 $l \times \nu$。$l \times \nu$ 所指的那部分晶体沿着 b 的方向运动。这个规律对滑移和攀移都适用。

1.5.2　位错滑移的启动

要使位错发生滑移,需要克服滑移面两边的原子的相互引力。使位错滑移 1 个原子间距所需的应力,就是使位错启动所需要的最小应力,称为派 - 纳力(Peirls - Nabarro force),记为 τ_p。τ_p 实际上代表了点阵对位错运动的阻力,它的大小跟滑移面两边原子的错排度密切相关。如果不存在位错,滑移面两边原子的错排度为 0,此时滑移面两边的原子至少要移动 1 个原子间距才能使晶体发生塑性变形,这需要克服很大的点阵阻力,因此需要加很大的应力,这就是晶体强度高的原因。如果存在位错,晶体发生塑性变形的条件就降低为位错线至少移动 1 个原子间距。由于此时滑移面两边原子存在错排,位错线移动一个原子间距所对应的原子实际位移非常小,因此点阵阻力很小,即 τ_p 很小。就是说,很小的派 - 纳力就可以启动位错的滑移。

τ_p 可以通过错排能进行计算,其大小等于错排能沿滑移方向的梯度的最大值。实际上,微观上的派 - 纳力 τ_p 就是宏观晶体沿滑移系统做剪切变形的临界分切应力 τ_c,而 τ_c 可以通过单晶体的拉伸实验测得。按照 Schmid 定律,临界分切应力是指使晶体沿某个滑移系统开始滑移所需要的最小剪应力,即

$$\tau_c = \sigma\mu \qquad\qquad (1-31)$$

式中:σ 为开始滑移时的拉应力;$\mu = \cos\varphi\cos\lambda$ 为取向因子,φ 和 λ 分别为拉力 F 与

滑移面法线方向和滑移方向之间的夹角。

当作用在滑移面上沿滑移方向的剪应力达到 τ_c 时,该滑移系统被"激活",晶体开始滑移。τ_c 是跟材料和温度有关的一个常数,添加合金元素则 τ_c 增大,温度升高则 τ_c 减小。μ 值小的位向称为硬位向,此时需要较大的拉应力 σ 才能使剪应力达到 τ_c 值,该位向不易滑移;反之,μ 值大的位向称为软位向,该位向容易滑移。对于有多个滑移系统的晶体,μ 值最大的系统即最软的位向首先被激活。沿一个系统进行的滑移叫单滑移,沿两个或多个系统进行的滑移称为双滑移或多滑移。

bcc 晶体的 τ_c 值一般比较大,例如室温下 bcc α – Fe 的 $\tau_c = 27.6\mathrm{MPa}$。fcc 和 hcp 晶体的 τ_c 值一般比较小,如室温下 fcc Cu 的 $\tau_c = 0.98\mathrm{MPa}$,hcp α – Zr 的 $\tau_c = 0.64 \sim 0.69\mathrm{MPa}$,这说明 fcc 和 hcp 晶体的位错滑移比 bcc 晶体更容易。

除外加应力可以使位错滑移外,如果晶体中位错的应力场足够大,也可以使该位错周围的其他位错包括位错环发生运动。很显然,位错中原子的错排,必然在晶体内建立内应力。大致上,位错周围的变形区可分成两个区域:一是位错中心的大变形区,此区域内原子严重错排,原子的确切位置未知,应力很难估算;二是位错中心区以外的弹性变形区,在满足一些假设的前提下(如假设晶体是弹性连续介质、位移和变形很微小、应力和应变的关系满足胡克定律),应用弹性力学,就可以计算弹性区的应力,进而用于分析晶体强化问题以及缺陷的相互作用等。

对于螺型位错,其周围的弹性应力场中没有正应力分量($\sigma_x = \sigma_y = \sigma_z = 0$ 或 $\sigma_r = \sigma_\theta = \sigma_z = 0$),只有沿位错线方向的剪切应力。作用在滑移面上、沿着滑移方向的剪切力 τ_s 与场点到位错线的距离 r 成反比,即

$$\tau_s = \mu b / 2\pi r \qquad (1-32)$$

式中:μ 为晶体的剪切模量。

对于刃型位错,在插入的半原子面区域,沿 b 方向的正应力是压应力,在不含半原子面的区域是拉应力。在滑移面上,剪切力的大小也与场点到位错线的距离 r 与成反比:

$$\tau_{xy} = \tau_0 b / r \qquad (1-33)$$

式中:$\tau_0 = \mu / 2\pi(1-\nu)$,$\nu$ 为泊松比。

式(1-33)也可用于表达刃型位错在滑移面上沿滑移方向的剪切力,只是此时 $\tau_0 = \mu / 2\pi$。这样,就建立了位错周围的弹性应力场的统一形式。

由于位错在其周围建立了弹性应变场,必然就存在弹性能,其大小为

$$W = \alpha \mu b^2 l \qquad (1-34)$$

式中:对于螺型位错,$\alpha = \alpha_\parallel = \ln(R_2/R_1)/4\pi$;对于刃型位错,$\alpha = \alpha_\perp = \ln(R_2/R_1)/4\pi(1-\nu)$。对于混合位错,可分解为螺型和刃型分量,其 α 值就是 $\alpha_\parallel$ 和 $\alpha_\perp$ 的线性组合。

可见,位错的弹性能与柏格斯矢量 b^2 成正比,因此柏格斯矢量表征了位错的强度。

单位长度的位错线所具有的弹性能即位错的线张力 T 为

$$T = \alpha\mu b^2 \qquad\qquad (1-35)$$

由于位错存在线张力,因此位错有回复能力,例如在外力 f 作用下弯曲的位错线段在撤去外力后会恢复成直线段。对于位错环,如果圆形的位错环在外应力作用下发生变形,在外力消失后又会恢复成圆形的位错环。

1.5.3　辐照作用下位错环的运动

分子动力学模拟结果显示,即使应力为0,小于几个纳米的极小间隙型位错环也能在伯格斯矢量方向做快速的一维滑移扩散[17,36-38],这种现象在理论上也研究过[39]。

MD 研究显示,$\alpha-Fe$ 中直径小于 2.4nm 的高扩散的 $\frac{1}{2}<111>$ 位错环,可以看成是 [111] 轴向的挤列子捆束[37]。一个挤列子是一种自间隙原子,它在密堆积方向有一个长程的压应变场,其质心能容易沿着其轴向移动。通过其组成挤列子的几乎独立的轴向移动,挤列子捆束发生移动。挤列子捆束的移动似乎与"传统位错"不同,后者由于位错核周围原子的协同移动而像弦一样移动。相比之下,比挤列子捆束大的位错环被认为是"传统位错"的简单环。然而,在 MD 模拟的纳秒时间的范围内,这种环并未显示任何显著移动,因此用 MD 检测它们的扩散过程是困难的。而 TEM 实验研究显示,纳米尺寸的位错环能进行滑移[40,41]。

电子辐照下位错环的运动现象已被广泛报道过,在 Cu、Fe、W、V 等金属及其合金中都观察到了,其运动行为跟位错环的尺寸和合金元成分有关。其运动特征总结如下[40,42]:

(1) 运动在电镜照片上的投影轨迹显示,在 fcc 和 bcc 金属中位错环的运动方向是沿着原子密堆积方向(沿着 [110] 和 [111] 方向)或位错环的伯格斯矢量 b 方向,因为该方向迁移激活能低。

(2) 小间隙型团簇的典型运动是在两个位置之间重复做来回运动,表明运动的驱动力来自于围绕位错环的应力场梯度的变化。当一个环非常接近邻近的一个环时停止运动,因此其来回运动的距离几乎是两个现存环之间的距离。有时候环似乎停在两端。

(3) 运动不是连续而是断断续续的。一些位错环运动时,其他的位错环不动。

(4) 团簇尺寸增加,运动变慢;小团簇或位错环的运动速度太快,无法用常规的摄像机(60 帧/s)记录和分析。

(5) 周围团簇的尺寸和分布的连续变化是位错环运动的有利环境,因此位错环在生长期间运动更频繁。

(6) 关联运动经常被观察到,团簇在附近其他团簇运动后接着运动。

(7) 添加合金元素,位错环的移动距离和频率显著减小,说明合金和杂质元素能阻碍位错环的运动[42]。

含杂质元素的金属在电子辐照下间隙型团簇一维迁移的物理过程如下[43,44]：

（1）静止的团簇通过吸引作用被杂质原子捕陷。

（2）入射电子轰击杂质原子使其离位，团簇的捕陷被解除而成为自由团簇。

（3）自由团簇在低激活能下引起快速的一维迁移。

（4）自由团簇又被另一个杂质原子捕陷。团簇一维迁移的距离对应于它在随机分布的杂质间迁移的自由程。

离子辐照下位错环的运动现象也通过原位辐照 TEM 实验观察到了，但报道不多，可能是因为离子辐照原位 TEM 实验比电子辐照原位 TEM 实验困难得多所致。

Jenkins 等在 Fe 和 Fe – Cr 合金的重离子原位辐照研究中发现[45]，在低剂量下，辐照引入的新位错环的衬度有时发展到长达 0.2s 的时间间隔，比级联坍塌过程所预期的长几个数量级。在温度小于等于 300℃，离子辐照引起 $\frac{1}{2}$ <111> 位错环的跳跃，特别是超高纯 Fe 中。高剂量下则形成了复杂的结构，包括大位错环。在高温自离子辐照 W 的原位实验中，Li 等也观察到了 $\frac{1}{2}$ <111> 位错环的一维跳跃现象，但是在添加 5% Re 的 W 中没有观察到[46]。此外，还观察到了弹性位错环的相互作用可导致伯格斯矢量的改变，促进位错反应，如吸收、合并或形成位错弦。

1.5.4 高温下位错环的运动

为研究传统的位错环（尺寸比较大，而不是很小的缺陷团式的位错环）能否扩散、如何扩散以及扩散系数的大小，Arakawa 等研究了加热条件下 99.998% 的高纯 α – Fe 中，直径大于 5.9nm 的 $\frac{1}{2}$ <111> 位错环的移动过程，温度范围 290～700K，实验时不加外应力且内应力可以忽略[41]。测量了运动位错环占全部可见位错环的比例随温度和时间的依赖关系，考察了几乎独立的位错环的行为。发现温度超过 450K（称为运动氛围形成的临界温度 T_c）时，开始有位错环移动，这意味着高扩散性的间隙杂质原子如 C 和 N 的 Cottrell 气氛在位错环周围形成；若低于此温度，则杂质气氛将位错环锁定。温度高于 T_c 时，运动位错环的比例随温度的升高而单调递增。

通过每隔 $\frac{1}{30}$s 的时间间隔测量一维运动的位错环图像的质心位置，获得一维位移随时间的变化关系，然后做小波变换，并与无任何捕陷位置时做步长为 b 的随机行走的粒子的一维位移—时间关系进行对比，发现在高频区间存在显著的缺陷。这些缺陷周期来自于组成位错环的位错被弥散的静态杂质原子所捕陷[47]。从一个捕陷位置挣脱出来的一个位错环，移动得很慢，甚至用 $\frac{1}{30}$s 的时间间隔也足以连续地跟踪监测其位置,因此能够鉴别它是否经历扩散,并测量其扩散系数。根据一维位移随时间的变化关系,计算得到的均方位移值(MSD)近似地与时间成正比,说明位错环做布朗运动或正态扩散[48]。对时间求导后得到扩散系数 $D = 50.1(4)$ nm^2/s。

在多个温度 T 下测量多个尺寸的位错环的 D 值,发现 D 与温度的关系满足阿仑尼乌斯定律,进而测得扩散激活能 $E = 1.30(3)\, eV$,且与位错环的尺寸无关。然而,利用 MD 算出的挤列子捆束的 E 值随尺寸的变化关系,插值到这些传统的位错环尺寸范围,得到的激活能值 $E < 0.1 eV$。这种位错环移动的急剧慢化可能是杂质气氛的拖拽造成的。

在只加高温的条件下,位错环扩散系数的前置因子 D_0 与组成位错环的自间隙原子数 N 有关,即

$$D_0 = 2.3(3) \times 10^{-3} N^{-0.80(2)}\, (m^2/s) \tag{1-36}$$

扩散激活能 E 与环的尺寸无关,意味着位错环并非是通过克服 Peierls 势垒立即以整体方式移动,而是通过形成并移动双节点而移动。理论研究[38]和 MD 研究[39]中把激活能的起源与节点对的形核过程联系起来。但是,在热平衡态下,低应力下位错滑移的速率控制过程并非是双节点形核,而应该是双节点侧向移动。

1.6 位错环的长大

一般将位错环的长大过程区分为两个阶段:一是形核(neucleation)阶段;二是生长(growth)阶段。形核是位错环的孕育期,通过点缺陷或缺陷团的聚集,形成位错环的胚胎;当此胚胎达到一定的临界尺寸后,就变得稳定,进入生长阶段,开始正常长大。这两个阶段并不一定能绝对区分开(区分不一定是绝对的),1.4 节所述的位错环形成机制中,这两个阶段都已涉及。但是,不管处在那个阶段,从位错环成长所需的"营养"角度来看,只能来自两种途径:要么是吸收运动的点缺陷,要么是吸收缺陷团,或者兼而有之。因此,点缺陷和缺陷团的运动对位错环的生长是至关重要的。

为定量描述上述形核和生长过程,已经发展了多种不同的理论和计算方法。下面先介绍包括位错环在内的各种扩展缺陷的能量,然后介绍位错环的形核和生长过程。

1.6.1 扩展缺陷的能量

当缺陷团尺寸大于 1.2 节中讨论的尺寸时,将在晶体点阵中聚集成特定的组态,特别是形成具有最小能量的组态,如三维的空洞,或二维的小盘或位错环,其厚度等于一个伯格斯矢量,并横躺在相邻的密堆积面之间。

以空位为例,设想离位峰的芯部坍塌到 $\{111\}$ 平面,或空位聚集到 $\{111\}$ 平面,

形成半径为 r_d 的空位盘,设金属的表面能为 γ,则空位盘的能量为

$$E_d = 2\pi r_d^2 \gamma \tag{1-37}$$

对于少量空位,能量最小的聚集形式是球形空洞,若半径为 r_V,则空洞的能量为

$$E_V = 4\pi r_V^2 \gamma \tag{1-38}$$

若原子体积为 Ω,则空洞内的空位数为

$$n_V = 4\pi r_V^3 / 3\Omega \tag{1-39}$$

则空洞能量可用空位数表示为

$$E_V = (6n_V \Omega \sqrt{\pi})^{2/3} \gamma \tag{1-40}$$

空位团的另一种可能的存在组态是层错四面体,其能量为

$$E_{SFT} = \frac{\mu L b^2}{6\pi(1-\nu)}\left[\ln\left(\frac{4L}{a}\right) + 1.017 + 0.97\nu\right] + \sqrt{3}L^2 \gamma_{SFE} \tag{1-41}$$

式中:μ 为剪切模量;ν 为泊松比;a 为点阵常数;γ_{SFE} 为层错能;$L = a(n_V/3)^{1/2}$ 为层错四面体的边长。

对于大量空位,更稳定的存在形式是平面位错环。

在级联贫化区的周围,间隙原子浓度高,间隙原子的聚集也会发生上述类似过程。间隙原子聚集到一个密堆积面上,产生一个附加的原子层和两个堆积序列的破坏。对于半径为 r_L 的间隙层错环或空位层错环,其能量为

$$E_L = 2\pi r_L \Gamma + \pi r_L^2 \gamma_{SFE} \tag{1-42}$$

式中:第一项是位错线的能量;第二项是跟层错相联系的能量;Γ 为单位长度的位错线的能量。

在 fcc 点阵中,层错位于 {111} 面上,其原子密度是 $4/\sqrt{3}a^2$,或每个原子的面积为 $\sqrt{3}a^2/4$。由 n 个间隙原子或空位构成的环的半径为

$$r_L = \left(\frac{\sqrt{3}a^2 n_V}{4\pi}\right)^{\frac{1}{2}} \tag{1-43}$$

若取 $\Gamma \approx \mu b^2$,则层错的能量为

$$E_L = 2\pi\mu b^2\left(\frac{\sqrt{3}a^2 n_V}{4\pi}\right)^{\frac{1}{2}} + \pi\left(\frac{\sqrt{3}a^2 n_V}{4\pi}\right)^{\frac{1}{2}} \gamma_{SFE} \tag{1-44}$$

层错弗兰克环更精确的表达式为

$$E_F = \frac{2}{3}\frac{1}{(1-\nu)}\mu b^2 r_L\left(\ln\frac{4r_L}{r_c} - 2\right) + \pi r_L \gamma_{SFE} \tag{1-45}$$

全位错环(包括间隙型和空位型)的能量为

$$E_p = \frac{2}{3}\frac{1}{(1-\nu)} + \frac{1}{3}\frac{2-\nu}{2(1-\nu)}\mu b^2 r_L\left(\ln\frac{4r_L}{r_c} - 2\right) \tag{1-46}$$

弗兰克环与全位错环的能量差为

$$\Delta E = \pi r_{\mathrm{L}}^2 \gamma_{\mathrm{SFE}} - \frac{1}{3}\frac{2-v}{2(1-\nu)}\mu b^2 r_{\mathrm{L}}\left(\ln\frac{4r_{\mathrm{L}}}{r_{\mathrm{c}}} - 2\right) \qquad (1-47)$$

因此,层错消失转变成全位错环的能量条件($\Delta E > 0$)为

$$\gamma_{\mathrm{SFE}} > \frac{\mu b^2}{3\pi r_{\mathrm{L}}}\frac{2-\nu}{2(1-\nu)}\left(\ln\frac{4r_{\mathrm{L}}}{r_{\mathrm{c}}} - 2\right) \qquad (1-48)$$

式中:r_{c} 为位错芯半径。

根据上述公式,可计算得到圆盘、空洞、全位错、层错和层错四面体的能量与尺寸的关系,图1-20所示为不锈钢和锆的计算结果[3]310。计算时,对于不锈钢,取 $\Gamma_{\mathrm{SFE}} = 35\mathrm{mJ/m^2}$, $\gamma = 1.75\mathrm{J/m^2}$, $\mu = 82\mathrm{GPa}$;对于锆,取 $\Gamma_{\mathrm{SFE}} = 102\mathrm{mJ/m^2}$, $\gamma = 1.40\mathrm{J/m^2}$, $\mu = 33\mathrm{GPa}$。可见,在不锈钢中,空洞可稳定到较大的尺寸,且层错环的能量低于全位错环的能量;在锆中,空洞没有层错和层错四面体稳定。一般地,空洞在不锈钢中比锆中更稳定,层错缺陷在锆中比不锈钢中更稳定。实验观察到的不锈钢中的肿胀敏感性和锆中空洞的缺乏与这些扩展缺陷的形成能一致。

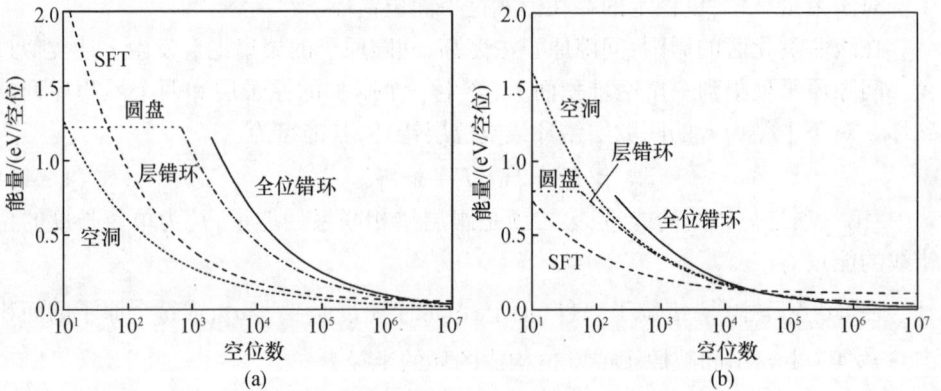

图1-20 空位型团簇缺陷的形成能
(a)316不锈钢;(b)Zr锆。

既然空洞只是小空位团簇的稳定组态,那为什么又能观察到所含空位数比小空洞高出几个量级的大空洞呢?我们知道,低温(小于 $0.2T/T_{\mathrm{m}}$)辐照可导致空位和间隙原子聚集,形成被位错环和层错四面体约束的团簇。温度低于 $\frac{1}{3}T_{\mathrm{m}}$ 时,空洞的移动性低,不足以使其在与间隙原子复合前到达空洞;级联空位坍塌所形成的空位型位错环也是稳定的,不易分解,因此减少了可参与空洞生长的空位的数量。但在高温下,空位也能聚集形成空洞,其形成的温度区间是 $\frac{1}{3} < T/T_{\mathrm{m}} < \frac{1}{2}$,这时难溶气体如 He 对稳定空洞有强烈影响。在非常高的温度下,热平衡空位浓度变得与辐照引起的空位浓度可比,此时空洞倾向于通过发射空位而收缩。

1.6.2　位错环形核的 Russell 模型

空位和间隙原子聚集产生的位错环是从相应的缺陷团建立起来的,并依达到位错环胚胎的缺陷流不同而产生收缩或生长。一旦到达临界尺寸,位错环就变得稳定并长大,直到与其他位错环或位错网相互作用而解体。

为描述位错环和空洞的形核速率,先后发展了不同的理论。最简单的一种处理是 Russell 等建立的一种基于空位和间隙原子的稳态浓度的方法,该方法假设点缺陷满足稀溶液热力学,并忽略级联效应。在点缺陷的基础上,再考虑缺陷团的形成的影响,就是缺陷形核的团簇理论。如果进一步考虑不同类型缺陷的产额偏压,就可建立产额偏压驱动(Production Bias – Driven,PBD)的团簇形核理论。

下面介绍 Russell 建立的计算形核速率的方法[49]。

在团簇尺寸的相空间中,如果团簇吸收同类型的点缺陷则尺寸长大,发射同类型的点缺陷或吸收异种类型的点缺陷则尺寸收缩。以空位型位错环为例,图 1 – 21(a)是尺寸为 n(含有 n 个空位)和 $n+1$ 的两个相邻尺寸空位团(对应的位错环浓度即数密度分别为 $\rho(n)$ 和 $\rho(n+1)$)之间通过发射和吸收一个空位而形成的尺寸转换示意图,其中 α 和 β 分别表示发射和吸收速率,则缺陷流可表示为

$$J_n = \beta_v(n)\rho(n) - \alpha_v(n+1)\rho(n+1) \tag{1-49}$$

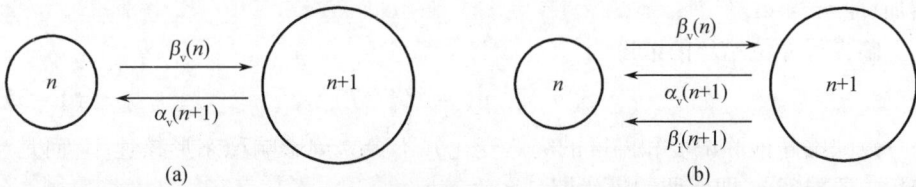

图 1 – 21　相邻空位型位错环发射和吸收点缺陷
(a)不考虑间隙原子;(b)考虑间隙原子。

如果 $J_n = 0$,净缺陷流为 0,就处于稳态,此时 $\rho(n)$ 的值为平衡浓度 $\rho^0(n)$,即

$$\rho^0(n) = N_0 \exp(-\Delta G_n^0/kT) \tag{1-50}$$

式中:N_0 为单位体积的形核位置数;ΔG_n^0 是形成尺寸为 n 的空位型位错环的自由能(eV)。

假设位错环的临界尺寸为 n_k,可以证明,包含有 n_k 个空位的空位型位错环的稳态形核速率 J_k 是位错环浓度、空位向位错环的跳跃频率以及跳跃距离三者之积,即

$$J_k = \rho_k^0 \beta_k Z \tag{1-51}$$

式中:ρ_k^0,β_k 分别为在临界尺寸 n_k 时的位错环平衡浓度和空位俘获率;Z 为临界尺寸时的 Zeldovich 因子,若 ΔG_n^0 呈抛物线型,则

$$Z = \left(-\frac{1}{2\pi kT} \frac{\partial^2 \Delta G_n^0}{\partial n^2} \right)_{n_k}^{1/2} \qquad (1-52)$$

其中:ΔG_n^0 的最大值 ΔG_k^0 就是形核的激活能,对应的尺寸就是临界尺寸 n_k。

现在把间隙原子加进上面的模型中,如图 1-21(b),则点缺陷流为

$$J_n = \beta_v(n)\rho(n) - \alpha_v(n+1)\rho(n+1) - \beta_i(n+1)\rho(n+1) \qquad (1-53)$$

式中:β_i 为间隙原子的捕获速率,它与空位型位错环中的空位复合,使环中的总空位数减少,即尺寸减小。若此时位错环的临界尺寸为 n_k',则其稳态形核密度 J_k' 具有与 J_k 相同的形式,只不过要把 Z 和 ρ_k^0 分别换成具有相同表达式形式的 Z' 和 ρ_k',ΔG_n^0 和 ΔG_k^0 分别换成 $\Delta G_n'$ 和 $\Delta G_k'$。其中 $\Delta G_n'$ 与 n 的关系为

$$\Delta G_n' = kT \sum_{j=0}^{n-1} \ln\left[\frac{\beta_i(j+1)}{\beta_v(j)} + \exp\left(\frac{\delta G_j^0}{kT}\right) \right] \qquad (1-54)$$

式中:δG_j^0 为形成尺寸为 j 和 $j+1$ 的空位型位错环的自由能之差。

通过解方程 $\partial \Delta G_n'/\partial n = 0$,求得 $\Delta G_n'$ 的最大值即为形核激活能 $\Delta G_k'$,对应的 n 的值 n_k' 即是临界尺寸。

需要注意的是,由于间隙原子对空位型位错环形核的阻碍作用,有间隙原子参与时空位型位错环形核的激活能增加,即 $\Delta G_k' > \Delta G_k^0$,对应的位错环临界尺寸 n_k' 也增加,即 $n_k' > n_k$。

临界尺寸位错环的浓度为

$$\rho_k' = N_0 \exp(-\Delta G_k'/kT) \qquad (1-55)$$

点缺陷超饱和浓度和温度的突然变化并不会立刻影响稳态形核速率,而是会滞后一段时间 τ,即所谓的潜伏期:

$$\tau = 2(\beta_k Z'^2)^{-1} \qquad (1-56)$$

上述讨论对间隙型位错环同样适用。不过这时 $\Delta G_n'$ 应改为

$$\Delta G_n' = kT \sum_{j=0}^{n-1} \ln\left[\frac{\beta_v(j+1)}{\beta_i(j)} + \exp\left(\frac{\delta G_j^0}{kT}\right) \right] \qquad (1-57)$$

在 $\Delta G_n'$ 最大值处对应的尺寸就是临界尺寸 n_k',也可通过解方程 $\partial \Delta G_n'/\partial n = 0$ 求得。

前述 Russell 模型中需要计算 Z 因子,而 Z 因子的计算必须要做一些近似处理才能完成。Stoller 和 Odette 提出另一种处理方法[50]:假设所有相邻尺寸的空位型位错环之间的空位流都处于稳态,即都等于一个常数 J_{SS},则式(1-49)的值为 J_{SS},且对于尺寸 $1,2,\cdots,n$ 都成立,经过化简和近似处理,可得

$$J = \beta_v(1)\rho(1)\left(1 + \sum_{k=2}^{n-1} \prod_{j=2}^{k} r_j \right)^{-1} \qquad (1-58)$$

式中:$r_j = \alpha_j/\beta_j$ 为发射速率与吸收速率的比值,即收缩率与长大率之比,并令 $r_1 =$

1。用这种方法计算位错环的稳态形核速率 J_{ss} 时就不用计算 Z 因子了。

Russell 机制只考虑了点缺陷的捕陷和发射,忽略了级联形成的团簇和团簇迁移对位错环形核的影响,因此它对于空位型和间隙型位错环都难以适用,例如解释不了实验观察到的在相当低的剂量下就出现的位错环稳定生长现象。但是,这种机制为理解空位型位错环比间隙型位错环更难形核这种常见现象提供了一种可能的解释:由于间隙原子的热平衡浓度非常低,辐照期间间隙原子的超饱和浓度 S_i 比空位的超饱和浓度 S_v 大几个数量级,而间隙型位错环形核时对于空位的参与不太敏感,空位型位错环形核时对于间隙原子的参与则敏感得多,因而其形核更多地受到了间隙原子的抑制。当然这只是可能的原因之一,还存在其他使空位型比间隙型位错环更难形核的因素,例如间隙型团簇比空位型团簇的结合能高因而更稳定、间隙原子和间隙原子团更容易迁移扩散、位错对间隙原子和空位的吸引存在偏压等。

1.6.3　团簇理论

位错环的形核本质上是一种缺陷聚集成临界尺寸的位错环胚胎的过程,随后胚胎是收缩还是长大取决于流向它的缺陷的净聚集率。以含有 j 个空位的空位团 v_j 为例,在相空间中可将上一节对空位团形核速率的描述一般化地写为

$$\frac{\mathrm{d}v_j}{\mathrm{d}t} = K_{0j} - \sum_{n=1}^{\infty} \left[\beta_{v_n}(j) + \beta_{i_n}(j) \right] v_j - \sum_{n=1}^{j} \alpha_{v_n}(j) v_j +$$

$$\sum_{n=1}^{j-1} \beta_{v_n}(j-n) v_{j-n} + \sum_{n=1}^{\infty} \beta_{i_n}(j-n) v_{j+n} + \sum_{n=1}^{\infty} \alpha_{v_n}(j+n) v_{j+n} + \text{附加损失项}$$

$$(1-59)$$

式中:β_{v_n},β_{i_n} 分别为可迁移的空位团 v_n 和间隙团 i_n 被尺寸为 v_j 的缺陷团的捕获速率;α_{v_n} 是对应的发射率或热离解速率。右边第一项是尺寸为 j 的空位团的直接产生率,第二项是因吸收尺寸为 $n(1 \leqslant n \leqslant \infty)$ 的空位团或间隙团而导致的团簇 v_j 的消失率,第二项是因发射尺寸为 n 的空位团而导致的团簇 v_j 的消失率,第四项是尺寸比 v_j 小的空位团吸收其他空位团而成为 v_j 的速率,第五项是尺寸比 v_j 大的空位团吸收其他间隙团而成为 v_j 的速率,第六项是尺寸比 v_j 大的空位团发射其他空位团而成为 v_j 的速率,附加项允许添加其他机制对形核的贡献。

式(1-59)可以直接求解而无需简化。但是对于大的团簇和长的辐照时间,方程的数量极大。一个主要简化是假设团簇只通过增加或减少一个点缺陷而长大或收缩,即

$$\frac{\mathrm{d}v_j(t)}{\mathrm{d}t} = K_{0j} - \beta(j-1,j) v_{j-1}(t) + \alpha(j+1,j) v_{j+1}(t) -$$

$$\left[\beta(j,j+1) + \alpha(j,j-1) \right] v_j(t) \quad (j \geqslant 2) \qquad (1-60)$$

假设 j 是一个连续变量,对式(1-60)做泰勒展开,将所有函数与其在尺寸 j 处

的值联系起来,则得到的简化描述是尺寸空间中的一个连续扩散近似,即 Fokker - Planck 方程:

$$\frac{\partial v_j(t)}{\partial t} = K_{0j}(t) - \frac{\partial}{\partial j}\{v_j(t)[\beta(j,j+1) - \alpha(j,j-1)]\} +$$

$$\frac{1}{2}\frac{\partial^2}{\partial j^2}\{v_j(t)[\beta(j,j-1) + \alpha(j,j+1)]\} \tag{1-61}$$

进一步可简化为

$$\frac{\partial v_j(t)}{\partial t} = K_{0j}(t) - \frac{\partial}{\partial j}F_{v_j}v_j(t) + \frac{\partial^2}{\partial j^2}D_{v_j}v_j(t) = K_{0j}(t) - \frac{\partial}{\partial j}\left[F_{v_j}v_j(t) - \frac{\partial}{\partial j}D_{v_j}v_j(t)\right]$$

$$\tag{1-62}$$

式(1-62)右边的三项分别是产生项、漂移项和扩散项。第一项是尺寸为 j 的团簇的直接产生率;第二项是尺寸空间中的漂移,由一种点缺陷相对于另一种点缺陷的相对过剩所驱动:

$$F_{v_j} = (z_v D_v C_v - z_i D_i C_i) \tag{1-63}$$

式中:D,C 分别为扩散系数和浓度;z 为缺陷反应的一种组合系数(见第 2 章中的介绍)。漂移项使得大缺陷团在辐照场中不可避免地长大,是缺陷团尺寸分布向大尺寸方向移动的原因。但是,随着剂量的增加,由于微观结构的演变,漂移项的贡献并不是固定不变的。缺陷团的演化对空位与间隙原子的浓度之比也非常敏感,因为 F_v 包含了它们的贡献差且能随着微观结构的变化而改变符号。

第三项是尺寸空间中的扩散,D_{v_j} 是辐照增强的扩散系数:

$$D_{v_j} = \frac{1}{2}(z_v D_v C_v + z_i D_i C_i) \tag{1-64}$$

扩散项引起团簇尺寸分布随着剂量的增加而发生展宽。扩散项可以解释这样一种事实:两个具有相同尺寸的不同团簇,由于随机地与点缺陷相遇,尺寸将变得不同。

Golubov 等讨论了 Fokker - Planck 方程式(1-62)的近似解[51]。Fokker - Planck 方程给出的低剂量辐照下间隙型位错环尺寸分布随剂量而演变的特点,如图 1-22 所示[52],材料是 316 不锈钢,初始位错密度为 10^{13} m^{-2},辐照温度是 550℃,辐照剂量率为 10^{-6} dpa/s。可见,随着辐照剂量的增加,位错环平均尺寸增加(漂移项),尺寸分布展宽(扩散项)。

需要注意的是,尽管上述 Fokker - Planck 方程被广泛使用,但存在着明显的局限性:①对于非常大的团簇尺寸,Fokker - Planck 方程明显过于简单,因为此时缺陷的产生和团簇的生长取决于微观结构,必须考虑损伤微观结构对缺陷团的影响;②Fokker - Planck 方程并不是描述位错形核和长大的精确方程。它不仅使用了尺寸连续这一近似处理,而且假设团簇长大或收缩是通过每次只增加或减少一个点缺陷实现的,完全忽略了团簇的吸收和发射过程,这与实际存在的团簇迁移合并而长大现象不符。

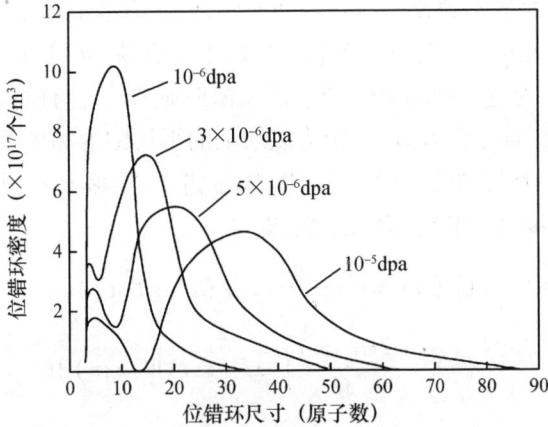

图 1 – 22　低剂量辐照下 316 不锈钢中间隙型位错环尺寸分布随剂量的演变[52]

初始位错密度为 $10^{13} \mathrm{m}^{-2}$；辐照温度为 550℃；辐照剂量率为 $10^{-6} \mathrm{dpa/s}$。

1.6.4　产额偏压驱动的团簇形核

在可产生碰撞级联的辐照条件下,级联产生的可自由迁移的空位数目和间隙原子数目的不对称性即产额偏压是微观结构演化的一种主要驱动力。产生这种产额偏压的原因有两种:①聚集进入初始团簇的空位和间隙原子比例有差别;②团簇的热稳定性和迁移性有差别。在级联条件下,除了存在点缺陷跳跃的概率特征外,缺陷团簇在空间和时间上产生的随机性给流向缺陷阱的点缺陷流带来了涨落。产额偏压模型(Production Bias Model,PBM)考虑了微观结构演化中的这种附加的复杂性。

Semenov 和 Woo 把随机的碰撞级联中小缺陷团的产生效应引入到团簇动力学描述中,在 Fokker – Planck 处理的基础上建立了位错环形核速率的一种改进描述[53]。他们认为小的不能迁移的间隙型团簇在碰撞级联中连续地产生,而且这些团簇可以当作小位错环处理。设 t_0 时刻间隙原子团的尺寸为 n_0(含有 n_0 个原子),则在 t 时刻长大到尺寸 n 的概率密度 P 为

$$\frac{\partial P_{\mathrm{i}}(n, t \mid n_0, t_0)}{\partial t} = -\frac{\partial}{\partial n}\left(V_{\mathrm{i}}^{\mathrm{pd}}(n) + V_{\mathrm{i}}^{\mathrm{cl}}(n) - \frac{\partial}{\partial n}D_{\mathrm{i}}(n)\right)P_{\mathrm{i}} \quad (1-65)$$

式中:扩散项 $D_{\mathrm{i}}(n)$ 描述了孤立的和成团的点缺陷流的随机涨落所引起的间隙位错环尺寸分布的展宽:

$$D_{\mathrm{i}}(n) = D_{\mathrm{i}}^{\mathrm{s}}(n) + D_{\mathrm{i}}^{\mathrm{cl}}(n) \quad (1-66)$$

$$D_{\mathrm{i}}^{\mathrm{s}}(n) = \left(\frac{\pi n}{\Omega b}\right)^{\frac{1}{2}}(z_{\mathrm{v}}D_{\mathrm{v}}C_{\mathrm{v}} + z_{\mathrm{i}}D_{\mathrm{i}}C_{\mathrm{i}}) \quad (1-67)$$

$$D_{\mathrm{i}}^{\mathrm{cl}}(n) = \frac{N_{\mathrm{d}}K_0 n}{4b}\left(z_{\mathrm{v}}^2\frac{\langle N_{\mathrm{dv}}^2\rangle}{k_{\mathrm{v}}N_{\mathrm{d}}^2} + z_{\mathrm{i}}^2\frac{\langle N_{\mathrm{di}}^2\rangle}{k_{\mathrm{i}}N_{\mathrm{d}}^2}\right) \quad (1-68)$$

式中:上标 s,cl 分别表示孤立的点缺陷和团簇;K_0 为有效点缺陷(包括团簇和独立点缺陷)的总的产生率;N_d 为每个级联产生的平均点缺陷数目;$\langle N_{dv,i}^2 \rangle$ 为对应值的平方的平均值;$k_{v,i}^2$ 为空位和间隙原子总的缺陷阱强度;$z_{i,v}$ 为位错与空位和间隙原子的反应常数即偏压因子;C_j,D_j 分别为点缺陷的平均浓度和扩散系数。

考虑间隙位错环通过合并吸收小的间隙位错环,漂移项 V_i(相当于式(1-62)中的 F)由漂移速度 V_i^{pd} 和 V_i^{cl} 两项组成,即

$$V_i^{pd}(n) = \frac{2\pi r_i(n)}{\Omega}(z_i D_i C_i - z_v D_v C_v) \tag{1-69}$$

$$V_i^{cl}(n) = \frac{2\pi r_i(n)}{\Omega} \int_{n_0}^{n} x f_{il}(x,t) W(x,n)\, dx \tag{1-70}$$

$$N_{il}(t) = \int_{n_{min}}^{n_{max}} f_{il}(n,t)\, dn \tag{1-71}$$

式中:漂移速度 V_i^{pd},V_i^{cl} 分别为间隙型位错环吸收点缺陷和吸收小的间隙位错环而引起的尺寸生长速率;$f_{il}(n,t)$ 为间隙位错环的分布函数;$N_{il}(t)$ 为总的位错环数密度;n_{min} 为间隙型团簇变得可移动时的尺寸;n_{max} 为位错环停止移动加入位错网络时的尺寸。

尺寸为 n' 和 $n(n' < n)$ 的位错环之间的合并用反应常数 W 描述,有

$$W(n',n) = \frac{4r_i(n')}{\lambda_d}\left[D_1(n) + \left(D_1^2(n) + \frac{v_1^2(n)\lambda_d^2}{4} \right)^{\frac{1}{2}} \right] \tag{1-72}$$

式中:λ_d 为两个连续合并事件之间的平均自由程,可取为柏格斯矢量 $\boldsymbol{b}$ 的大小;v_1 为位错环片段的平均攀移速度;$D_1(n)$ 为因涨落的点缺陷流引起的攀移扩散系数,包括两部分:

$$D_1(n) = D_1^s(n) + D_1^{cl}(n) \tag{1-73}$$

$$D_1^s(n) = \frac{\Omega}{4\pi b^2 r_i(n)}(z_v D_v C_v - z_i D_i C_i) \tag{1-74}$$

$$D_1^{cl}(n) = \frac{N_d K_0 \Omega}{16\pi b^2}\left(z_v^2 \frac{\langle N_{dv}^2 \rangle}{k_v N_d^2} + z_i^2 \frac{\langle N_{di}^2 \rangle}{k_i N_d^2} \right) \tag{1-75}$$

攀移扩散系数 $D_1(n)$ 分别与前面的普通扩散系数 $D_i(n)$ 成正比。实际上,δn 个间隙原子或空位被长度为 l 的位错段吸收引起它攀移 $\delta\lambda = \Omega\delta n/lb$ 的距离。由于扩散系数 $D_i(n)$ 和 $D_1(n)$ 分别用方差 $\langle(\delta n)^2\rangle$ 和 $\langle(\delta\lambda)^2\rangle$ 定义,在位错环长度等于 $2\pi r_i(n)$ 的情况下,可得 $D_1(n) = (\Omega/lb)^2 D_i(n)$。

在位错环合并反应常数 $W(n',n)$ 中,假设反应距离等于小位错环的半径 $r(n')$。实际上,W 值只是在团簇密度足够高的情况下才是重要的。团簇密度低时,团簇被生长中的位错环所吸收是稀少事件,此时团簇寿命由净空位流引起的团簇收缩所决定。与此相反,在高团簇浓度下,团簇的空间分布可以采用连续近似。这种情况下,对于位错线的任何空间位置,位错在其周围找到一个团簇的概率是相

同的,位错线平均位置位移一个伯格斯矢量后将重新开始其与团簇的反应概率,因此合并反应平均自由程 λ_d 的大小可取为伯格斯矢量 $\boldsymbol{b}$。

在边界条件 $P_i(n_{\min},t)|_{n_0,t_0} = P_i(n_m,t)|_{n_0,t_0} = 0$ 下,可以求得式(1-65)的解为

$$P_m = \frac{\int_{n_{\min}}^{n_0} \exp\left[-\int_{n_{\min}}^{x} \frac{V_i^{pd}(x')}{D_i(x')}dx'\right]dx}{\int_{n_{\min}}^{n_0} \exp\left[-(1-\alpha^*)\int_{n_{\min}}^{x} \frac{V_i^{pd}(x')}{D_i(x')}dx'\right]dx} \qquad (1-76)$$

$$\alpha^* = -\frac{V_i^{cl}(n_1)}{V_i^{pd}(n_1)} \quad (n_{\min} < n_1 < n^* < n_m) \qquad (1-77)$$

α^* 为团簇合并引起的位错环尺寸变化率与点缺陷吸收引起的位错环尺寸变化率之比,它反应了团簇合并相对点缺陷吸收的重要性。式(1-76)中指数函数的积分结果为

$$\int^{n} \frac{V_i^{pd}(x)}{D_i(x)}dx = \frac{2v}{d_c}\left[n^{1/2} - \frac{d_s}{d_c}\ln\left(\frac{d_c}{d_s}n^{1/2} + 1\right)\right] \qquad (1-78)$$

其中

$$v = \frac{V_i^{pd}(n)}{n^{1/2}}, \quad d_s = \frac{D_i^s(n)}{n^{1/2}}, \quad d_c = \frac{D_i^{cl}(n)}{n^{1/2}} \qquad (1-79)$$

在两种极端条件下,式(1-76)积分后得到 P_m 的解析表达式为

(1) 只有点缺陷吸收无团簇合并,此时 $d_{cl} \to 0, \alpha^* = 0$,则

$$P_m = (1-\alpha^*)\frac{\exp(-vn_0/d_s) - \exp(-vn_{\min}/d_s)}{\exp[-vn_m(1-\alpha^*)/d_s] - \exp[-vn_{\min}(1-\alpha^*)/d_s]}\exp\left(\frac{\alpha^* vn_{\min}}{d_s}\right) \qquad (1-80)$$

(2) 只有团簇合并无点缺陷吸收,此时 $d_s \to 0$,则

$$\begin{aligned} P_m = &\{(1-\alpha^*)^2\exp(2\alpha^* vn_{\min}^{1/2}/d_c)[(1+2vn_0^{1/2}/d_c)\exp(-2vn_0^{1/2}/d_c) - \\ &(1+2vn_{\min}^{1/2}/d_c)\exp(-2vn_{\min}^{1/2}/d_c)]\}/ \\ &\{[1+2(1-\alpha^*)vn_m^{1/2}/d_c\exp(-2(1-\alpha^*)vn_m^{1/2}/d_c) - \\ &(1+2(1-\alpha^*)vn_{\min}^{1/2}/d_c)\exp(-2(1-\alpha^*)vn_{\min}^{1/2}/d_c)]\} \end{aligned} \qquad (1-81)$$

P_m 随位错环尺寸(所含间隙原子数)的变化如图1-23所示。图中虚线对应 $d_{cl} \to 0$ 时的式(1-80),图中左下方的虚线是忽略团簇时得到的结果;图中标出 $\alpha^* = 0$ 的实线对应 $d_s \to 0$ 时的式(1-81)。可见,当考虑团簇时(实线),形核概率大幅度增加。

算出概率密度 P_m 后就可计算形核速率:如果定义 ε_{i0} 为级联中产生的以不可移动团簇形式存在的间隙原子的份额,K_0 是间隙原子的产生速率,则 $\varepsilon_{i0}K_0/n_0$ 就是级联中间隙型团簇的产生率,间隙位错环的形核速率为

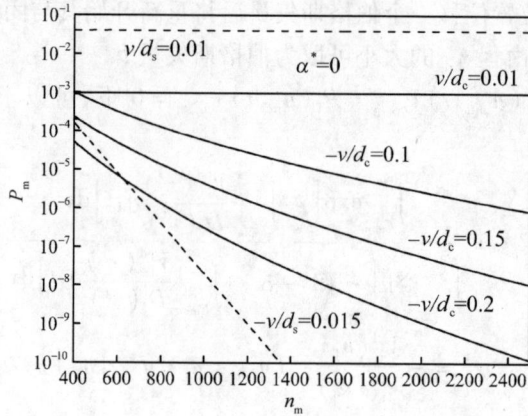

图 1-23　形核概率密度 P_m 随位错环尺寸的变化[53]

$$J_1 = \frac{\varepsilon_{i0} K_0 P_m}{\Omega n_0} \tag{1-82}$$

若取 $\varepsilon_{i0} = 0.4$，$P_m = 10^{-6}$，$\Omega = 10^{-29} \mathrm{m}^3$，$n_0 = 8$，则 1 NRT dpa 约可得到 5×10^{21} 环/m^3。假定观察到的位错环密度就是这个值，则位错环的孕育剂量为 1 NRT dpa 量级。这个孕育时间的估值是比较高的，因为实际上在辐照剂量为 1dpa 的几分之一时，透射电镜就已经能观察到小位错环的出现了。

1.6.5　位错环生长

位错环的生长也可以从 Fokker-Planck 方程求得，并得到位错环的尺寸分布。对于间隙型位错环，假设团簇只通过增加或减少一个点缺陷而长大或收缩，则形核速率与空位型位错环的式(1-60)类似，有如下形式：

$$\frac{\mathrm{d}i_j(t)}{\mathrm{d}t} = K_{0j} + [\beta_v(j+1) + \alpha_i(j+1)]i_{j+1} - [\beta_v(j) + \beta_i(j) + \alpha_i(j)]i_j + \beta_i(j-1)i_{j-1} \tag{1-83}$$

1. 级联中产生小缺陷团

Pokor 等在处理能引起碰撞级联的辐照时，允许在级联中产生最多包含 4 个缺陷的团簇，通过缺陷反应速率理论(将在第 2 章中详细介绍)用 Fokker-Planck 方程模拟一组位错环的演化[54]。速率方程组由缺陷团簇的 $2N+2$ 个浓度方程组成：包含空位和间隙原子的 2 个方程和直到尺寸 N(即环中包含 N 个缺陷)的 $2N$ 个位错环方程。缺陷类型 k 的点缺陷发射系数 α 和捕获系数 β 是缺陷尺寸的函数：

$$\beta_k(j) = 2\pi r(j) Z_c(j) D_k C_k \tag{1-84}$$

$$\alpha_k(j) = 2\pi r(j) Z_c(j) \frac{D_k}{\Omega} \exp(-E_{bk}(j)/kT) \tag{1-85}$$

式中：$r(j)$，$Z_c(j)$ 分别为尺寸为 j 的间隙位错环的半径和偏压因子；D_k，C_k 分别为缺

陷 k 的扩散系数和浓度；$E_{bk}(j)$ 为尺寸为 j 的 k 型 $(k=\mathrm{i}\ \text{或}\ \mathrm{v})$ 缺陷的结合能。$Z_c(j)$ 和 $E_{bk}(j)$ 分别为

$$Z_c(j) = Z_i + \left(\sqrt{\frac{b}{8\pi a}}Z_{1i} - Z_i\right)\frac{1}{j^{a_{1i}/2}} \tag{1-86}$$

$$E_{bi}(j) = E_f^i + \frac{E_b^{2i} - E_f^i}{2^{0.8} - 1}\left[j^{0.8} - (j-1)^{0.8}\right] \tag{1-87}$$

式中：Z_i 为位错线对间隙原子的偏压因子；a,b 分别为点阵常数和伯格斯矢量的大小；Z_{1i}，a_{1i} 分别为描述偏压随团簇尺寸演化的参数[55]；E_f^i 和 E_b^{2i} 分别为间隙原子的形成能和双原子间隙团的结合能[18,56]。

为解释网状位错密度的湮灭效应，他们假设密度变化率 $\mathrm{d}\rho/\mathrm{d}t = -Kb^2\rho^{3/2}$，导致位错密度随 $1/t^2$ 减小。随着辐照剂量的增加，位错密度将趋于饱和。用上述团簇模型，式（1-83）~ 式（1-87）模拟了 CW316、CW316Ti 和 SA304 三种不锈钢，在 300℃ 下辐照至 40dpa 得到的位错环尺寸和密度与实验结果符合得相当好[54]，其中控制辐照微观结构演化最灵敏的参数是温度、剂量、材料常数和初始网络位错密度。

2. 大尺寸位错环生长速率的简化处理

Stoller 等对上述方程做了简化处理：通过忽略比四面体间隙大的缺陷团的形成，限制尺寸类型的数目，用如下方程描述大尺寸位错环的演化：

$$\frac{\mathrm{d}i_j}{\mathrm{d}t} = i_{j-1}\tau_j^{-1} - i_j\tau_{j+1}^{-1} \tag{1-88}$$

式中：i_j 为尺寸为 j（对应半径为 r_L）的间隙型位错环的数目；τ_j 为该尺寸位错环的寿命。

对于 τ_j 和 r_L，有

$$\tau_j = \int_{r_j}^{r_{j+1}} \left(\frac{\mathrm{d}r_L}{\mathrm{d}t}\right)^{-1} \mathrm{d}r_L \tag{1-89}$$

$$\frac{\mathrm{d}r_L}{\mathrm{d}t} = \frac{\Omega}{b}\left[Z_{il}(r_L)D_iC_i - Z_{vl}(r_L)D_v(C_v - C_{vL})\right] \tag{1-90}$$

式中：Z_{iL}，Z_{vL} 为位错线对间隙原子和空位的偏压因子（见第 2 章）；$C_{vL} = C_v^0\exp(E_F\Omega/kT)$，$E_F$ 是层错环的能量（式（1-45））。这种简化处理得到的快中子辐照下 316 不锈钢中层错环的最大密度与实验结果大致符合。

3. 考虑产额偏压的位错环长大方程

Semenov 和 Woo 在位错环生长速率式（1-90）中把间隙原子团和空位团的吸收考虑进去，以解释产额偏压效应的影响[53]：

$$\frac{\mathrm{d}r_L}{\mathrm{d}t} = \frac{\Omega}{b}(J_i - J_v + J_v^e + J_i^{cl} - J_v^{cl}) \tag{1-91}$$

式中：右侧括号中各缺陷流的 J 值从左到右分别对应单间隙原子、单空位、空位热

发射、间隙原子团和空位团的吸收。

将各 J 值用各自的表达式替换,得

$$\frac{dr_L}{dt} = \frac{K_0}{(\rho_N + \rho_L)b}\left[\frac{k_v^2(\varepsilon_i - \varepsilon'_v) + k_d^2\overline{Z}(1 - \varepsilon_i)}{k^2} - \frac{K^e}{K_0}\right] \qquad (1-92)$$

$$\overline{Z} = \frac{Z_d k_c^2}{k^2 + Z_d k_c^2} \qquad (1-93)$$

式中:K_0 为缺陷产生率;K^e 为空位热发射率;ρ_N,ρ_L 分别为网络位错密度和位错环密度;$\varepsilon_i,\varepsilon_v$ 分别为在级联内成团而不能移动的间隙原子和空位的比例;$\varepsilon'_v = \varepsilon_v - K^e/K_0$;$Z$ 为位错偏压;k_v^2,k_d^2 分别为空洞和位错的捕陷强度。

在 10^{-7} dpa/s 的点缺陷产生率下,316 不锈钢中稳态间隙型位错环的生长速率(b/dpa 为单位,b 是伯格斯矢量的大小)如图 1-24 所示,可见,生长速率随温度而升高,在约 500℃ 时生长最快,温度进一步升高时生长速率下降,约到 550℃ 时停止生长。

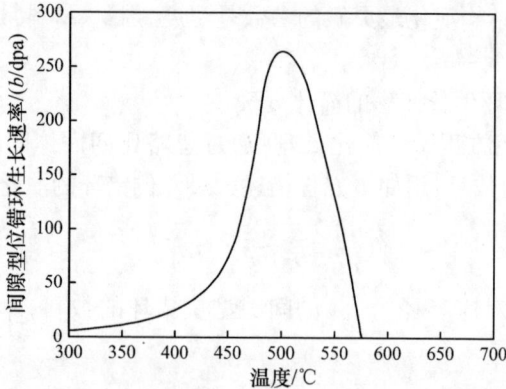

图 1-24　316 不锈钢中间隙型位错环生长速率随温度的变化

参 考 文 献

[1] 万发荣. 金属材料的辐射损伤[M]. 北京:科学出版社,1993.

[2] Harder J M,Bacon D J. The structure of small interstitial clusters in bcc metals modelled with N body potentials[J]. Philosophical Magazine, 1988, 58(1): 165-178.

[3] Was G S. Fundamentals of Radiation Materials Science [M]. Berlin: Springer, 2007.

[4] 郁金南. 材料辐照效应[M]. 北京:化学工业出版社,2007.

[5] Brinkman J A. On the Nature of Radiation Damage in Metals [J]. J. Appl. Phys. 1954, 25(8): 961-970.

[6] Seeger A. On the theory of radiation damage and radiation hardening [C]. Proceedings of the Second United Nations International Conference on the Peaceful Uses of Atomic Energy, Geneva, 1958, 6:250.

[7] Kinchin G H,Pease R S. The displacement of atoms in solids by radiation [J]. Rep. Prog. Phys. 1955, 18: 1-51.

［8］Norgett M J, Robinson M T, Torrens IM. A proposed method of calculating displacement dose rate [J]. Nucl. Eng. Des. , 1975, 33:50-54.

［9］Ziegler J F, Ziegler M D, Biersak J P. SRIM- The stopping and range of ions in matter[J]. Nucl. Instr. Meth. Phys. Res. , Sect. B 2010, 268: 1818-1823.

［10］Stoller R E, Toloczko M B,Was G S,et al. On the use of SRIM for computing radiation damage exposure [J]. Nucl. Instr. Meth. Phys. Res. , Sect. B,2013, 310: 75-80.

［11］Greenwood L R, Smither R K. SPECTER: Neutron Damage Calculations for Materials Irradiations [R], ANL/FPP/TM-197, Argonne National Laboratory, Argonne, IL, January 1985.

［12］Zinkle S J, Singh B N. Analysis of displacement damage and defect production under cascade damage conditions[J]. J. Nucl. Mater, 1993, 199(3): 173-191.

［13］Ehrhart P, Averback R S. Diffuse-X-ray scattering studies of neutron-irradiated and electro-irradiated Ni, Cu and dilute alloys [J]. Phil. Mag. , 1989, A60(3): 283-306.

［14］Theiss U,Wollenberger H. Mobile interstitials produced by neutron irradiation in copper and aluminium [J]. J. Nucl. Mater. , 1980, 88(1): 121-130.

［15］Rehn L E, Okamoto P R, Averback R S. Relative efficiencies of different ions for producing freely migrating defects [J]. Phys. Rev. B. 30(6):3073-3080.

［16］Bacon D J, Gao F,Osetsky Y N. The primary damage state in fcc, bcc and hcp metals as seen in molecular dynamics simulations [J]. J. Nucl. Mater. , 2000, 276: 1-12.

［17］Osetsky Y N, Bacon D J, Serra A, et al. Stability and mobility of defect clusters and dislocation loops in metals [J]. J. Nucl. Mater 2000, 276(1-3): 65-77.

［18］Soneda N,Diaz de la Rubia T. Defect production, annealing kinetics and damage evolution in α-Fe: an atomic-scale computer simulation[J]. Philosophical Magazine A, 1998, 78(5): 995-1019.

［19］Mrowec S. Defects and Diffusion in Solids, an Introduction [M]. New York: Elsevier , 1980.

［20］Pasianot R C,Monti A M, Simonelli G,et al. Computer simulation of SIA migration in bcc and hcp metals [J]. J Nucl Mater, 2000, 276: 230-234.

［21］Hashimoto N, Sakuraya S, Tanimoto J,et al. Effect of impurities on vacancy migration energy in Fe-based alloys [J]. J Nucl Mater,2014, 445: 224-226.

［22］Nishizawa T, Sasaki H, Ohnuki S, et al. Radiation damage process of vanadium and its alloys during electron irradiation [J]. J Nucl Mater, 1996, 239: 132-138.

［23］Sizemann R. The effect of radiation upon diffusion in metals [J]. J Nucl Mater, 1978, 69/70: 386-412.

［24］Masters B C. Dislocation loops in irradiated iron [J]. Nature, 1963, 200:254.

［25］Little E, Bullough R,Wood M. On the swelling resistance of ferritic steel [J]. Proceedings of the Royal Society of London. Series A, Mathematical and Physical Sciences, 1980, 372: 565-579.

［26］Eyre B L, Bartlett A F. An electron microscope study of neutron irradiation damage in alpha-iron [J]. Philosophical Magazine, 1965, 12(116): 261-272.

［27］Masters B C. Dislocation loops in irradiated iron [J]. Philosophical Magazine, 1965, 11(113): 881-893.

［28］Marian J, Wirth B D,Perlado J M. Mechanism of formation and growth of < 100 > interstitial loops in ferritic materials [J]. Phys. Rev. Lett. ,2002, 88(25): 255507.

［29］Arakawa K, Hatanaka M, Kuramoto E, et al. Changes in the burgers vector of perfect dislocation loops without contact with the external dislocations [J]. Phys. Rev. Lett. 2006, 96:125506.

［30］Arakawa K, Amino T, Mori H. Direct observation of the coalescence process between nanoscale dislocation loops with different Burgers vectors [J]. Acta Materialia, 2011,59: 141-145.

［31］Chen J, Gao N, Jung P,et al. A new mechanism of loop formation and transformation in bcc iron without dislocation reaction [J]. J. Nucl. Mater. ,2013, 441: 216 – 221.

[32] Yao Z, Jenkins M L, Hernandez-Mayoral M, et al. The temperature dependence of heavy-ion damage in iron: A microstructural transition at elevated temperatures [J]. Philosophical Magazine, 2010, 90(35 – 36): 4623 – 4634.

[33] Xu H X, Stoller R E, Osetsky Y N, et al. Solving the Puzzle of h100i Interstitial Loop Formation in bcc Iron[J]. Phys. Rev. Lett. 2013, 110: 265503.

[34] Trinkaus H, Singh B N, Golubov S I. Progress in modelling the microstructural evolution in metals under cascade damage conditions [J]. J. Nucl. Mater, 2000, 283 – 287: 89 – 98.

[35] Walgraef D, Ghoniem N M. Effects of glissile interstitial clusters on microstructure self-organization in irradiated materials [J]. Phys. Rev. B 2003, 67: 064103.

[36] Wirth B D, Odette G R, Maroudas D, et al. Dislocation loop structure, energy and mobility of self-interstitial atom clusters in bcc iron[J]. J. Nucl. Mater. , 2000, 276(1): 33 – 40.

[37] Osetsky Y N, Bacon D J, Serra A, et al. One-dimensional atomic transport by clusters of self-interstitial atoms in iron and copper [J]. Philos. Mag. 2003, 83: 61 – 91.

[38] Terentyev D A, Malerba L, Hou M. Dimensionality of interstitial cluster motion in bcc-Fe [J]. Phys. Rev. B, 2007, 75(10):104108.

[39] Ohsawa K, Kuramoto E. Activation energy and saddle point configuration of high-mobility dislocation loops: A line tension model. Phys. Rev. B, 2005, 72: 054105.

[40] Kiritani M. Defect interaction processes controlling the accumulation of defects [J]. J. Nucl. Mater. 1997, 251: 237 – 251.

[41] Arakawa K, Ono K, Isshiki M, et al. Observation of the One-Dimensional Diffusion of Nanometer-Sized Dislocation Loops [J]. Science, 2007, 318: 956 – 959.

[42] Hayashi T, Fukumoto K, Matsui H. In situ observation of glide motions of SIA-type loops in vanadium and V-5Ti under HVEM irradiation [J]. J. Nucl. Mater. , 2002:307 – 311,993 – 997.

[43] Satoh Y, Matsui H, Hamaoka T. Effects of impurities on one-dimensional migration of interstitial clusters in iron under electron irradiation [J]. Phys. Rev. B, 2008, 77: 094135.

[44] Satoh Y, Matsui H. Obstacles for one-dimensional migration of interstitial clusters in iron [J]. Philosophical Magazine, 2009, 89(18): 1489 – 1504.

[45] Jenkins M L, Yao Z, Hernández-Mayoral M, et al. Dynamic observations of heavy-ion damage in Fe and Fe-Cr alloys [J]. J. Nucl. Mater. 2009, 389: 197 – 202.

[46] Yi X, Jenkins M L, Briceno M, et al. In situ study of self-ion irradiation damage in W and W-5Re at 500℃ [J]. Philosophical Magazine, 2013, 93(14): 1715 – 1738.

[47] Cottrell G A, Dudarev S L, Forrest R A. Immobilization of interstitial loops by substitutional alloy and transmutation atoms in irradiated metals [J]. J. Nucl. Mater, 2004, 325(2 – 3): 195 – 201.

[48] Chandrasekhar S. Stochastic Problems in Physics and Astronomy [J]. Rev. Mod. Phys. ,1943, 15: 1 – 90.

[49] Russell K. Nucleation of voids in irradiated metals[J]. Acta Metallurgica, 1971, 19(8): 753 – 758.

[50] Stoller R E, Odette G R. A comparison of the relative importance of helium and vacancy accumulation in void nucleation [C]. Radiation-Induced Changes in Microstructure: 13th International Symposium (Part I), ASTM STP 955. American Society for Testing and Materials, Philadelphia, PA,1987: 358 – 370

[51] Golubov S I, Ovcharenko A M, Barashev A V, et al. Grouping method for the approximate solution of a kinetic equation describing the evolution of point-defect clusters [J]. Phil Mag A, 2001, 81(3): 643 – 658.

[52] Ghoniem N M, Sharafat S. A numerical solution to the fokker-planck equation describing the evolution of the interstitial loop microstructure during irradiation [J]. J. Nucl. Mater. , 1980, 92(1): 121 – 135.

[53] Semenov A A, Woo C H. Theory of Frank loop nucleation at elevated temperatures [J]. Phil. Mag. 2003, 83 (31 – 34): 3765 – 3782.

[54] Pokor C, Brecht Y, Dubuisson P, et al. Irradiation damage in 304 and 316 stainless steels: experimental investigation and modeling. Part I: Evolution of the microstructure [J]. J. Nucl. Mater. , 2004, 326 (1): 19 – 29.

[55] Duparc A H, Moingeon C, Smetniansky-de-Grande N, et al. Microstructure modelling of ferritic alloys under high flux 1 MeV electron irradiations [J]. J. Nucl. Mater, 2002, 302 (2): 143 – 155.

[56] Osetsky Y N, Serra A, Victoria M, et al. Vacancy loops and stacking-fault tetrahedra in copper: II. Growth, shrinkage, interactions with point defects and thermal stability [J]. Phil. Mag. A, 1999, 79 (9): 2285 – 2311.

第 2 章 位错环形成和演变过程的速率理论模拟

在第 1 章中,通过建立并求解点缺陷平衡方程,可以得到间隙原子和空位的浓度随时间的演化,但是方程中含有随时间变化的缺陷团浓度项;通过团簇理论建立缺陷团长大方程,可以得到间隙型缺陷团和空位型缺陷团的浓度和尺寸随时间的演化,但是方程中含有随时间变化的点缺陷浓度项。把点缺陷平衡方程和缺陷团长大方程联合起来,就是完整的缺陷反应速率方程组。原则上,通过求解速率方程组,可以得到不同温度下,辐照引起的包括位错环、空洞、气泡等各种二次缺陷的尺寸分布及其随辐照剂量的变化。速率理论可模拟的时间尺度非常大,跨度能从微秒到年的量级,能模拟到实验中能达到的任意损伤剂量,计算效率也非常高,模拟得到的大尺寸团簇结果可以直接用于对比,验证其正确性,而小尺寸团簇结果则可以展现现有实验条件所无法企及的微观演变过程,有利于揭示材料的辐照损伤机理,因此速率理论特别适合用来描述辐照过程中缺陷的演化行为。

速率方程中每一项都有明确的物理意义,都对应着一种缺陷反应,描述了一种使缺陷浓度和尺寸发生变化的物理过程,其中最重要的参数是反应速率系数。本章先介绍各种缺陷反应和反应速率系数,然后介绍缺陷反应的一般速率理论和速率方程组的数值解法。在此基础上,分别介绍中子、电子和离子辐照 3 种情况下位错环演变的速率理论,最后介绍中子和 He 离子同时辐照情况下位错环演变的速率理论。

2.1 缺陷反应速率系数和缺陷阱强度

2.1.1 缺陷之间的反应过程

点缺陷通过运动会聚集形成缺陷团簇,如空洞、位错环等,这些团簇会长大或解离。下面我们利用速率理论来描述这种相互作用的过程。表 2 - 1 列出一些主要的缺陷之间的反应,其中 I_1 表示单个间隙原子,V_1 表示单个空位,I_m 表示可移动的间隙原子团簇,V_m 表示可移动的空位团簇,I_i 表示不可移动的间隙原子团簇,V_i 表示不可移动的空位团簇,I_g 表示滑动位错环,S 表示缺陷阱(如位错网络、晶界、表面)。

表 2 - 1 缺陷之间的反应

复合	$I_1 + V_1 \rightarrow 0$
	$I_m + V_i \rightarrow V_{i-m}$
	$I_g + V_i \rightarrow V_{i-g}$
	$V_m + I_i \rightarrow I_{i-m}$
间隙原子和空位的聚集	$I_m + I_{m'} \rightarrow I_{m+m'}$
	$I_m + I_{i'} \rightarrow I_{m+i'}$
	$I_g + I_{g'} \rightarrow I_{g+g'}$
	$I_g + I_{i'} \rightarrow I_{g+i'}$
	$V_m + V_{m'} \rightarrow V_{m+m'}$
	$V_m + V_{i'} \rightarrow V_{m+i'}$
可移动的缺陷淹没在缺陷阱上	$I_m + S \rightarrow S$
	$V_m + S \rightarrow S$
	$I_g + S \rightarrow S$

下面我们将建立点缺陷的速率方程组,并最终通过这些点缺陷的浓度来分析得出自间隙原子团簇和空位团簇的形核和长大。定义缺陷 A 与缺陷 B 的反应速率 R 为单位体积内单位时间发生反应的次数,根据化学反应速率理论可知,R 正比于它们的的浓度:

$$R_A^B = K_A^B C_A C_B \tag{2-1}$$

式中:C_A,C_B 分别为 A 和 B 在基体中的浓度(粒子数/cm^{-3});比例系数 K_A^B 称为反应速率系数(cm^3/s),它表示单位浓度的 A 和单位浓度的 B 在单位时间内发生反应的次数,或者单位体积内一个 A 与一个 B 在单位时间内发生反应的次数。反应速率和速率系数描述了反应的快慢。这个反应式可以描述两个可移动的粒子之间的相互作用,也可以描述一个可移动和另一个静止的的粒子之间的相互作用。例如可移动的自间隙原子和空位发生复合,或者自间隙原子和固定的位错网发生反应等。

求解速率方程,首先需要知道反应的速率系数。在处理点缺陷和缺陷阱的反应时,通常会考虑两个过程:一个是反应速率控制过程,另一个是扩散速率控制过程。当互相之间发生反应的两个反应物之间没有宏观的浓度梯度时,反应物之间为反应速率控制过程。但如果其中一个是大于原子尺度的反应物,或者是一个缺陷阱,如表面、晶界、位错等,那么可以在静止的缺陷阱周围建立起缺陷的浓度梯度。这时就要考虑扩散速率控制过程,在这种情况下反应的速率就由可迁移的缺陷向固定的缺陷阱的扩散速率决定,例如点缺陷向空洞和晶界表面迁移。

2.1.2 反应速率控制过程

1. 自间隙原子和空位的复合

自间隙原子和空位的复合在晶体中是极其重要的,这种反应会使两种缺陷相互湮灭,形成完整的晶格。根据式 (2-1),令 $K_{i,v}C_iC_v$ 为自间隙原子和空位的复合速率,$K_{i,v}$ 为反应的速率系数。这个复合过程的反应速率系数无论对自间隙原子还是空位都是 $K_{i,v}$。假设空位是静止的,而自间隙原子可迁移,那么当自间隙原子跳跃到离空位最近邻的间隙位置时才会发生复合。下面考虑一个 fcc 点阵,用一个立方体表示空位,当自间隙原子跳跃到最近邻的八面体位置时会与空位发生复合。由图 2-1 可知,这个特定空位周围最近邻的八面体间隙位置一共有 6 个(图中黑点),并且这 6 个八面体间隙位置各有另外 8 个次近邻八面体间隙位置,得到组合因子为 48[1]。因此对于 fcc 的八面体间隙位置的复合速率系数为

$$K_{i,v} = \frac{48\Omega D_i}{a_0^2} \qquad (2-2)$$

式中:D_i 为间隙原子扩散系数(cm^2/s);Ω 为原子体积(cm^3);a_0 为晶格常数(cm)。

但是这并不是实际晶体中原子复合的情况,这种计算存在很大的误差。因为首先空位周围的自间隙原子可能既不在八面体间隙位置,也不在四面体间隙位置。其次即使发生复合的自间隙原子和空位之间的距离大于最近邻距离也可能发生复合。则自间隙原子和空位的复合速率系数可以表示为

$$K_{i,v} = \frac{z_{iv}\Omega D_i}{a_0^2} \qquad (2-3)$$

式中:$z_{iv} \approx 500$。

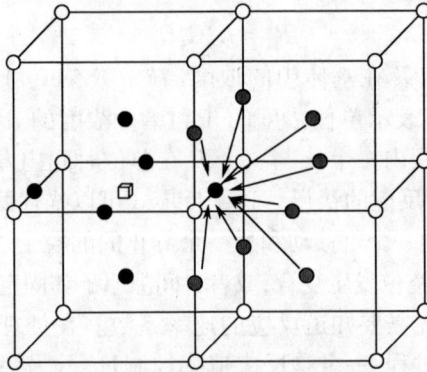

图 2-1　fcc 立方晶体中自间隙原子和空位复合的最近邻和次近邻八面体间隙位置

2. 自间隙原子和自间隙原子反应

反应速率系数为

$$K_i^i = \frac{z_{ii}\Omega D_i}{a_0^2} \qquad (2-4)$$

3. 空位和空位反应

反应速率系数为

$$K_v^v = \frac{z_{vv}\Omega D_v}{a_0^2} \qquad (2-5)$$

4. 缺陷阱强度

在基体中吸收间隙原子和空位的缺陷阱可以分为以下 3 类：

（1）中性阱（neutral（unbiased）sinks）：这种缺陷阱不会优先捕获这两种点缺陷其中的任意一种，它的吸收速率正比于点缺陷的扩散系数和点缺陷在金属中和阱表面的浓度差。这类缺陷阱一般为空洞、非相干的沉淀（incoherent precipitates）和晶界。

（2）偏置阱（biased sinks）：这种缺陷阱会优先捕获其中一种点缺陷，如位错就更易捕获间隙原子而不是空位。这种偏置是由于位错核附近的应力梯度产生的。

（3）可变偏置阱（variable bias sinks）：这类缺陷阱捕获缺陷后能保持其原有的性质，直至它被另一种相反的缺陷所湮灭。

以上是用速率系数来描述缺陷之间的反应快慢，下面利用捕获强度来描述缺陷阱吸收缺陷的强度或能力，它的单位为 cm^{-2}，定义如下：

$$捕获速率 = K_S^j C_j C_S \equiv k_{jS}^2 C_j D_j \qquad (2-6)$$

式中：S 表示缺陷阱；j 表示点缺陷。

则

$$S_S^j = \frac{K_S^j C_S}{D_j} \qquad (2-7)$$

对于点缺陷 j 来说，所有阱对它的捕获强度总和表示为

$$S^j = \sum_S S_S^j \qquad (2-8)$$

5. 间隙原子和空位与球形空腔反应

假设球形空腔里面包含 m 个空位，若每个间隙原子的体积为 Ω，假设球面上一个格点的面积为 a_0^2，其表面的格点数为 $4\pi R^2/a_0^2$，可得到间隙原子与球形空腔的反应速率系数和捕获强度分别为

$$K_c^i = \frac{4\pi R^2 \Omega D_i}{a_0^4} = \frac{4\pi R^2 D_i}{a_0} \qquad (2-9a)$$

$$S_c^i = \frac{4\pi R^2 \rho_c}{a_0} \qquad (2-9b)$$

其中，原子体积 $\Omega \approx a_0^3$。同理，空位与球形空腔的反应速率系数和捕获强度分别为

$$K_c^v = \frac{4\pi R^2 \Omega D_v}{a_0^4} = \frac{4\pi R^2 D_v}{a_0} \qquad (2-10a)$$

$$S_c^v = \frac{4\pi R^2 \rho_c}{a_0} \qquad (2-10b)$$

6. 间隙原子与位错线反应

假设位错线的捕获体积为中心轴平行于位错线的一个圆柱体（图 2-2），当任何间隙原子跳跃到这个圆柱体内的话就会被位错线捕获，而每一个包含在圆柱

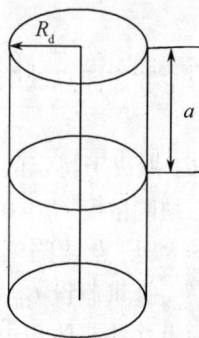

图 2-2　位错线的捕获体积

体内的晶面上有 z_d^i 个原子位置。ρ_d 为位错线的密度,其单位为厘米位错线/cm^3,则位错线捕获间隙原子的速率为

$$R_d^i = D_i z_d^i \rho_d C_i \qquad (2-11)$$

反应速率系数和捕获强度分别为

$$K_d^i = D_i z_d^i \qquad (2-12a)$$

$$S_d^i = z_d^i \rho_d \qquad (2-12b)$$

7. 空位与位错线反应

位错线捕获空位的速率为

$$R_d^v = D_v z_d^v \rho_d C_v \qquad (2-13)$$

反应速率系数和捕获强度分别为

$$K_d^v = D_v z_d^v \qquad (2-14a)$$

$$S_d^v = z_d^v \rho_d \qquad (2-14b)$$

2.1.3 扩散速率控制过程

1. 点缺陷 – 球形空腔反应

考虑在一个单位体积里有 ρ_c 个半径为 R 的球形空腔,它们吸收固体中这些球形阱之间的某种点缺陷。假设这些球形空腔的捕获体积占据整个固体体积,每个捕获体积内包含一个空洞(图 2 – 3)。则可以定义单位体积内每个球的捕获半径为

$$\left(\frac{4}{3}\pi\mathscr{R}^3\right)\rho_c = 1 \qquad (2-15)$$

随后我们将要求解球形壳 $R \leqslant r \leqslant \mathscr{R}$ 半径范围内的点缺陷扩散方程。假设在 t 时刻捕获体积内距球心为 r 处的点缺陷浓度为 $C(r,t)$,并且在捕获体积边界 $r = \mathscr{R}$ 处没有粒子流通过,则有边界条件:

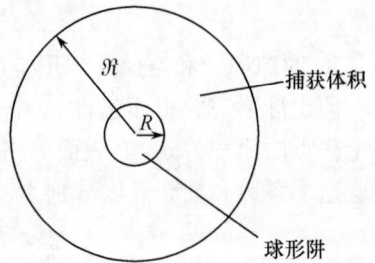

图 2 – 3 球形阱对点缺陷的捕获体积

$$\left(\frac{\partial C}{\partial r}\right)_\mathscr{R} = 0 \qquad (2-16)$$

在球形空腔表面点缺陷浓度为

$$C(R,t) = C_R \qquad (2-17)$$

式中:C_R 取决于特定的过程。例如,对于点缺陷是不溶于固体的气体原子,那么表面处点缺陷浓度 $C_R = 0$。对于气泡或空洞捕获间隙原子或空位的情况,在界面处(即 $r = R$ 处)点缺陷浓度等于其处于特定应力条件下的缺陷的热力学平衡浓度 $C_R = C_{v,i}^0$,这里假设 C_R 与时间无关。

假设在捕获体积中点缺陷是各向同性分布的(球坐标系下扩散方程中含 θ、φ 的项为 0),并且在这个体积中没有除球形空腔外的其他缺陷阱,并且考虑这个捕

获体积内包含点缺陷的产生项,故通过求解下列球坐标下的扩散方程可得到 $C(r, t)$:

$$\frac{\partial C}{\partial t} = \frac{D}{r^2} \frac{\partial}{\partial r}\left(r^2\frac{\partial C}{\partial r}\right) + P_0 \qquad (2-18)$$

式中:D 为点缺陷的扩散系数;P_0 为单位体积内点缺陷的产生率。

当固体的辐照温度足够高,以至点缺陷有一定的可动性,被缺陷阱吸收的点缺陷至少能部分被其产生率补偿,则捕获体积内点缺陷浓度随时间变化缓慢,有 $\frac{\partial C}{\partial t} \approx 0$,这种简化称为"准稳态近似"。因此,扩散方程可以近似为

$$\frac{D}{r^2} \frac{\mathrm{d}}{\mathrm{d}r}\left(r^2\frac{\mathrm{d}C}{\mathrm{d}r}\right) = -P_0 \qquad (2-19)$$

利用边界条件式(2-16)和式(2-17),得

$$C(r) = C_R + \frac{P_0}{6D}\left[\frac{2\mathcal{R}^3(r-R)}{rR} - (r^2 - R^2)\right] \qquad (2-20)$$

在很多情况下,捕获体积的半径远大于缺陷阱的半径,并且在点缺陷浓度只在非常靠近缺陷阱的区域变化迅速,并且还远远没有达到捕获半径的时候就接近一个常数值,因此捕获体积可以分为两个区域(图2-4)。在区域1中,扩散项远大于源项,故可将源项忽略不计,因此式(2-18)可以近似为

$$\frac{1}{r^2} \frac{\mathrm{d}}{\mathrm{d}r}\left(r^2\frac{\mathrm{d}C}{\mathrm{d}r}\right) = 0 \qquad (2-21)$$

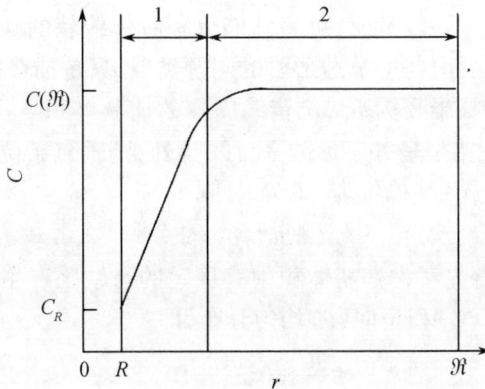

图2-4 具有均匀体积源的球壳内扩散方程的解

由于点缺陷浓度在距缺陷阱表面很近的地方就已经达到一个常数值,因而相对1区来说,可以认为2区无限大,故这里认为捕获体积为一个无限介质。则边界条件式(2-16)由下式代替:

$$C(\infty) = C(\mathcal{R}) \qquad (2-22)$$

式(2-17)不变,有

$$C(R) = C_R \qquad (2-23)$$

利用此边界条件可以得到式$(2-21)$的解为

$$C(r) = C_R + \left[C(\mathfrak{R}) - C_R \right] \left[1 - \left(\frac{R}{r} \right) \right] \qquad (2-24)$$

定义通过球形空腔表面的粒子通量为

$$J = -D \left(\frac{\mathrm{d}C}{\mathrm{d}r} \right)_R = \frac{-D \left[C(\mathfrak{R}) - C_R \right]}{R} \qquad (2-25)$$

则球形空腔对点缺陷的吸收速率为

$$-(4\pi R^2) J = 4\pi R D \left[C(\mathfrak{R}) - C_R \right] \qquad (2-26)$$

由于式$(2-26)$中，$C(\mathfrak{R}) \gg C_R$，则 $C(\mathfrak{R}) - C_R \approx C(\mathfrak{R})$，再用 C 代替 $C(\mathfrak{R})$，这里 C 表示平均浓度，单位体积内所有球形空腔捕获点缺陷的总速率是将式$(2-26)$乘以球形空腔密度 ρ_c，则球形空腔捕获点缺陷的速率为

$$\text{球形空腔捕获速率}/(\mathrm{cm}^3 \cdot \mathrm{s}) = 4\pi R D \rho_c C \qquad (2-27)$$

间隙原子和理想球形空腔的扩散控制反应的速率系数和捕获强度分别为

$$K_c^i = 4\pi R D_i \qquad (2-28a)$$

$$S_c^i = 4\pi R \rho_c \qquad (2-28b)$$

空位和理想球形空腔的扩散控制反应的速率系数和捕获强度分别为

$$K_c^v = 4\pi R D_v \qquad (2-29a)$$

$$S_c^v = 4\pi R \rho_c \qquad (2-29b)$$

2. 点缺陷 - 位错反应

当晶体内的位错相距较远时，可将它们分别看作线状的缺陷阱。点缺陷被位错所捕获的扩散控制反应与上节球形阱的问题类似，只是捕获体积不再是球体，而是圆柱体。假设位错核半径为 R_d，位错线周围的捕获体积半径(也即柱状捕获体积的半径)为 $\mathfrak{R}$，且位错是呈井字形的平行线排列，则垂直于位错线排列方向上单位面积里的位错数为 ρ_d，其单位为 $\mathrm{cm/cm}^3$，则

$$(\pi \mathfrak{R}^2) \rho_d = 1 \qquad (2-30)$$

与上一节一样，首先考虑捕获体积中有稳定的点缺陷产生源的情况。假设缺陷浓度沿圆柱体轴向(Z)和角向(θ)均匀分布，即

$$\frac{\partial C}{\partial z} = 0, \frac{\partial C}{\partial \theta} = 0 \qquad (2-31)$$

则在准稳态近似下，柱坐标下的扩散方程为

$$\frac{D}{r} \frac{\mathrm{d}}{\mathrm{d}r} \left(r \frac{\mathrm{d}C}{\mathrm{d}r} \right) = -P_0 \qquad (2-32)$$

有边界条件：

$$C(R_d) = C_{R_d} \qquad (2-33)$$

$$\left(\frac{\mathrm{d}C}{\mathrm{d}r} \right)_{\mathfrak{R}} = 0 \qquad (2-34)$$

可以得到式(2-32)的解为

$$C(r) = C_{R_d} + \frac{P_0 \mathscr{R}^2}{2D} \left[\ln\left(\frac{r}{R_d}\right) - \frac{1}{2}\left(\frac{r^2 - R_d^2}{\mathscr{R}^2}\right) \right] \qquad (2-35)$$

与上一节球形空腔情况相似,在区域1中,考虑无源项,有

$$\frac{1}{r} \frac{d}{dr}\left(r \frac{dC}{dr}\right) = 0 \qquad (2-36)$$

由于柱形结构不同于球形,不能将柱形捕获半径近似到无限大,而将线状缺陷阱的捕获体积当作一个无限介质的扩散方程是不存在稳定解的,则其边界条件取为

$$C(R_d) = C_{R_d} \qquad (2-37)$$

$$C(\mathscr{R}) = C \qquad (2-38)$$

因此可得到式(2-36)的解为

$$C(r) = C_{R_d} + (C - C_{R_d}) \frac{\ln(r/R_d)}{\ln(\mathscr{R}/R_d)} \qquad (2-39)$$

点缺陷流向位错线的通量为

$$J = -D\left(\frac{dC}{dr}\right)_{R_d} = \frac{-D(C - C_{R_d})}{R_d \ln(\mathscr{R}/R_d)} \qquad (2-40)$$

则每单位长度位错线的吸收速率为

$$-(2\pi R_d)J = \frac{2\pi D(C - C_{R_d})}{\ln(\mathscr{R}/R_d)} \qquad (2-41)$$

捕获体积内缺陷的产生率为

$$\pi(\mathscr{R}^2 - R_d^2)P_0 \qquad (2-42)$$

同样假设在捕获体积内产生的所有点缺陷都被位错线所捕获,有

$$\frac{2\pi D(C - C_{R_d})}{\ln(\mathscr{R}/R_d)} = \pi(\mathscr{R}^2 - R_d^2)P_0 \qquad (2-43)$$

考虑到 $\mathscr{R} \gg R_d$,有

$$C = C_{R_d} + \frac{P_0 \mathscr{R}^2}{2D} \ln(\mathscr{R}/R_d) \qquad (2-44)$$

当间隙原子向位错扩散时,单位体积内所有位错捕获点缺陷的总速率是将式(2-41)乘以位错密度 ρ_d。令 C 为基体内的平均点缺陷浓度,则 C_{R_d} 与 C 相比可以忽略不计,因此位错捕获点缺陷的的速率为

$$位错捕获速率 = \frac{2\pi D \rho_d C}{\ln(\mathscr{R}/R_d)} \qquad (2-45)$$

可得间隙原子和位错的扩散控制反应的速率系数和捕获强度分别为

$$K_d^i = \frac{2\pi D_i}{\ln(\mathscr{R}/R_{id})} \qquad (2-46a)$$

$$S_d^i = \frac{2\pi\rho_d}{\ln(\mathscr{R}/R_{id})} \qquad (2-46b)$$

空位和位错的扩散控制反应的速率系数和捕获强度分别为

$$K_d^v = \frac{2\pi D_v}{\ln(\mathscr{R}/R_{vd})} \qquad (2-47a)$$

$$S_d^v = \frac{2\pi\rho_d}{\ln(\mathscr{R}/R_{vd})} \qquad (2-47b)$$

这时需要注意,由于位错对间隙原子的偏置因子(bias)更高,导致其对自间隙原子的位错核半径 R_{id} 比对空位的位错核半径 R_{vd} 更大一点。

2.1.4 混合速率控制过程

1. 球形空腔捕获点缺陷

当要同时考虑反应速率控制过程和扩散速率控制过程时,就要计算它们的混合速率,也即反应速率和扩散控制速率的结合。由式(2-6)可知,考虑反应速率控制过程,1s 内点缺陷被球形空腔捕获的概率为 $a_0/4\pi R^2 D\rho_c C$。同样根据式(2-26)可知,考虑扩散控制反应过程,1s 内点缺陷被球形空腔捕获的概率为 $1/4\pi RD\rho_c C$,则球形空腔捕获点缺陷总的速率为

$$捕获速率 = \frac{4\pi RD\rho_c C}{1 + a_0/R} \qquad (2-48)$$

总的速率系数和捕获强度分别为

$$K_c = \frac{4\pi RD}{1 + a_0/R} \qquad (2-49a)$$

$$S_c = \frac{4\pi R\rho_c}{1 + a_0/R} \qquad (2-49b)$$

2. 位错捕获点缺陷

由式(2-11)可知,考虑反应速率控制过程,1s 内点缺陷被位错捕捕获的概率为 $1/Dz_d\rho_d C$。由式(2-45)可知,考虑扩散控制反应过程,1s 内点缺陷被位错捕获的概率为 $\ln(\mathscr{R}/R_d)/2\pi D\rho_d C$,则位错捕获间隙原子总的速率为

$$总的捕获速率 = \frac{D\rho_d C}{\dfrac{1}{z_d} + \dfrac{\ln(\mathscr{R}/R_d)}{2\pi}} \qquad (2-50)$$

总的速率系数和捕获强度分别为

$$K_d = \frac{D}{\dfrac{1}{z_d} + \dfrac{\ln(\mathscr{R}/R_d)}{2\pi}} \qquad (2-51a)$$

$$S_d = \frac{\rho_d}{\dfrac{1}{z_d} + \dfrac{\ln(\mathscr{R}/R_d)}{2\pi}} \qquad (2-51b)$$

3. 点缺陷 – 晶界反应

点缺陷和晶界反应对辐照析出有很重要的影响。根据 Heald 和 Harbottle 的分析，晶界的捕获强度通过考虑一个半径为 a 的球形晶粒，在晶界处的缺陷浓度等于热平衡浓度，其与辐照引起的浓度相比很小[2]。在晶粒中的缺陷损失率为

$$k^2 DC = (z_d\rho_d + 4\pi R_c\rho_c)DC \qquad (2-52)$$

式中：k^2 为晶粒内位错和空洞的捕获强度，则扩散方程为

$$\frac{d^2 C}{dr^2} + \frac{2}{r}\frac{dC}{dr} + \frac{K_0}{D} - k^2 C = 0 \qquad (2-53)$$

利用边界条件 $C(r=a)=0$ 和 $C(r=0)=$ 有限值，可得式(2-53)的解为

$$C(r) = \frac{K_0}{Dk^2}\Big[1 - \frac{a\sinh(kr)}{r\sinh(ka)}\Big] \qquad (2-54)$$

点缺陷流向晶界的总通量 A 为

$$A = -4\pi r^2 D\frac{\partial C}{\partial r}\Big|_{r=a} = \frac{4\pi K_0 a}{k^2}\big[ka\coth(ka) - 1\big] \qquad (2-55)$$

可将 A 写为如下形式：

$$A = z_{gb}DC_0 \qquad (2-56)$$

式中：z_{gb} 为单个晶界的捕获强度；C_0 为晶粒中心($r=0$)的浓度：

$$C_0 = C(r=0) = \frac{K_0}{Dk^2}\Big[1 - \frac{ka}{\sinh(ka)}\Big] \qquad (2-57)$$

由式(2-55)~式(2-57)可得晶界捕获强度 z_{gb} 为

$$z_{gb} = 4\pi a\Big[\frac{ka\cosh(ka) - \sinh(ka)}{\sinh(ka) - ka}\Big] \qquad (2-58)$$

当考虑较小的晶粒和低捕获强度时，$ka\to 0$，有

$$z_{gb}(ka\to 0) = 8\pi a = 4\pi d \qquad (2-59)$$

其中 $d(=2a)$ 为晶粒直径。

若考虑捕获强度很大，$ka\to\infty$，有

$$z_{gb}(ka\to\infty) = 4\pi ka^2 = \pi kd^2 \qquad (2-60)$$

晶界捕获强度由 z_{gb} 和单位体积的晶粒密度，或 $\rho_{gb} = 6/\pi d^3$，有

$$K_{jgb} = 4\pi D_j d, \; S_{gb} = 24/d^2 \qquad (2-61)$$

和

$$K_{jgb} = \pi k D_j d^2, \quad S_{gb}(ka \to \infty) = 6k/d \qquad (2-62)$$

式中:$j = i$ 或 v。

各种缺陷反应速率系数总结如表 $2-2$ 所列。

表 $2-2$　缺陷反应速率系数

反应	速率系数	缺陷阱强度
v + v	$K_v^v = \dfrac{z_{vv}\Omega D_v}{a_0^2}$	—
i + i	$K_i^i = \dfrac{z_{ii}\Omega D_i}{a_0^2}$	—
i + v	$K_i^v = \dfrac{z_{iv}\Omega D_i}{a_0^2}$	—
−v, i + 空洞 反应速率控制	$K_c^v = \dfrac{4\pi R^2 \Omega D_v}{a_0^4} = \dfrac{4\pi R^2 D_v}{a_0} \quad K_c^i = \dfrac{4\pi R^2 \Omega D_i}{a_0^4} = \dfrac{4\pi R^2 D_i}{a_0}$	$S_c^v = \dfrac{4\pi R^2 \rho_c}{a_0} \quad S_c^i = \dfrac{4\pi R^2 \rho_c}{a_0}$
扩散控制	$K_c^i = 4\pi R D_i \quad K_c^v = 4\pi R D_v$	$S_c^i = 4\pi R \rho_c \quad S_c^v = 4\pi R \rho_c$
混合控制	$K_c = \dfrac{4\pi R D}{1 + a_0/R}$	$S_c = \dfrac{4\pi R \rho_c}{1 + a_0/R}$
v, i + 位错 反应速率控制	$K_d^i = D_i z_d^i \quad K_d^v = D_v z_d^i$	$S_d^i = z_d^i \rho_d \quad S_d^v = z_d^v \rho_d$
扩散控制	$K_d^i = \dfrac{2\pi D_i}{\ln(\mathscr{R}/R_{id})} \quad K_d^v = \dfrac{2\pi D_v}{\ln(\mathscr{R}/R_{vd})}$	$S_d^i = \dfrac{2\pi \rho_d}{\ln(\mathscr{R}/R_{id})} \quad S_d^v = \dfrac{2\pi \rho_d}{\ln(\mathscr{R}/R_{vd})}$
混合控制	$K_d = \dfrac{D}{\dfrac{1}{z_d} + \dfrac{\ln(\mathscr{R}/R_d)}{2\pi}}$	$S_d = \dfrac{\rho_d}{\dfrac{1}{z_d} + \dfrac{\ln(\mathscr{R}/R_d)}{2\pi}}$
v, i + 晶界扩散控制	$K_{jgb} = 4\pi D_j d$ $K_{jgb} = \pi k D_j d^2$	$S_{gb}(ka \to 0) = 24/d^2$ $S_{gb}(ka \to \infty) = 6k/d$
v, i + 相干析出物	$K_{CP}^j = 4\pi R_{CP} D_j Y_j$	$S_{CP}^j = 4\pi R_{CP} \rho_{CP} Y_j$
v, i + 表面	$K_f^i = (S_{sc}^i)^{1/2} D_i / L$	$S_f^i = (S_{sc}^i)^{1/2} / L$

注:S_{sc}^i 为除表面以外所有缺陷阱阱强度之和;Y_j 为析出物对间隙原子和空位的偏置系数

2.2　速率理论模型的发展

2.2.1　三维迁移模型

　　早在 20 世纪六七十年代,人们就已经开始运用速率理论研究粒子辐照下材料中产生缺陷的演化行为了。但是当时这套理论发展得远未完善,因此在描述缺陷的产生和缺陷间的相互作用时需要进行大量的简化计算,其中最主要的假设包括以下 3 种:①辐照初始过程中直接产生只有相等数量的单个自间隙原子和空位;②整个反应过程中只有单个的自间隙原子和空位能迁移,并且作三维迁移;③不同的缺陷阱对自间隙原子和空位的吸收效率不同。在这个模型中位错对自间隙原子的优先吸收(位错偏置)是促进缺陷演化的唯一驱动力。由于这个模型假设在辐照过程中只能产生点缺陷,因此不能区分1MeV电子、裂变中子和重离子的辐照。由于以上种种局限,使得三维迁移模型的理论计算结果在很多情况下与实验不相符。如实验中观察到铜中位错密度很低时材料肿胀率比用三维迁移模型预测的更高[3,4],也就说明在这套理论当中缺失了一些重要的假设。但是缺失的部分不是由于溶质原子、杂质原子或晶格结构的影响引起的。第1章里已经介绍了中子或离子辐照产生的损伤一般来说较复杂。在级联过程中除了产生单个的自间隙原子和空位,还将直接产生小的自间隙原子团簇和空位团簇。而在三维迁移模型中未考虑到小团簇在级联过程中的产生,故这也是此模型没能很好地解释级联损伤过程中缺陷演化的根本原因。

2.2.2　产生基模型

由于中子或重离子辐照时,级联损伤过程中小的自间隙原子团簇和空位团簇的不断产生,使得辐照产生的缺陷更加复杂。也是这一关键因素使得其与电子辐照产生缺陷的过程相差很多。产生基模型中还考虑了级联过程中小的自间隙原子团簇沿它们伯格斯矢量的滑移。自间隙原子团簇的滑移最初在退火实验中发现,并进行了理论分析[5-8],随后在辐照实验中观察并进行理论分析[9-11]。

2.3　缺陷反应的一般速率理论和
速率方程组的数值解法

辐照过程中会不断产生间隙原子和空位,而由于它们具有一定的迁移性,导致它们之间不断复合,同时也会聚集在一起形成团簇,而团簇通过不断吸收可迁移的缺陷又逐渐长大或收缩,导致位错环和空洞的形成。还有一部分缺陷迁移至晶界或沉淀被它们捕获。下面我们将用一组速率方程组来描述基体中间隙原子和空位的浓度随时间的变化。

根据 NRT 模型[12],在辐照过程中,点缺陷产生率为

$$G^{NRT} = \int_0^\infty dE\varphi(E) \int_{E_d}^{\tilde{E}^{max}} \frac{d\sigma(E, \tilde{E})}{d\tilde{E}} v(\tilde{E}) \, d\tilde{E} \qquad (2-63)$$

式中:$\sigma(E, \tilde{E})$ 为反应截面;$\tilde{E}$ 为入射粒子传递给碰撞粒子的能量;$\tilde{E}_{max}$ 传递的最大能量,有

$$\tilde{E}^{max} = \frac{4Mm}{(M+m)^2} E \qquad (2-64)$$

但是 NRT 模型主要适用于产生低能反冲原子,也即弗仑克尔缺陷对的情形,如

1MeV 的电子辐照,因此并不适合于高能粒子辐照会产生级联碰撞的过程。在级联碰撞过程中会直接产生缺陷团簇,所以在级联过程中间隙原子和空位的产生率均小于 NRT 模型中点缺陷的产生率 G^{NRT},且由于它们二者形成团簇的份额不相同,故间隙原子和空位的产生率不相同:$G_i \neq G_v$。级联过程中点缺陷的产生率分别为

$$G_i = G^{NRT}(1-\varepsilon_r)(1-\varepsilon_i) \qquad (2-65)$$

$$G_v = G^{NRT}(1-\varepsilon_r)(1-\varepsilon_v) \qquad (2-66)$$

式中:ε_r 为级联过程中间隙原子和空位的回复率;ε_i,ε_v 分别为间隙原子和空位在级联过程中直接形成团簇的份额。

因此速率理论中描述缺陷浓度变化率的主方程可以一般性地表示为[13]

$$\frac{\mathrm{d}C_j}{\mathrm{d}t} = G_j + \sum_k w(k,j)C_k - \sum_k w(j,k)C_j - L_j \qquad (2-67)$$

式中:G_j 为辐照时入射粒子与材料碰撞产生的大小为 j 的团簇的产生率,包括级联过程中的直接产生率和由缺陷阱中热发射导致的产生率;C_j 为大小为 j 的团簇浓度;$w(k,j)$ 为单位浓度的大小为 k 的团簇转化为大小为 j 的团簇的转化率;L_j 为大小为 j 的团簇于缺陷阱处的损失率。

2.3.1　间隙原子团簇的形核和长大

这一节将介绍间隙原子团簇的形核和长大。在辐照过程中,间隙原子团簇和空洞不断吸收可迁移的缺陷导致其自身长大或收缩。而当它们长大到一个临界尺寸后,它们形成稳定的缺陷团并开始逐渐长大成可观察到的间隙原子团簇和空洞。

先考虑经典形核过程,如图 2-5 所示。$\beta(n)$ 为大小为 n 的间隙原子团簇吸收一个间隙原子成为大小为 $n+1$ 的间隙原子团簇的速率,$\alpha(n)$ 为大小为 n 的间隙原子团簇发射一个原子成为大小为 $n-1$ 的间隙原子团簇的速率。因此,可得到间隙原子团簇浓度随时间变化的方程为

$$\frac{\partial \rho(n,t)}{\partial t} = \beta(n-1)\rho(n-1,t) - \alpha(n)\rho(n,t) - \beta(n)\rho(n,t) + \alpha(n+1)\rho(n+1,t)$$

$$(2-68)$$

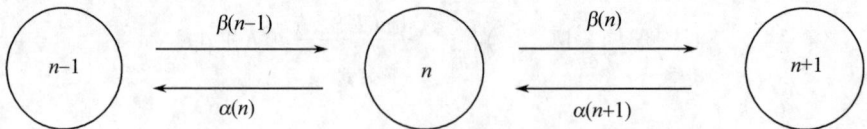

图 2-5　各向同性形核过程

大小为 n 的间隙原子团簇吸收一个间隙原子成为大小为 $n+1$ 的间隙原子团簇的速率定义为[14]

$$J(n,t) = \beta(n)\rho(n,t) - \alpha(n+1)\rho(n+1,t) \tag{2-69}$$

则

$$\frac{\partial\rho(n,t)}{\partial t} = J(n-1,t) - J(n,t) \tag{2-70}$$

假设所有在两个邻近团簇之间的粒子流通量为常数 J，故有

$$J_1 = \beta(1)\rho(1) - \alpha(2)\rho(2) = J \tag{2-71}$$

$$J_2 = \beta(2)\rho(2) - \alpha(3)\rho(3) = J \tag{2-72}$$

$$J_3 = \beta(3)\rho(3) - \alpha(4)\rho(4) = J \tag{2-73}$$

$$\vdots$$

$$J_{n-1} = \beta(n-1)\rho(n-1) - \alpha(n)\rho(n) = J \tag{2-74}$$

设当 $k \geq 2$ 时，发射速率与吸收速率的比值为 $\alpha_k/\beta_k = r_k$，并令 $r_1 = 1$。将式(2-71)乘以 r_2，式(2-72)同时乘以 r_2 和 r_3，依此类推。再将上述式子相加，得

$$J_1 = J = \frac{\beta(1)\rho(1) - \alpha(n)\rho(n)\prod_{j=2}^{n-1}r_j}{1 + \sum_{k=2}^{n-1}\prod_{j=2}^{k}r_j} \tag{2-75}$$

由于 $\rho(1)$ 远大于 $\rho(n)$，并且当 $n > n^*$ 时，$r_j < 1$。因此式(2-75)改写为

$$J = \beta(1)\rho(1)\left(1 + \sum_{k=2}^{n-1}\prod_{j=2}^{k}r_j\right)^{-1} \tag{2-76}$$

间隙原子团簇的长大速率为[15]：

$$\frac{\mathrm{d}r_L}{\mathrm{d}t} = \frac{V_{at}}{b}\left[Z_{ni}^i D_i C_{1i} - Z_{ni}^v D_v(C_{1v} - C_{vL})\right] \tag{2-77}$$

式中：$C_{vL} = C_v^0\exp(E_F\Omega/kT)$，$E_F$ 为层错环的形成能，Ω 为原子体积，b 为位错环的伯格斯矢量的大小。

$$Z_{n\theta}^{\theta'} = Z_{\theta'}^d + \left[\left(\frac{b}{8\pi a}\right)^{1/2}z_{\theta'} - Z_{\theta'}^d\right]/n^{\gamma_{\theta'}/2} \tag{2-78}$$

2.3.2 尺寸分布函数

这里提到的尺寸分布函数是在 n 空间中的。$\rho(n,t)$ 指包含 n 个点缺陷的缺陷团簇在 t 时刻的密度。但有时尺寸分布函数也需要在 R 空间中表示。$\rho(R,t)$ 指半径为 R 的缺陷团簇在 t 时刻的密度。以位错环和空洞为例，这两种缺陷中包含的粒子数与其半径间分别对应如下关系：

$$\pi R^2 b = n\Omega \tag{2-79}$$

$$\frac{4\pi}{3}R^3 = n\Omega \tag{2-80}$$

式中：b 为位错环的伯格斯矢量的大小；Ω 为原子体积。利用这两个函数描述的缺陷团簇密度必须是一致的，即满足：

$$\rho(n)\,\mathrm{d}n = \rho(R)\,\mathrm{d}R \qquad\qquad (2-81)$$

其中:$\mathrm{d}n,\mathrm{d}R$ 对应同一个分组内的缺陷团簇;$f(n)\mathrm{d}n$,$f(R)\mathrm{d}R$ 指某个小范围尺寸内的缺陷团簇的密度。

通过积分可以得到总的缺陷团簇的密度:

$$N = \sum_{n=2}^{\infty}\rho(n) \approx \int_{n=2}^{\infty}\rho(n)\,\mathrm{d}n = \int_{R=R_{\min}}^{\infty}\rho(R)\,\mathrm{d}R \qquad (2-82)$$

这两个函数满足以下关系:

$$\rho(R) = \rho(n)\frac{\mathrm{d}n}{\mathrm{d}R} \qquad\qquad (2-83)$$

则对于位错环和空洞,根据式(2-83)可推出它们有以下关系:

$$\rho_{\mathrm{L}}(R) = \left(\frac{4\pi b}{\Omega}\right)^{1/2} n^{1/2}\rho_{\mathrm{L}}(n)\,\bigg|_{n=\frac{\pi b R^2}{\Omega}} \qquad (2-84)$$

$$\rho_{\mathrm{C}}(R) = \left(\frac{36\pi}{\Omega}\right)^{1/3} n^{2/3}\rho_{\mathrm{C}}(n)\,\bigg|_{n=\frac{4\pi R^3}{3\Omega}} \qquad (2-85)$$

2.3.3 位错环和空洞的长大方程

1. 位错环长大率[16]

在高能粒子的辐照过程中,材料中会产生大量的空位和自间隙原子。单位时间内流入位错环的空位和自间隙原子数目决定位错环长大的速率。自间隙原子的流入促使位错环长大,反之空位的流入会促使位错环收缩。与式(2-40)相似,单位时间内自间隙原子被一个位错环吸收的数目为

$$D_{\mathrm{i}}Z_{\mathrm{i}}(C_{\mathrm{i}} - C_{\mathrm{id}}) \qquad\qquad (2-86)$$

式中:Z_{i} 为位错对自间隙原子的偏置因子;C_{id} 为位错表面的自间隙原子密度。

则可知单位时间内流入位错环的自间隙原子和空位数目分别为

$$D_{\mathrm{i}}Z_{\mathrm{i}}\rho_l(r,t)(C_{\mathrm{i}} - C_{\mathrm{id}}) \qquad\qquad (2-87)$$

和

$$D_{\mathrm{v}}Z_{\mathrm{v}}\rho_l(r,t)(C_{\mathrm{v}} - C_{\mathrm{vd}}) \qquad\qquad (2-88)$$

式中:Z_{v} 为位错对空位的偏置因子;$\rho_l(r,t)$ 为半径为 r 的位错环的位错密度,有

$$\rho_l(r,t) = 2\pi r N_l(r,t)\,\mathrm{d}r \qquad\qquad (2-89)$$

式中:$N_l(r,t)$ 为位错环面上的位错密度。

则可得位错环半径的增长率为

$$\frac{\mathrm{d}r}{\mathrm{d}t}\bigg|_l = A_0\big[D_{\mathrm{i}}Z_{\mathrm{i}}(C_{\mathrm{i}} - C_{\mathrm{i}}^{\mathrm{eq}}) - D_{\mathrm{v}}Z_{\mathrm{v}}(C_{\mathrm{v}} - C_{\mathrm{v}}^{\mathrm{eq}}) + D_{\mathrm{i}}Z_{\mathrm{i}}(C_{\mathrm{i}}^{\mathrm{eq}} - C_{\mathrm{id}}) - D_{\mathrm{v}}Z_{\mathrm{v}}(C_{\mathrm{v}}^{\mathrm{eq}} - C_{\mathrm{vd}})\big]$$

$$(2-90)$$

式中:A_0 为位错环原子面上平均每个自间隙原子所占的面积;$C_{\mathrm{i}}^{\mathrm{eq}}$,$C_{\mathrm{v}}^{\mathrm{eq}}$ 分别为位错环表面的自间隙原子和空位浓度。

对于半径为 R 的空位型和间隙型位错环表面的空位浓度为[17]

$$(C_v^{eq})_{vl,il} = C_v^{th} \exp\left(\pm \frac{(\gamma_{sf} + E_{el}) b^2}{k_B T} \right) \tag{2-91}$$

式中：γ_{sf}, E_{el}, b 分别为层错能、点缺陷与位错的相互作用能和伯格斯矢量。

式（2-91）中的"+"和"−"号，分别对应空位型位错环和间隙型位错环的情况。其中

$$E_{el} = \frac{\mu b^2}{4\pi (1 - v)(R + b)} \ln\left(\frac{R + b}{b} \right) \tag{2-92}$$

式中：μ, v 分别为剪切模量和泊松比。

空位在理想晶体中的平衡浓度 C_v^{th} 为

$$C_v^{th} = \exp(- E_v^f / k_B T) \tag{2-93}$$

式中：E_v^f 为空位的形成能。

2. 空洞长大率[16]

空洞长大的速率由流入空洞的空位和自间隙原子速率决定。空位的流入会使得空洞长大，而自间隙原子的流入会使得空洞收缩。空位被空洞吸收的速率为 $-4\pi R^2 J$，其中 R 为空洞的半径，J 为空位流入空洞表面的通量，可表示为

$$J = - D_V \left. \left(\frac{\partial C_V}{\partial r} \right) \right|_R \tag{2-94}$$

因此可求得单位时间内空洞中空位的净增加率为

$$4\pi R (D_V C_V - D_I C_I - D_V C_V^{eq}) \tag{2-95}$$

则可计算出单位时间内空洞的体积增加率为

$$4\pi R \Omega (D_V C_V - D_I C_I - D_V C_V^{eq}) \tag{2-96}$$

式中：Ω 为原子体积。

因此，可得空洞半径的增长率为

$$\frac{\mathrm{d} r}{\mathrm{d} t} = \frac{\Omega}{r} (D_V C_V - D_I C_I - D_V C_V^{eq}) \tag{2-97}$$

考虑空位形成空洞前后晶体中自由能的改变量为

$$\Delta F = - \left(\frac{4\pi R^3}{3\Omega} \right) \mu_V + 4\pi \tilde{\gamma} R^2 \tag{2-98}$$

式中：$R = (3x\Omega / 4\pi)^{1/3}$ 为空洞的半径；x 为空洞中含有的空位数；$\mu_V = k_B T \ln(C_V / C_V^{th})$ 为空位的化学势；C_V^{th} 为空位在理想晶体中的平衡浓度；$\tilde{\gamma}$ 为空洞的表面能。

将式（2-98）等号两边对半径求导，可得空洞表面的空位浓度为

$$C_V^{eq}(R) = C_V^{th} \exp\left(\frac{2\Omega \tilde{\gamma}}{R k_B T} \right) \tag{2-99}$$

2.3.4 速率理论的数值算法

速率理论模型是利用一系列耦合的微分方程组来描述一个非常复杂的系统。

这些微分方程组能够较精确地给出这个系统中点缺陷及其团簇的演化行为,其中包括自间隙原子、空位、杂质原子以及它们形成的团簇之间的相互作用过程。这些相互作用过程包括由可移动的缺陷或溶质原子被缺陷团簇吸收或缺陷团簇自身的热离解而引起的团簇的形核、长大以及粗化过程。由于模型越精确则求解越困难,如果考虑在较短的时间范围内,材料中产生的缺陷团簇尺寸较小,并且数量较少,那么可以很容易利用数值算法求解这些微分方程组。若考虑在较长时间范围内,材料中产生的缺陷团簇较大,同时数量较多,即使产生仅为包含一种组分的缺陷团簇(如空洞、位错环),方程的数量也可达到10^6。若在材料中产生的为包含两种组分的缺陷团簇(如气泡),则方程的数量可达到10^{12}。此时想要直接对偏微分方程组进行求解是非常困难的,即使是计算机技术飞速发展的今天仍需耗费大量时间。然而,利用合理的近似,在提高计算效率的同时,也能得到非常精确的结果。

目前来说这些近似方法有:离散的相空间截断方法、Fokker - Planck 近似、分组方法、随机团簇动力学方法和一些杂化方法等。对求解主方程而提出的这些近似方法最初源自于 Kiritani 于 1973 年提出的一种分组方法来描述基体中含有大量的缺陷团簇的形核和长大过程,也即 K 方法[18]。这种方法是将偏微分方程组按所表示缺陷团簇的尺寸大小进行分组。每一个分组内包含多种不同尺寸的缺陷团簇,而在同一个分组内的团簇均用同一个尺寸和密度表示。通过计算不同组的团簇间的相互作用来描述缺陷的长大过程,从而减少所需求解的微分方程数量。

随后 Gillespie 于 1976 年提出随机团簇动力学方法[19]。这种方法是将随机效应引入到有限体系内,再求解微分方程组。Ghoniem 等于 1980 年提出一种新的计算方法来求解速率方程组[20]。他们将缺陷团簇分成大尺寸和小尺寸两种。小尺寸的缺陷团簇严格按照其尺寸大小利用速率方程描述,而对大尺寸的缺陷团簇则利用 Fokker - Planck 方程来描述。2001 年,Golubov 等通过分析数值解与分析解的结果,提出了一个分组方法的近似数值解法,这种方法是基于 K 方法而提出的,同时弥补了 K 方法的不足之处[21]。这种方法能很好地描述点缺陷团簇或第二相沉淀的形核、长大和粗化过程。虽然分组方法得出的解较精确,但是计算更耗时。近年来,发展了一些多元化的方法,如相截断、空间关联、随机形核等[22-25]。

下面介绍应用较多的 Fokker - Planck 方法和分组方法来进行模型的简化处理。

1. Fokker - Planck 方法

这种为了提高计算效率而将离散的主方程转化为以团簇大小为变量的连续性方程的近似方法,是将主方程做泰勒展开,然后保留至二阶小量,将离散的方程转化为 Fokker - Planck 形式的偏微分方程。由于 Fokker - Planck 方法主要用来描述缺陷团簇的演化,而在这些缺陷的演化过程中由于形核、长大或粗化,会导致它们的尺寸不断发生变化。因此下面的介绍中将引入尺寸分布函数。由上一节可知,缺陷团簇的尺寸分布函数满足以下关系:

$$\frac{\partial \rho(x,t)}{\partial t} = J(x-1,t) - J(x,t) \qquad (2-100)$$

其中

$$J(x,t) = \beta(x)\rho(x,t) - \alpha(x+1)\rho(x+1,t) \qquad (2-101)$$

因此当 $x \gg 1$，也即团簇尺寸较大时，有[13, 26]

$$\frac{\partial \rho(x,t)}{\partial t} = -\frac{\partial}{\partial x}\left[V(x,t)\rho(x,t) + \frac{\partial}{\partial x}[D(x,t)\rho(x,t)] \right] \qquad (2-102)$$

其中

$$V(x,t) = \beta(x,t) - \alpha(x,t) \qquad (2-103)$$

$$D(x,t) = \frac{1}{2}(\beta(x,t) + \alpha(x,t)) \qquad (2-104)$$

再将缺陷团簇按尺寸分组，做一个平均尺寸近似计算。同一个分组中的团簇的尺寸分布函数可改写为

$$\rho_c(x,t) = N_c \delta[x - \langle x(t) \rangle] \qquad (2-105)$$

式中：$\delta(\xi)$ 为克罗内克函数；N_c 为团簇的平均密度。

2. 分组方法

与上一节的 Fokker – Planck 方法一样，缺陷团簇的尺寸分布函数满足：

$$\frac{\partial \rho(x,t)}{\partial t} = J(x-1,t) - J(x,t) \qquad (2-106)$$

其中

$$J(x,t) = \beta(x)\rho(x,t) - \alpha(x+1)\rho(x+1,t) \qquad (2-107)$$

因此总的缺陷团簇密度为

$$N(t) = \sum_{x=2}^{\infty} \rho(x,t) \qquad (2-108)$$

这些团簇中总的点缺陷数为

$$S(t) = \sum_{x=2}^{\infty} x\rho(x,t) \qquad (2-109)$$

故缺陷团簇密度与所有团簇包含的点缺陷数对时间的一阶导数为

$$\frac{\mathrm{d}N(t)}{\mathrm{d}t} = J(1,t) \qquad (2-110)$$

$$\frac{\mathrm{d}S(t)}{\mathrm{d}t} = J(1,t) + \sum_{x=1}^{\infty} \rho(x,t) \qquad (2-111)$$

以上二式使得分组方法中的缺陷团簇的总数及系统中聚集的总缺陷数守恒。下面将对所有的缺陷团簇进行分组。假设这些缺陷团簇一共被分成 i 组，第 i 组的宽度表示为 $\Delta x_i = x_i - x_{i-1}$。$x_{i-1}$ 与 x_i 分别为第 $i-1$ 组和第 i 组包含的最大团簇所含点缺陷的个数。因此可知第 i 组中团簇所含点缺陷的范围为 $x_{i-1}+1$ 到 x_i，则第 i 组中团簇的平均尺寸为

$$\langle x \rangle_i = x_i - (\Delta x_i - 1)/2 \qquad (2-112)$$

再将同一个分组内的尺寸分布函数用一个线性函数近似,得

$$\rho(x) = L_0^i + L_1^i(x - \langle x \rangle_i) \qquad (2-113)$$

式中:系数 L_0^i 和 L_1^i 满足:

$$\frac{\partial L_0^i}{\partial t} = \frac{1}{\Delta x_i}\left[J(x_i - 1) - J(x_i) \right] \qquad (2-114)$$

$$\frac{\partial L_1^i}{\partial t} = -\frac{\Delta x_i - 1}{2\Delta x_i \sigma_i^2}\left[J(x_i - 1) + J(x_i) - 2J\left(\langle x_i \rangle - \frac{1}{2}\right) \right] \qquad (2-115)$$

其中

$$\sigma_i^2 = \frac{1}{\Delta x_i}\left[\sum_{k = x_{i-1}+1}^{x_i} k^2 - \frac{1}{\Delta x_i}\left(\sum_{k = x_{i-1}+1}^{x_i} k \right)^2 \right] \qquad (2-116)$$

为某个分组中团簇尺寸的离差。

2.3.5 速率方程中参数值的选取

速率理论的参数选取大致上分为 3 种:①直接从一些微观尺度的模拟(如第一性原理、分子动力学)中获得。这类参数一般从理论模型中直接获得,可能与实际情况相差较大。②利用实验中测得的参数。这类参数一般较为准确。③在模拟过程中通过调节一些理论模拟得出的参数或者一些相近材料实验测得的参数,使得模拟结果与实验结果相符,这样就能得出符合我们模拟条件的较为理想的参数。

2.3.6 不同的相截断方法

由于速率理论模型需要描述大量的缺陷,因此若想逐个计算出所有类型及尺寸的团簇的密度,将耗费大量的时间,减慢模拟研究的进程。因此,通常需要对模型进行一些简化处理。下面介绍在相截断简化方法中较为常见的几种。Yoshiie 等于 2008 年提出一个速率理论模型模拟温度为 673K 下,中子辐照 F82H 铁素体钢中缺陷的演化,并与实验进行对比[27]。为简化模型,文中计算了单个自间隙原子、空位和 He 原子的密度。并假设基体中的缺陷是均匀分布的,计算中不区分不同的尺寸的团簇,只用平均密度和平均尺寸来描述不同尺寸的同种团簇。计算得到的无论是间隙型位错环还是 He 泡,其平均密度和尺寸均与实验符合得非常好。Watanabe 等于 2015 年提出一个速率理论模型模拟了温度为 723K 下中子辐照铁素体钢中 He 对间隙型位错环和 He 泡演化的影响[28]。文中为简化模型,将单个计算含有空位数和 He 原子数满足 $1 \leqslant n^V \leqslant 50$ 和 $1 \leqslant n^{He} \leqslant 50$ 的 He 泡的密度和尺寸,而将含有超过 50 个 He 原子的 He 泡分为一组,将含有超过 50 个空位的 He 泡分为另一组。对于位错环,将单个计算含有自间隙原子在 $1 \leqslant n^I \leqslant 50$ 的位错环,而将含有 $n^I > 50$ 的位错环归为一组。Xu 等利用速率模型模拟了 He 离子辐照 α - Fe 中缺陷的演化,并提出了一种高效的相截断方法[22]。通过省略相空间中的一

72

些不必要的过程,在保证与全相空间计算结果一致的情况下,较高地提升了计算效率。图2-6将利用相截断方法计算的结果和全相空间计算的结果进行对比,显示这两种方法计算的结果几乎一致。

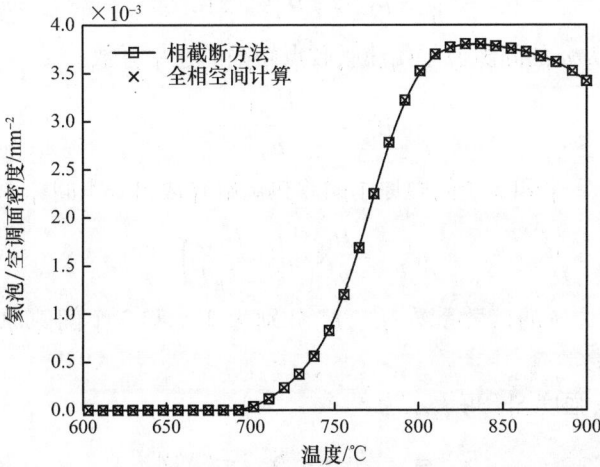

图2-6　相截断方法计算和全相空间方法计算结果的对比

2.4　中子辐照位错环的速率理论

2.4.1　基本方程

Stoller 等提出了一个研究奥氏体钢中子辐照后微观结构演化的模型[15]。在这个模型中考虑了空洞和位错环的形核和长大。这个模型适用于快中子反应堆和聚变堆辐照的条件,温度为350~700℃,辐照剂量到100dpa。

该模型做了如下假设:

(1) 只有单个点缺陷可以迁移。

(2) 含有4个间隙原子的团簇作为 Frank 层错环的形核。包含2个、3个间隙的团簇由于热离解会发射单个间隙原子。

$$\frac{dC_v}{dt} = G_v - \beta_{i_2}^v C_{i_2} - \beta_{i_3}^v C_{i_3} - \beta_{i_4}^v C_{i_4} - R_{iv}C_iC_v - D_vC_v(S_n^v + S_l^v + S_c^v + S_{vcl}^v + S_g^v)$$

$$(2-117)$$

$$\frac{dC_i}{dt} = \eta G_{dpa} + C_{i_2}(2\alpha_{i_2}^i + \beta_{i_2}^v - \beta_{i_2}^i) + C_{i_3}(\alpha_{i_3}^i - \beta_{i_3}^i) - \beta_i^i C_i - \beta_{i_4}^i C_{i_4} - R_{iv}C_iC_v -$$

$$D_iC_i(S_n^i + S_l^i + S_c^i + S_{vcl}^i + S_g^i)$$

$$(2-118)$$

$$\frac{dC_{i_2}}{dt} = \beta_i^i\frac{C_i}{2} + C_{i_3}(\beta_{i_3}^v + \alpha_{i_3}^i) - C_{i_2}(\beta_{i_2}^v - \beta_{i_2}^i + \alpha_{i_2}^i)$$

$$(2-119)$$

73

$$\frac{\mathrm{d}C_{i_3}}{\mathrm{d}t} = \beta_{i_2}^i C_{i_2} + \beta_{i_4}^v C_{i_4} - C_{i_3}(\beta_{i_3}^v + \beta_{i_2}^i + \alpha_{i_3}^i) \qquad (2-120)$$

$$\frac{\mathrm{d}C_{i_4}}{\mathrm{d}t} = \beta_{i_3}^i C_{i_3} - \beta_{i_4}^v C_{i_4} - C_{i_4}\tau_{i_4}^{-1} \qquad (2-121)$$

$\beta_{i_n}^{i,v}$ 为大小为 n 的间隙原子团簇吸收点缺陷的速率系数:

$$\beta_{i_n}^{i,v} = \frac{z_{i_n}^{i,v} D_{i,v} C_{i,v}}{a_0^2} \qquad (2-122)$$

α_{i_2,i_3}^i 为含有 2 个和 3 个间隙原子团簇热离解释放出一个间隙原子:

$$\alpha_{i_2,i_3}^i = \frac{D_i}{a_0^2}\exp\left(-\frac{E_{i_2,i_3}^b}{k_B T}\right) \qquad (2-123)$$

式中: D_i 为间隙原子的扩散系数; $E_{i_2}^b, E_{i_3}^b$ 分别为 2 个和 3 个间隙原子团簇的结合能; a_0 为晶格常数。

层错环捕获强度 $S_l^{i,v}$ 可表示为

$$S_l^{i,v} = \frac{2\pi}{\ln(r_0/r_d)}\sum_{n=5} 2\pi r_l^n N_l^n Z_l^{i,v} \qquad (2-124)$$

$Z_{i,v}^l(r_l)$ 为层错环对间隙原子和空位的偏置因子,位错核半径 r_d 可表示为

$$r_d = 2b_l \qquad (2-125)$$

其中 b_l 为伯格斯矢量的大小。位错的捕获半径 r_0 可表示为

$$r_0 = (\pi\rho_n)^{-1/2} \qquad (2-126)$$

空位产生率 G_v 考虑了每个阱的贡献之和 S_v^j:

$$G_v = \eta G_{dpa}(1-\chi) + D_v\sum_j S_j^v C_v^j \qquad (2-127)$$

式中: $j = c, n, l, g, vcl$; C_j^v 为空位与各个阱的平衡浓度。

τ_4 为含有 4 个间隙原子的团簇长大成为小尺寸的位错环的时间:

$$\tau_4 = \int_{r_4}^{r_{l1}}\left(\frac{\mathrm{d}r_l}{\mathrm{d}t}\right)^{-1}\mathrm{d}r_l \qquad (2-128)$$

式中: r_4 为包含 4 个间隙原子的团簇的半径; r_{l1} 为小尺寸的位错环的平均半径。

位错环半径随时间的变化率为

$$\frac{\mathrm{d}r_l}{\mathrm{d}t} = \frac{B}{b}\{z_i^l(r_l)D_i C_i - Z_v^l(r_l)D_v[C_v - C_v^l(r_l)]\} \qquad (2-129)$$

式中: $B = 2\pi/\ln(r_0/r_d)$。

空位在微观空洞(microvoids)处的平衡浓度为

$$C_v^{vcl} = C_v^e\exp\left(-\frac{2\gamma\Omega}{r_{vcl}k_B T}\right) \qquad (2-130)$$

空位在空腔处的平衡浓度为

$$C_v^c = C_v^e\exp\left[\frac{\Omega}{k_B T}\left(\frac{2\gamma}{r_c} - P\right)\right] \qquad (2-131)$$

74

空位在位错网和子晶界处的平衡浓度为

$$C_v^g = C_v^n = C_v^e \qquad (2-132)$$

空位在层错环处的平衡浓度 C_v^l 为

$$C_l = C_v^e \exp\left\{-\frac{\Omega}{k_B T}\left[\frac{G_s b_l}{4\pi(1-v)r_l}\ln\left(\frac{4r_l}{b_l}\right)+\frac{\gamma_{sf}}{b_l}\right]\right\} \qquad (2-133)$$

式中:第一项为通过延长位错线使得位错环长大的弹性能;第二项是由于堆垛层错引起位错环长大的弹性能;C_v^e 为空位的平衡浓度;G_s 为剪切模量;v 为泊松比;γ_{sf} 为堆垛层错能。

Stoller 还在这个模型中考虑到层错环的演化方式与小的间隙原子团簇不同,为了简化计算这里将这些位错环分成几组,然后计算每组位错环平均浓度的变化率:

$$\frac{dN_i^l}{dt} = N_{i-1}^l \tau_i^{-1} - N_i^l \tau_{i+1}^{-1} \qquad (2-134)$$

式中:N_i^l 为其中一组半径为 r_i^l 的位错环的数量;τ_i 利用式(2-128)计算,对应的积分最大值为 r_{li}。

2.4.2 改进的模型

2001 年,Gan 等修改了上述模型,在该模型中考虑级联过程中直接产生间隙原子团簇,并且考虑较小的间隙原子团簇(包括 2 个、3 个和 4 个间隙原子团簇)的可迁移性[29]。从分子动力学模拟发现大于 4 个间隙原子的团簇所占份额很小[30]。在这个改进的模型中假设小的间隙原子团簇同单个间隙原子一样做三维运动。下面的速率方程组是修改后的形式:

$$\frac{dC_v}{dt} = G_v - \beta_{i_2}^v C_{i_2} - \beta_{i_3}^v C_{i_3} - \beta_{i_4}^v C_{i_4} - R_{iv}C_i C_v - D_v C_v S_T^v - \beta_{i_2}^v C_v - \beta_{i_3}^v C_v - \beta_{i_4}^v C_v$$

$$(2-135)$$

$$\frac{dC_i}{dt} = G_i + C_{i_2}(2\alpha_{i_2}^i + \beta_{i_2}^v - \beta_{i_2}^i) + C_{i_3}(\alpha_{i_3}^i - \beta_{i_3}^i) - \beta_i^i C_i - \beta_{i_4}^i C_{i_4} - R_{iv}C_i C_v -$$

$$D_i C_i S_T^i + \beta_{i_2}^v C_v - \beta_{i_2}^i C_i - \beta_{i_3}^i C_i - \beta_{i_4}^i C_i \qquad (2-136)$$

$$\frac{dC_{i_2}}{dt} = \eta G_{dpa}\frac{f_2}{2} + \beta_i^i \frac{C_i}{2} + C_{i_3}(\beta_{i_3}^v + \alpha_{i_3}^i) - C_{i_2}(\beta_{i_2}^v - \beta_{i_2}^i + \alpha_{i_2}^i) -$$

$$D_{i_1} C_{i_2} S_T^i + \beta_{i_3}^v C_v - \beta_{i_2}^v C_v - \beta_{i_2}^i C_i - 2\beta_{i_2}^{i_2} C_{i_2} - \beta_{i_2}^{i_3} C_{i_2} - \beta_{i_2}^{i_4} C_{i_4} \quad (2-137)$$

$$\frac{dC_{i_3}}{dt} = \eta G_{dpa}\frac{f_3}{3} + \beta_{i_2}^i C_{i_2} + \beta_{i_4}^v C_{i_4} - C_{i_3}(\beta_{i_3}^v + \beta_{i_3}^i + \alpha_{i_3}^i) -$$

$$D_{i_3} C_{i_3} S_T^i + \beta_{i_2}^i C_i + \beta_{i_4}^v C_v - \beta_{i_3}^v C_v - \beta_{i_3}^i C_i - \beta_{i_3}^{i_2} C_{i_2} - 2\beta_{i_3}^{i_3} C_{i_3} - \beta_{i_3}^{i_4} C_{i_4}$$

$$(2-138)$$

$$\frac{dC_{i_4}}{dt} = \eta G_{dpa}\frac{f_4}{4} + \beta_{i_3}^i C_{i_3} - \beta_{i_4}^i C_{i_4} - C_{i_4}\tau_{i_4}^{-1} -$$

$$D_{i_4}C_4 S_T^i + \beta_{i_3}^i C_i + \beta_{i_3}^i C_i - \beta_{i_4}^v C_v + \beta_{i_2}^{i_2}\frac{C_{i_2}}{2} \qquad (2-139)$$

其中

$$G_i = \eta G_{dpa}(1 - f_2 - f_3 - f_4) \qquad (2-140)$$

$$S_T^v = S_n^v + S_l^v + S_{cvl}^v + S_{vcl}^v + S_g^v \qquad (2-141)$$

$$S_T^i = S_n^i + S_l^i + S_{cvl}^i + S_{vcl}^i + S_g^i \qquad (2-142)$$

在这个改进的模型中 G_i 为单个间隙原子产生率,f_2、f_3 和 f_4 分别为在级联碰撞中产生的包含 2 个、3 个和 4 个间隙原子团簇的份额。S_T^v 和 S_T^i 为 extended 捕获强度。$\beta_{i_n}^i$ 和 $\beta_{i_n}^v$ 为大小为 $n(n=2,3,4)$ 的间隙原子团簇与间隙原子或空位的反应速率:

$$\beta_{i_n}^i \approx \frac{z_{i_n}^i D_{i_n} C_{i_n}}{a_0^2} \qquad (2-143)$$

$$\beta_{i_n}^v \approx \frac{z_{i_n}^v D_{i_n} C_{i_n}}{a_0^2} \qquad (2-144)$$

$\beta_{i_n}^{i_m}$ 为间隙原子团簇($n,m=2,3,4$)之间的反应的速率:

$$\beta_{i_n}^{i_m} \approx \frac{z_{i_m}^i D_{i_n} C_{i_n}}{a_0^2} \qquad (2-145)$$

2.4.3 中子辐照位错环的速率理论应用实例

下面利用速率理论来模拟研究中子辐照压水堆堆内构件螺栓材料 CW316 不锈钢中产生的缺陷的演化行为。首先,在若干假设的基础上建立一个速率理论模型,然后,利用 Turkin 等[31] 提出的一种简化方法对离散的主方程和连续的 Fokker - Planck 方程进行简化处理。

1. 模型描述

利用一个速率理论模型描述间隙型缺陷团簇和空位型缺陷团簇的演化行为,并且给出不同损伤剂量下的尺寸分布。模型中的缺陷团簇通过吸收或发射单个间隙原子或空位来长大或收缩。在这个模型中做了如下假设:

(1)模型中考虑的缺陷类型包括自间隙原子(I)、空位(V)、间隙型团簇(I_n)、空位型团簇(V_n)、位错线(D)和晶界(S)。

(2)自间隙原子、空位和包含 2 个、3 个、4 个自间隙原子的小团簇可以移动,更大的团簇不可移动。

(3)级联过程中能够直接形成小的自间隙原子团簇和空位团簇。

(4)模型中假设位错环为二维圆盘状,而空洞为三维球体。

（5）能吸收点缺陷的缺陷阱包括间隙型团簇、空位型团簇、位错和晶界。

以下是利用一组速率方程来描述模型中考虑到的各种缺陷的密度变化：

$$\frac{dC_I}{dt} = G_I - K_I^V C_I C_V - 2\beta_1^I C_I^2 - \sum_{n=2} \beta_{I_n}^I C_I C_{I_n} + 4\alpha_{I_2}^I C_{I_2} + \sum_{n=3} \alpha_{I_n}^I C_{I_n} - \sum_{n=2} \beta_{V_n}^I C_I C_{V_n} +$$
$$\beta_{I_2}^V C_V C_{I_2} + \beta_{I_3}^{V_2} C_{V_2} C_{I_3} + \beta_{I_4}^{V_3} C_{V_3} C_{I_4} - K_D^I C_I \rho_D - S_{GB}^I D_I C_I \qquad (2-146)$$

$$\frac{dC_{I_2}}{dt} = G_{I_2} + \beta_1^I C_I^2 + \beta_{I_3}^V C_V C_{I_3} - \beta_{I_2}^I C_I C_{I_2} - \alpha_{I_2}^I C_{I_2} + \alpha_{I_3}^I C_{I_3} - \beta_{I_2}^V C_V C_{I_2} -$$
$$\beta_{I_2}^{I_2} C_{I_2} C_{I_2} - \sum_{n=2} \beta_{I_n}^{I_2} C_{I_2} C_{I_n} - \sum_{n=2} \beta_{V_n}^{I_2} C_{I_2} C_{V_n} \qquad (2-147)$$

$$\frac{dC_{I_3}}{dt} = G_{I_3} + \beta_{I_2}^I C_I C_{I_2} + \beta_{I_4}^V C_V C_{I_4} - \beta_{I_3}^I C_I C_{I_3} - \alpha_{I_3}^I C_{I_3} + \alpha_{I_4}^I C_{I_4} - \beta_{I_3}^V C_V C_{I_3} -$$
$$\beta_{I_3}^{I_3} C_{I_3} C_{I_3} - \sum_{n=2} \beta_{I_n}^{I_3} C_{I_3} C_{I_n} - \sum_{n=2} \beta_{V_n}^{I_3} C_{I_3} C_{V_n} \qquad (2-148)$$

$$\frac{dC_{I_4}}{dt} = G_{I_4} + \beta_{I_2}^{I_2} C_{I_2} C_{I_2} + \beta_{I_3}^I C_I C_{I_3} + \beta_{I_5}^V C_V C_{I_5} - \beta_{I_4}^I C_I C_{I_4} - \alpha_{I_4}^I C_{I_4} + \alpha_{I_5}^I C_{I_5} -$$
$$\beta_{I_4}^V C_V C_{I_4} - \beta_{I_4}^{I_4} C_{I_4} C_{I_4} - \sum_{n=2} \beta_{I_n}^{I_4} C_{I_4} C_{I_n} - \sum_{n=2} \beta_{V_n}^{I_4} C_{I_4} C_{V_n} \qquad (2-149)$$

$$\frac{dC_V}{dt} = G_V - K_I^V C_I C_V - 2\beta_V^V C_V C_V + 4\alpha_{V_2}^V C_{V_2} + \beta_{V_2}^I C_I C_{V_2} -$$
$$\sum_{n=2} \beta_{V_n}^V C_V C_{V_n} + \sum_{n=3} \alpha_{V_n}^V C_{V_n} -$$
$$\sum_{n=2} \beta_{I_n}^V C_V C_{I_n} + \beta_{V_3}^{I_2} C_{I_2} C_{V_3} + \beta_{V_4}^{I_3} C_{I_3} C_{V_4} + \beta_{V_5}^{I_4} C_{I_4} C_{V_5} -$$
$$K_D^V C_V \rho_D - S_{GB}^V D_V C_V \qquad (2-150)$$

$$\frac{dC_{V_2}}{dt} = G_{V_2} + \beta_V^V C_V^2 - \alpha_{V_2}^V C_{V_2} - \beta_{V_2}^V C_V C_{V_2} + \alpha_{V_3}^V C_{V_3} - \beta_{V_2}^I C_I C_{V_2} + \beta_{V_3}^I C_I C_{V_3} +$$
$$\beta_{V_4}^{I_2} C_{I_2} C_{V_4} + \beta_{V_5}^{I_3} C_{I_5} C_{V_5} + \beta_{V_6}^{I_4} C_{I_4} C_{V_6} \qquad (2-151)$$

$$\frac{dC_{V_3}}{dt} = G_{V_3} + \beta_{V_2}^V C_V C_{V_2} - \beta_{V_3}^I C_I C_{V_3} - \beta_{V_3}^V C_V C_{V_3} + \beta_{V_4}^I C_I C_{V_4} + \alpha_{V_3}^V C_{V_3} + \alpha_{V_4}^V C_{V_4} +$$
$$\beta_{V_5}^{I_2} C_{I_2} C_{V_5} + \beta_{V_6}^{I_3} C_{I_5} C_{V_6} + \beta_{V_7}^{I_4} C_{I_4} C_{V_7} \qquad (2-152)$$

$$\frac{dC_{V_4}}{dt} = G_{V_4} + \beta_{V_3}^V C_V C_{V_3} + \beta_{V_5}^I C_I C_{V_5} - \beta_{V_4}^V C_V C_{V_4} + \alpha_{V_5}^V C_{V_5} - \alpha_{V_4}^V C_{V_4} - \beta_{V_4}^I C_I C_{V_4} +$$
$$\beta_{V_6}^{I_2} C_{I_2} C_{V_6} + \beta_{V_7}^{I_3} C_{I_5} C_{V_7} + \beta_{V_8}^{I_4} C_{I_4} C_{V_8} \qquad (2-153)$$

$$\frac{dC_{I_n}}{dt}\bigg|_{n>4} = (\beta_{I_{n-1}}^I C_I) C_{I_{n-1}} + (\beta_{I_{n+1}}^V C_V + \alpha_{I_{n+1}}^I) C_{I_{n+1}} - (\alpha_{I_n}^I + \beta_{I_n}^V C_V + \beta_{I_n}^I C_I) C_{I_n}$$
$$(2-154)$$

$$\frac{dC_{V_n}}{dt}\bigg|_{n>4} = (\beta_{V_{n-1}}^V C_V) C_{V_{n-1}} + (\beta_{V_{n+1}}^I C_I + \alpha_{V_{n+1}}^V) C_{V_{n+1}} - (\alpha_{V_n}^V + \beta_{V_n}^I C_I + \beta_{V_n}^V C_V) C_{V_n}$$
$$(2-155)$$

式中：G_θ，G_{θ_n} 分别为点缺陷和包含 n 个类型为 θ 的点缺陷团簇的产生率；G_θ，G_{θ_n} 分别为点缺陷和包含 n 个类型为 θ 的点缺陷团簇的密度；$\alpha_{\theta_n}^\theta$ 为包含 $n(n \geqslant 2)$ 个类型为 θ 的点缺陷团簇发射一个点缺陷 θ 的速率系数，缺陷团簇 θ_n 通过发射一个点缺陷减小为 θ_{n-1}；$\beta_{\theta_n}^{\theta_m}$，$\theta_{\theta_n}^{\theta'_m}$ 分别表示 n 个类型为 θ 的点缺陷团簇吸收 $m(m \geqslant 1)$ 个类型为 θ 或 θ' 的点缺陷团簇的速率系数。如果 n 与 m 为同类型的点缺陷，则 θ_n 长大为 θ_{n+m}。若 n 与 m 为相反类型的点缺陷，则 θ_n 缩小为 $\theta_{n-m}(n > m)$。

2. 速率系数

这套模型利用大量速率系数来较精确地描绘了各个尺寸团簇之间的相互作用。不同类型的缺陷间的反应需要用不同的反应速率系数来描述，同时反应速率系数也会随着参加反应的缺陷团簇尺寸的改变而改变。因此，速率系数的选择对模型有至关重要的影响。下面将列出这套模型中利用到的一系列速率参数表达式。

辐照过程中自间隙原子、空位及其团簇的产生率为

$$G_\theta = \eta G_{\mathrm{dpa}}(1 - f_{\theta_2} - f_{\theta_3} - f_{\theta_4}) \qquad (2-156)$$

$$G_{\theta_2} = \eta G_{\mathrm{dpa}} f_{\theta_2}/2 \qquad (2-157)$$

$$G_{\theta_3} = \eta G_{\mathrm{dpa}} f_{\theta_3}/3 \qquad (2-158)$$

$$G_{\theta_4} = \eta G_{\mathrm{dpa}} f_{\theta_4}/4 \qquad (2-159)$$

$$G_{\theta_i} = 0, i > 4 \qquad (2-160)$$

式中：$\theta = \mathrm{I}, \mathrm{V}$；$G_{\mathrm{dpa}}$ 为原子离位率；η 为级联过程中存活的点缺陷的份额；$f_{\theta_2}, f_{\theta_3}, f_{\theta_4}$ 分别为包含 2 个、3 个、4 个点缺陷的小团簇中点缺陷数占级联过程中产生的点缺陷数的份额。

自间隙原子和空位的复合率可表示为

$$K_{\mathrm{I}}^{\mathrm{V}} = 4\pi r_{\mathrm{IV}}(D_{\mathrm{I}} + D_{\mathrm{V}}) \qquad (2-161)$$

式中：r_{IV} 为自间隙原子和空位的复合半径；$D_\theta = D_{\theta 0}\exp(-E_\theta^{\mathrm{m}}/k_{\mathrm{B}}T)$ 为点缺陷的扩散系数，其中 $\theta = \mathrm{I}, \mathrm{V}$，$D_{\theta 0}$ 为扩散系数前置因子，E_θ^{m} 为类型为 θ 的点缺陷的迁移能，k_{B} 为玻耳兹曼常数，T 为辐照温度。

间隙型团簇吸收自间隙原子和空位过程的反应速率系数可表示为

$$\beta_{\mathrm{I}_n}^{\theta'} = 2\pi r_{\mathrm{I}_n} Z_{\mathrm{I}_n}^{\theta'}(D_{\theta'} + D_{\mathrm{I}_n}) \qquad (2-162)$$

式中：$\theta' = \mathrm{I}, \mathrm{V}$。

当 $2 \leqslant n \leqslant 4$ 时，D_{I_n} 为包含 $2 \sim 4$ 个自间隙原子的小团簇的扩散系数，有

$$D_{\mathrm{I}_n} = D_{\mathrm{I}}/n \qquad (2-163)$$

当 $n > 4$ 时，$D_{\theta_n} = 0$。其中间隙型团簇的半径可表示为

$$r_{\mathrm{I}_n} = \left(\frac{n\Omega}{\pi b}\right)^{1/2} \qquad (2-164)$$

自间隙原子和空位被间隙型团簇捕获的效率因子为

$$Z_{I_n}^{\theta'} = Z_D^{\theta'} + \left[\left(\frac{b}{8\pi a} \right)^{1/2} z_{\theta'} - Z_D^{\theta'} \right] / n^{\gamma_{\theta'}/2} \tag{2-165}$$

式中：$\theta' = I, V$；a 为晶格常数；b 为伯格斯矢量的大小。

空位型团簇吸收自间隙原子和空位过程的反应速率常数可表示为

$$\beta_{V_n}^{\theta'} = 4\pi r_{V_n} D_{\theta'} \tag{2-166}$$

式中：$\theta' = I, V$。

空位型团簇的半径为

$$r_{V_n} = \left(\frac{3n\Omega}{4\pi} \right)^{1/3} \tag{2-167}$$

间隙型团簇发射自间隙原子和空位型团簇发射空位过程的反应速率系数可表示为

$$\alpha_{\theta_n}^{\theta} = 2\pi r_{n-1} Z_{\theta_{n-1}}^{\theta} \frac{D_{\theta}}{\Omega} \exp(-E_{\theta_n}^B / k_B T) \tag{2-168}$$

式中：$\theta = I, V$；$E_{\theta_n}^B$ 为点缺陷 θ 与团簇 θ_n 的结合能，可表示为[26]

$$E_{\theta_n}^B = E_{\theta}^f + \frac{E_{\theta_2}^B - E_{\theta}^f}{2^{\sigma} - 1} [n^{\sigma} - (n-1)^{\sigma}] \tag{2-169}$$

式中：$E_{\theta}^f, E_{\theta_n}^f$ 为点缺陷 θ 与团簇 θ_n 的形成能[32, 33]，参数 $\sigma = 2/3$；$E_{\theta_2}^B$ 为两个点缺陷间的结合能。

同时考虑较大的间隙型团簇发射空位[26]，它们的反应速率系数为

$$\alpha_{I_n}^V = 2\pi r_{n-1} Z_{I_{n-1}}^V \frac{D_V}{\Omega} \exp(-E_{I_n - V}^B / k_B T) \tag{2-170}$$

其中

$$E_{I_n - V}^B = E_V^f + \frac{E_I^f - E_{I_2}^B}{2^{2/3} - 1} [n^{2/3} - (n-1)^{2/3}] \tag{2-171}$$

位错环和空洞吸收小的间隙型团簇的反应速率系数与其吸收自间隙原子和空位过程的反应速率系数形式相同。

晶界捕获自间隙原子和空位的捕获强度可表示为[26]

$$S_{GB}^{\theta} = 6\sqrt{\sum_{n=2} 2\pi R_{nI} Z_{nI}^{\theta} C_{nI} + \sum_{n=2} 4\pi R_{nV} C_{nV} + Z_D^{\theta} \rho_D} / D_{GB} \tag{2-172}$$

式中：$\theta = I, V$；D_{GB} 为晶粒尺寸；ρ_D 为位错密度。

位错对自间隙原子和空位的反应速率系数可表示为

$$K_D^{\theta} = Z_D^{\theta} D_{\theta} \tag{2-173}$$

式中：$\theta = I, V$；ρ_D 为位错线的密度。

位错线捕获点缺陷的效率因子可表示为

$$Z_D^{\theta} = \frac{2\pi}{\ln(1/r_D^{\theta} \sqrt{\pi \rho_D})} \tag{2-174}$$

式中：r_D^{θ} 为位错的捕获半径。

为简化计算，本章模型仅仅考虑晶界和位错吸收点缺陷的情况，Li 等在利用速率理论模拟研究的过程中用到类似近似，并证实了其合理性[34]。

3. 数值方法

将描述大尺寸团簇（包含点缺陷数大于 N）的离散方程做泰勒展开，然后保留至二阶小量，将主方程式(2-67)转化为连续的 Fokker-Planck 方程[13]：

$$\frac{\partial C(x,t)}{\partial t} = \frac{\partial}{\partial x}\left(-V(x,t)C(x,t) + \frac{1}{2}\frac{\partial}{\partial x}D(x,t)C(x,t)\right) \quad (2-175)$$

当 $\theta = I$ 时，系数满足

$$V(x(n),t) = \beta_{I_n}^I C_I + \alpha_{I_n}^V - \beta_{I_n}^V C_V - \alpha_{I_n}^I \quad (2-176)$$

$$D(x(n),t) = \beta_{I_n}^I C_I + \alpha_{I_n}^V + \beta_{I_n}^V C_V + \alpha_{I_n}^I \quad (2-177)$$

当 $\theta = V$ 时，系数满足：

$$V(x(n),t) = \beta_{V_n}^V C_V - \beta_{V_n}^I C_I - \alpha_{V_n}^V \quad (2-178)$$

$$D(x(n),t) = \beta_{V_n}^V C_V + \beta_{V_n}^I C_I + \alpha_{V_n}^V \quad (2-179)$$

式中：n 为分组号；$x(n)$ 为第 n 组内团簇中所含的平均点缺陷数。

当缺陷团簇尺寸较小时，由于式(2-176)~式(2-179)中的吸收和发射速率系数随时间变化较快，在这种情况下，式(2-175)不适用于描述团簇的密度变化[35]。因此当缺陷团簇尺寸较小时，也即在团簇形核的初始阶段，一般用传统离散型的主方程来描述。而当缺陷团簇尺寸增长到一个较大的值，此时大部分团簇经过初始的形核阶段，开始稳定增长。这时缺陷团簇的密度随时间变化速率减缓，则可以将大的缺陷团簇进行分组，同一个分组中的团簇用一个平均尺寸做近似处理。

这里利用 Turkin 等提出的数值解法来求解以上的离散主方程和 Fokker-Planck 方程[31]。Turkin 等提出的是一种参考了多种数值解法的杂化方法，其适用于描述缺陷团簇的形核和长大。利用这种方法计算大尺寸缺陷团簇的演化时，可以根据需要调节相邻组团簇的尺寸变化差值，因此这种方法非常方便、简单。下式中 x_i 为第 i 组中缺陷团簇平均所含点缺陷数，Δx_i 为第 i 组中团簇平均所含点缺陷数与第 $i-1$ 组的差值。令 x_i 和 Δx_i 满足：

$$x_1 = 1 \quad (2-180)$$

$$x_i = x_{i-1} + \Delta x_i \quad (2 \leq i \leq M) \quad (2-181)$$

$$\Delta x_i = \begin{cases} 1 & (2 \leq i \leq N) \\ \Delta x_{i-1}\exp(\varepsilon) & (N < i \leq M) \end{cases} \quad (2-182)$$

式中：M 为模型中考虑的最大缺陷团簇所含点缺陷数，M 必须足够大，使得计算过程中最大的团簇密度为 0；$0 < \varepsilon \ll 1$ 为一个控制缺陷团簇尺寸步进值的小量。

由式(2-180)~式(2-182)可得 x_i 与 i 的关系式：

$$i = N + \frac{1}{\varepsilon}\ln\left(1 + \frac{\exp(\varepsilon)-1}{\exp(\varepsilon)}(x_i - N)\right) \quad (x \geq N) \quad (2-183)$$

通过中心差分法将式(2-175)转化为以下形式:

$$\frac{\mathrm{d}C_i}{\mathrm{d}t} = \frac{1}{\Delta x_{i+1} + \Delta x_i}\left[\left(V_{i-1}C_{i-1} - V_{i+1}C_{i+1}\right) + \left(\frac{D_{i+1}C_{i+1} - D_iC_i}{\Delta x_{i+1}} - \frac{D_iC_i - D_{i-1}C_{i-1}}{\Delta x_i}\right)\right]$$

$$(2-184)$$

速率理论模型中使用的参数如下[36]:实验中损伤速率 $G_{\mathrm{dpa}} = 9.4 \times 10^{-7}\mathrm{dpa/s}$, $Z_{\mathrm{D}}^{\mathrm{I}} = 1.2$, $Z_{\mathrm{D}}^{\mathrm{V}} = 1.0$, $r_{\mathrm{IV}} = 0.7\mathrm{nm}$, $z_1 = 63.0$, $\gamma_1 = 0.8$, $z_{\mathrm{V}} = 33.0$, $\gamma_{\mathrm{V}} = 0.65$, $E_1^{\mathrm{m}} = 0.78\mathrm{eV}$, $E_{\mathrm{V}}^{\mathrm{m}} = 1.35\mathrm{eV}$, $E_1^{\mathrm{f}} = 4.1\mathrm{eV}$, $E_{\mathrm{V}}^{\mathrm{f}} = 1.7\mathrm{eV}$, $\eta = 0.15$, $f_{\mathrm{I}_2} = 0.2$, $f_{\mathrm{I}_3} = 0.2$, $f_{\mathrm{I}_4} = 0.06$, $f_{\mathrm{V}_2} = 0.06$, $f_{\mathrm{V}_3} = 0.03$, $f_{\mathrm{V}_4} = 0.02$, $D_{\mathrm{I}0} = 8.0 \times 10^{-6}\mathrm{m^2/s}$, $D_{\mathrm{V}0} = 6.0 \times 10^{-5}\mathrm{m^2/s}$, $E_{\mathrm{I}_2}^{\mathrm{B}} = 0.6\mathrm{eV}$, $E_{\mathrm{V}_2}^{\mathrm{B}} = 0.5\mathrm{eV}$, $D_{\mathrm{GB}} = 4 \times 10^{-5}\mathrm{m}$, $\rho_{\mathrm{D}} = 10^{14}\mathrm{m^{-2}}$。

4. 结果和讨论

(1) 实验结果

模拟实验的辐照温度和剂量满足压水堆中堆内构件所处的环境条件。实验是在 603K 下快中子反应堆 BOR-60 中进行的,这主要是为了尽量在合理的时间内完成实验。辐照的材料为 CW316 奥氏体不锈钢,损伤速率为 $9.4 \times 10^{-7}\mathrm{dpa}$,实验中观察到的位错环均为间隙型位错环[36]。实验结果显示当损伤剂量为 10dpa、20dpa 和 40dpa 时位错环的平均尺寸分别为 $(7.5 \pm 2)\mathrm{nm}$、$(7.4 \pm 2)\mathrm{nm}$ 和 $(7.3 \pm 2)\mathrm{nm}$,平均密度分别为 $60 \times 10^{21}\mathrm{m^{-3}}$、$44 \times 10^{21}\mathrm{m^{-3}}$ 和 $62 \times 10^{21}\mathrm{m^{-3}}$。模拟计算的结果与实验结果大致符合。由于实验是在快中子堆中进行的,快中子平均能量大约在 1MeV 左右,能量较低,嬗变产物较少,故在上述模型中忽略嬗变产生的 H 和 He 的影响。下面利用 LSODA 方法[37]求解以上微分方程组。

(2) 模拟结果分析

在很多模拟研究中,所用的模型能区分各种不同类型的缺陷,但对于同种类型的缺陷却不区分各自的密度和尺寸,均用一个平均密度和尺寸来描述。这种方法虽然也能给出较为准确的解,并能显著地提高计算的效率,但对于问题的研究和描述仍有一定的局限性,例如只能给出缺陷团簇的平均密度和尺寸,却不能给出各个尺寸的团簇具体的演化情况。这里我们用到的速率理论模型,不仅能得出更加精确的解,还能给出缺陷的尺寸分布,有助于更深入地了解辐照过程中微观结构的演化行为。我们修改了 Pokor 等[36]提出的模拟中子辐照奥氏体不锈钢的模型,这个模型源自于 Duparc 等[26]于 2002 年提出的模型。这两篇论文中都将间隙型团簇和空位型团簇均处理为二维圆盘状。但是 Pokor 等[36]利用该模型计算出的空位型团簇的尺寸非常大,推断其原因是辐照过程中圆盘状的空位型团簇会转化为三维球形,故我们将模型中的空位型团簇从二维圆盘状修改为三维球形。此外,Pokor 等的研究对模型做了简化,使得模型中仅仅考虑单个的点缺陷可以移动,但是很多研究表明小的间隙原子团簇也能迁移[38-41]。因此,我们在模型中考虑了小的间隙型团簇的移动性(包含 2 个、3 个和 4 个自间隙原子)。由于透射电镜对位错环的分辨率大约为 1nm,因此我们模拟的结果均取自尺寸大于 1nm 的团簇。

图 2 - 7(a)为辐照过程中产生的位错环的平均密度随损伤剂量演化的模拟结果与实验结果的对比。可以看出,在辐照初期,当损伤剂量小于 5dpa 时,位错环处于大量形核的阶段,其平均密度随损伤剂量的增加而迅速增加。当损伤剂量达到 5dpa 后,位错环密度增长放缓,平均密度趋近于 $2 \times 10^{22} \, \text{m}^{-3}$。图 2 - 7(b)为位错环的平均尺寸随损伤剂量演化的模拟结果与实验结果的对比。其演化趋势与平均密度类似,当损伤剂量较小时(<5dpa),位错环的平均尺寸快速增长,当损伤剂量达到 5dpa 后,其尺寸增长逐渐变慢。从图中可以看出模拟结果与实验结果均符合得较好。

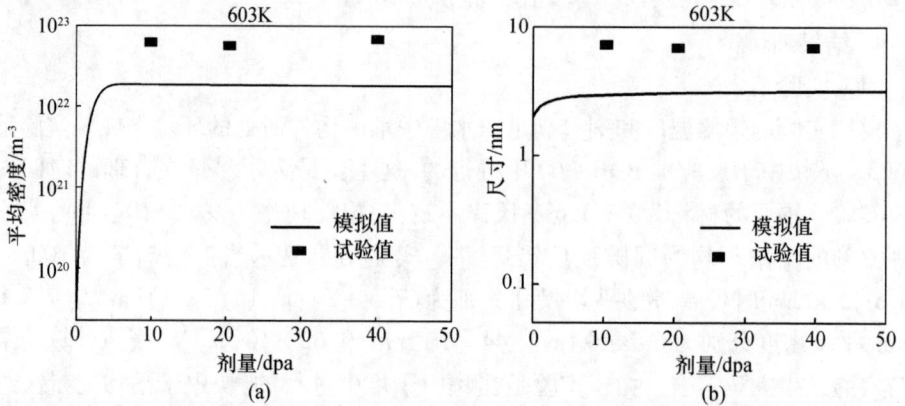

图 2 - 7 中子辐照 CW 316 奥氏体不锈钢中位错环密度和平均尺寸随损伤剂量的演化

(a)平均密度; (b)平均尺寸。

图 2 - 8 所示为温度为 550 ~ 650K 时,损伤剂量分别为 1dpa、10dpa 和 50dpa 时中子辐照奥氏体不锈钢中产生的位错环的平均密度和尺寸的演化行为。此处所模拟的温度范围满足压水堆中堆内构件材料所处环境的温度条件。从图中可以看出在相同的损伤剂量下,随着辐照温度的升高,位错环平均尺寸逐渐增大,平均密度逐渐减小。这是由于自间隙原子和小自间隙原子团簇的扩散系数:

$$D_I = D_{I0} \exp(- E_I^m / k_B T) \tag{2 - 185}$$

和

$$D_{I_n} = D_I / n \tag{2 - 186}$$

均随辐照温度的增加而增加,使得它们之间相互作用的概率增加,导致位错环的增大。同时,我们发现在损伤剂量相同的情况下,辐照温度越高,位错环平均密度随温度的升高而减小得越慢,但平均尺寸的演化受温度影响不明显。

图 2 - 9 所示为 603K 下中子辐照奥氏体不锈钢,损伤剂量分别为 1dpa、10dpa 和 50dpa 时,产生位错环的尺寸分布示意图。当损伤剂量达到 1dpa 时,尺寸为 2.5nm 的位错环所占比例最大,其密度大约为 $3.5 \times 10^{20} \, \text{m}^{-3}$,其他尺寸的位错环所占比例随着尺寸的增大或减小而逐渐递减,而最大尺寸的位错环大约为 4nm。当

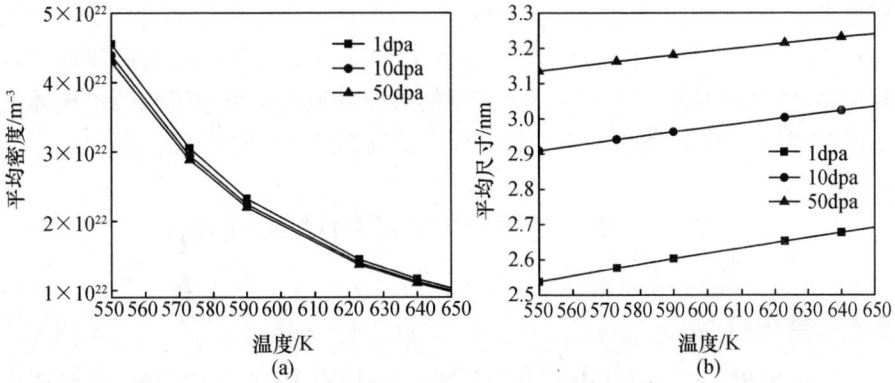

图 2-8　中子辐照 CW 316 奥氏体不锈钢中位错环
平均密度和平均尺寸随损伤剂量的演化

（a）平均密度；（b）平均尺寸。

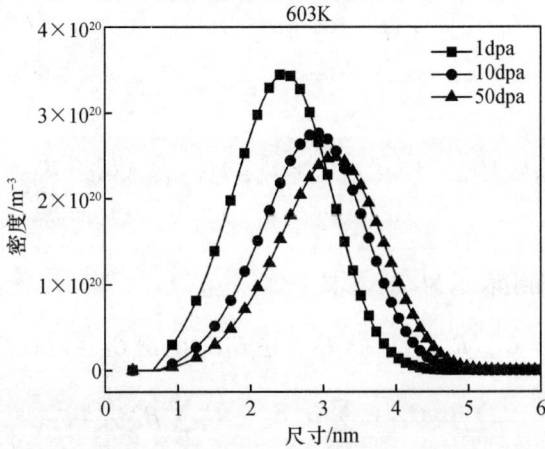

图 2-9　中子辐照 CW 316 奥氏体不锈钢中位错环的尺寸分布

损伤剂量为 10dpa 和 50dpa 时，尺寸分别为 3nm 和 3.5nm 的位错环所占比例最大，而最大尺寸的位错环分别为 4.5nm 和 5nm。从图中可以看出，随着损伤剂量的增加，位错环尺寸分布的峰值逐渐向大尺寸方向移动。峰值移动的速度随损伤剂量的增加而逐渐减小。图 2-9 大致上能反映辐照过程中产生的位错环的尺寸分布，但是其仍有一定局限性。从图中可以看出，模拟得出的尺寸分布曲线类似于正态分布，也即小尺寸的位错环所占比例与大尺寸位错环所占比例几乎相等，这也许是由于模型中仅仅假设包含 2~4 个自间隙原子的小团簇能移动，并没有考虑到较大的位错环的移动而引起的，使得相对较大的位错环之间的相互作用概率降低，小尺寸位错环所占比例增大，而大尺寸位错环所占比例减小，因此导致模拟结果中位错环的平均尺寸稍小于实验值。

虽然位错环的移动已经被实验所验证[42-44]，但很少有考虑尺寸分布的较复杂的模型[45,46]。为简化模型并提高计算效率，很多速率理论模拟都只考虑到点缺陷的移动或较小的间隙型团簇（包含 2~4 个自间隙原子）可以移动，而忽略了较大团簇位错环的移动性[47-49]。本节的模型能够较好地模拟出中子辐照奥氏体不锈钢中位错环的分布，而将位错环的移动性考虑到模型中的尝试也在进行中。

2.5 电子辐照位错环的速率理论

2.5.1 基本方程

Duparc 提出一个描述 1MeV 电子辐照铁素体钢的速率理论模型，假设产生的初始损伤为单个的点缺陷[26]。假设只有自间隙原子和空位可以移动，则可列出如下方程组：

$$\frac{dC_{i_n}}{dt} = (\beta^i_{i_{n-1}} C_i) C_{i_{n-1}} + (\beta^v_{i_{n+1}} C_v + \alpha^i_{i_{n+1}}) C_{i_{n+1}} - (\alpha^i_{i_n} + \beta^v_{i_n} C_v + \beta^i_{i_n} C_i) C_{i_n}$$

$$(2-187)$$

$$\frac{dC_{v_n}}{dt} = (\beta^v_{v_{n-1}} C_v) C_{v_{n-1}} + (\beta^i_{v_{n+1}} C_i + \alpha^v_{v_{n+1}}) C_{v_{n+1}} - (\alpha^v_{v_n} + \beta^i_{v_n} C_i + \beta^v_{v_n} C_v) C_{v_n}$$

$$(2-188)$$

当 $n=1,2$ 时，方程组表示为以下形式：

$$\frac{dC_i}{dt} = G_i - R_{iv} C_i C_v - K_i C_i - 4\beta^i_i C_i C_i + 4\alpha^i_{i_2} C_{i_2} + \beta^v_{i_2} C_v C_{i_2} -$$

$$C_i \sum_{n=2} \beta^i_{i_n} C_{i_n} + \sum_{n=3} \alpha^i_{i_n} C_{i_n} - C_i \sum_{n=2} \beta^i_{v_n} C_{v_n} \qquad (2-189)$$

$$\frac{dC_{i_2}}{dt} = 2\beta^i_i C_i^2 - 2\alpha^i_{i_2} C_{i_2} - \beta^i_{i_2} C_i C_{i_2} + \alpha^i_{i_3} C_{i_3} - \beta^v_{i_2} C_v C_{i_2} + \beta^v_{i_3} C_v C_{i_3} \qquad (2-190)$$

$$\frac{dC_v}{dt} = G_v - R_{iv} C_i C_v - K_v (C_v - C_v^e) - 4\beta^v_v C_v C_v + 4\alpha^v_{v_2} C_{v_2} + \beta^i_{v_2} C_i C_{v_2} -$$

$$C_v \sum_{n=2} \beta^v_{v_n} C_{v_n} + \sum_{n=3} \alpha^v_{v_n} C_{v_n} - C_v \sum_{n=2} \beta^v_{i_n} C_{i_n} \qquad (2-191)$$

$$\frac{dC_{v_2}}{dt} = 2\beta^v_v C_v^2 - 2\alpha^v_{v_2} C_{v_2} - \beta^v_{v_2} C_v C_{v_2} + \alpha^v_{v_3} C_{v_3} - \beta^i_{v_2} C_i C_{v_2} + \beta^i_{v_3} C_i C_{v_3} \qquad (2-192)$$

式中：R_{iv} 为间隙原子和空位的回复率；K_i，K_v 为固定阱（如表面或位错）的间隙原子和空位的发射率；$\alpha^{\theta'}_{\theta_n}$ 为类型为 θ，并包含 n 个点缺陷的团簇 θ_n 发射一个类型为 θ' 的点缺陷的概率；$\beta^{\theta'}_{\theta_n}$ 为团簇 θ_n 吸收一个类型为 θ' 的点缺陷的概率；C_{θ_n} 为团簇 θ_n（$\theta=i$ 为间隙型，$\theta=v$ 为空位型）的浓度。以上方程中考虑的团簇只能发射同类型的点缺陷。

2.5.2 速率方程中的主要参数

1. 点缺陷的复合率

$$R_{iv} = 4\pi r_{iv}(D_i + D_v) \tag{2-193}$$

式中：r_{iv} 为复合半径；$D_\theta = D_{\theta 0}\exp(-E_\theta^m/k_B T)$ 为点缺陷的扩散系数。

2. 位点缺陷被位错捕获的效率因子

$$Z_d^\theta = \frac{2\pi}{\ln(1/r_d^\theta \sqrt{\pi\rho})} \tag{2-194}$$

式中：ρ 为位错密度；r_d^θ 为位错的捕获半径。

3. 点缺陷被团簇捕获的效率因子

$$Z_{\theta_n}^{\theta'} = Z_d^{\theta'} + \left[\left(\frac{b}{8\pi a}\right)^{1/2} z_{\theta'} - Z_d^{\theta'}\right]/n^{\gamma_{\theta'}/2} \tag{2-195}$$

式中：a 为晶格常数；当 $\theta' = i$ 时，参数 $z_i = 42$，$\gamma_i = 42$，而当 $\theta' = v$ 时，参数 $z_v = 35$，$\gamma_v = 42$。

4. 团簇发射点缺陷的速率

$$\alpha_{\theta_n}^\theta = 2\pi r_{n-1} Z_{\theta_{n-1}}^\theta D_\theta \exp(-E_{\theta_n}^B/k_B T) \tag{2-196}$$

式中：$E_{\theta_n}^B$ 为点缺陷 θ 与团簇 θ_n 的结合能；$E_\theta^f, E_{\theta_n}^f$ 分别为点缺陷 θ 与团簇 θ_n 的形成能，有 $E_{\theta_n}^B = E_\theta^f + \frac{E_{\theta_2}^B - E_\theta^f}{2^\sigma - 1}[n^\sigma - (n-1)^\sigma]$，参数 $\sigma = 2/3$。

5. 表面和晶界与点缺陷的反应速率系数

晶界捕获点缺陷的捕获强度为

$$S_\theta^{sk} = 6(S_\theta^{sc})^{1/2}/d \tag{2-197}$$

表面捕获点缺陷的捕获强度为

$$S_\theta^{sk} = (S_\theta^{sc})^{1/2}/L \tag{2-198}$$

式中：d 为晶粒尺寸；L 为薄片厚度。

2.5.3 合金中迁移能参数的选取

由于一个完整的速率理论模型需要大量的输入参数，而这些参数大部分是通过原子尺度的模拟(如第一性原子、分子动力学等)中获得。但这些理论值与实际值或多或少有差异，因此在速率理论的模拟过程中可以通过调节参数以得到与实验相符的结果，从而获得较准确的数值。例如，Duparc 等提出了一个速率理论模型，用来模拟高通量 1MeV 电子辐照铁素体模型合金中产生的微观结构的演化，并与实验进行了对比[26]。图 2-10 为利用速率理论模拟电子辐照的 Fe 和 FeCu 合金样品中产生的位错环饱和数密度随温度的演化。图中分散的数据点为实验结果，实线和虚线为双间隙原子团簇的结合能取不同值时的模拟结果。直线斜率不同对应于团簇发射间隙原子的能力不同。通过比较模拟过程中所需的不同参数值,发现样品中的 Cu 会使团簇结合能增加(从约 0.9eV 增加到 1.2eV),即会稳定间隙型团簇,更重要的是模拟辐照更复杂的合金时对应的一部分参数与铁中对应的参数截然不同。因此通过速率理论的模拟可以较迅速、方便地获得在辐照过程中合金化元素对材料的微观参数的影响,同时也给材料改性提供了理论支撑。

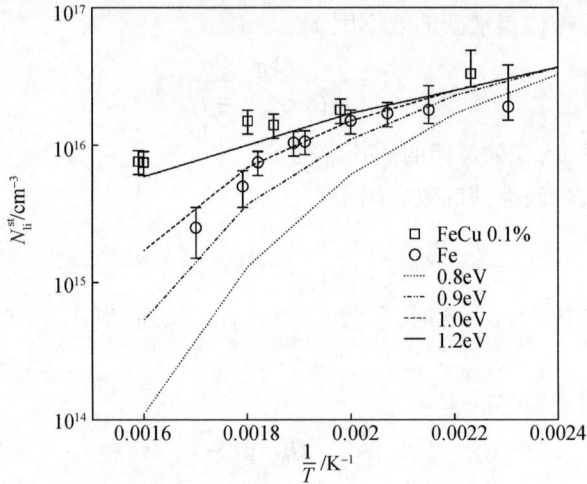

图 2-10 位错环饱和数密度随温度的演化[26]

2.6 离子辐照位错环的速率理论

Sharafat 等利用速率方程组描述了离子注入钒中引起的微观结构演化[50]。模型中考虑了级联碰撞中间隙原子团簇和空位团簇的直接形核,较小的间隙原子团簇的一维迁移,He 泡和位错环的各向同性的形核和长大,沉淀和晶界对微观结构演化的影响。这个模型包括以下假设:

(1)基本缺陷类型分别为空位(v)、自间隙原子(i)、间隙位置的气体原子(g)、双间隙原子(2i)、替代位置的气体原子(gv)、含有单个空位和两个气体原子的团簇(2gv)、含有两个间隙位置的气体原子团簇(2g)、沉淀(ppt)。

(2)考虑到间隙型和空位型团簇在级联过程中的直接形核。

(3)考虑小间隙型团簇的一维迁移。

(4)考虑气泡和位错环的各向同性形核和长大。

基于上述假设,给出缺陷的演化方程:

$$\frac{dC_v}{dt} = (1 - \varepsilon_v)\eta G + (\beta e_1 + \delta)C_{gv} - [\alpha(C_i + \sqrt{2}C_{2i} + \sqrt{<x_{CIIC}>}C_{CIIC}) + \beta C_g +$$

$$\gamma(C_s^v + C_{gv} + 2C_{2gv} + 2C_{2g} + 3C^*)]C_v \tag{2-199}$$

$$\frac{\mathrm{d}C_\mathrm{i}}{\mathrm{d}t} = (1-\varepsilon_\mathrm{i})\eta G + \alpha C_\mathrm{i}(C_\mathrm{v} + C_\mathrm{gv} + 2C_\mathrm{2gv} + 3C^* + C_\mathrm{s}^\mathrm{i}) -$$

$$2\alpha C_\mathrm{i}(C_\mathrm{i} + \sqrt{2}C_\mathrm{2i} + \sqrt{<x_\mathrm{CIIC}>}C_\mathrm{CIIC}) \qquad (2-200)$$

$$\frac{\mathrm{d}C_\mathrm{g}}{\mathrm{d}t} = G_\mathrm{He} + (\beta e_1 + \delta + \alpha C_\mathrm{i})C_\mathrm{gv} + (\beta e_2 + 2\delta)C_\mathrm{2gv} + 3(\delta + \alpha C_\mathrm{i})C^* +$$

$$4\delta C_\mathrm{2g} + 4\alpha C_\mathrm{i}C_\mathrm{2gv} + m\delta C_\mathrm{b} - \beta C_\mathrm{g}(\varepsilon C_\mathrm{b} + C_\mathrm{v} + 4C_\mathrm{g} + C_\mathrm{gv} + 2C_\mathrm{2gv} +$$

$$2C_\mathrm{2g} + C_\mathrm{GB} + \varepsilon_\mathrm{ppt}C_\mathrm{ppt}) \qquad (2-201)$$

$$\frac{\mathrm{d}C_\mathrm{gv}}{\mathrm{d}t} = \beta C_\mathrm{g}C_\mathrm{v} + (\beta e_2 + 2\delta)C_\mathrm{2gv} - C_\mathrm{gv}(\beta e_1 + \beta C_\mathrm{g} + \delta + \alpha C_\mathrm{i}) \qquad (2-202)$$

$$<x_\mathrm{CIVC}>\frac{\mathrm{d}N_\mathrm{CIVC}}{\mathrm{d}t} = \varepsilon_\mathrm{v}fG - \rho_\mathrm{CIVC}\left[D_\mathrm{i}Z_\mathrm{i}C_\mathrm{i} + <x_\mathrm{CIIC}>\times D_\mathrm{CIIC}C_\mathrm{CIIC} - D_\mathrm{v}(C_\mathrm{v} - C_\mathrm{CIVC}^0)\right]$$

$$\qquad (2-203)$$

$$<x_\mathrm{CIIC}>\frac{\mathrm{d}C_\mathrm{CIIC}}{\mathrm{d}t} = \varepsilon_\mathrm{i}fG - <x_\mathrm{CIIC}>\times C_\mathrm{CIIC}D_\mathrm{CIIC}k_\mathrm{CIIC}^2 \qquad (2-204)$$

式中：C^* 为基体中气泡的核心浓度；m 为基体中每个气泡包含的 He 原子数；M_gb 为每个晶界处气泡中包含的 He 原子数；C_v^s，C_i^s 分别为间隙原子、空位在缺陷阱处的平衡浓度；C_GB 为晶界的平衡浓度；G 为离位损伤率；G_He 为 He 产生率；η 为存活的点缺陷所占份额；ε_i 为可迁移的间隙原子在级联中形成团簇的份额；ε_v 为不可迁移的空位在级联中形成团簇的份额；x_CIVC 为每一个 CIVC 中的平均空位数；N_CIVC 为 CIVC 的密度；其半径为 r_CIVC^0；d_abs 为可移动缺陷的捕获长度；σ_b 为气泡的吸收横截面（$\sigma_\mathrm{b} = \pi R_\mathrm{B}^2$）；$N_\mathrm{b}$ 为气泡密度；ρ 为位错密度；ρ_CIVC 为空位环密度；ρ_LOOPS 为间隙型位错环的密度；e_1，e_2 表示 He – 空位团簇的热辐射率，表达式为 $e_{1,2} = \exp(-E_\mathrm{gv,2g}^\mathrm{B}/kT)$，其中 E_gv^B 和 E_2g^B 分别为气体原子与空位和两个气体原子的结合能；ε，ε_ppt 为基体和沉淀中气泡的扩散控制的组合因子，分别为 $\varepsilon = (4\pi/48)(R/a)$ 和 $\varepsilon_\mathrm{(ppt)} = (4\pi/48)(R_\mathrm{(ppt)}/a)$；$k_\mathrm{CIIC}$ 为滑移 CIIC 的捕获强度，且有

$$k_\mathrm{CIIC} = \frac{\pi(\rho + \rho_\mathrm{CIVC} + \rho_\mathrm{LOOPS})d_\mathrm{abs}}{4} + \sigma_\mathrm{b}N_\mathrm{b} \qquad (2-205)$$

α，β，γ 分别为尝试的自间隙原子、空位和间隙位置的 He 的迁移频率，它们有以下形式：

$$\alpha,\beta,\gamma = 48\exp(-E_\mathrm{i,v,He}^\mathrm{m}/k_\mathrm{B}T) \qquad (2-206)$$

其中：$E_\mathrm{i,v,He}^\mathrm{m}$ 为相应的迁移能；He 的重溶率为 δ，大小为重溶参数 b 与离位损伤速率 G 的乘积（$\delta = b \times G$）。

气泡 – 沉淀对的有效半径为 $R_\mathrm{ppt} = (r_\mathrm{p}^2 + R_\mathrm{pb}^2)^{1/2}$，$r_\mathrm{p}$ 为沉淀的半径，R_pb 为附着在沉淀上气泡的半径。

2.7 He 离子辐照下位错环演变的速率理论

Li 等利用速率理论提出了一个模拟 He 离子辐照或 He 离子和中子同时辐照钨时 He 随深度的聚集和扩散过程[34]。这个模型包括以下假设：

（1）基本缺陷类型为自间隙原子（I）、空位（V）、He 原子（He）以及它们形成的团簇（I_n，V_n，He_n，He_nI 和 He_mV_n，其中 m，n 为团簇里的所包含的缺陷数），还包括固有缺陷阱（位错线和晶界）。

（2）假设只有自间隙原子、空位、He 原子和双自间隙原子能迁移，其他的缺陷团簇都不可迁移。

2.7.1 基本方程

各种缺陷的演化方程可以表示为

$$\frac{\partial C_i}{\partial t} = G_i + D_i \ \nabla^2 C_i - k_{i+v}^+ (C_i C_v - C_i^{eq} C_v^{eq}) - 2(\alpha_1^+ C_i^2 - \alpha_2^- C_{i_2}) + k_{v+i_2}^+ C_v C_{i_2} -$$

$$\sum_{n \geqslant 2} (\alpha_n^+ C_i C_{i_n} - \alpha_{n+1}^- C_{i_{n+1}}) - \sum_{n=1}^{N_g} (k_{g_n+i}^+ C_i C_{g_n} - k_{g_ni}^- C_{g_ni}) +$$

$$\sum_{n=1}^{N_g} (k_{g_n+i}^+ C_i C_{g_n} - k_{g_ni}^- C_{g_ni}) + \sum_{n=7}^{N_g} k_{g_n-i}^- C_{g_n} - \sum_{n=1}^{N_v} \sum_{m=1}^{M_g} k_{g_mv_n+i}^+ C_i C_{g_mv_n} +$$

$$\sum_{n=1}^{N_v} \sum_{m=7}^{M_g} k_{g_mv_n-i}^- C_{g_mv_n} - \sum_{n=2}^{N_v} k_{v_n+i}^+ C_i C_{v_n} - L_i \qquad (2-207)$$

$$\frac{\partial C_{i_2}}{\partial t} = D_{i_2} \ \nabla^2 C_{i_2} - (\alpha_1^+ C_i^2 - \alpha_2^- C_{i_2}) - 2(\beta_2^+ C_i^2 - \beta_4^- C_{i_4}) + k_{i_3+v}^+ C_{i_3} C_v -$$

$$(\alpha_2^+ C_{i_2} C_i - \alpha_3^- C_{i_3}) - \sum_{n \geqslant 3} (\beta_n^+ C_{i_2} C_{i_n} - \beta_{n+2}^- C_{i_{n+2}}) -$$

$$\sum_{n=1}^{N_v} k_{v_n+i_2}^+ C_{i_2} C_{v_n} - \sum_{n=1}^{N_v} \sum_{m=1}^{M_g} k_{g_mv_n+i_2}^+ C_{i_2} C_{g_mv_n} - L_{i_2} \qquad (2-208)$$

$$\frac{\partial C_v}{\partial t} = G_v + D_v \ \nabla^2 C_v - k_{i+v}^+ (C_i C_v - C_i^{eq} C_v^{eq}) - 2(\gamma_1^+ C_v^2 - \gamma_2^- C_{v_2}) + k_{I_2+v}^+ C_v C_{i_2} -$$

$$\sum_{n \geqslant 3} (k_{i_n+v}^+ C_v C_{i_n} - k_{i_{n-1}-v}^- C_{i_{n-1}}) - \sum_{n=2}^{N_v} (\gamma_n^+ C_v C_{v_n} - \gamma_{n+1}^- C_{v_{n+1}}) -$$

$$\sum_{n=1}^{N_g} \left[(k_{g_n+v}^+ C_v C_{g_n} - k_{g_nv}^- C_{g_nv}) + k_{g_ni+v}^+ C_v C_{g_ni} \right] -$$

$$\sum_{n=1}^{N_v} \sum_{m=1}^{M_g} (\omega_n^+ C_v C_{g_mv_n} - \omega_{n+1}^- C_{g_mv_{n+1}}) - L_v \qquad (2-209)$$

$$\frac{\partial C_g}{\partial t} = G_g + D_g \ \nabla^2 C_g - 2(\eta_1^+ C_g^2 - \eta_2^- C_{g_2}) - (k_{g+i}^+ C_g C_i - k_{g_ni}^- C_{g_ni}) + k_{gi+v}^+ C_{gi} C_v -$$

$$\sum_{n=1}^{N_v} (k_{v_n+g}^+ C_g C_{v_n} - k_{v_ng}^- C_{v_n}) - \sum_{n=2}^{N_g} (\eta_n^+ C_g C_{g_n} - \eta_{n+1}^- C_{g_{n+1}}) -$$

$$\sum_{n=1}^{N_g} (\mu I_n^+ C_g C_{g_ni} - \mu I_{n+1}^- C_{g_{n+1}i}) - \sum_{n=1}^{N_v} \sum_{m=1}^{M_g} (\mu V_{mn}^+ C_g C_{g_mv_n} - \mu V_{(m+1)n}^- C_{g_{m+1}v_n}) - L_g$$

$$(2-210)$$

$$\left. \frac{\partial C_{i_n}}{\partial t} \right|_{3 \leqslant n \leqslant N_i} = -(\alpha_n^+ C_i C_{i_n} - \alpha_{n+1}^- C_{i_{n+1}}) + (\alpha_{n-1}^+ C_i C_{i_{n-1}} - \alpha_n^- C_{i_n}) -$$

$$(\beta_n^+ C_{i_2} C_{i_n} - \beta_{n+2}^- C_{i_{n+2}}) + (\beta_{n-2}^+ C_{i_2} C_{i_{n-2}} - \beta_n^- C_{i_n}) -$$

$$(k_{i_n+v}^+ C_v C_{i_n} - k_{i_{n-1}-v}^- C_{i_{n-1}}) + (k_{i_{n+1}+v}^+ C_v C_{i_{n+1}} - k_{i_{n-1}-v}^- C_{i_n})$$

$$(2-211)$$

$$\left. \frac{\partial C_{v_n}}{\partial t} \right|_{2 \leqslant n \leqslant N_v} = -k_{v_n+i}^+ C_i C_v + k_{v_{n+1}+i}^+ C_i C_{v_{n+1}} - k_{v_n+i_2}^+ C_{i_2} C_{v_n} +$$

$$k_{v_{n+2}+i_2}^+ C_{i_2} C_{v_{n+2}} - (\gamma_n^+ C_v C_{v_n} - \gamma_{n+1}^- C_{v_{n+1}}) +$$

$$(\gamma_{n-1}^+ C_v C_{v_{n-1}} - \gamma_n^- C_{v_n}) - (k_{v_n+g}^+ C_g C_{v_n} - k_{gv_n}^- C_{gv_n})$$

$$(2-212)$$

$$\left. \frac{\partial C_{g_n}}{\partial t} \right|_{2 \leqslant n \leqslant N_g} = -(k_{g_n+i}^+ C_i C_{g_n} - k_{g_ni}^+ C_{g_ni}) - (k_{g_n+v}^+ C_v C_{g_n} - k_{g_nv}^- C_{g_nv}) +$$

$$k_{g_ni+v}^+ C_v C_{g_ni} + k_{g_nv+i}^+ C_i C_{g_nv} + k_{g_nv_2+i_2} C_{i_2} C_{g_nv_2} -$$

$$(\eta_n^+ C_g C_{g_n} - \eta_{n+1}^- C_{g_{n+1}}) + (\eta_{n-1}^+ C_g C_{g_{n-1}} - \eta_n^- C_{g_n}) - k_{g_n-i}^- C_{g_n} |_{n>6}$$

$$(2-213)$$

$$\left. \frac{\partial C_{g_ni}}{\partial t} \right|_{1 \leqslant n \leqslant N_g} = (k_{g_ni}^+ C_i C_{g_n} - k_{g_ni}^- C_{g_ni}) - k_{g_ni+v}^+ C_v C_{g_ni} -$$

$$(\mu I_n^+ C_g C_{g_ni} - \mu I_{n+1}^- C_{g_{n+1}i}) + (\mu I_{n-1}^+ C_g C_{g_{n-1}} - \mu I_n^- C_{g_ni})$$

$$(2-214)$$

$$\left. \frac{\partial C_{g_mv}}{\partial t} \right|_{1 \leqslant m \leqslant M_g} = -(k_{g_mv+i}^+ C_i C_{g_mv} - k_{g_mv_2+i}^+ C_i C_{g_mv_2}) - (\omega_1^+ C_v C_{g_mv} - \omega_2^- C_{g_mv_2}) -$$

$$(k_{g_nv+i_2}^+ C_{i_2} C_{g_mv} - k_{g_mv_3+i_2}^+ C_{i_2} C_{g_mv_3}) - (\mu V_{m1}^+ C_g C_{g_mv} - \mu V_{(m+1)1}^+ C_{g_{m+1}v}) +$$

$$(\mu V_{(m-1)1}^+ C_g C_{g_{m-1}v} - \mu V_{m1}^+ C_{g_mv}) + (k_{g_m-i}^- C_{g_m} - k_{g_mv-i}^- C_{g_mv}) |_{m>6}$$

$$(2-215)$$

$$\left. \frac{\partial C_{g_mv_n}}{\partial t} \right|_{\substack{2 \leqslant n \leqslant N_v \\ 1 \leqslant m \leqslant M_g}} = -(k_{g_mv_n+i}^+ C_i C_{g_mv_n} - k_{g_mv_{n+1}+i}^+ C_i C_{g_mv_{n+1}}) - (\omega_n^+ C_v C_{g_mv_n} - \omega_{n+1}^- C_{g_mv_{n+1}}) +$$

$$(k_{g_mv_n+i_2}^+ C_{i_2} C_{g_mv_n} - k_{g_mv_{n+2}+i_2}^+ C_{i_2} C_{g_mv_{n+2}}) - (\omega_{n-1}^+ C_v C_{g_mv_{n-1}} - \omega_n^- C_{g_mv_n}) -$$

$$(\mu V_{mn}^+ C_g C_{g_mv_n} - \mu V_{(m+1)n}^- C_{g_{m+1}v_n}) + (\mu V_{(m-1)n}^+ C_g C_{g_{m-1}v_n} - \mu V_{mn}^- C_{g_mv_n}) -$$

$$(k_{g_mv_n-i}^- C_{g_mv_n} - k_{g_mv_{n-1}-i}^- C_{g_mv_{n-1}}) |_{m>6}$$

$$(2-216)$$

式中:$g = \text{He}$;$C_\theta^{eq}(\theta = i, v)$ 为自间隙原子和空位在热动力学平衡时的浓度;N_i,N_v,N_g,M_g 分别为间隙型位错环、空位团簇、He 团簇和 $\text{He}_m v_n$ 的复合体的最大尺寸。

2.7.2 速率系数

自间隙原子和空位的复合率为

$$k_{i+v}^+ = 4\pi r_{iv}(D_i + D_v) \tag{2-217}$$

式中:r_{iv} 为复合半径;D_i,D_v 分别为自间隙原子和空位的扩散系数,并且可以表示为以下形式:

$$D_i = D_{i0}\exp(-E_i^m/k_B T) \tag{2-218}$$

$$D_v = D_{v0}\exp(-E_v^m/k_B T) \tag{2-219}$$

点缺陷被间隙型位错环吸收的速率为

$$\alpha_n^+ = 2\pi r_{i_n} Z_{i_n}^i D_i \tag{2-220}$$

$$\beta_n^+ = 2\pi r_{i_n} Z_{i_n}^{i_2} D_{i_2} \tag{2-221}$$

$$k_{i_n+v}^+ = 2\pi r_{i_n} Z_{i_n}^v D_v \tag{2-222}$$

式中:r_{i_n} 为位错环半径;$Z_{i_n}^\theta$ 为点缺陷被位错环捕获的效率因子,其形式为

$$Z_{i_n}^\theta = Z_d^\theta \max\left\{\frac{2\pi}{\ln(8 r_{i_n}/r_p)}, 1\right\} \tag{2-223}$$

式中:Z_d^θ 为点缺陷被位错环捕获的效率因子;r_p 为位错核半径(pipe radius)。

位错环发射点缺陷的速率为

$$\alpha_n^- = 2\pi r_{i_{n-1}} Z_{i_{n-1}}^i D_i \exp(-E_{i_{n-1}}^b/k_B T) \tag{2-224}$$

$$\beta_n^- \approx 2\pi r_{i_{n-1}} Z_{i_{n-1}}^i D_{i_2} \exp(-E_{i_{n-1}-i_2}^b/k_B T) \tag{2-225}$$

$$k_{i_{n-1}-v}^- = 2\pi r_{i_{n-1}} Z_{i_{n-1}}^v D_v \exp(-E_{i_{n-1}}^b/k_B T) \tag{2-226}$$

式中:$E_{i_{n-\theta}}^b \big|_{\theta=i,i_2,v} = E_\theta^f - (E_{i_n}^f - E_{i_{n-\theta}}^f)$ 分别为 i, i_2, v 与位错环的结合能,表示如下:

$$E_{i_n-i}^b = E_i^f + \frac{E_{i_2}^b - E_i^f}{2^{2/3}-1}\left[n^{2/3} - (n-1)^{2/3}\right] \tag{2-227}$$

$$E_{i_n-i_2}^b = 2E_i^f - E_{i_2}^b - (2E_i^f - E_{i_n-i}^b - E_{i_{n-1}-i}^b) \tag{2-228}$$

$$E_{i_n-v}^b = E_v^f + \frac{E_i^f - E_{i_2}^b}{2^{2/3}-1}\left[n^{2/3} - (n-1)^{2/3}\right] \tag{2-229}$$

式中:$E_\theta^b\big|_{\theta=i,v,v_n}$ 为自间隙原子、空位和位错环的形成能,$E_{\theta_2}^b\big|_{\theta=i,v}$ 为 i_2 和 v_2 的结合能。

假设在扩散限制下,点缺陷被球形阱吸收的速率为

$$k_{v_n+\theta}^+\big|_{\theta=i,i_2,\text{He}} = 4\pi r_{v_n} D_\theta \tag{2-230}$$

$$\gamma_n^+ = 4\pi r_{v_n} D_v \qquad (2-231)$$

其中：r_{v_n}为团簇的半径，有

$$r_{v_n} = \left(\frac{3nV_{at}}{4\pi}\right)^{1/3} + r_0 \qquad (2-232)$$

其中：$r_0 = \sqrt{3}a_0/4$。

假设空位团簇只能发射 v，它的速率系数为

$$\gamma_n^- = 4\pi r_{v_{n-1}} D_v \exp(-E_{v_{n-v}}^b/k_B T) \qquad (2-233)$$

式中：$E_{v_{n-v}}^b$为空位与空位团簇的结合能，有

$$E_{v_{n-v}}^b = E_v^f + \frac{E_{v_2}^b - E_v^f}{2^{2/3} - 1}[n^{2/3} - (n-1)^{2/3}] \qquad (2-234)$$

可迁移的点缺陷被密度为 ρ_d 的位错线 $k_{D+\theta}^+|_{\theta=i,v,He}$ 和尺寸为 d 的晶粒 $k_{S+\theta}^+|_{\theta=i,v,He}$吸收的速率为 $L_\theta = k_{d+\theta}^+ + k_{S+\theta}^+|_{\theta=i,v,He}$。

类型为 θ 的可迁移缺陷被单位长度的位错线吸收的速率为

$$k_{d+\theta}^+|_{\theta=i,v,He} = \rho_d Z_d^\theta D_\theta C_\theta \qquad (2-235)$$

式中：Z_d^θ 为吸收效率。

类型为 θ 的可迁移缺陷被晶界吸收的速率为

$$k_{S+\theta}^+|_{\theta=i,v,He} = S_d^{sk} D_\theta C_\theta \qquad (2-236)$$

式中：$S_\theta^{sk} = (S_\theta^{sc})^{1/2}H, H = 6/d$；$S_\theta^{sc}$为除了晶界以外的所有缺陷阱的总的捕获强度。

参 考 文 献

[1] Was G S, Ampornrat P, Gupta G, et al. Corrosion and stress corrosion cracking in supercritical water [J]. J. Nucl. Mater. , 2007, 371(1-3): 176-201.

[2] Heald P T, Harbottle J E. Irradiation creep due to dislocation climb and glide [J]. J. Nucl. Mater. , 1977, 67 (s 1-2): 229-233.

[3] Singh B N, Leffers T, Horsewell A. Dislocation and void segregation in copper during neutron irradiation [J]. Philosophical Magazine A, 1986, 53(2): 233-242.

[4] English C A, Eyre B L, Muncie J W. Low-dose neutron irradiation damage in copper [J]. Philosophical Magazine A, 1987, 56(4): 453-484.

[5] Lomer W Cottrel. Annealing of point defects in metals and alloys [J]. The London, Edinburgh, and Dublin Philosophical Magazine and Journal of Science, 1955, 46(378): 711-719.

[6] Frank W, Seeger A, Schottky G. Zur Deutung der Tieftemperatur-Elektronenbestrahlung in Metallen. II. Kinetik der Crowdion-Leerstellen-Annihilation und der Erholungsstufe IE in Kupfer [J]. physica status solidi (b), 1965, 8(1): 345-356.

[7] Gøsele U, Frank W. Extension of the Unsaturable Trap Model to One-Dimensional Interstitial Migration [J]. physica status solidi (b), 1974, 61(1): 163-172.

[8] Gøsele U, Seeger A. Theory of bimolecular reaction rates limited by anisotropic diffusion [J]. Philosophical Magazine, 1976, 34(2): 177-193.

[9] Trinkaus H, Singh B, Foreman A. Glide of interstitial loops produced under cascade damage conditions: possible effects on void formation [J]. J. Nucl. Mater. , 1992, 199(1): 1 –5.

[10] Trinkaus H, Singh B, Foreman A. Impact of glissile interstitial loop production in cascades on defect accumulation in the transient [J]. J. Nucl. Mater. , 1993, 206(2): 200 –211.

[11] Borodin V. Rate theory for one-dimensional diffusion [J]. Physica A: Statistical Mechanics and its Applications, 1998, 260(3): 467 –478.

[12] Norgett M, Robinson M, Torrens I. A proposed method of calculating displacement dose rates [J]. Nuclear Engineering and Design, 1975, 33(1): 50 –54.

[13] Mansur L. Theory and experimental background on dimensional changes in irradiated alloys [J]. J. Nucl. Mater. , 1994, 216:97 –123.

[14] Stoller R E, Odette G R. A comparison of the relative importance of helium and vacancy accumulation in void nucleation [C]. Proceedings of the Radiation-Induced Changes in Microstructure: 13th International Symposium (Part I). Philadelphia: American Society for Testing and Materials, 1987: 358 –370.

[15] Stoller R E, Odette G R. A composite model of microstructural evolution in austenitic stainless steel under fast neutron irradiation: proceedings of the Radiation-Induced Changes in Microstructure[C]. 13th International Symposium, ASTM STP, F, 1987.

[16] 郁金南. 材料辐照效应[M]. 北京:化学工业出版社,2007.

[17] Bullough R, Eyre B, Krishan K. Cascade damage effects on the swelling of irradiated materials[C]: the Royal Society of London A: Mathematical, Physical and Engineering Sciences, F, 1975.

[18] Kiritani M. Analysis of the Clustering Process of Supersaturated Lattice Vacancies [J]. Journal of the Physical Society of Japan, 1973, 35(1): 95 –107.

[19] Gillespie D T. A general method for numerically simulating the stochastic time evolution of coupled chemical reactions [J]. Journal of Computational Physics, 1976, 22(4): 403 –434.

[20] Ghoniem N M, Sharafat S. A numerical solution to the fokker-planck equation describing the evolution of the interstitial loop microstructure during irradiation [J]. J. Nucl. Mater. , 1980, 92(1): 121 –135.

[21] Golubov S I, Ovcharenko A M, Barashev A V, et al. Grouping method for the approximate solution of a kinetic equation describing the evolution of point-defect clusters [J]. Philosophical Magazine A, 2001, 81(3): 643 –658.

[22] Xu D, Hu X, Wirth B D. A phase-cut method for multi-species kinetics: Sample application to nanoscale defect cluster evolution in alpha iron following helium ion implantation [J]. Applied Physics Letters, 2013, 102(1): 011904.

[23] Marian J, Bulatov V V. Stochastic cluster dynamics method for simulations of multispecies irradiation damage accumulation [J]. J. Nucl. Mater. , 2011, 415(1): 84 –95.

[24] Gherardi M, Jourdan T, Le Bourdiec S, et al. Hybrid deterministic/stochastic algorithm for large sets of rate equations [J]. Computer Physics Communications, 2012, 183(9): 1966 –1973.

[25] Dunn A, Mcphie M, Capolungo L, et al. A rate theory study of helium bubble formation and retention in Cu-Nb nanocomposites [J]. J. Nucl. Mater. , 2013, 435(1): 141 –152.

[26] Duparc A H, Moingeon C, Smetniansky – De – Grande N, et al. Microstructure modelling of ferritic alloys under high flux 1MeV electron irradiations [J]. J. Nucl. Mater. , 2002, 302(2): 143 –155.

[27] Yoshiie T, Xu Q, Sato K, et al. Reaction kinetics analysis of damage evolution in accelerator driven system beam windows [J]. J. Nucl. Mater. , 2008, 377(1): 132 –135.

[28] Watanabe Y, Morishita K, Nakasuji T, et al. Helium effects on microstructural change in RAFM steel under irradiation: Reaction rate theory modeling [J]. Nuclear Instruments and Methods in Physics Research Section

B: Beam Interactions with Materials and Atoms, 2015, 352:115 – 120.

[29] Gan J, Was G, Stoller R E. Modeling of microstructure evolution in austenitic stainless steels irradiated under light water reactor condition [J]. J. Nucl. Mater. , 2001, 299(1): 53 – 67.

[30] Stoller R E. The role of cascade energy and temperature in primary defect formation in iron [J]. J. Nucl. Mater. , 2000, 276(1 – 3): 22 – 32.

[31] Turkin A A, Bakai A S. Formation of steady state size distribution of precipitates in alloys under cascade-producing irradiation [J]. J. Nucl. Mater. , 2006, 358(1): 10 – 25.

[32] Soneda N, De La Rubia T D. Defect production, annealing kinetics and damage evolution in α-Fe: an atomic-scale computer simulation [J]. Philosophical Magazine A, 1998, 78(5): 995 – 1019.

[33] Osetsky Y N, Serra A, Victoria M, et al. Vacancy loops and stacking-fault tetrahedra in copper: II. Growth, shrinkage, interactions with point defects and thermal stability [J]. Philosophical Magazine A, 1999, 79(9): 2285 – 2311.

[34] Li Y, Zhou W, Ning R, et al. A cluster dynamics model for accumulation of helium in tungsten under helium ions and neutron irradiation [J]. Communications in Computational Physics, 2012, 11(05): 1547 – 1568.

[35] Goodrich F. Nucleation rates and the kinetics of particle growth. I. The pure birth process [C]. Proceedings of the Royal Society of London A: Mathematical, Physical and Engineering Sciences, F, 1964.

[36] Pokor C, Brechet Y, Dubuisson P, et al. Irradiation damage in 304 and 316 stainless steels: experimental investigation and modeling. Part I: Evolution of the microstructure [J]. J. Nucl. Mater. , 2004, 326(1): 19 – 29.

[37] Petzold L. Automatic Selection of Methods for Solving Stiff and Nonstiff Systems of Ordinary Differential Equations [J]. SIAM Journal on Scientific and Statistical Computing, 1983, 4(1): 136 – 148.

[38] Wirth B, Odette G, Maroudas D, et al. Dislocation loop structure, energy and mobility of self-interstitial atom clusters in bcc iron [J]. J. Nucl. Mater. , 2000, 276(1): 33 – 40.

[39] Bacon D, Gao F, Osetsky Y N. The primary damage state in fcc, bcc and hcp metals as seen in molecular dynamics simulations [J]. J. Nucl. Mater. , 2000, 276(1): 1 – 12.

[40] Gao F, Bacon D, Osetsky Y N, et al. Properties and evolution of sessile interstitial clusters produced by displacement cascades in α-iron [J]. J. Nucl. Mater. , 2000, 276(1): 213 – 220.

[41] Osetsky Y N, Bacon D, Serra A, et al. Stability and mobility of defect clusters and dislocation loops in metals [J]. J. Nucl. Mater. , 2000, 276(1): 65 – 77.

[42] Arakawa K, Ono K, Isshiki M, et al. Observation of the one-dimensional diffusion of nanometer-sized dislocation loops [J]. Science, 2007, 318(5852): 956 – 959.

[43] Kiritani M. Defect interaction processes controlling the accumulation of defects produced by high energy recoils [J]. J. Nucl. Mater. , 1997, 251:237 – 251.

[44] Arakawa K, Hatanaka M, Kuramoto E, et al. Changes in the Burgers Vector of Perfect Dislocation Loops without Contact with the External Dislocations [J]. Physical Review Letters, 2006, 96(12): 125506.

[45] Katoh Y, Muroga T, Kohyama A, et al. Rate theory modeling of defect evolution under cascade damage conditions: the influence of vacancy-type cascade remnants on defect evolution [J]. J. Nucl. Mater. , 1996, 233: 1022 – 1028.

[46] Ortiz C J, Pichler P, Führer T, et al. A physically based model for the spatial and temporal evolution of self-interstitial agglomerates in ion-implanted silicon [J]. Journal of applied physics, 2004, 96 (9): 4866 – 4877.

[47] Ortiz C, Caturla M, Fu C, et al. He diffusion in irradiated α-Fe: An ab-initio-based rate theory model [J]. Physical Review B, 2007, 75(10): 100102.

[48] Ortiz C, Caturla M, Fu C, et al. Impurity effects on He diffusion in α-Fe [J]. J. Nucl. Mater. , 2009, 386: 33 –35.

[49] Xu Q, Sato K, Yoshiie T. Interaction of tritium plasma and defects in tungsten irradiated with neutrons [J]. J. Nucl. Mater. , 2009, 390:663 –666.

[50] Sharafat S, Ghoniem N M. Comparison of a microstructure evolution model with experiments on irradiated vanadium [J]. J. Nucl. Mater. , 2000, 283(Part 2):789 –793.

第3章 位错环的透射电镜观测技术

透射电子显微镜(Transmission Electron Microscopy,TEM)是目前材料科学表征中最重要和最广泛应用的方法之一。它在辐照效应领域尤为重要,让我们对材料在辐照环境下的微观结构(肿胀,位错环和析出物等)的变化得以了解和深入研究。

3.1 透射电子显微镜基础知识

3.1.1 电子与物质的相互作用

在透射电子显微镜的中部,高电压加速的电子照射到试样上,与试样之间发生各种相互作用,如图3-1所示。当电子束通过非常薄的试样时,许多电子不与试样之间发生相互作用而穿透过去,这种电子称为透射电子。除此之外,电子束通过试样时会与其相互作用而发生散射,试样越厚,被散射的可能性越大。入射电子在试样中的散射分为弹性散射(elastic scattering)和非弹性散射(inelastic scattering)两类。弹性散射只改变电子的运动方向,但是散射电子的速度(和能量)不变,而非弹性散射不但会改变电子的运动方向,还会引起速度(和能量)损失。

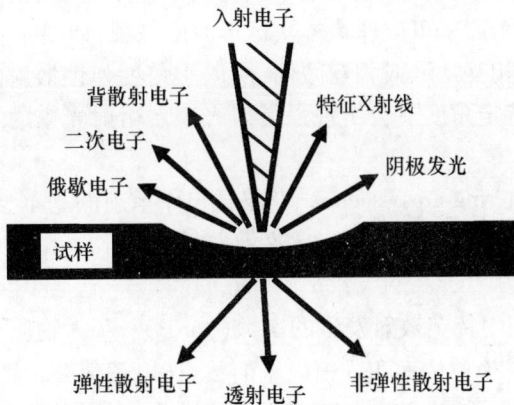

图3-1 电子束与物质的相互作用

1. 弹性散射

弹性散射描述的是入射电子和样品中原子核电荷的静电场的相互作用过程。由于原子核的质量是电子的几千倍,因此,弹性碰撞中的能量转移很小,一般忽略不计。弹性散射机制可以分为两种主要形式:单一孤立原子的电子散射和多原子关联电子散射。

如图3-2所示,考虑单个电子和单一孤立原子之间的相互作用。此时,有两种情况,一种是电子与电子云相互作用,形成小角度偏差,另一种是穿过电子云与原子核发生相互作用,形成大角度偏差,甚至少数情况下接近180°偏差。值得注意的是这两种情况都不是严格意义上的弹性散射,只是用来区分弹性和非弹性散射简化的结果[1]。

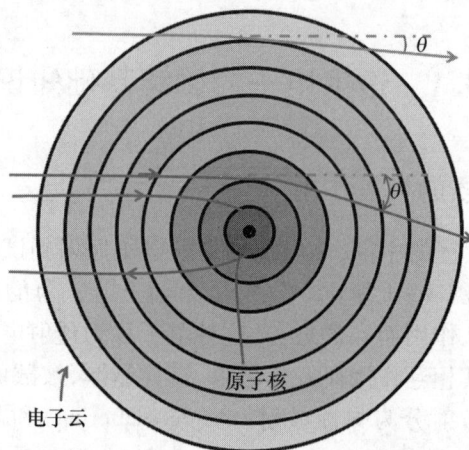

图3-2 单一孤立原子的电子散射

弹性散射发生的第二种形式是电子波与试样整体的相互作用。与平面入射波相互作用试样的每个原子可以作为二次球形波的来源,如图3-3所示。这些波在某些角度方向内会相互加强或相互减弱,所以小角度弹性散射的分布与试样的晶体结构相关,而且特定角度下会出现强衍射光束。衍射光束通过的最小角散射称为一级光束。

散射截面(scattering cross section)是描述电子散射的基本参量,能定量地描述散射过程,可以用散射产生的概率来定义散射截面 σ:

$$\sigma = N/n_m n_e \qquad (3-1)$$

式中:N 为单位体积中特定散射发生的次数(cm^{-3});n_m 为物质中单位体积的原子数(原子数/cm^3);n_e 为单位面积入射电子的数目(电子数/cm^2)。

入射粒子通过原子核附近时,由于原子核库仑力的作用,入射电子轨道弯曲,这种散射称为核的散射,也称为卢瑟福散射(Rutherford scattering)。卢瑟福提出的非屏蔽弹性散射模型,是最早和最简单描述带电粒子的弹性散射的模型。

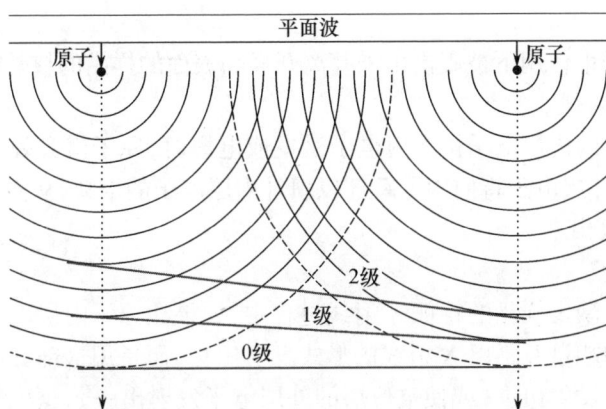

图 3 - 3   电子波与试样整体的相互作用

$$\mathrm{d}\sigma/\mathrm{d}\Omega = \frac{e^4 Z^2}{16(E_\mathrm{o})^2(\sin\theta/2)^4} \tag{3-2}$$

考虑到入射电子的相对论修正和内壳层电子对原子核的屏蔽,莫特和马西[2]将卢瑟福散射截面表示成如下公式:

$$\mathrm{d}\sigma/\mathrm{d}\Omega = \frac{e^4 Z^2}{16(E_\mathrm{o})^2}\left\{\left(\sin\frac{\theta}{2}\right)^2 + \frac{\theta_0^2}{4}\right\}^{-2}\left\{1-\beta_\mathrm{r}^2\left(\sin\frac{\theta}{2}\right)^2 + \pi\alpha\beta_\mathrm{r}\left[\sin\frac{\theta}{2}-\left(\sin\frac{\theta}{2}\right)^2\right]\right\}$$

$$\tag{3-3}$$

式中:Ω 为立体角;θ 为散射角;Z 为原子序数;E 为入射电子能量;θ_0 为屏蔽参数;$\beta_\mathrm{r}=v/c$;α 为常数。

在散射理论中,微分散射截面是一个很重要的物理量,有

$$\mathrm{d}\sigma/\mathrm{d}\Omega = |f(\theta)|^2 \tag{3-4}$$

式中:$f(\theta)$ 为复散射振幅,为散射角 θ 或散射矢量 q 的函数。

2. 非弹性散射

电子在材料的内部运动时,非弹性散射主要表现为同价电子和内壳层电子的相互作用。在非弹性散射中,存在各种激发过程,入射电子在试样中激发的信号如下:

1) 背散射电子

被固体样品中的原子核反弹回来的一部分入射电子,其中包括弹性背散射电子和非弹性背散射电子。弹性背散射电子是指被样品中原子核反弹回来的,散射角大于90°的那些入射电子,其能量没有损失(或基本上没有损失)。非弹性背散射电子是指入射电子和样品核外电子撞击后产生的非弹性散射,不仅方向改变,能量也有不同程度的损失。如果有些电子经多次散射后仍能反弹出样品表面,这就

97

形成非弹性背散射电子。

2）二次电子

在入射电子束作用下被轰击出来并离开样品表面的样品的核外电子。

3）特征 X 射线

当样品原子的内层电子被入射电子激发或电离时,原子就会处于能量较高的激发状态,此时外层电子将向内层跃迁以填补内层电子的空缺,从而使具有特征能量的 X 射线释放出来。

4）俄歇电子

在入射电子激发样品的特征 X 射线过程中,如果在原子内层电子能级跃迁过程中释放出来的能量并不以 X 射线的形式发射出去,而是用这部分能量把空位层内的另一个电子发射出去(或使空位层的外层电子发射出去),这个被电离出来的电子称为俄歇电子。

5）吸收电子

入射电子进入样品后,经多次非弹性散射能量损失殆尽(假设样品有足够的厚度没有透射电子产生),最后被样品吸收而成为吸收电子。

电子束与固体样品相互作用产生各种信号,通过对不同信号进行研究可以对材料进行分析,如表 3 - 1 所列。

表 3 - 1　电子束与固体样品作用时产生的各种信号的比较

		分辨力/nm	能量范围/eV	来源	可否用于分析	应用
背散射电子	弹性背散射电子	50 ~ 200	数千至数万	样品表层几百纳米	可以	成像、成分分析
	非弹性背散射电子		数十至数千			
二次电子		5 ~ 10	小于 50eV,多数几电子伏	表层5 ~ 10nm	不能	成像
吸收电子		100 ~ 1000	吸收边后数百	0.2 ~ 0.6 倍等离子激发平均自由程厚的区域	可以	成像、成分分析
透射电子		0.5 ~ 10	25000 ~ 2000000	几纳米至几千纳米厚的区域	可以	成像、成分分析
特征 X 射线		100 ~ 1000	1000 ~ 115000	表层数百至数千纳米	可以	成分分析
俄歇电子		5 ~ 10	50 ~ 1500	表层 1nm	可以	表面层成分分析

当入射电子能量为 $10 \sim 10^4 eV$ 时,它与固体发生的非弹性散射主要来自于等

离子激发(价电子集体激发)和单电子激发(电离)。其中单电子激发包括内壳层电子激发和价电子激发。非弹性散射发生时的散射截面称为非弹性散射截面。不同的散射过程中,可以定义不同的散射截面。

等离子激发的微分散射截面为

$$d\sigma(\theta)/d\Omega = \frac{1}{2\pi a_0}\frac{\theta_p}{\theta^2 + \theta_p^2} \tag{3-5}$$

式中:a_0 为波尔半径(0.0529nm);$\theta_p = \Delta E_p/2E$,ΔE_p 为等离子激发的能量,大小从几个电子伏到 30eV;θ 为散射角。

由式(3-5)可知,随着散射角的增大,散射截面将急剧减小。

内壳层电子激发的散射截面为

$$\sigma = \frac{\pi e^4 b_s n_s}{(m_0 v^2/2) E_c}\{\lg[c_s(m_0 v^2/2)/E_c - \lg(1-\beta_r^2) - \beta_r^2]\} \tag{3-6}$$

式中:E_c 为离化能;n_s 为内壳层电子数;m_0 为电子的静止质量;v 为入射电子的速度;e 为电子的电荷;b_s,c_s 为与电子壳层相关的常数。

3.1.2 透射电子显微电镜的构成和基本操作

1. 透射电子显微镜的基本结构

图3-4是透射电子显微镜的基本结构和光学系统的示意图。镜体内是真空状态。电子从透射电子显微镜的最上面部分的电子枪(电子源)发射,然后经过高压使电子加速,通过电子透镜照射到样品上。透过样品的电子成像系统的电子透镜放大成像,从荧光屏上观察、拍照。

从电子在镜体内的路径可以将电子显微镜分成以下几个部分:

1)电子枪(电子源)

可以产生电子的装置称为电子枪(electron gun),在电子显微镜的最上部分。电子束的汇聚直径、能量发散度会随着电子枪的种类不同而不同。电子枪一般分为热电子发射型和场发射型两种类型。透射电子显微镜中的热电子发射型电子枪有钨灯丝和 LaB$_6$ 单晶灯丝两种,过去一般使用的是热电子发射型的钨灯丝,近些年大部分使用的都是热电子发射型的 LaB$_6$ 单晶灯丝。场发射型电子枪(Field Emission Gun,FEG)是近年来主要使用的电子枪,能发射出亮度高、相干性好的电子束,分为冷阴极方式和热阴极方式两种。对不同类型的电子枪的比较如表3-2所列。

2)高压发生器和加速管

电子枪产生的电子通过高压的作用可以加速。产生这种高电压的装置称为高压发生器,利用这个高压将电子加速的部分称为加速管。在透射电子显微镜中一般使用的高压发生器是考克罗夫特瓦尔顿型高压电路。加速电压高于 200kV 的透射电子显微镜的加速管一般采用多个电极加速电子。加速电压高于 1000kV 的

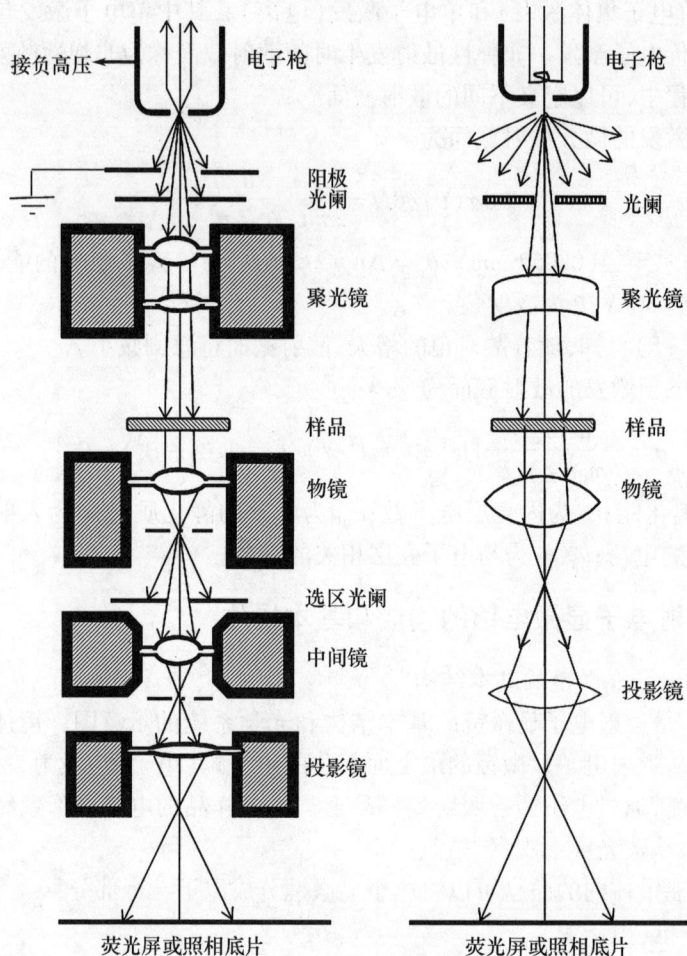

图 3 - 4　透射电子显微镜主体的基本结构和光学系统

超高压电子显微镜的加速管则是由十几级的加速电极组成。

表 3 - 2　不同类型的电子枪的比较

	热电子发射		场发射	
	W	LaB$_6$	热阴极 FEG	冷阴极 FEG
亮度(200kV 时)/(A/cm^{2}str)	约 5×10^5	约 5×10^6	约 5×10^8	约 5×10^8
能量发散度/eV	2.3	1.5	0.6~0.8	0.3~0.5
逸出功/eV	4.5	2.4	3.0	4.5
真空度/Pa	10^{-3}	10^{-5}	10^{-7}	10^{-8}
使用温度/K	2700	1700	1700	300
电流/μA	约 100	约 20	约 100	20~100

	热电子发射		场发射	
	W	LaB$_6$	热阴极 FEG	冷阴极 FEG
长时间稳定/h	1%	1%	1%	5%
使用寿命/h	100	1000	>5000	>5000
维修	无需	无需	安装费时	每隔数小时需进行闪光处理
价格/操作性	便宜/简单	便宜/简单	贵/容易	贵/复杂

3）照明电子系统和偏转系统

照明透镜系统是将加速后的电子汇聚并照射到试样上的一组透镜。使用不同的光阑可以改变照射在试样上的电子束直径,从而形成不同的照明模式,如图 3 – 5(a) ～(c)分别表示 TEM 模式,选区电子衍射(EDS)模式和纳米电子衍射(NBD)模式。偏转系统是通过偏转线圈来调节合轴、电子束倾斜、电子束移动、电子束扫描等的装置。

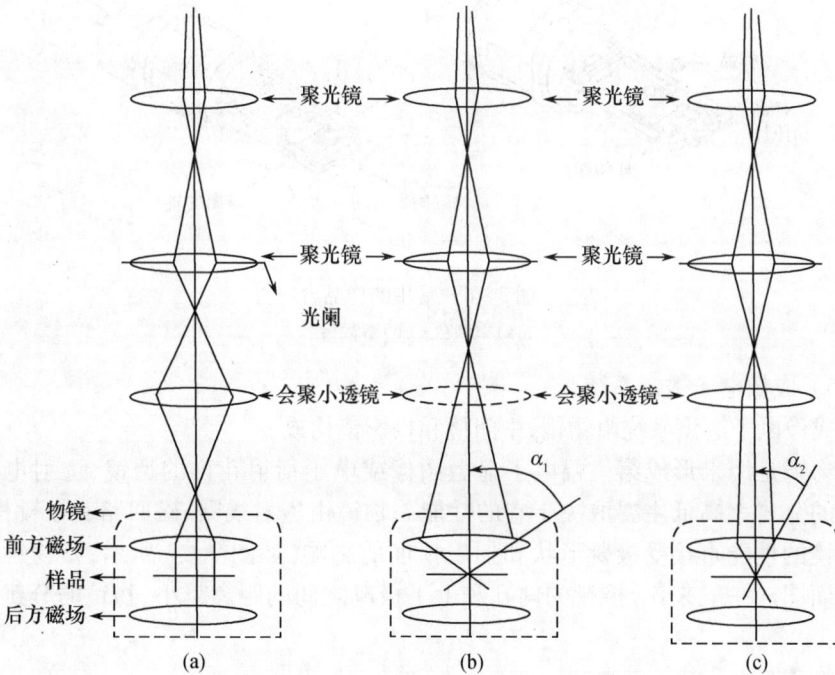

图 3 – 5　照明电子系统的光路图

(a)TEM 模式；(b) EDS 模式；(c)NBD 模式。

4）样品室

样品室有样品台和样品架,位于照明部分和物镜之间。放置 3mm 直径的试样的台子称为样品台。样品架则是能插入电子显微镜中的样品的支持装置。它的主要作用是通过样品台承载试样,移动试样。样品台放入电镜的方式有两种:从极靴上方装入的顶插式和插入上下极靴之间的侧插式。从结构上看,顶插式不可能有大的倾斜角度,分析上会造成困难,因此现在普遍使用的都是侧插式。根据样品架的功能不同,可以将样品架分为加热样品架、冷却样品架和拉伸样品架等。常用样品台有单倾台和双倾台之分,单倾台只能随测角台转动(X轴),双倾台除了可以随测角台转动外,还可以绕垂直于测角台轴线的Y轴转动,如图3-6所示。

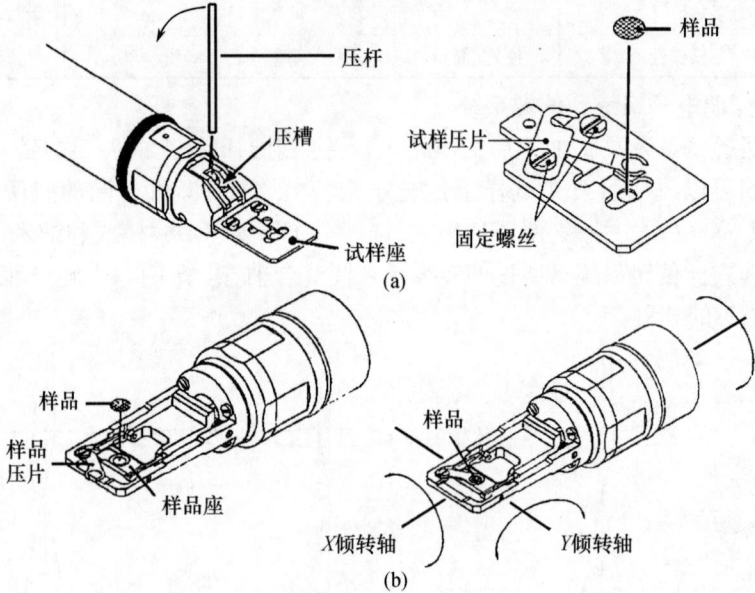

图3-6 常用的样品台

(a)单倾台;(b)双倾台。

5) 成像电子透镜系统

成像电子透镜系统由物镜、中间镜和投影镜构成。

物镜是用来形成第一幅电子显微图像或电子衍射花样的透镜,透射电子显微镜的分辨率高低主要取决于它的性能。物镜由透射线圈、磁回路和极靴构成。而物镜的性能直接受极靴形状和加工精度的影响,如图3-7所示,是物镜极靴的断面图。一般来说,极靴的内孔和上下极靴之间的距离越小,物镜的分辨率就越高。

物镜有4个特征参数:

(1) 焦距f_0。对于磁透镜而言,激磁越强,焦距越短,球差越小,分辨率越高。

(2) 球差系数C_s。透射电子显微镜的点分辨率d是由球差系数和波长决定的,即

$$d = 0.65(C_s\lambda^3)^{1/4} \tag{3-7}$$

一般来说,物镜的励磁越强,球差系数越小,分辨率越高。

102

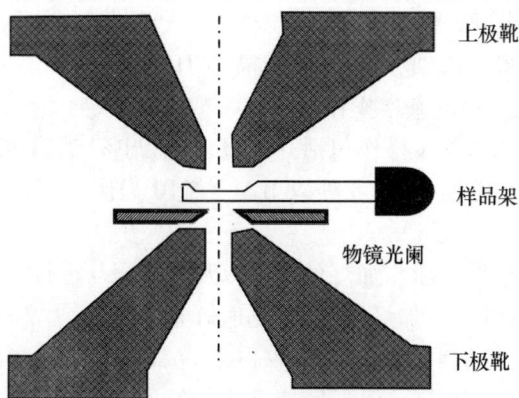

图 3 - 7　物镜极靴的断面图(JEM - 2010F)

（3）色差系数 C_c。物镜励磁电流的微小变化会引起焦距的变化,从而产生色差。

（4）聚焦的最小可变量 Δf。中间镜是一个弱激磁的长焦距变倍透镜,可以在 $0 \sim 20$ 倍范围调节。如果把中间镜的物平面和物镜的像平面重合,则可以得到一幅放大像,称为成像操作;如果把中间镜的物平面和物镜的背焦面重合,则可以得到一幅电子衍射花样,称为电子衍射操作,如图 3 - 8 所示。

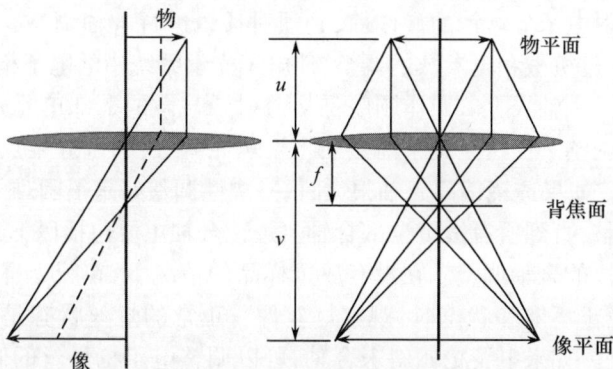

图 3 - 8　成像透镜光路图

投影镜的作用是把经过中间镜放大或缩小的像进一步放大并投影,它和物镜一样是一个短焦距的强磁透镜。投影镜的激磁电流是固定的,因此它的景深和焦长都非常大。它可以使显微镜的总放大倍数有很大变化而不影响图像的清晰度。

6）观察记录系统

通过观察窗可以观察到电子显微镜观察室中荧光屏上呈现的电子显微像和衍射花样。通常都配备有双目光学显微镜。荧光屏是涂有荧光粉的铝板。窗口采用了铅玻璃来屏蔽镜体内的 X 射线。然而从荧光屏观察像衬度的细节很难,所以需要在观察室下面安装 TV 照相机,从监视器上观察图像。电子显微镜的记录系统分为照相底片、TV 摄像机、成像板和慢扫描 CCD 摄像机。

2. 透射电子显微镜的基本操作

透射电子显微镜的基本操作包括开关机、合轴调整、消像散和聚焦。不同型号的透射电子显微镜会略微不同,此处以 JEM - 2010 为例。

1)开关机

开关机主要是指加高压与加灯丝电流以及退高压与退灯丝电流。一般透射电子显微镜都是先加高压,后加灯丝电流;先退灯丝电流,后退高压。在加高压时,可以直接通过 HT 按键加到 140kV,然后再通过计算机程序由 140kV 缓慢加到 200kV,整个过程大概 30min。待高压加到 200kV 时,束流稳定在约 103μA。放置好样品后真空值达到后,FILAMENT READY 灯亮,之后可以按下 FILAMENT 按键加灯丝电流,加好后束流一般稳定在 107μA。待工作完毕后,回到 TEM 模式,放大倍数调小,退出物镜光阑和选区光阑。按下归零键"N"使样品位置、倾转角回零位。按下 FILAMENT 按键退灯丝,此时束流会降至 103μA。退完灯丝电流之后可以退高压。先通过计算机程序由 200kV 降至 140kV,整个过程大概 3min。然后再通过 HT 按键将电压降至 0kV。若是在工作过程中需要更换样品,只需按照步骤退灯丝电流,不需降高压。

2)合轴调整

在进行透射电子显微镜的操作前,必须对透镜进行合轴调整。合轴的目的是通过操作,即通过机械和电参数的调整,使电子光学系统中的电子枪、各组透镜、荧光屏的中心在同一轴线上。操作顺序是从透射子显微的上部单元开始,一步一步从上到下进行调整。在这些调整前必须将聚焦先调好,即调好聚焦电流和样品在 Z 方向的位置。如果透镜偏离光轴很大时,一次性调整好是很困难的,可以按照顺序进行反复调整,直到所有透镜全部合轴。透镜合轴主要包括以下几个部分:

(1)电子枪的合轴调整。在没有放置样品的情况下,在荧光屏上观察电子束会聚,当灯丝处于不饱和状态时,观察灯丝像。正常的灯丝状态是当像中心对称时,灯丝像最亮。如果电子枪倾斜未合轴,可以调整电子枪灯丝的倾斜旋钮,使灯丝像呈中心对称状态。然后再恢复灯丝电流的饱和状态即可。如果灯丝已经变形,可能会在灯丝像非对称时达到最亮的状态,这时需要再对称性和亮度两方面取一个折中状态。如若变形太严重,则需要更换新的灯丝。

(2)聚光镜的合轴调整。在 TEM 明场模式下,将束斑(spot size)调至大斑点位置,用电子枪对中的平移(X,Y)旋钮使电子束中心与荧光屏中心重合。再将束斑调至小斑点位置,用聚光镜对中平移(X,Y)旋钮使电子束中心与荧光屏中心重合。反复进行上述操作,直到切换束斑尺寸时,电子束中心一直与荧光屏中心重合而不偏移。

(3)物镜电压中心调整。物镜电压中心调整可以通过高压颤动器进行。将样品放置透射电子显微镜中,按下高压颤动器开关,高压会变动,因此电子显微像会扩大和收缩。它扩大和收缩的中心就是电压中心。调正光倾斜旋钮(聚光镜对中旋钮),使抖动中心移向荧光屏中心,最后关闭高压颤动器。在进行这些操作时要先将物镜光阑退出,调整好电压中心后,再将物镜光阑插入。当束斑尺寸和放大倍数改变时,电压中心都有可能会变化,因此改变条件后电压中心都需要重新确认。

（4）投影镜合轴调整。在对电子衍射花样观察时,通过调整投影镜对中(X, Y)旋钮,可以使电子衍射花样的中心与荧光屏的中心重合。通过投影镜调节可以调整整个视场的位置,还是很有价值的。

3）消像散

消像散主要分为下面三部分:

（1）聚光镜消像散。通过亮度调节旋钮将电子束聚焦在荧光屏上,通过调节聚光镜消像散(X,Y)旋钮使会聚的束斑变圆。然后通过亮度调节旋钮使其会聚发散,如果依然保持很圆,说明已经没有像散了,否则需要继续调节,直到保持很圆。更换光阑和束斑尺寸时,聚光镜的像散都会发生变化,因此每次更换都需要确认聚光镜像散的情况。

（2）物镜消像散。在观察样品时,插入物镜光阑,需要对物镜的像散进行调整。在样品中找到圆形或者方形的孔当成目标进行调节,在正焦下,调节物镜像散器(X,Y)旋钮,使得孔的边缘的衬度在X和Y方向都是一致的。再把它调到欠焦和过焦状态,使得小孔内的菲涅耳条纹(欠焦时为亮条纹,过焦时是暗条纹)宽窄相同,如果不一致要反复进行调节,直到最后在欠焦、正焦和过焦下,孔的边缘衬度在X和Y方向都一致。更换物镜光阑和放大倍数时,物镜像散是随之变化,所以每次变化都需对物镜像散进行确认。

（3）中间镜消像散。移开样品,在衍射模式下,荧光屏会出现衍射斑点,即电子衍射花样。用中间镜聚焦旋钮使电子衍射花样聚焦,然后通过调节中间镜像散器(X,Y)旋钮使得最中心的斑点形状变得很圆。

4）聚焦

用透射电子显微镜对样品开始进行观察时,必须先调整样品的聚焦,使样品处于正焦状态。在TEM模式低倍下,按下颤动器(image wobbler)开关,像就会变成颤动的样子。如果像有颤动,说明样品偏离了正焦位置。如果不是正焦的话,对固定样品高度应调节聚焦电流使颤动停止;也可以固定聚焦电流,调节样品高度使颤动停止。

当放大倍数比较高时,可以通过观察样品边缘像的衬度进行调节,也就是菲涅耳条纹。当像处于欠焦状态时,在样品的边缘可以看到亮的菲涅耳条纹,当像处于过焦状态时,可以看到暗的条纹,当像处于正焦状态时,看不到条纹。因此当高倍数观察样品时,可以通过调节聚焦电流观察样品边缘的条纹来调节聚焦,一般观察时采用的是正焦稍微欠一点焦。

3.2 位错环的透射电子显微镜观测方法

强度均匀的入射电子束被样品散射后形成强度不均匀的电子,由于样品各个部位的组织结构不同,因而透射到荧光屏上的各点强度是不均匀的,这种不均匀分布的现象就称为衬度(contrast),所获得的电子像也称为衬度像。衬度也是由相邻的两个区域的电流强度差异而产生的,可以由下式定量给出:

$$C = (I_2 - I_1)/I_1 = \Delta I/I \tag{3-8}$$

实际上,人的肉眼很难区分小于5%的变化,甚至是小于10%的变化,因此只有像的衬度大于5%,甚至大于10%时,才有可能区分。在图像中出现的衬度是不同程度的灰色,我们的肉眼只能区分它们中的16种。因此为了区分图像的衬度,会使用密度计来对电流密度进行测量,不过也只能得到定性的结果。值得注意的是衬度和强度是不同的,应注意区分。

透射电子显微镜成像方式有两种。一种是衍射成像,由结构决定,呈现电子衍射花样,在物镜后焦面上形成。对于晶体样品,通过衍射花样可以知道样品的信息。在不加物镜光阑时,图像的衬度会很差,因为很多电子束对图像都有贡献。所以对物镜光阑的尺寸的选择可以控制对图像有贡献的电子束,从而控制衬度。可以通过选取衍射花样的中心斑点或者衍射斑点来呈明场或者暗场像。如图3-9所示,这是低活化钢样品的衍射花样,当物镜光阑在图3-9(a)所示位置时,也即选择透射电子束成像,可形成明场像;当物镜光阑在图3-9(b)所示位置时,也即选择特定方向的衍射电子束成像,可形成暗场像。

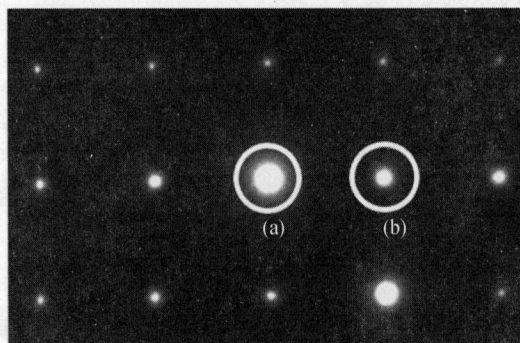

图3-9 物镜光阑和成像的关系
(a)明场像;(b)暗场像。

另一种是显微成像,由样品的显微形貌、缺陷等决定,呈现电子显微图像,在物镜像平面上形成。

透射电子像可以按照衬度进行分类,分别是相位衬度和振幅衬度。

106

3.2.1 相位衬度

当透射束和至少一束衍射束同时通过物镜光阑时,由于透射波和衍射波之间的相位差相互干涉而形成的一种反映晶体点阵周期性的条纹像和结构像,称为相位衬度(phase contrast)。需要在物镜的后焦面上插入大的物镜光阑,使得两个以上的波合成或干涉成像。高分辨透射电镜的成像就是利用相位衬度理论形成点阵条纹像的过程。只有在样品很薄的情况下,点阵条纹像和晶体结构才存在一一对应的关系,才能形成高分辨结构像。利用高分辨相位衬度成像,可以得到晶体微结构/形貌,晶面间距,晶面间的夹角和晶带轴方向等。

3.2.2 振幅衬度

振幅衬度是由于入射电子通过样品时,与样品内原子发射相互作用从而导致振幅发生变化,引起反差。振幅衬度可以分为质量厚度衬度(mass-thickness contrast)和衍射衬度(diffraction contrast)两种。

1. 质量厚度衬度

质量厚度衬度是由于非晶样品不同微区间的质量和厚度不同,各部分对入射电子发生相互作用,产生的吸收和散射程度不同,而使得透射电子束的强度分布不同,形成的反差,也可简称为质厚衬度。质量厚度定义为样品下表面单位面积以上柱体中的质量。

由式(3-2)可知,卢瑟福散射截面和原子序数 Z 有关。当质量厚度数值较高时,样品对电子的吸收散射作用强,使电子散射到光阑以外的要多,会形成较暗的衬度。反之,当质量厚度数值小时,会形成较亮的衬度,如图3-10所示。实际上这是一种散射吸收衬度,即衬度是由散射物不同部位对入射电子的散射吸收程度有差异而引起。它与散射物不同部位的密度和厚度的差异有关。质厚衬度对非晶材料非常重要,尤其是生物材料方面。

2. 衍射衬度

衍射衬度是在透射电子显微镜下观察晶体薄膜样品所获得的图像,由于晶体样品在满足布拉格反射条件程度差异以及结构振幅不同而形成电子图像反差。它也是观察晶体缺陷(晶界、层错、位错和位错环等)的最佳方式。这仅属于晶体结构物质,对于非晶体结构的样品是不存在的。

当薄膜样品受到电子辐射时,晶体中所有晶面都和布拉格条件有很大的偏差,入射电子束就会全部透过样品,而无衍射束产生。假设透射电子束的强度为 I_T,入射电子束的强度为 I_0,因此有 $I_T = I_0$。这时,透射电子束通过电磁透镜组在荧光屏上成像,而且亮度很高。

衍射衬度像可以分为明场像和暗场像。当薄膜样品中有某些面符合或基本符合布拉格衍射条件时,在结构因数不为零的条件下,就会产生衍射,假设所有衍射

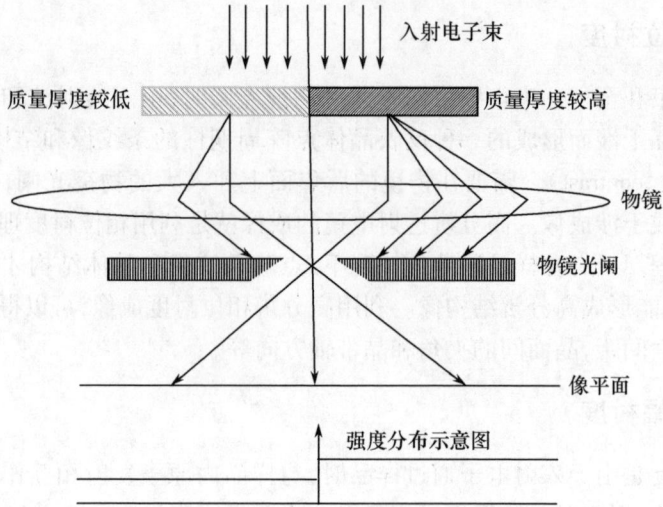

图 3 – 10　质量厚度衬度成像光路图

电子束总强度为 I_D，则当物镜光阑只套住透射电子束时，荧光屏上的强度会减弱，$I_T = I_0 - I_D < I_0$，如图 3 – 11(a)所示。这种透射电子束通过而得到图像衬度的方法称为明场成像，所得的图像称为明场像。当把光阑孔向左移，使得物镜光阑只套住衍射斑点 hkl 时，由于透射电子束被光阑挡住，A 晶粒就显示不出亮度，而 B 晶粒将由衍射束提供的强度在像平面成像，如图 3 – 11(b)所示。这种衍射束形成的电子显微图像称为暗场像。

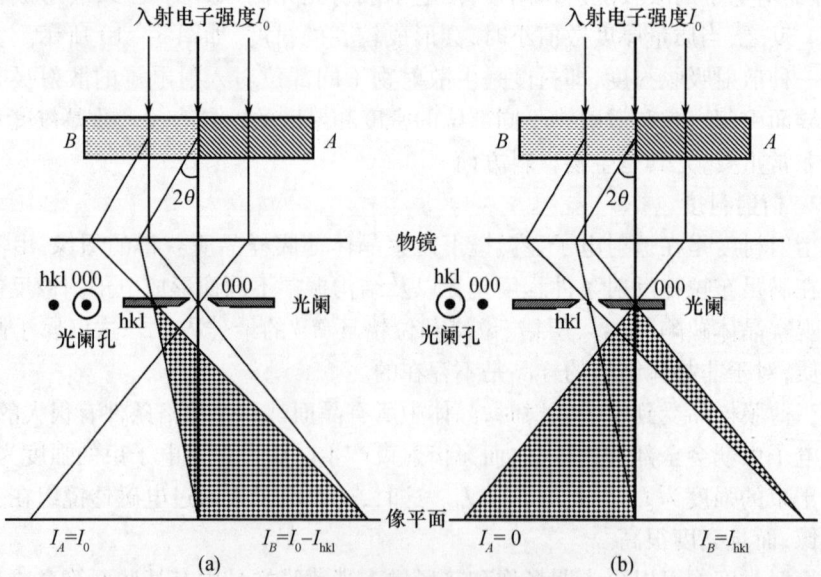

图 3 – 11　明场像和暗场像的光路图

(a)明场像；(b)暗场像。

1）4 种常用的衍射条件

对于晶体样品，在不同的条件下可以得到不同的衍射衬度图像，下面 4 种是常用于观察晶体缺陷（晶界、层错、位错和位错环等）的条件。

（1）双束条件（two - beam conditions）。

在双束条件下，除了透射电子束外，只存在一束较强的衍射束（hkl）精确地满足或接近布拉格条件，而其他的衍射束都大大偏离布拉格条件，反映在衍射几何条件中就是晶体的倒易点阵中，只有一个倒易阵点与 Ewald 球相交，其他的阵点都与 Ewald 球相去甚远，如图 3 - 12 所示。倒易空间矢量 g 对应于衍射花样中从（000）斑点指向（hkl）斑点的方向，Ewald 球半径 K（$K = 1/\lambda$）会远大于 g。S_g 是偏差参数（deviation parameter），指在样品的正方向上从衍射矢量 g 点到 Ewald 球的距离。在双束条件下，S_g 的值为零或者非常小。此时，衍射花样中会出现和透射斑点亮度相似的衍射斑点 g，而且其他衍射斑点非常弱，可以忽略。在同一方向的弱的衍射斑点（$\cdots - g$，$2g$，$3g\cdots$）是不可能完全消灭的，因为 Ewald 球的曲率非常小，倒空间的晶格峰垂直于样品。但是其他方向的强衍射斑点是可以通过倾转样品使其消失或者很弱的。在这种条件下，衬度会对弱的晶格应变很敏感，所以这种条件很适合用来观察材料中小的缺陷团簇，如位错环等。

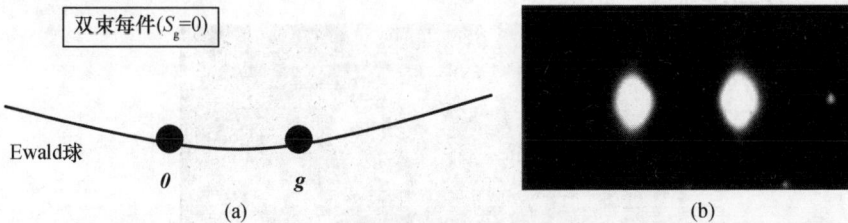

图 3 - 12　双束图像的衍射条件
(a)Ewald 球图；(b)衍射斑点图。

可以通过调节物镜光阑使其成双束明场像或者双束暗场像。暗场像比明场像更不易被其他的衍射斑点影响到。因此，暗场像的衬度更高，也是比较多人使用的。获得双束像时，需要通过电子束倾转将衍射斑点移至光轴，避免由于球面相差导致的分辨率降低。双束条件通常是通过观察衍射模式中的菊池线来进行。双束暗场像常用实验操作过程如下：先在明场衍射模式下找到衍射斑点 g，并将通过倾转样品使其成双束条件（$S_g = 0$）；切换到暗场衍射模式下，通过电子束倾转将衍射斑点 $-g$ 移至光轴处，此时也满足双束条件（$S - g = 0$）。这种方法有个好处，即明场和暗场模式都处于双束成像的条件，可以随时进行切换而不用倾转样品。但是值得注意的是此时的暗场模式下的条件是 $-g$ 而不是 g，这对于决定缺陷的性质非常重要。

（2）动力学明场条件。

如果觉得双束条件下的衬度太强时，可以使用动力学明场条件（Kinematical

Bright – Field Conditions,KBF 条件)得到想要的衬度。典型的 KBF 条件如图 3 – 13 所示。这是一种偏差参数为正且小的双束条件,即 $S_g > 0$。这种情况下 S_g 没有固定的值,只是简单将样品倾转到稍微远离布拉格条件使得衬度不那么强。KBF 条件很适合用来观察小的位错环。

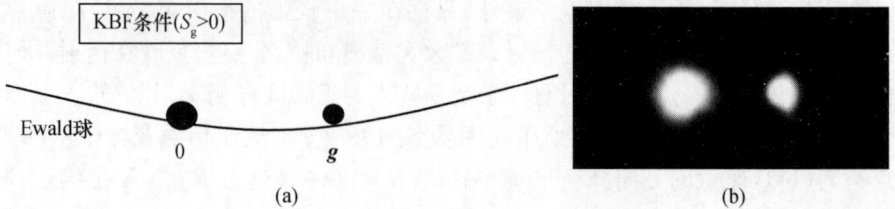

图 3 – 13　动力学明场图像的衍射条件

(a)Ewald 球图;(b)衍射斑点图。

(3)正带轴条件(down – zone conditions)。

当样品倾转到正带轴条件下,除了透射电子束之外,其他的衍射束的强度几乎相近。这种条件下可以有利于进行位错环数密度的统计,因为大部分的位错环都会在这个条件下出现,可以在同一张图像中进行统计。图 3 – 14 是一个简单的例子,右上角是正带轴下的衍射花样[3]。

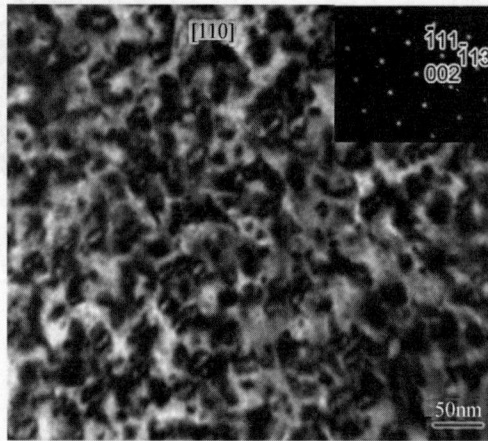

图 3 – 14　镍基合金 C276 在镍离子辐照下的位错环图像

(4)弱束暗场条件(weak – beam dark – field conditions)。

在弱束暗场条件下,利用偏离布拉格衍射条件较远的衍射束成像,偏差参数 S_g 比双束条件下的值大得多($S_g > 2 \times 10^{-1} \mathrm{nm}^{-1}$),如图 3 – 15 所示。该衍射条件可以用 $g(ng)$ 来表示:

$$n = 2m - N \tag{3 – 9}$$

Ng 为最接近 ng 的菊池线(N 是个整数),mg 是指菊池线所在的位置,ng 指的是和 Ewald 球相交的斑点。举个例子,如果 Ewald 球相交的位置是 $3.2g$,则 $3g$ 的菊池

线会在 $3.1g$ 的位置上,其中 $N = 3$,如果 $m = 3.1$,则 $n = 3.2$。如果 $N = 4$,当 $m = 3.6$ 时,n 依然会是 3.2。一般在辐照损伤的研究中常用的是 $g(3g)$ 到 $g(6g)$。

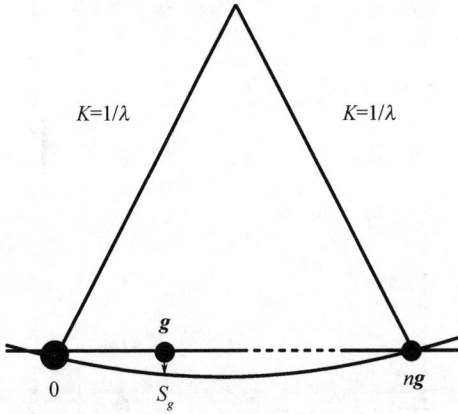

图 3 - 15　$g(ng)$ 衍射条件

偏差参数可以表示为

$$S_g = (n-1)g^2\lambda/2 \tag{3-10}$$

其中,n 可由前面提及的公式确定,$g = 1/d$,在 200kV 下 $\lambda = 2.5079 \times 10^{-3}$ nm。

在弱束条件下,有效偏差参数 S_{eff} 可以表示为

$$S_{eff} = \sqrt{S_g^2 + 1/\xi_g^2} \tag{3-11}$$

式中:ξ_g 为消光距离。

有效的消光距离 ξ_g^{eff} 会随 S_g 增大而变小,可以表示为

$$\xi_g^{eff} = \xi_g/\sqrt{1 + \omega^2} \tag{3-12}$$

式中:$\omega = S_g\xi_g$,当 $\omega = S_g\xi_g > 5$ 时,$\xi_g^{eff} \approx (S_g)^{-1}$。

2) 常用成像操作

常用的弱束条件是 $g(3.1g)$,下面简单介绍 $g(3g)$ 弱束暗场像的成像操作:

(1) 明场模式下倾转样品使得正好 g 衍射束满足布拉格衍射条件,S_g 比零值稍微大一点,其他的衍射束都远离布拉格衍射条件。

(2) 在暗场模式下,通过倾转电子束使得 g 衍射束垂直于光轴,即 G 斑点和明场模式下的透射斑点的位置重合,要通过双目镜完成这个步骤,因为此时的 G 斑点很弱。调节好聚焦。

(3) 在明场模式下插入物镜光阑套住透射斑点,然后再切换到暗场模式下观察是否正好套住了 G 斑点。

(4) 在暗场模式下的成像条件下观察,即可得到 $g(3g)$ 弱束暗场像。

值得注意的是,完成上述步骤后,明场模式下接近双束条件,而暗场模式是 $g(3g)$ 条件。这个可以通过图 3 - 16 来理解[1]。

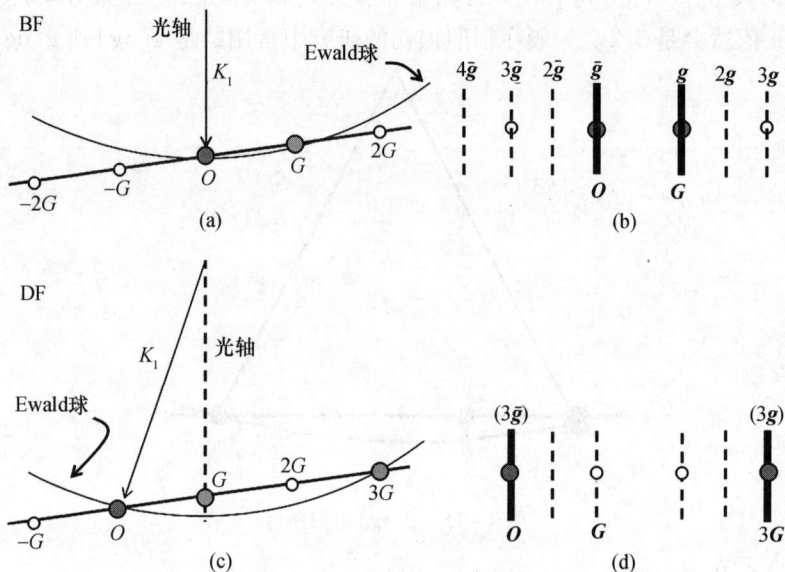

图 3 - 16　明场下的 $O(g)$ 以及暗场下的 $g(3g)$
条件下的 Ewald 球和菊池线位置情况
（a）、（b）明场；（c）、（d）暗场。

3.3　位错环伯格斯矢量的测定方法

晶体中或多或少存在着不完整性,并且较复杂,这种不完整性包括由于晶体取向关系的改变而引起的不完整性,晶体缺陷引起的不完整性和相转变引起的不完整性,从而形成不完整晶体。各种缺陷的存在,改变了完整晶体中原子的正常排列情况,使晶体中某一区域的原子偏离了原来正常位置而产生的畸变,这种畸变使缺陷处晶面和电子束的相对位相发生了改变,因而使得有缺陷区域和无缺陷的完整区域的衍射强度有差异,从而产生了衬度。

3.3.1　不可见判据原理

1. 完整晶体的运动学理论

完整晶体是指一种理想情况,即晶体内没有任何缺陷存在,完全是规则排列。我们可以将晶体看成是沿入射束方向的一个由简单晶胞堆垛而成的一个柱晶。每个晶胞只有一个原子,几个晶胞叠加组成一个柱晶,并将每个小晶柱分成平行于晶体表面若干层。假设相邻晶胞之间不发生任何作用,总的衍射振幅是入射电子束作用在柱体内各层平面上产生振幅的叠加。如在晶体表面深度 r 处,入射电子束的衍射振幅应为

112

$$A_g = (in\lambda F_g/d\cos\theta) \sum \exp(-2\pi i \boldsymbol{K} \cdot \boldsymbol{r}) = (in\lambda F_g/d\cos\theta) \sum \exp(-i\varphi) \tag{3-13}$$

式中:$\varphi = 2\pi \boldsymbol{K} \cdot \boldsymbol{r}$ 为距上表面 r 处原子面散射波相对于晶体上表面位置散射波的相位角差;n 为单位面积原子面内含有的晶胞数。

引入消光距离 $\xi_g = \pi d\cos\theta/n\lambda F_g$,有

$$A_g = (i\pi/\xi_g) \sum e^{-i\varphi} \tag{3-14}$$

当衍射方向偏离布拉格条件时:$K = K_g - K_0 = g + s$,因而相位角可表示为

$$\varphi = 2\pi \boldsymbol{K} \cdot \boldsymbol{r} = 2\pi s \cdot \boldsymbol{r} = 2\pi sz \tag{3-15}$$

其中:$g = h\boldsymbol{a} + k\boldsymbol{b} + l\boldsymbol{c}, g \cdot \boldsymbol{r} =$ 整数。因而有振幅:

$$A_g = (i\pi/\xi_g) \int_0^t \exp(-i2\pi sz)\mathrm{d}z = (i\pi/\xi_g) \frac{\sin(\pi st)}{\pi s} \tag{3-16}$$

则这时的衍射强度为

$$I_g \infty |A_g|^2 \infty [\sin(\pi st)/\pi s]^2 \tag{3-17}$$

式(3-17)为干涉函数,表明,衍射强度是膜的厚度 t 与偏离量 s 的周期性函数。

2. 不完整晶体的运动学理论

对不完整晶体的暗场像,可以采用和完整晶体类似的方法处理,推导出:

$$A = (i\pi/\xi_g)\exp(-i2\pi g \cdot \boldsymbol{R})\exp(-i2\pi s \cdot \boldsymbol{r}) \tag{3-18}$$

与完整晶体的振幅公式(3-14)相比,式(3-18)中多了一项附加相位因子 $\exp(-i2\pi g \cdot \boldsymbol{R})$,这是因为晶体的不完整性所引入的相位因子。引入相位差 $\alpha = 2\pi g \cdot \boldsymbol{R}$,因而 $\exp(-i2\pi g \cdot \boldsymbol{R}) = \exp(-i\alpha)$。不同的晶体缺陷引起完整晶体畸变程度不同,即 $\boldsymbol{R}$ 存在着差异,因而相位差 α 不同,产生的衬度像也不同。

衍衬像上晶体缺陷是否可见的判据,决定于晶体的不完整性引入的附加相位因子,它取决于缺陷在晶体中引起的位移矢量 $\boldsymbol{R}$ 相对于反射矢量的取向关系。当 $g \cdot \boldsymbol{R} = 0$ 时,$\boldsymbol{R}$ 在反射平面内,即使有点阵位移,对强度也没有贡献,看不出衬度,因为这种位移不能改变反射平面的面间距,故通常把 $g \cdot \boldsymbol{R} = 0$ 作为缺陷是否可见的重要判据。倾斜试样后,缺陷内不可见到显示衬度,正是因为这时 $g \cdot \boldsymbol{R}$ 已不再等于零。

将位移矢量 $\boldsymbol{R}$ 分解成沿倒易空间坐标的 3 个轴上的分量,即

$$\boldsymbol{R} = R_x x + R_y y + R_z z \tag{3-19}$$

z 轴平行于电子束入射方向,x、y 轴同时垂直于电子束入射方向,x、y、z 三轴相互垂直。g 垂直于 z 轴,所以 $g \cdot R_z = 0$。所以只有在样品观察平面的两个位移分量对衬度的形成是重要的。对于螺型位错 $\boldsymbol{R}$ 与 b 平行,当 $g \cdot b_z = 0$ 时,位错必定不可见。但是对于刃型位错和混合位错,就复杂一点,因为存在电子束垂直和平行于滑移面两种情况。当 $g \cdot b = 0$ 时,还会有残余衬度存在,但是这个衬度很弱,仍可以将其看作不可见的,因此可以把 $g \cdot b = 0$ 视为衬度消失的一个可行的有效判据。

3.3.2 位错环伯格斯矢量的测定

辐照损伤过程中,位错常常以位错环的形式存在。首先点缺陷聚集在一起,形成层错。然后通过位错反应,层错消失而转变成位错环。研究位错环伯格斯矢量,对于晶体材料的辐照损伤来说,关系重大[4],对于研究体心立方晶体的抗辐照肿胀性能非常重要。在辐照损伤研究中经常观察到的是由点缺陷聚集而成的刃型的位错环。刃型的位错环是指由间隙原子或空位聚集形成的圆板状的二次缺陷。可以用 $g \cdot b = 0$ 的不可见判据来判断位错环的伯格斯矢量。伯格斯矢量 b 的数值和符号都取决于缺陷的类型和性质。对于给定位错环,b 是确定的,选用不同的 g 成像,同一缺陷将出现不同的衬度特征。

不同晶体材料的位错环伯格斯矢量类型不同。众所周知,面心立方(fcc)材料中有伯格斯矢量为 $\frac{1}{2} <110>$ 的全位错环、伯格斯矢量为 $\frac{1}{3} <111>$ 的弗兰克不全位错环(Frank loop)或者层错环(faulted loop)和伯格斯矢量为 $\frac{1}{6} <211>$ 的肖克莱半位错环。体心立方(bcc)材料中一般有伯格斯矢量为 $<100>$ 和 $\frac{1}{2} <111>$ 的两种类型的位错环。但是它们伯格斯矢量的测定方法类似,都是在多个不同 g 下拍摄双束像或者弱束像,如图 3 – 17 所示。

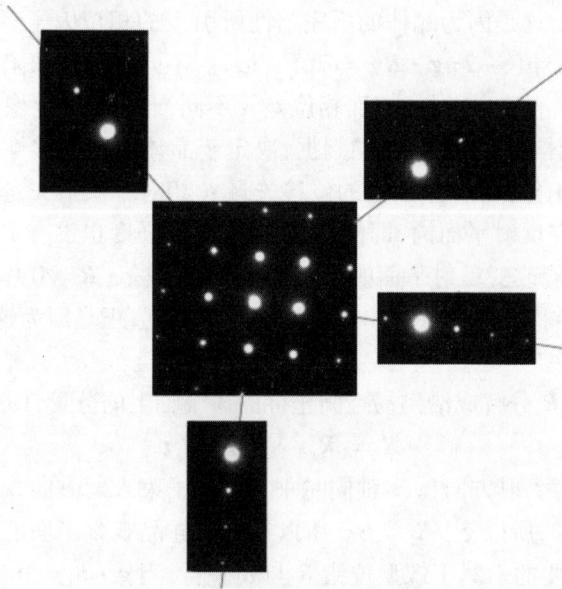

图 3 – 17 [001]带轴下的附近的 4 个 g

下面以体心立方金属材料为例介绍判断位错环伯格斯矢量的过程。如

114

图 3 -18所示,低活化铁素体马氏体钢在正带轴[001]附近 $g = \overline{1}10, 200, 1\overline{1}0$ 和020 的弱束明场像[5]。可以看到同一区域不同条件下,有的位错环出现,有的位错环消失,为了方便测定,图中用实心圈代表位错环出现,空心圈代表位错环消失,通过图像中位错环的出现与消失,可以总结出 A、B、C、D 四种类型的位错环。

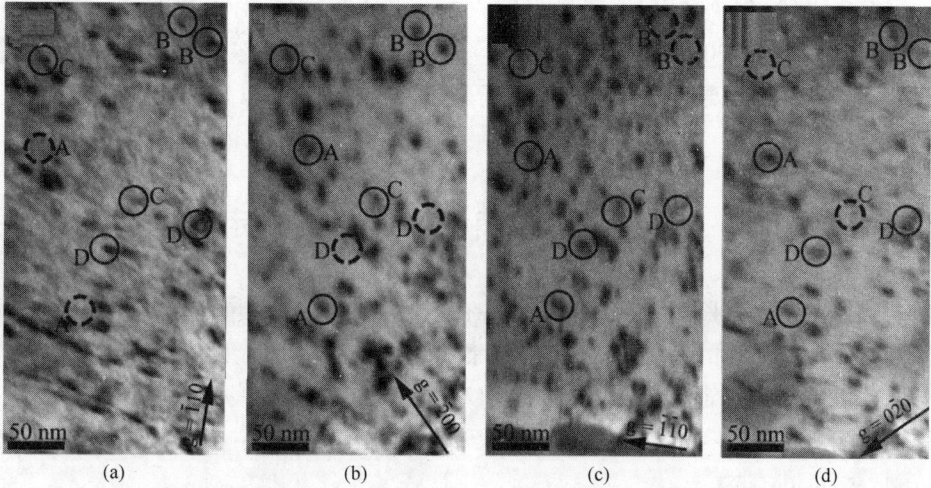

图 3 -18   低活化钢在带轴[001]附近的弱束明场像
(a) $\overline{1}10$; (b) $\overline{2}00$; (c) $1\overline{1}0$; (d) $02\overline{0}$[5]。

对于 bcc 材料只有 $<100>$ 和 $\frac{1}{2}<111>$ 的两种类型的位错环,因此可以列出一张图表进行比较,如表 3 -3 所列。表 3 -3 中列出来的是 $|\boldsymbol{g} \cdot \boldsymbol{b}|$ 值,值为 0 时,位错环会消失,值不为 0 时,位错环会出现。对于 A 类型的位错环,只有当 $\boldsymbol{g} = \overline{1}10$ 时,位错环消失,其他 3 个 $\boldsymbol{g}$ 下均出现。对比表 3 -3 可知,A 类型的位错环的伯格斯矢量为 $\pm\frac{1}{2}[111]$ 或 $\pm\frac{1}{2}[11\overline{1}]$。同样对于 B 类型的位错环,只有当 $\boldsymbol{g} = 1\overline{1}0$ 时,位错环消失,其他 3 种情况下均出现,对比表 3 -3 可知,B 类型的位错环的伯格斯矢量为 $\pm\frac{1}{2}[\overline{1}11]$ 或 $\pm\frac{1}{2}[1\overline{1}1]$。同样的方法可以判定出 C 类型位错环的伯格斯矢量为 $\pm[100]$,D 类型位错环的伯格斯矢量为 $\pm[010]$。

表 3 -3   [001]方向下 $|\boldsymbol{g} \cdot \boldsymbol{b}|$ 值

g \ b	$\frac{1}{2}[111]$	$\frac{1}{2}[\overline{1}11]$	$\frac{1}{2}[1\overline{1}1]$	$\frac{1}{2}[11\overline{1}]$	$[100]$	$[010]$	$[001]$
$1\overline{1}0$	0	1	1	0	1	1	0
110	1	0	0	1	1	1	0
020	1	1	1	1	0	2	0
200	1	1	1	1	2	0	0

115

通过 $\boldsymbol{g} \cdot \boldsymbol{b} = 0$ 不可见判据可以测定位错环的伯格斯矢量。上述例子中是在 $[001]$ 带轴下的最近邻 4 个短 $\boldsymbol{g}$ 下研究的，但是也不能完全测定位错环的伯格斯矢量，只能知道 A 类型和 B 类型的位错环伯格斯矢量均为 $\frac{1}{2} < 111 >$ 类型。我们也可以在 $[110]$ 带轴和 $[111]$ 带轴附近的短 $\boldsymbol{g}$ 下研究，但是对于 $[100]$ 带轴附近只有 $\boldsymbol{g} = 011, 01\bar{1}$ 和 200 三个近邻短 $\boldsymbol{g}$，$[111]$ 带轴附近只有 $\boldsymbol{g} = 01\bar{1}, 1\bar{1}0$ 和 $10\bar{1}$ 三个近邻短 $\boldsymbol{g}$。如果想要对位错环的伯格斯矢量唯一确定，可以在不同带轴的多个 $\boldsymbol{g}$ 下进行研究。

3.4 空位型和间隙型位错环的测定方法

材料中由于辐照产生的点缺陷聚集在一起会形成位错环等二次缺陷。这些位错环性质与点缺陷的性质有关，空位聚集形成空位型位错环，间隙型原子聚集形成间隙型位错环。判定材料中位错环二次缺陷的性质，对于研究材料辐照效果非常重要。而判断这些位错环性质最有效可靠的方法是透射电镜观察法，也就是 inside – outside 方法。

在辐照损伤研究中经常观察到的是由点缺陷聚集而成的刃型的位错环，也即由间隙原子或空位聚集形成的圆板状的二次缺陷。位错环的伯格斯矢量可以用 Finish – Start/Right – Hand(FS/RH)方法来定义。对于间隙型位错环，$\boldsymbol{b}$ 平行于向上的 $\boldsymbol{n}$，也即 $\boldsymbol{b} \cdot \boldsymbol{n} > 0$ 或 $\boldsymbol{b} \cdot \boldsymbol{z} < 0$，$\boldsymbol{z}$ 是电子束的方向（向下）；对于空位型位错环 $\boldsymbol{b}$ 反向平行于向上的 $\boldsymbol{n}$，也即 $\boldsymbol{b} \cdot \boldsymbol{n} < 0$ 或 $\boldsymbol{b} \cdot \boldsymbol{z} > 0$。

Inside – outside 技术的原理如图 3 – 19 所示[6]。图中是在倾斜于电子束平面上的间隙型或空位型位错环在 KBF 条件或弱束条件下($s_g > 0$)的成像情况。利用电子显微镜观察位错环时，根据衍射条件的情况不同，位错环会出现不同衬度，如 outside 衬度和 inside 衬度。这种衬度的偏移取决于 $(\boldsymbol{g} \cdot \boldsymbol{b}) s_g$ 的符号。当 $(\boldsymbol{g} \cdot \boldsymbol{b}) s_g < 0$ 时，位错环的衬度像出现在位错环投影圆的内侧，也即出现 inside 衬度，如图 3 – 19(a)；当 $(\boldsymbol{g} \cdot \boldsymbol{b}) s_g > 0$ 时，位错环的衬度像出现在位错环投影圆的外侧，也即出现 outside 衬度，如图 3 – 19(b)。可以看出 inside 和 outside 衬度不仅与位错环的性质（空位型或间隙型）有关，还和位错环所在平面的倾斜度有关。实际上，inside – outside 技术就是通过这种位错环衬度像来判定位错环的性质。操作过程可以分成以下两步：

1) 确定对应于某个反射 $\boldsymbol{g}$ 的 $(\boldsymbol{g} \cdot \boldsymbol{b}) s_g$ 符号。这个过程中，一般采用 $s_g > 0$ 进行研究，位错环的衬度像会更好，因而 $(\boldsymbol{g} \cdot \boldsymbol{b}) s_g$ 符号取决于 $(\boldsymbol{g} \cdot \boldsymbol{b})$ 的符号。对于某一组 $\boldsymbol{g}$ 以及 $-\boldsymbol{g}$，观察 KBF 条件或者弱束条件下位错环的衬度像，两个图片中位错环较小的对应于 inside 衬度，也即有 $(\boldsymbol{g} \cdot \boldsymbol{b}) s_g < 0$，同理，两者中位错环较大的对

116

应于 outside 衬度,即$(g \cdot b)s_g > 0$。但是这种衬度的变化还不能确认位错环的性质,如图 3 – 19 中 A、B(间隙型位错环)的衬度分别和 C、D(空位型位错环)衬度相同。值得注意的是,位错面法线 n 与伯格斯矢量 b 形成的角度有可能不是 0 也不是 π,有可能不是纯刃型的。因此,通过衬度的变化只能得到$(g \cdot b)$的符号,也即可以确定伯格斯矢量 b 的符号。

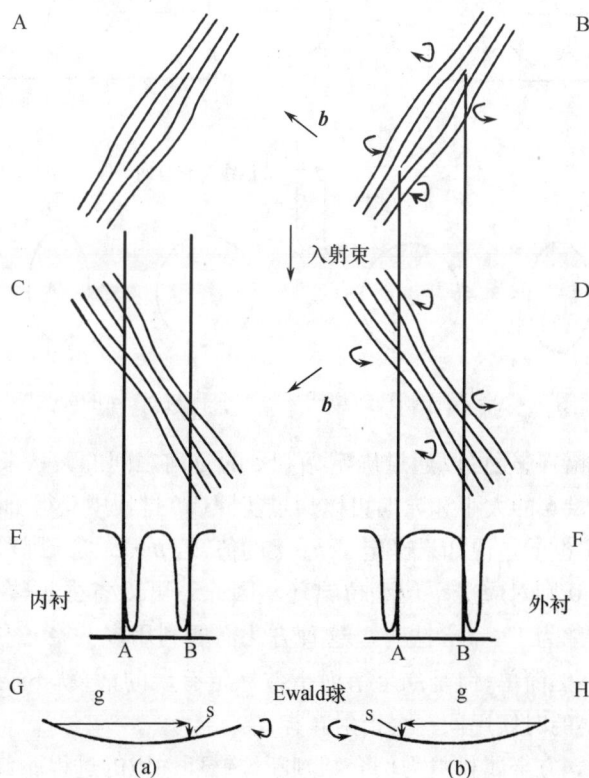

图 3 – 19   确定位错环性质的 inside – outside 技术原理图
(a)$(g \cdot b)s_g < 0$;(b)$(g \cdot b)s_g > 0$。

2)确定位错环平面倾斜状态。该步骤可以通过倾转试样得到。当试样倾转时,位错环像会发生变化,从而确定位错环平面的倾斜状态。选定一个 g,倾转试样,菊池线会离开中心。随着试样的倾转,位错环像会变圆或者变的细长。由图 3 – 20 可知,当位错环的像变圆时有 $g \cdot n > 0$,反之若是变细长时有 $g \cdot n < 0$[7]。因此可以得到 n 的方向,从而确定位错环的性质。值得注意的是这一结论与 n 的朝向有关。

通过这两个步骤判定位错环性质的方法称为 2 – step[8]。实际上步骤(2)中的方法确定位错环的倾斜状态是有难度的。如果试样的倾转轴与位错环平面的法线方向的角度很小,那位错环的像的椭圆变化不会太大。

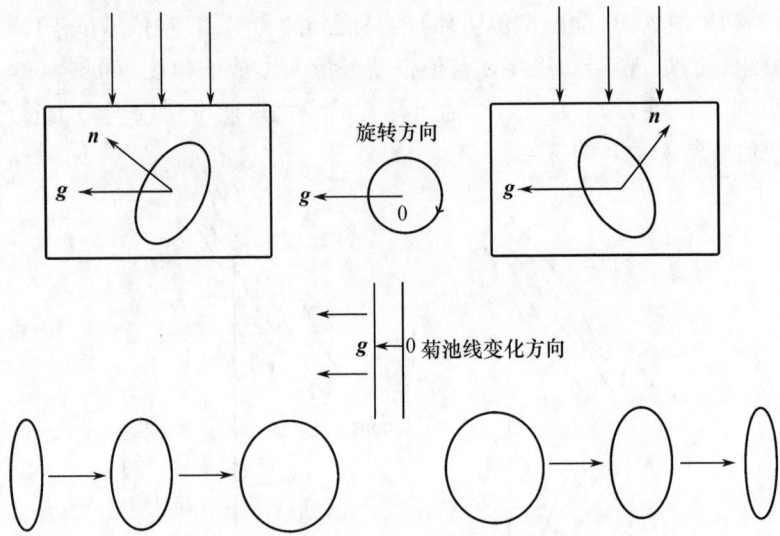

图 3 - 20　试样倾转时位错环衬度变化与 $g \cdot n$ 的关系

对于刃型位错环,还可以通过确定 b 和 z 的方向之间的关系来确定位错环的性质。伯格斯矢量 b 的大小和方向可以通过步骤(1)过程中获得,而 z 是电子束的方向,竖直向下。也就是说如果确定了 $b \cdot z$ 的值,若 $b \cdot z < 0$ 则对应于间隙型位错环,若 $b \cdot z > 0$ 则对应于空位型位错环。因此就可以省去步骤(2)的部分,更为方便。该方法称为 1 - step 法[9]。这种方法需要利用多一些 g 和 $-g$ 进行双束近似下的观察,虽然简单,但是如果衍射指数标定有误的话,就不能进行正确的判定,因此最好观察的时候用同一个衍射花样。

下面以体心立方金属材料为例介绍判断位错环性质的过程。首先确定位错环的伯格斯矢量,确定位错环的方法已经在 3.3 节中进行了介绍。位错环在 [100] 带轴的附近 $g = 011, 01\bar{1}, 020$ 和 002 的弱束明场条件下成像如图 3 - 21 所示,通过 $g \cdot b = 0$ 的不可见判据可以确定 A 类型的位错环的伯格斯矢量为 ± [010],而 B 类型的位错环的伯格斯矢量为 ± [001]。

位错环在 [100] 附近下 $g = 01\bar{1}$ 和 $g = 0\bar{1}1$ 弱束明场下的 inside - outside 衬度像如图 3 - 22 所示[10]。以 A 类型的位错环为例,图(a)是位错环的 outside 衬度,图(b)是位错环的 inside 衬度像。因为 outside 衬度下有 $(g \cdot b)s_g > 0, s_g > 0$,又图(a)中有 $g = 01\bar{1}$,所以 A 类型位错环的伯格斯矢量是 $b = 010$ 而不是 $b = 0\bar{1}0$。根据试样倾斜角度和菊池线的位置可以知道电子束 z 方向,从而得知 $b \cdot z < 0$,说明该位错环是间隙型的位错环。B 类型位错环性质的判定方法同 A 类型,同样可以确定是间隙型的位错环。

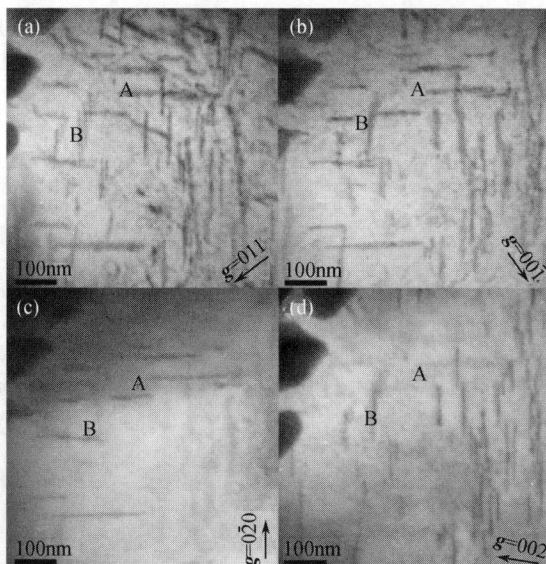

图 3 - 21　低活化铁素体马氏体钢中位错环的伯格斯矢量 **b** 的判定图

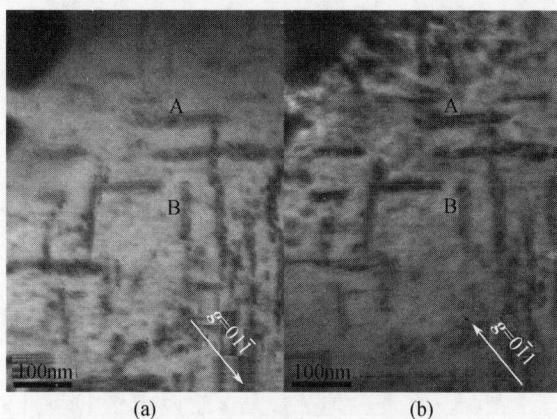

图 3 - 22　低活化铁素体马氏体钢中位错环 inside – outside 图

（a）outside 衬底；（b）inside 衬底。

3.5　位错环尺寸和密度分布的测定

3.5.1　位错环尺寸的测定

　　位错环是材料在辐照下的特有现象,位错环像在不同的衍射条件下形状会不相同。图 3 - 23 是低活化铁素体马氏体钢从带轴[100]沿着 $01\bar{1}$ 菊池线一直倾转到带轴[111]附近时的位错环像。可以看出,伯格斯矢量为 <100> 位错环在带轴

119

[100]附近下的 $g = 01\bar{1}$ 下的位错环是线状的,在带轴[111]下的 $g = 01\bar{1}$ 下的位错环是花状的,散开的。一般的位错环是接近圆状或者椭圆状的,在不同的衍射衬度下看到的位错环的投影不同而会产生不同的形状。在统计过程中,一般选取位错环衬度像中较长线的长度作为位错环的直径进行统计,如图 3-23 中的线所示。

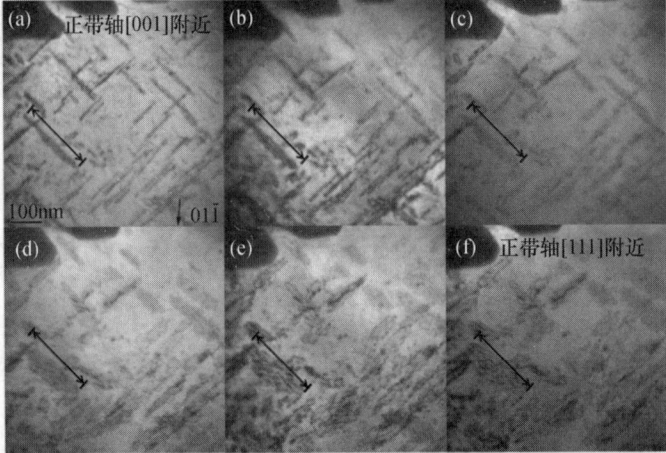

图 3-23　350℃辐照下 SCRAM-0.25V 钢微观结构, $g = 01\bar{1}$,
从[100]向[111]倾转,角度分别在[100]附近
(a) 5°; (b) 11°; (c) 16°; (d) 30°; (e) 37°; (f) 39°。

用透射电子显微镜观察到的位错环的像是很局部的,因此不能凭借一张图片对位错环的尺寸分布进行统计,最好选取多个不同区域进行位错环的观察,再进行统计位错环的尺寸,通过 origin 制图可以得到位错环的尺寸分布,然后可以得到位错环的平均尺寸和误差。图 3-24 所示为 C-276 镍基合金在 500℃下 Ar 离子辐照 4.5dpa 下的位错环的尺寸分布图[3]。

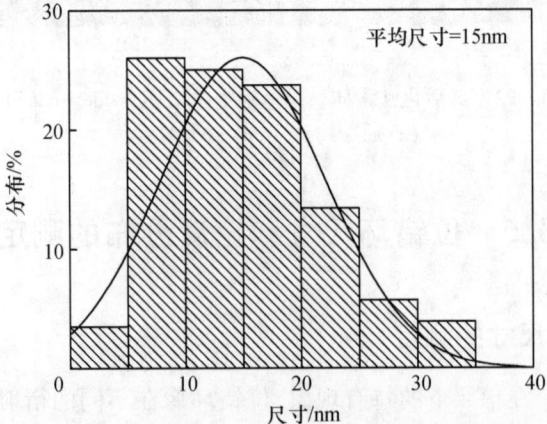

图 3-24　C-276 镍基合金在 500℃下 Ar 离子辐照 4.5dpa 下的位错环的尺寸分布图[3]

120

值得注意的是,对于离子辐照的试样,辐照的剂量和损伤都是随深度变化的,因此不同厚度区域的位错环的分布也是不同的。所以在选择位错环进行观察的时候需要在同一确定的厚度下进行。如何利用透射电镜确实试样的厚度会在下一节进行介绍。

3.5.2 位错环数密度分布统计

位错环像在不同的衍射条件下数密度分布会有所不同,因此对试样的位错环的统计要在特定的衍射条件下进行。在正带轴下,位错环都会出现,但是此衍射条件下的衬度很深,不容易区分位错环,会影响对其密度的统计。通过双束或者弱束条件观察,位错环像的衬度会更明显。然而,通过 $g \cdot b = 0$ 的不可见判据,可知在某个 g 的衍射条件下,会有部分的位错环消失,没有衬度,因此至少需要在两个 g 下统计才能统计出位错环的总的数密度。可以在多个 g 下研究直接确定位错环的类型,然后进行统计,但是这样过于复杂,工作量很大,实际上可以简单通过两个 g 来统计位错环的数密度。

以体心立方材料为例,从表 3 - 3 中可以知道在 $g = 110$ 的条件下,有 $\frac{2}{3}$ 伯格斯矢量为 $< 100 >$ 和 $\frac{1}{2}$ 伯格斯矢量为 $\frac{1}{2} < 111 >$ 的位错环出现,同理在 $g = 111$ 的条件下,有 $\frac{1}{3}$ 伯格斯矢量为 $< 100 >$ 和所有伯格斯矢量为 $\frac{1}{2} < 111 >$ 的位错环出现,因此,有

$$\rho_{g = <110>} = \frac{2}{3}\rho_{b = <100>} + \frac{1}{2}\rho_{b = <111>} \tag{3-20}$$

$$\rho_{g = <200>} = \frac{1}{3}\rho_{b = <100>} + \rho_{b = <111>} \tag{3-21}$$

求解式(3 - 20)和式(3 - 21),可以获得伯格斯矢量为 $< 100 >$ 和伯格斯矢量为 $\frac{1}{2} < 111 >$ 的位错环数密度:

$$\rho_{b = <100>} = 2\rho_{g = <110>} - \rho_{g = <200>} \tag{3-22}$$

$$\rho_{b = <111>} = -\frac{2}{3}\rho_{g = <110>} + 2\rho_{g = <200>} \tag{3-23}$$

将上面两种位错环的数密度相加可以获得位错环的总数密度。

用透射电子显微镜统计位错环的数密度,要选取多个不同的区域并在相同的衍射条件下进行统计取平均。对于数密度的统计,可以分为面密度和体密度。统计位错环的面密度比较简单,可以在选定的面积范围内统计出位错环的个数,从而获得单位面积的位错环的个数。对于体密度,比较复杂的是需要确定试样的厚度,需要测量的是单位体积内的位错环的个数。对于透射电镜试样的厚度测量将在下一节进行介绍。确定位错环的面密度和厚度,就可以确定位错环的体

密度[11]为

$$N_{\text{体}} = N_{\text{面}}/(e - 2\zeta_{\text{d}}) \tag{3-24}$$

式中:e 为试样的厚度;ζ_{d} 为贫化区的厚度。

通过面密度 $N_{\text{面}}$ 和试样厚度 e 的值可以将上式作出曲线,从而求解出体密度 $N_{\text{体}}$。

3.6 观察区厚度的测定和估计方法

试样中不同厚度的区域位错环的尺寸和数密度都会有所不同,因此在测定和统计位错环尺寸和密度时,都需要确定试样的厚度。尤其对于材料在离子辐照时,辐照的剂量和损伤都是随辐照深度变化而变化的,因此对于离子辐照下条件下产生的位错环的观察,观察区厚度的测定显得尤为重要。Zinkle 等通过研究厚度30nm 至超过 100nm 的试样中的缺陷发现在更薄的区域的位错环的平均尺寸更大,在超过 100nm 的区域,小于 2nm 的缺陷是不可见的[12]。因此,观察并统计缺陷的话,观察区的厚度应该小于 100nm。这样说明了确定试样观察区厚度的重要性。确定透射电镜试样的观察区厚度的方法有很多种,包括消光条纹方法(extinction contour method)、电子能量损失谱方法(electron – energy loss spectroscopy method)、会聚电子束法(convergent electron beam method)以及立体模型法(stereo pair method)。

3.6.1 等厚条纹方法

薄试样的厚度可以通过数暗场下试样的边缘处的等厚条纹的个数来获得。这个方法很简单,但是该方法的精确度最多 10%。对于理想晶体,衍射强度为

$$I_{\text{g}} = (\pi^2/\xi_{\text{g}}^2)\left[\sin(\pi st)/\pi s\right]^2 \tag{3-25}$$

式中:ξ_{g} 为消光距离。

晶体保持在确定的位向,则衍射晶面偏离矢量 s 保持恒定,因此,有

$$I_{\text{g}} = \left[1/(s\xi_{\text{g}})^2\right]\sin^2(\pi st) \tag{3-26}$$

振荡周期为 $t_{\text{g}} = 1/s$,当试样厚度 $t = n/s$ 时,$I_{\text{g}} = 0$;当 $t = (n+1/2)/s$ 时,$I_{\text{gmax}} = 1/(s\xi_{\text{g}})^2$,衍射强度为最大,如图 3 – 25 所示。因此会出现明暗相间的条纹,同一条纹上晶体的厚度是相同的,所以这种条纹称为等厚条纹。

若将薄试样边缘视为斜面,可以分割成一些列厚度各不相同的晶柱。一列亮暗相间的条纹周期代表一个消光距离的大小。消光条纹的数目实际上反映了试样边缘的厚度,原理如图 3 – 26 所示。图 3 – 27 为 H 离子辐照后奥氏体钢 6XN 边缘在带轴[110]附近 $g = 1\bar{1}1$,$g(5g)$ 条件下的弱束暗场像,可以清楚地看到等厚条纹。在弱束暗场条件下对试样进行观察,当 $\omega = S_{\text{g}}\xi_{\text{g}} > 5$ 时,$\xi_{\text{g}}^{\text{eff}} \approx (s_{\text{g}})^{-1}$。由式(3 – 9)可知,$S_{\text{g}} = (n-1)g^2\lambda/2$,不同材料在不同的加速电压以及不同的弱束条件下,消光距离 ξ_{g} 会有所不同。

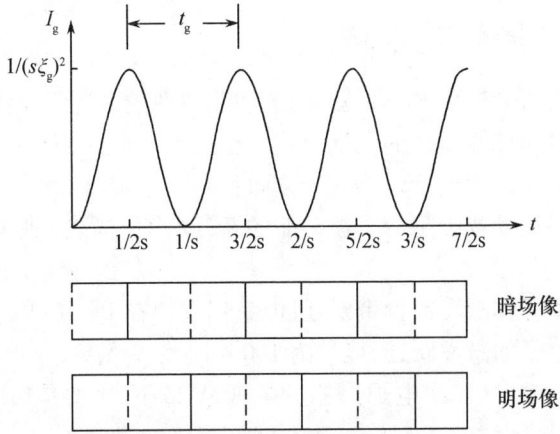

图 3 – 25　衍射强度随试样厚度的周期变化图

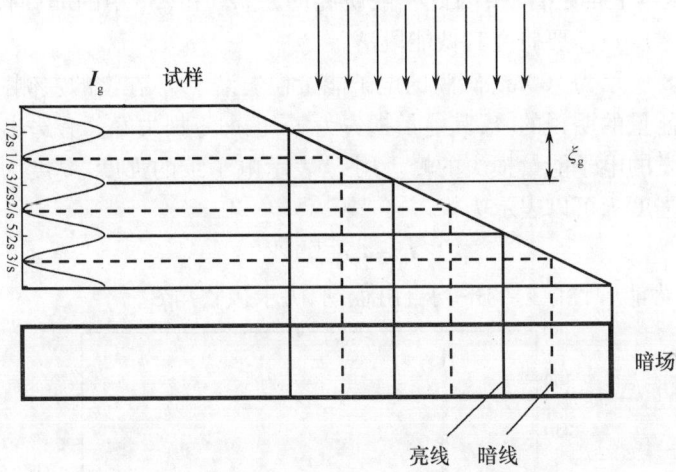

图 3 – 26　等厚条纹形成的原理示意图

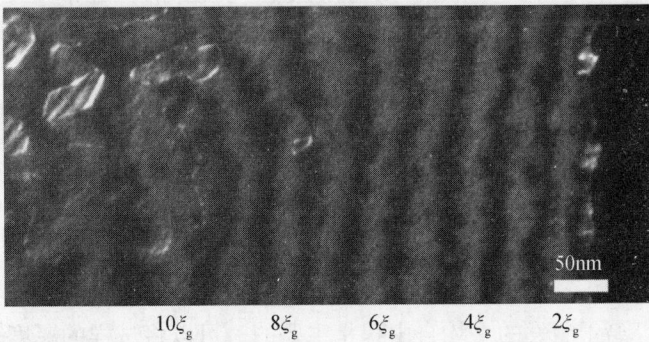

图 3 – 27　奥氏体钢 6XN 边缘在带轴[110]附近 $\boldsymbol{g} = 1\bar{1}1, \boldsymbol{g}(5\boldsymbol{g})$ 条件下的弱束暗场像

123

3.6.2　电子能量损失谱分析法

电子能量损失谱方法(EELS)是专门关注非弹性散射过程,将发生能量损失的电子谱展开从而对薄试样微区的元素组成、化学键及电子结构等进行分析的一种方法。电子能量损失过程包括以下几个方面:

(1)激发晶格振动或吸附分子振动能的跃迁(声子激发或吸收),损失能量在0.1eV以下。

(2)表面等离子体激发或价带跃迁,能量损失值在1~50eV左右。

(3)芯能级电子的激发跃迁,能量为100~1000eV量级。

(4)自由电子激发(二次电子),能量在50eV以下,主要是形成谱的背底。

(5)轫致辐射(连续的X射线),主要就是背底。

对于通常使用的EELS的分辨率,不可能探测到(1)中的声子激发,而(4)和(5)的过程基本上都是背底,因此一般研究的是(2)和(3)中的非弹性散射过程。研究试样的厚度只需要研究其低能段谱。

图3-28所示为400nm碳膜的电子能量损失谱[13]。在谱的左侧,出现一个具有入射电子能量的明锐的峰,其能量损失为零,也即零损失峰。旁边出现一个伴随着等离子激发的电子能量损失的峰。用I_T表示电子束的强度,厚度为t的试样的零损伤峰的强度I_0可以表示为

$$I_0 = I_T e^{-t/\lambda_p(\beta)} \qquad (3-27)$$

式中:$\lambda_p(\beta)$为非弹性散射的平均自由程,取决于接收角β。

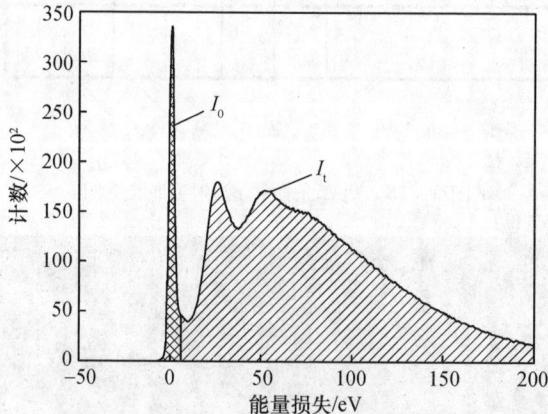

图3-28　400nm碳膜的电子能量损失谱[13]

试样中入射电子引起的等离子激发的概率最大,所以对于非弹性散射的平均自由程来说,等离子激发的平均自由程是主要的。可以将试样的厚度表示为

$$t = \lambda_p(\beta)\ln(I_T/I_0) \qquad (3-28)$$

因此可以通过测量出EELS的I_T和I_0值,以及确定λ_p来精确求得试样的厚度。

124

根据测出系列的 EELS 的 I_T 和 I_0 值以及双束衍射条件下的等厚条纹求得的试样厚度 t 的值,可以得出相对于平均自由程的相对试样厚度 t/λ_p 与试样厚度 t 的关系,如图 3-29,它们之间显示出很好的直线关系,从而可以通过斜率测得 λ_p 的值[14]。这样可以通过式(3-28)确定其他复杂形状的试样的厚度。

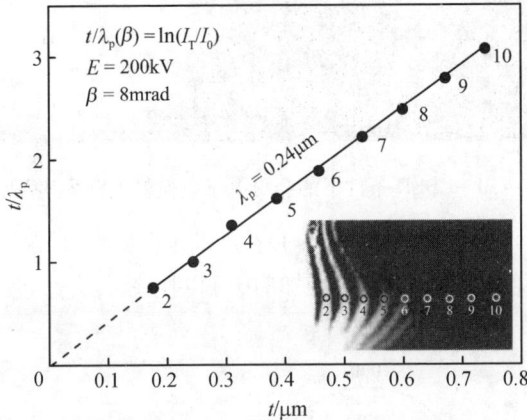

图 3-29 Al 试样相对于平均自由程的试样厚度 t/λ_p 与厚度 t 的关系[14]

虽然通过双束衍射条件的等厚条纹等方法可以测量试样的厚度,但是,如果一旦求出非弹性散射的平均自由程 λ_p 的值,无论试样的结晶性是否良好,晶体方位如何以及是否有缺陷,都可以很容易测定试样的厚度。这也是用 EELS 测量试样厚度的优势所在。

3.6.3　会聚电子束衍射法

用会聚电子束衍射法(Convergent Beam Electron Diffraction,CBED)测试试样的厚度,需要将试样倾转到特定的 g 的双束条件下进行。此时在会聚电子衍射的光斑里面会有互相平行的条纹,如图 3-30 所示[15]。如果移至样品更厚的区域,可以得到更多数目的条纹。值得注意的是这些条纹在 hkl 斑点上是对称的,而在 000 斑点上是不对称的。

可以很容易地测量中心亮条纹到其他暗条纹的距离,精确度在 ±0.1mm。中心亮斑满足布拉格条件,$s=0$。条纹之间的间距对应于角度,如图 3-31 所示。因此第 i 个条纹对应偏差参数 S_i 可以写为

$$S_i = \lambda \frac{\Delta\theta}{2\theta_B d^2} \tag{3-29}$$

式中:θ_B 为衍射平面(hkl)的布拉格角;d 为晶面间距。

在汇聚电子束衍射花样中,$2\theta_B$ 为 000 到 hkl 的距离,如图 3-31(a)所示。

当 ξ_g 已知时,可以通过下式求得试样的厚度为

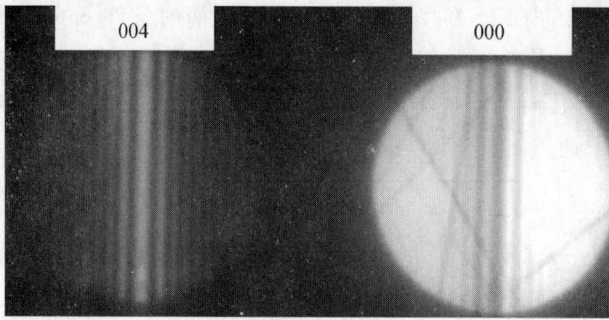

图 3 - 30　CBED 条件下的会聚电子束衍射光斑及其强度[15]

$$S_i^2/n_k^2 + 1/\xi_g^2 n_k^2 = 1/t^2 \qquad (3-30)$$

其中:n_k 为与 λ 无关的整数。当 ξ_g 未知时,可以用图像法通过一系列条纹对应的值作图,如图 3 - 31(b)所示。

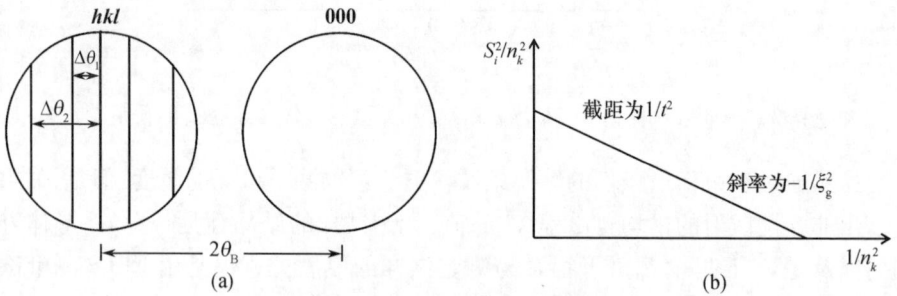

图 3 - 31　测量厚度的原理图
(a)汇聚电子束衍射花样;(b)Si^2/n_k^2 与 $1/n_k^2$ 之间的线性关系。

使用图像法的具体步骤:先任意指定一个条纹作为第一个条纹,也即 $n_1 = 1$,对应有 S_1;然后确定第二个条纹,$n_2 = 2$,对应 S_2 以此类推;画出 S_i^2/n_k^2 与 $1/n_k^2$ 的函数图,如果做出来的图是一条直线,则选取的 n 是对的,如果做出来的图是一个曲线,则需要重新将 $n_1 = 2$ 指定为第一个条纹,也即对应 S_1,然后再重复上述步骤直到做出一条直线。做出来的直线如图 3 - 31(b)所示,斜率为 $-1/\xi_g^2$,截距为 $1/t^2$,因此可以求出消光距离和试样厚度。图 3 - 32 是图像法的应用举例(对应图 3 - 30)[15],测得试样厚度为 308nm。

3.6.4　立体模型法

立体模型法需要试样在相同的衍射条件下通过不同的倾转条件获得(倾转角 $\alpha \approx 15°$),如图 3 - 33。试样从 (X_1, Y_1) 倾转到 (X_2, Y_2),故

$$\alpha = \arccos[\cos(X_2 - X_1) \cdot \cos(Y_2 - Y_1)] \qquad (3-31)$$

$$d = d_1 + d_2 \qquad (3-32)$$

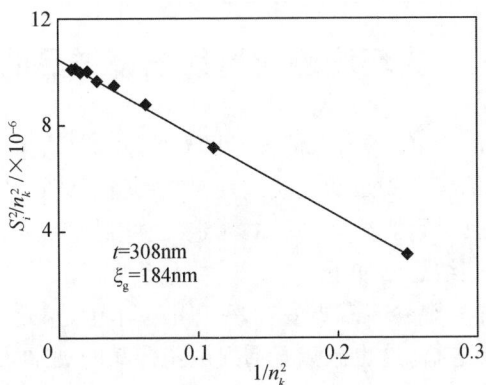

图 3 – 32　图像法应用举例[15]

$$h = d/2\sin(\alpha/2) \qquad (3-33)$$

式中:α 为倾转角;d 为视差;h 为试样观察区厚度。

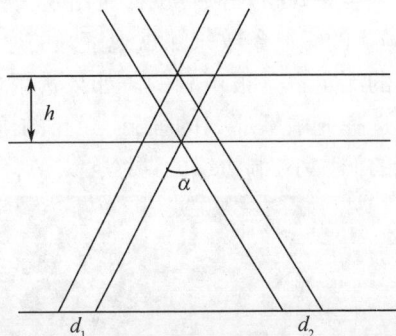

图 3 – 33　立体模型法原理图

图 3 – 34 所示为 20nm 锑薄膜的立体模型法的显微图片[16],两个图片同一个区域可以通过底部中间细长的异物来进行识别。值得注意的是,一个角度的倾转往往是不够的,需要在多个角度下测试,最后才能确定观察区样品的厚度,这个方法比较复杂,用的也相对较少。

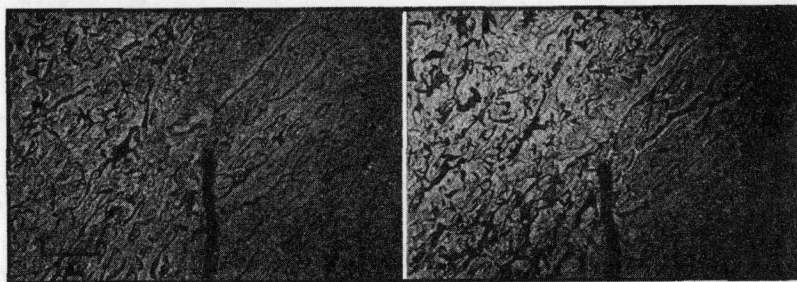

图 3 – 34　20nm 锑薄膜的立体模型法的显微图片

3.7 位错环观测对透射电镜样品的要求

对于进行位错环观测的透射电镜样品的要求更高。从前几节可以看到,观察位错环,需要确定其伯格斯矢量和性质以及对它们进行统计,需要在特定的衍射条件下进行,也需要对其进行观察区厚度的测定,因此对于观测位错环的透射电镜样品是有一定要求的,归纳总结如下:

(1) 透射电镜样品观察区需要多且好。用透射电镜观察并统计位错环,需要在多个不同的区域中进行,这也意味着透射电镜样品的观察区需要尽量多,在一个小的区域下观察到的位错环是局部的,不足以代表整体的情况。对位错环伯格斯矢量和性质的确定需要倾转带轴,观察区选得好才能找到适合倾转以及观察的地方。

(2) 透射电镜样品观察区需要比较平整。透射电镜样品如果不平整,会在观察时出现很多弯曲条纹,甚至在踩带轴倾转试样时出现一些假的信息,如图3-35所示。而且通过弱束暗场下的等厚条纹来测试观察区的厚度时,如果太弯曲的话,条纹是很杂乱的,对厚度的测定也是很不利的。如果透射电镜样品是通过双喷电解的方法制备的话,可以选择光敏不那么的强,让穿孔的洞稍微大一点,这样的平整度会高一些,如果穿孔的洞太小,洞边缘的薄区会太薄,易弯曲。

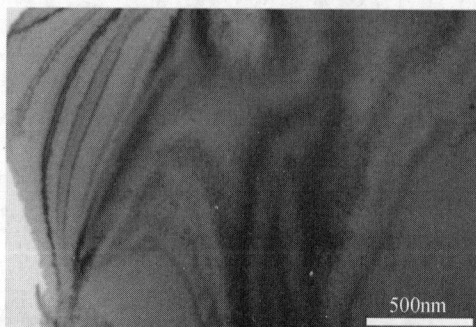

图3-35 奥氏体钢6XN的弯曲条纹

(3) 对磁性样品体积要尽量小。对于有磁性的样品,在倾转样品的过程中,因为样品中的磁性,电子束容易倾转,观察区也很容易漂移,对样品的图像效果也有影响,当然这些影响是和样品的磁性成正比的,因此可以通过将试样体积制备成小的状态来进行改善。如果是双喷电解减薄的方法制备电镜样品的话可以将试样磨至较薄($50\mu m$ 以下)之后再进行减薄。还有的是将样品制备成 $\phi1mm$,然后再粘在 $\phi3mm$ 无磁性的试样中,这种方法可以将磁性试样的体积降至原体积的 1/9,大大的降低磁性。

透射电镜样品的制备很复杂,尤其是截面透射电镜样品更为复杂。透射电镜样品的减薄方法大体有 3 种,即双喷电解减薄法、离子束减薄法以及聚焦离子束减薄法。双喷电解减薄法制备的样品薄区一般比较大,但是只能对金属材料进行减薄;离子束减薄法成功率比较高,但是薄区相对而言不如双喷电解制备的大,而且低能 Ar 离子溅射对试样会不会产生损伤也是非常关注的问题;聚焦离子束减薄的样品薄区一般都很好,但是对试样也会存在一定程度的损伤,而且它比较昂贵。综上所述,对于金属材料而言,最适合观察位错环的电镜试样制备的方法应该是双喷电解减薄法。

参 考 文 献

[1] Williams D B. Transmission Electron Microscopy: A Textbook for Materials Science [M]. New York: Springer Press, 2009: 41.

[2] Mott N F, Massey H W W. The Theory of Atomic Collision [M]. England: Oxford University Press, 1965.

[3] Jin S X, Guo L P, Ren Y Y, et al. TEM Characterization of Self-ion Irradiation Damage in Nickel-base Alloy C–276 at Elevated Temperature [J]. J. Mater. Sci. Technol., 2012, 28(11): 1039–1045.

[4] Little E A, Bullough R, Wood M H. On the swelling resistance of ferritic steel [J]. Proc. R. Soc. Lond. A, 1980, 372: 555–579.

[5] Luo F F, Guo L P, Chen J H, et al. Damage behavior in helium-irradiated reduced-activation martensitic steels at elevated temperatures [J]. 2014, 455: 339–342.

[6] Jenkins M L, Kirk M A. Characterization of Radiation Damage by Transmission Electron Microscopy [M]. Bristol and Philadelphia: Institute of Physics Publishing, 2001: 77.

[7] 黄依娜,万发荣,焦志杰. 利用透射电镜衬度像变化判定位错环类型及注氢纯铁中形成的位错环分析[J]. 物理学报, 2011, 60: 036802.

[8] Hirsh P, Howie A, Nicholoson R B. Electron microscopy [M]. New York: New York Press, 1977: 98.

[9] Loretto M H, Smallman R E. Defect analysis in electron microscopy [M]. London: Chapman and Hall Ltd, 1975: 79.

[10] Luo F F, Yao Z, Guo L P, et al. Convoluted dislocation loops induced by helium irradiation in reduced-activation martensitic steel and their impact on mechanical properties [J]. Mater. Sci. Eng. A, 2014, 607: 390–396.

[11] Duparc A H, Moingeon C, Smetniansky-de-Grande N, et al. Microstructure modelling of ferritic alloys under high flux 1 MeV electron irradiations [J]. J. Nucl. Mater., 2002, 302: 143–155.

[12] Zinkle S J. Suriving defect fraction in 14MeV neutron-irradiated copper [J]. J. Nucl. Mater., 1988, 155–158: 1201–1204.

[13] Malis T, Cheng S C, Egerton R F. EELS Log-Ratio Technique for Specimen-Thickness Measurement in the TEM [J]. J. Electron Microsc. Tech., 1988, 8: 193–200.

[14] 近藤大辅,川哲夫. 材料评价的分析电子显微方法[M]. 刘安生译. 北京:冶金工业出版社, 2001:67.

[15] Zhu J, Tan P K, Tan H, et al. Crystal thickness and extinction distance measurements by convergent beam electron diffraction fitting and application in quantitative TEM holography analysis on p-n junctions [J]. J. App. Phys., 2015, 33: 052209.

[16] Williams R C, Wyckoff R W G. The thickness of eletron microscopy objects [J]. J. App. Phys., 1944, 15: 712–716.

第4章 位错环的影响因素

反应堆材料在辐照下的微观结构演化取决于多方面的因素,即辐照环境、材料成分和结构、嬗变产物。辐照环境包括辐照粒子的种类和能量(或能谱),以及辐照温度、剂量、剂量率等辐照参数;材料成分包括基体元素、合金化元素、杂质元素,结构包括点阵结构、晶粒大小、析出物、晶界、相界、表面和界面;嬗变产物包括 H、He 和其他元素。辐照下微观结构的改变是所有这些因素共同作用的结果。

对于不同的核能系统,其结构材料服役的工作温度和离位损伤剂量范围差异很大[1](图 4-1)。对于一种给定的材料而言,其辐照损伤主要取决于中子能谱和辐照温度及剂量。本章首先介绍辐照温度、剂量和剂量率对位错环的影响,然后介绍合金化元素、杂质元素(包括 H 和 He)、表面和界面对位错环的影响,最后介绍多束辐照和不同种类粒子辐照对位错环的影响。

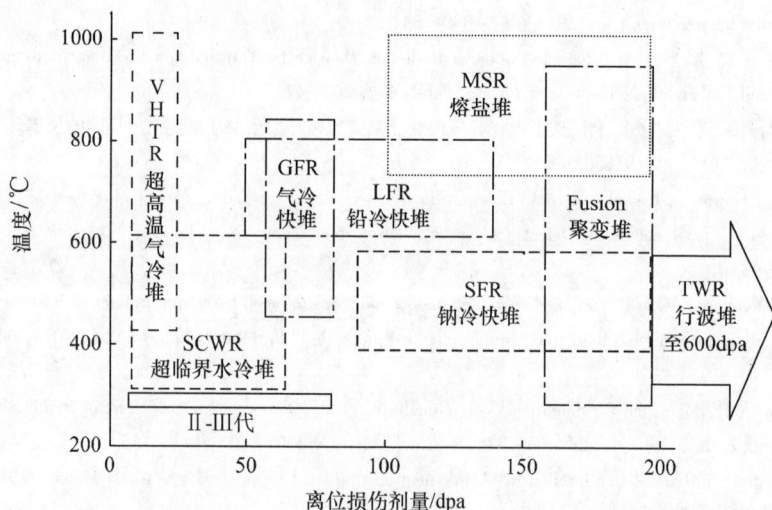

图 4-1　裂变和聚变核能系统结构材料运行温度和离位损伤剂量范围

4.1　辐照温度对位错环的影响

对于给定的材料和辐照环境,辐照温度和剂量是影响位错环的最主要因素。在第 1 章中通过考虑产额偏压的位错环长大方程得知,位错环在不同温度下的稳

130

态生长速率是不同的,例如316不锈钢的辐照温度为500℃时,间隙型位错环的生长速率是最快的,低于和高于此温度生长速率都会变慢(图1-24)。如果观察速率方程中的每一项,就可看到与温度直接相关的参数是反应速率,其中包含了随温度变化的扩散因子。例如,式(1-84)和式(1-85)所示的发射系数 $\alpha_k(j)=2\pi r(j)Z_c(j)\dfrac{D_k}{\Omega}\exp[-E_{bk}(j)/kT]$ 和捕获系数 $\beta_k(j)=2\pi r(j)Z_c(j)D_kC_k$ 就强烈地依赖于温度。因此,从本质上说,位错环等扩展缺陷随温度的变化取决于点缺陷、缺陷团和扩展缺陷的移动性对温度的响应。根据辐照损伤恢复实验,在不同温度区间,缺陷的移动性差异很大(见1.2.5节):在第Ⅰ阶段,$T \leqslant 0.025 T_m$,间隙原子移动,可与静止的空位相互复合湮灭;第Ⅱ阶段,$T=(0.025 \sim 0.17) T_m$,大量移动的间隙原子聚集成间隙原子团;第Ⅲ阶段,$T=(0.17 \sim 0.23) T_m$,空位开始变得可迁移,可与间隙原子和间隙原子团结合使其数目减少;第Ⅳ阶段,$T=(0.23 \sim 0.35) T_m$,空位聚集形成空位团;第Ⅴ阶段,$T>0.35 T_m$,空位团开始在高温下解离,发射空位。可见,随着温度的升高,依次启动了不同类型缺陷的迁移。从能量的角度,这种依次启动是不同缺陷的迁移能和结合能存在差异的反应。由于位错环的形核和生长与点缺陷和缺陷团在不同温度下的迁移性密切相关,因此,在不同的温度下,位错环的形核和生长机制会有所不同。

根据第1章和第2章关于位错环形核和生长的机制和速率理论,通过速率方程组的求解,可以获得不同温度下的位错环尺寸和数密度,通过中子、离子和电子辐照实验也获得了位错环演变的丰富知识。下面通过一些实例说明温度对位错环影响的一些规律。

Christien等用速率理论模拟了在高温下($\geqslant 400$℃)下,1MeV电子辐照 α-Zr 基合金产生的位错环在不同温度下的演化[2],不同温度下间隙型位错环的密度和长大速率随温度和时间演化的模拟结果与实验结果符合得很好。位错环的密度随着温度的升高逐渐下降,而长大速率则随着温度的升高而逐渐增加。随着辐照时间的增加(随着辐照剂量的增加),在辐照100s内位错环密度快速增加,100s后位错环密度逐渐趋于饱和。另外,辐照温度越高,位错环密度达到饱和所需的辐照时间越短。

Zinkle等对轻水堆中不锈钢材料在中子辐照下的缺陷做了评述[3]。轻水堆运行温度范围为270~340℃,某些厚的部件如挡板由于受 γ 射线的加热可能会达到更高的温度。这个温度范围正好处在通常所说的低温(50~300℃)和高温(300~700℃)之间的过渡温区。在 $T<300$℃ 的温度下辐照,位错结构主要是高密度的黑斑(透射电镜难以分辨的尺寸小于2nm的缺陷团)、网络位错和低密度的弗兰克环。不锈钢中所观察到的小位错环中层错四面体只占很小部分,远远小于Ni和Cu中25%~50%的比例。在 $T \approx 300$℃ 附近,辐照引起的微观结构从小位错环为主转变为包含了更多的较大层错环和网络位错(图4-2(a))。$T>300$℃ 时,弗兰克环的比例开始降低,在400~600℃中子辐照的奥氏体钢中层错环密度比300℃时为原来的1/1000(图4-2(b))。与此同时,位错环尺寸则随温度上升而增加,最终在高温下位错环解体率增加,位错环总密度降低。

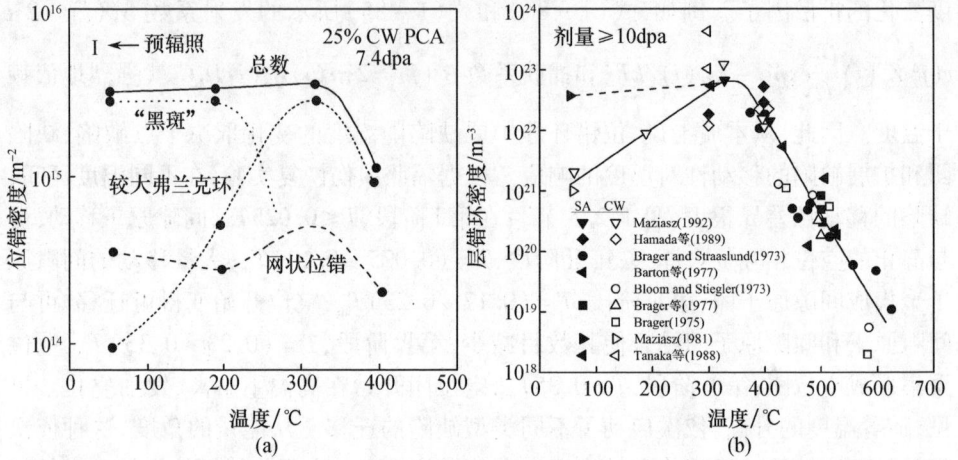

图4-2 奥氏体钢中位错密度和层错环密度随中子辐照温度的变化[3]
(a)位错密度;(b)层错环密度。

Edwards 等研究了多种奥氏体钢在不同辐照剂量下位错环随辐照剂量的变化[4]。在低于300℃的较低温度(275℃)下辐照,位错环密度快速增加,约1dpa就达到饱和,约为10^{23} m^{-3},我们通过速率理论模拟也得到了与此一致的结果(见2.7节)。位错环的尺寸则相对来说对辐照剂量不太敏感,在小于2dpa时随剂量增加而快速长大至约10nm,剂量超过2dpa后仍继续缓慢长大。在这些较低的温度下,当新位错环形成和已有位错环被破坏二者之间达到平衡时,位错环的尺寸和密度总体上就变得动态地稳定。在低温区间内升高温度时,小位错环密度降低,尺寸增加。

在约300℃以上,位错微观结构变成由弗兰克环和网络位错为主,几个 dpa 后位错环密度就达到饱和。在300~370℃之间,随着温度的增加,位错网络密度随层错环密度成正比地增加,虽然预期总体的位错密度保持相当稳定。在更高的温度范围(400~600℃),位错结构由低密度的位错环和位错网络构成。如果此时也发生了其他过程,如空洞和气泡的形核和长大,则位错的演化可能变得更慢。

4.2　辐照剂量对位错环的影响

在第1章讨论位错环生长时已指出,在一定的温度下,随着辐照剂量的增加,位错环密度将增加直至饱和,同时位错环长大,而且由于位错网络的作用,位错环在长大到一定尺寸后也将停止生长。位错环随辐照剂量演变的这种规律被大量的实验所证实。

Pokor 等通过实验和理论研究了 SA 304L、CW 316 和 CW 316Ti 这 3 种奥氏体钢在 EBR Ⅱ、BOR‑60 和 OSIRIS 反应堆中辐照至 40dpa 的位错环的密度和尺寸,辐照温度为 330℃ 和 375℃[5]。在 330℃ 下辐照时,随着辐照剂量的增加,3 种合金中位错环的尺寸和密度都增加,并且当辐照剂量小于 10dpa 时,它们随时间的演化非常快,随着辐照剂量增大最终趋于饱和。在 375℃ 下辐照时,CW316 钢在相同辐照剂量下,比 330℃ 时的位错环尺寸更大,密度更小。

利用基于团簇动力学的速率理论模拟发现,对位错环演化影响最大的参数为辐照温度、迁移能和结合能。这些参数通过 330℃ 下中子辐照至 0.8dpa、2dpa、3.4dpa 和 375℃ 下辐照至 8dpa 和 10dpa 时,位错环密度和尺寸的模拟结果与实验结果的对比得到。模拟计算中得出的空位型位错环密度至少比间隙型位错环密度小 3 个数量级,即空位型位错环极少,这与实验结果符合得很好,因为在实验中没观察到空位型位错环,只观察到了间隙型位错环。但是计算得出的空位型位错环的尺寸非常大,一个可能的解释就是空位型位错环在演化过程中不再长大而是转变成为空洞。图 4‑3 所示为 330℃ 下中子辐照剂量分别为 10dpa、20dpa、40dpa 时位错环密度和尺寸的实验和理论的对比,其所用参数来自上述低剂量模拟计算所确定的参数,模拟结果与实验结果符合得很好。值得注意的是,适用于 OSIRIS 反应堆中 330℃ 下低剂量辐照的参数,也同样适用于预测在 BOR‑60 反应堆中相同温度下低剂量和高剂量辐照时产生的位错环的演化,即使这两种反应堆有着不同的通量与能谱。

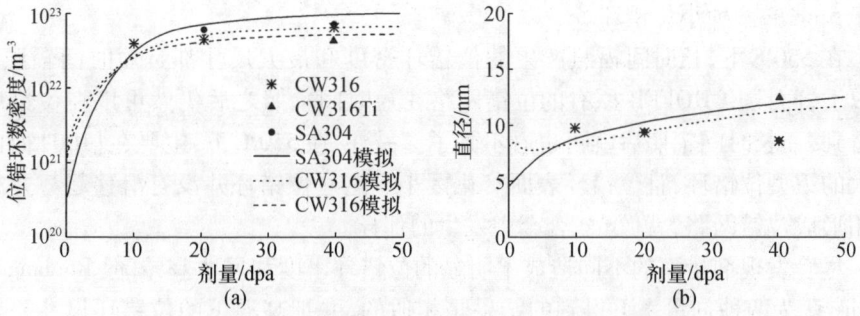

图 4‑3　高剂量辐照下位错环密度和尺寸随剂量的演变[5]
(a)位错环密度; (b)尺寸。

4.3　辐照剂量率对位错环的影响

反应堆材料面临的中子辐照环境千差万别,不同堆型和功率的反应堆除了存在中子能谱差异外,中子通量也各不相同。中子能谱的差异导致材料被辐照时产生的 PKA 能量不同,这种不同可通过利用 NRT 模型的计算获得等效的 dpa 损伤剂量,从而将中子能谱的差异消除。而中子通量的不同,对应着损伤的剂量率不同,这意味着产生相同的 dpa 损伤剂量需要不同的时间。另外,离子辐照经常被用于模拟研究材料的中子辐照损伤,其损伤剂量率一般比中子高 1000 倍以上,而且不同研究人员使用的离子束种类、能量和束流强度各不相同,产生的损伤剂量率也各不相同。由此引发的一个有趣的问题是,辐照损伤的剂量率不同对材料的缺陷有何影响?

Boulanger 和 Serruys 研究了离子辐照的剂量率对马氏体钢和 Fe – Cr 合金中位错环的影响[6]。所用材料为 Eurofer97（Fe – 9Cr – 1W – 0.4Mn – 0.2V – 0.15Ta – 0.11C)低活化马氏体钢和 Fe – 9Cr 模型合金,用 700keV Kr^{2+} 对透射电镜样品进行辐照(射程约 200nm),辐照温度为 350℃和 500℃,辐照剂量 3dpa,采用两种辐照方案以考察剂量率的影响:一种是高剂量率下的短时间辐照,离子注量率为 $8.9 \times 10^{11} Kr^{2+}/(cm^2 \cdot s)$,对应的剂量率为 2.8×10^{-3} dpa/s,18min 完成 3dpa 的总辐照剂量;一种是低剂量率下的长时间辐照,离子注量率为 $4.46 \times 10^{10} Kr^{2+}/(cm^2 \cdot s)$,对应的剂量率为 1.4×10^{-4} dpa/s,6h 完成 3dpa 的总辐照剂量。两种模式剂量率相差 20 倍。

在 350℃下,一个主要区别是 EUROFER 中长时间辐照(低剂量率)后出现了尺寸较大的位错环,而短时间辐照(高剂量率)没有出现可观察到的缺陷团,但经 550℃加热处理后缺陷团出现,说明原来的缺陷团还是存在的,只是太小而无法被观察到。另一个区别是,EUROFER 和模型合金在长时间(低剂量率)辐照后,出现平均尺寸分别为 7nm 和 19nm(或 28nm)的两种位错环,而模型合金中只出现尺寸小于 5nm 的一种小位错环。

在 550℃下,长时间辐照产生的位错环密度和最大尺寸都是短时间辐照的 2 倍以上,而且 EUROFER 原有的位错网络在短时间辐照之后仍然可以在位错环之间看到,而长时间辐照后就再也看不到了。另外,在 550℃下,主要在 {100} 面内出现大的刃型位错环,且位错环表面贫化区小。这些位错环并没有滑移趋势并相互作用形成位错网路,就像 fcc 合金中发生的那样。

尽管发现剂量率的不同造成了明显的位错环密度和尺寸差异,但 Boulanger 和 Serruy 认为两种剂量率下得到的结果是相似的,并把高温下的位错环尺寸差异归结为离子束流的涨落。另外,虽然离子辐照的离位损伤剂量率是中子辐照的上千倍,但微观结构仍然与低剂量的中子辐照相似。

Li 等用原位透射电镜研究了 80℃下 1MeV Kr 离子辐照的 Mo 薄箔样品中位错环面密度和尺寸随离子注量率的变化[7]。实验采用 3 种不同的 Kr 离子注量率:$1.6 \times 10^{9} Kr^{2+}/(cm^2 \cdot s)$、$1.6 \times 10^{10} Kr^{2+}/(cm^2 \cdot s)$ 和 $1.6 \times 10^{11} Kr^{2+}/(cm^2 \cdot s)$,对应的损伤剂量率分别为 5×10^{-6} dpa/s、5×10^{-5} dpa/s 和 5×10^{-4} dpa/s,最大相差 100 倍。结果发现:不同剂量率下缺陷团的平均直径相近;在给定的厚度和总剂量下,较高的剂量率下对应的缺陷面密度较高,且缺陷的尺寸分布有变宽的趋势。

Li 等的实验结果与 Boulanger 等的实验结果明显不一致,原因可能与辐照温度和材料成分有关。

反应堆中子辐照的剂量率不同,对位错环的演化也有不同影响,甚至可能影响位错环的类型。例如,压力容器钢在 WWER – 40 堆中的损伤速率为 WWER – 1000 堆中的 40 倍,前者微观结构主要为空位型位错环,其数密度随剂量增加而增长,并且没有趋于饱和的趋势;后者微观结构主要为间隙型位错环,其平均尺寸随剂量增长得非常缓慢,总的环密度趋向于饱和[8]。

4.4　合金化元素和杂质元素对位错环的影响

金属特别是钢铁中加入合金化元素和杂质元素,是提高力学性能的基本途径。由式(1 – 15b)可知,空位自扩散(或间隙自扩散)系数 $D^\theta = \alpha a^2 \nu \exp\left(\dfrac{S_m^\theta}{k}\right) \exp\left(\dfrac{-E_m^\theta}{kT}\right)$ 强烈依赖于迁移能,而溶质元素的存在,将增加点缺陷的迁移能,降低其移动性,影响包括位错环在内的各种扩展缺陷的演变。因此,溶质原子与点缺陷的相互作用在辐照引起的微观结构演变中发挥了重要作用。溶质原子与点缺陷的相互作用力或结合能难以从实验上直接测量,目前主要是通过从头计算方法获得。

核工程中使用最广泛的金属材料是铁合金,其中通常含有 3d 或 4d 甚至 5d 过渡族合金化元素。原子尺度的从头计算结果显示,对于 bcc 铁中的 4d 和 5d 过渡金属溶质原子,其原子尺寸比基体 Fe 原子尺寸大,它与点缺陷的相互作用最主要是受尺寸因素引起的应变释放支配,即间隙原子被过渡金属元素原子所排斥,空位则被吸引[9]。另一方面,3d 过渡金属元素溶质原子与点缺陷的相互作用则不能只用尺寸因子来描述,此时反铁磁耦合很可能发挥了重要作用。这种情况下一般很难只通过原子尺度的模拟就能对损伤的积累和复合做出结论,此时也需要更长时间尺度的模拟,如分子动力学模拟和动力学蒙特卡罗模拟,而且模拟结果必须通过实验进行验证。此外,为更好地理解辐照损伤机制,人们通常使用只添加 1 ~ 2 种合金元素的简单模型合金进行实验和模拟研究,并与纯金属进行对比。

本节重点介绍铁合金中常见溶质元素对位错环的影响,对聚变堆候选材料 V 和 W 中的合金化元素也做简要介绍。

4.4.1　Fe 中 C 对位错环演化的影响

固溶在铁或钢中的 C 原子占据八面体间隙位(C、N、S、H、He 等杂质元素的原子尺寸小,在金属中一般存在于间隙位),并与点缺陷和缺陷团(纳米空洞和位错环)之间存在着强的相互作用,这种相互作用导致 C 的浓度对辐照缺陷的积累和恢复产生强烈的影响。原子尺度的计算显示,C 原子与自间隙原子、空位和位错环之间的吸引力各不相同。自间隙原子团被 C 的强烈捕陷只发生在取向为 <111 >

和 < 100 > 的团簇上,单个 < 110 > 哑铃和做三维迁移的小自间隙原子团与 C 之间并不存在明显的结合[10]。

Terentyev 和 Martin - Bragado 应用 OKMC(Object Kinetic Monte Carlo)模拟方法研究了电子辐照下 C 对铁中位错环的影响[11]。模型中将 C 对位错环的影响表示为被一维滑移的 $\frac{1}{2}$ < 111 > 位错环所捕陷,考虑了运动的位错环与 $C_n - V_m$ 和 $C_n - I_m$ 复合体之间的相互作用。此外,假设尺寸小于 4 的空位团或间隙原子团作三维迁移,更大的间隙原子团做一维迁移,更大的空位团则不能移动。

OKMC 模拟结果表明,在 250K 低温下辐照,绝大部分位错环的伯格斯矢量是 $\frac{1}{2}$ < 111 >,且被 C 原子所钉扎,约 20% 是 < 100 > 位错环。在 200K 以下,可见位错环的形核和稳态浓度由自间隙原子团的迁移和不可见的 < 111 > 自间隙原子团在 C 原子处的捕陷所决定。辐照温度接近 225K 时,空位开始迁移,抑制了一维自间隙原子团的形核,导致可见位错环的稳态密度显著降低。

OKMC 模拟和实验都发现,位错环的密度随着 C 含量的增加而稳步增加(图 4 - 4)。在 350 ~ 500K 温度区间,C 原子浓度为原来的 $\frac{1}{5}$ 对应位错密度为原来的 $\frac{1}{3}$,这种非线性减少可以用捕陷机制从单个 C 原子捕陷转换为多个 C 原子捕陷进行解释。在温度低于 350K 时,C 原子是不动的($E_m = 0.9eV$),迁移的 $\frac{1}{2}$ < 111 > 位错环只能同时与一个 C 原子相互作用,即直接与 C 原子碰撞或者与 $C - V_m$ 复合体相互作用。在 350K 以上,C 原子变得可以移动并与空位和位错环相互作用,此时虽然有效减少了"静态"捕陷的浓度,但由于多个 C 原子在不可移动的位错环周围积累,导致了更强的位错环捕陷。温度升高所引发的这种复杂的相互作用,不仅导致位错环密度急剧降低,而且使 < 100 > 与 $\frac{1}{2}$ < 111 > 位错环的比例从 20:80 变成 50:50。

从图 4 - 4 可见,3 个主要的温度区间对应于 C 影响位错环的 3 种不同机制或阶段:①$T > 225K$,空位迁移;②$T > 350K$,间隙 C 原子迁移;③$T > 450K$,C - V 对解体。注意,由于单间隙原子的迁移能(0.33eV)与双/三间隙原子(0.45eV)相差非常小,三维可迁移间隙原子团的激活并不会引入这种阶段性。另外,空位迁移的阶段性只能在高纯 Fe(C 的浓度为 5appm)中才显著,因为 C 的浓度较高时 C 原子对位错环的钉扎起主导作用。

随着温度的升高,$\frac{1}{2}$ < 111 > 位错环的相互作用增强,使得 < 100 > 环的形成更加频繁,C 原子对 $\frac{1}{2}$ < 111 > 位错环的钉扎效率降低,因而 < 100 > 环的比例随温度

136

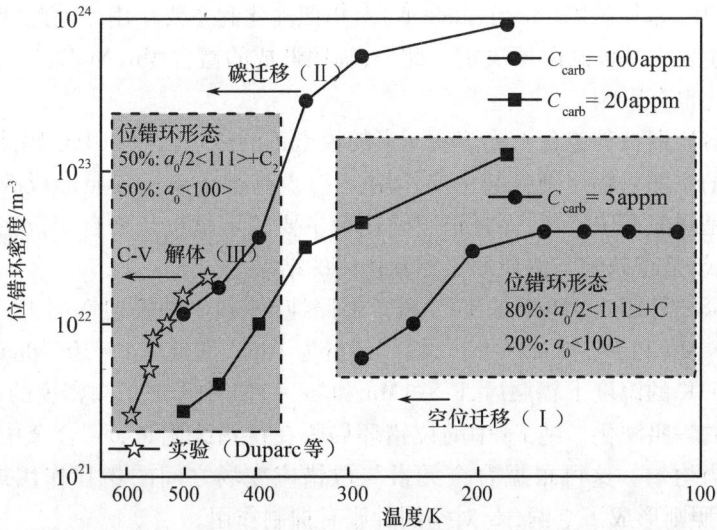

图 4 - 4 掺 C 的 Fe 中饱和位错环密度随辐照温度的变化[11]

升高。高于 450K 时,$\frac{1}{2}$ < 111 > 位错环的去钉扎和逃逸由 $C_n - DL$(DL 表示位错环)复合体的 C 原子发射控制,而 C 的迁移由它与辐照产生的空位之间的相互作用所控制。如果停止辐照但继续观察,C 的长程迁移将由 $C_2 - V$ 和 $C_n - DL$ 间的相互作用所控制。相应地,若进行进一步的热退火,则位错环的演变将由 $C_2 - V$ 和 $C_n - V_m$ 的热稳定性所控制。$C_n - V_m$ 可以稳定到 $600 \sim 700K$,这个稳定性的上限温度与位错环的合并阈值温度符合得很好[12]。

总之,OKMC 模拟和电子辐照结果表明,在掺 V 的高纯 Fe 中,位错环的迁移扩散性由 C 对位错环的捕陷和 C - V 复合体的热稳定性所控制,并与 C 的浓度、辐照温度和辐照剂量率密切相关。这个新近发现应该在缺陷反应的速率理论模型中加以考虑。

4.4.2 压力容器钢及模型钢中 Mn 对位错环形成的影响

了解反应堆压力容器在中子辐照下力学性质的改变对于反应堆的安全运行和延寿处理非常重要。中子辐照会引起韧脆转变温度(Ductile - to - Brittle Transition Temperature,DBTT)的升高和上平台能(Upper Shelf Energy,USE)的降低。当前大型压水堆压力容器的首选用材是 A508 - 3 钢,它是在 Mn - Mo - Ni 钢 A533B 的基础上通过降低 Mo、Cr 和 C 含量,并提高 Mn 含量发展而来的。早期研究发现,Cu 含量对辐照脆化有强烈影响,富 Cu 析出物的产生是辐照脆化的直接原因,因此在压力容器钢的制造过程中,Cu 和其他有害杂质元素如 P 被严格控制在极低的含量水平。对不同 Cu 含量的钢的力学性质研究显示,在低 Cu 钢中和在高通量辐照下的高 Cu 钢中,基体缺陷(matrix defects)对辐照脆化起主要作用。因此,低 Cu 钢的辐照脆化主要由基体缺陷所决定。此外,辐照形成的富含 Mn、Ni 和 Si 的溶质团簇对辐照脆化也有影响。

压力容器钢及其包含不同溶质元素的模型钢的离子辐照和中子辐照研究结果表明,Mn 的添加对辐照硬化起主要作用[13,14]。高剂量离子辐照形成的绝大部分基体缺陷是间隙型位错环,而且辐照硬化最主要的贡献也是来自于位错环。而位错环的形成,是点缺陷与溶质原子相互作用的结果。

Yabuuchi 等用 6.4MeV 的 Fe^{3+} 离子辐照纯 Fe 和 3 种模型钢(Fe - 1at. % Cr、Fe - 1at. % Mn 和 Fe - 1at. % Ni),辐照剂量为 1dpa,剂量率 1×10^{-4} dpa/s[14]。在 473K 和 563K 的温度下辐照后,Fe - 1Mn 和 Fe - 1Ni 中形成了高密度的位错环,并显示显著的辐照硬化。纯 Fe 中的位错环局限在位错线附近,Fe 合金中位错环的分布则相当均匀。这可根据合金元素与位错应变场之间的相互作用进行解释。673K 下辐照则形成了空洞,Cr 对空洞肿胀有抑制作用。

Watanabe 对日本的压力容器钢 JRQ 钢(属于 A508 - 3 钢,主要成分为 Fe - 1.43Mn - 0.84Ni - 0.24Si - 0.51Mo - 0.18C - 0.14Cu - 0.12Cr)和 4 种模型钢(Fe - 0.6Mn、Fe - 1.4Mn、Fe - 0.8Ni 和 Fe - 0.2Si)进行了原位电子辐照研究,辐照温度为室温至 673 K,剂量率 2.5×10^{-4} dpa/s[15]。对于 Fe - 0.8Ni 和 Fe - 0.2Si,在辐照温度低于 473K 时,Ni 和 Si 充当了间隙型位错环的形核核心;在 473K 进行辐照时,Fe - 0.8Ni 中同时形成了很小的黑斑状的空位型位错环和相对较大的间隙型位错环。对于 Fe - 0.6Mn 和 Fe - 1.4Mn,在相同温度下位错环密度比 Fe - 0.8Ni 和 Fe - 0.2Si 中的高得多。在实验温度范围内,间隙型位错环密度都因 Mn、Ni 和 Si 的添加而增加,其中 Mn 的添加对于增强位错环的形核最为有效。

对于 JRQ 钢,位错环对温度和辐照通量的依赖关系都弱,说明绝大部分间隙原子被杂质原子(如 Mn)所深深地捕陷,形成稳定的间隙 - 杂质复合物(Fe - 0.6Mn 中间隙原子和 Mn 之间的结合能估计约为 0.22eV,结合很强)。这种复合物在室温下的解体可以忽略,它们充当间隙型位错环的核心,且位错环的饱和浓度几乎等于基体中杂质原子的浓度。

辐照温度在 573K 以上时,空位的迁移开始变得突出,这种移动性影响位错环的生长机制。在较高的温度下,间隙型位错环长大成规则的形状,并随辐照时间作线性生长。在中等温度下,位错环的形状变得不规则,并呈现非线性生长。有研究表明,位错环的生长特性与空位迁移能密切相关。Watanabe 等测得 Fe - 1.4Mn、Fe - 0.8Ni 和 Fe - 0.2Si 中空位迁移能分别为 1.5eV、1.0eV 和 1.2eV,而高纯 Fe 中的空位迁移能为 0.6eV,可见添加合金化元素后大幅度增加了空位迁移能,阻碍了空位的迁移,使得间隙原子难以与空位复合而更容易形核。空位迁移能的大小受所添加的溶质原子及其含量的影响。在 Fe - 0.8Ni 中观察到空位型位错环,可能与其中的空位迁移能低有关。

4.4.3　Fe－Cu模型合金中Cu对位错环的影响

为研究压力容器钢中Cu含量对辐照缺陷的影响,Duparc等利用速率理论模拟了纯Fe和Fe－0.13Cu(质量分数)模型合金在大通量电子辐照下位错环饱和数密度 $\ln N_{li}^{st}$ 随 $1/T$ 的变化,并同实验进行对比[16]。模拟结果显示(图4－5),在高温时 $\ln N_{li}^{st}$ 的斜率很大,这同双间隙原子间的结合能 E_{2i}^{B} 的大小有关,也即团簇发射间隙原子的能力影响了 $\ln N_{li}^{st}$ 斜率的大小。考虑到图中的最低温度为辐照温度的下限,若温度再降低实验数据将有很大的误差,则可以判断出当 $E_{2i}^{B}=0.9\text{eV}$ 时,纯Fe中位错环饱和数密度的模拟结果与辐照实验结果符合得很好。而对于 Fe－0.13Cu 模型合金,在同样一套参数下,若 $E_{2i}^{B}\geqslant1.2\text{eV}$,则模拟结果与辐照实验结果符合得很好。可见,Fe中添加少量Cu后,双间隙原子间的结合能从0.9eV增加到1.2eV以上,说明合金中的Cu原子会稳定小的间隙原子团簇。

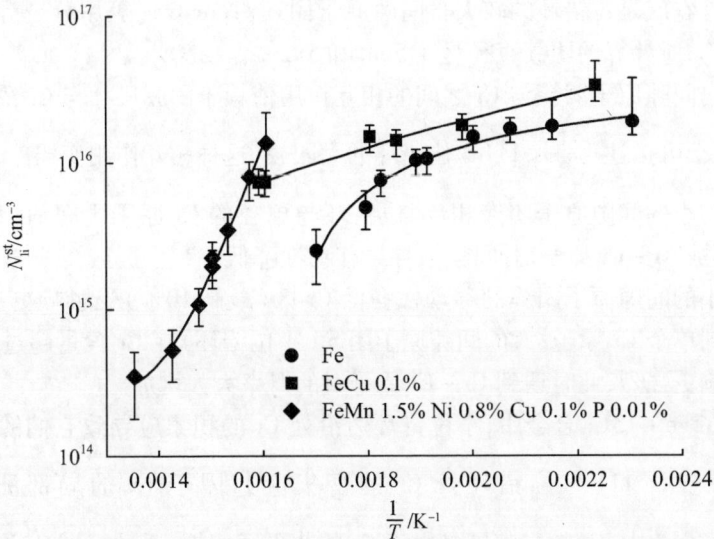

图4－5　电子辐照下Fe与FeCu合金中位错环饱和数密度 N_{li}^{st} 随 $1/T$ 的演化[16]

Duparc等还用速率理论研究了复杂合金 Fe－1.5Mn－0.8Ni－0.13Cu－0.01P(质量分数)(图4－5),其成分跟压力容器钢成分相近,发现其中间隙原子的有关参数与纯Fe完全不同:迁移能必须从纯Fe的0.3eV增加到1eV,而双间隙原子的结合能必须从纯Fe的0.9eV减小到0.2eV。

4.4.4　Fe－Cr合金中Cr对位错环演化的影响

Cr含量为7%～14%的高Cr铁素体/马氏体钢由于其良好的抗辐照肿胀性能和优越的机械性能,被认为是未来核聚变堆最主要的候选材料之一。在目前各国为聚变堆所开发的各种低活铁素体/马氏体钢(RAFM 钢)中,Cr 的含量约为 9% 左右,其他的合金化元素包括约 2% 的 W 和含量更少的 V、Ta、Nb、Ti、Mo、Si 等合金元素及 C、S、P 等杂质元素。由于 Cr 是 RAFM 钢中最主要的合金化元素,因此人们常用 Fe - Cr 二元合金作为模型合金,研究 RAFM 钢的辐照行为机理。

实验研究表明,Fe - Cr 合金中 Cr 与自间隙原子是相互吸引的,这种吸引作用在高合金中更强,而 Cr 与空位之间几乎没发现有相互作用[17]。因此可以预期,Cr - 自间隙原子相互作用在 Fe - Cr 合金微观结构演化中发挥关键作用,且与 Cr 的浓度有关。实验显示,小位错环(1 ~ 10nm)的移动被 Cr 所抑制[18,19];在 Fe - (9 ~ 11) Cr 的离子和电子辐照实验中,观察到 Cr 原子引起位错环的密度增加[18-20]。

密度泛函理论(DFT)计算发现,Cr 和 < 111 > 型自间隙原子团簇之间存在长程吸引作用[21],结合分子动力学模拟可知,这种作用显著降低了小的自间隙原子团簇(包含几十个缺陷)的移动性。小团簇的相对移动性(Fe 和 FeCr 合金扩散系数之比)以非单调的方式依赖于 Cr 的浓度和团簇尺寸[22, 23]。

对于可看成是位错环的较大自间隙原子团簇,Terentyev 等用分子静力学模拟进行了计算,所计算的团簇直径是 3.5nm 和 5nm,结果表明[24]:

(1)自间隙原子团簇与 Cr 之间的相互作用依赖于团簇尺寸与 Cr 浓度间的相互影响,对于可描述为 $\frac{1}{2}$ < 111 > 位错环的大团簇,这种相互作用变弱。

(2)与小的间隙原子团簇相反,位错环与单独的 Cr 原子之间的相互作用较弱;位错环被 Cr - Cr 原子对所排斥,导致移动性降低。

(3)小的间隙原子团簇的移动性在低 Cr 区(最高 10%)受影响更显著,此时更容易遇到单个 Cr 原子;大的间隙原子团簇(小位错环)在 Cr 含量超过 10% 的合金中受影响更强烈,此时遇到 Cr - Cr 原子对的概率大大增加。

(4)在 Fe - 15Cr 合金中,小位错环边沿处 Cr 的积累应导致它们的形成能增加,因此在 $\frac{1}{2}$ < 111 > 位错环处 Cr 的富集应归因于 Cr 的局部涨落;而在 Fe - 9,10Cr 合金中,Cr 的富集则是由于 Cr 的非平衡偏析,通过 Fe - Cr 混合哑铃传输最终被位错环吸收。

4.4.5 马氏体钢中 Ti 对位错环的影响

在低活化马氏体钢 SCRAM 中用 Ti 替代 Ta 并添加 N 后,通过在辐照之前就形成更稳定的 Ti(C,N),消耗掉基体中的 C 和 N,可以抑制 MX 相的辐照析出[25]。Luo 等对 Ti 质量分数分别为 0.0064(SCRAM01 样品)和 0.018(SCRAM03 样品)的低活化钢在 300℃ 下进行 Fe 离子辐照研究,TEM 弱束暗场像如图 4 - 6(a)所示,可以观察到小的位错环[26]。弱束暗场像都是在带轴(100)附近用 $g = 01\bar{1}$ 和 $g = 002$ 拍照而得。图 4 - 6(b)是两种钢在相同条件下进行的位错环的尺寸和位错环的数密度的统计。位错环的数密度通过带轴（100）附近 $g = 01\bar{1}$ 和 $g = 002$ 弱束暗场像统计而得到[15]：

$$\rho_{<100>} = 2\rho_{g=01\bar{1}} - \rho_{g=002} \qquad (4-1)$$

$$\rho_{\frac{1}{2}<111>} = \frac{2}{3}\left(-\rho_{g=01\bar{1}} + 2\rho_{g=002}\right) \qquad (4-2)$$

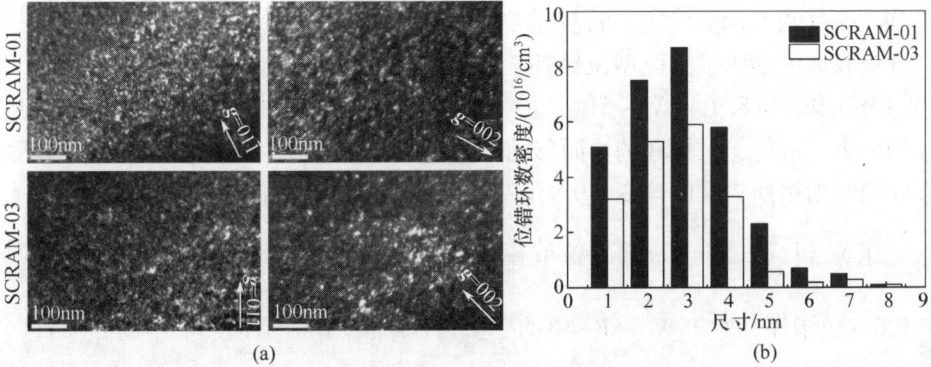

图 4 – 6　SCRAM 低活化马氏体钢中的位错环的 TEM 观测
(a) 弱束暗场像；(b) 位错环尺寸分布。

结果表明，Ti 含量为 0.0064 的样品（SCRAM01）中位错环的平均尺寸和总数密度分别为 2.9nm 和 $3.8 \times 10^{17}/cm^3$，而 Ti 含量为 0.018 的样品（SCRAM03）对应值分别为 2.8nm 和 $3.0 \times 10^{17}/cm^3$，位错环的尺寸和密度与 Ti 含量之间存在明显的相关性，说明 Ti 的添加可能抑制了位错环的形成。当然，由于 SCRAM 钢成分复杂，不能排除其他元素的含量变化对位错环影响的可能性。

4.4.6　马氏体钢中 W 对位错环的影响

由 1.5 节和上面的介绍可知，小的自间隙原子团簇具有极强的移动性，而溶质原子的添加可以大大减弱这种移动性，减弱效果与溶质原子的种类和含量有关。Cottrell 等从溶质原子与基体原子尺寸失配而引发弹性相互作用的角度，应用固溶硬化理论，研究了随机分布的置换型溶质原子对位错环钉扎的影响[27]：当盘状的小的自间隙原子团簇长大到足以形成刃型位错环，且失配的置换型溶质原子位于刃位错线的中心时，将显著减弱位错环的移动性，需要一定的活化能才能解除溶质原子对环的钉扎锁定。Cottrell 等将这种模型应用于低活化马氏体钢 EUROFER 97，结果显示：与基体 Fe 原子尺寸（0.124nm）失配因子最大的 W（0.137nm）对位错环的钉扎最显著；嬗变产生的 Mn 原子（0.133nm）失配因子次之，钉扎效果也仅次于 W；Cr 原子（0.125nm）的尺寸与基体 Fe 原子非常接近，失配因子最小，虽然 Cr 含量最高，但钉扎效果比 W 和 Mn 都弱得多，几乎可以忽略。钉扎效果对尺寸失配敏感，特别是在室温下，在聚变堆的高温工作温度下则没这么敏感。

4.4.7 W 和 V 合金中掺杂元素对位错环的影响

W 是聚变堆面向等离子体材料的最主要候选材料。W 在 14.1MeV 的快中子辐照下可嬗变生成 Re,然后生成 Os。Yi 等用原位自离子辐照(150keV W^+)研究了 W 和 W -5% Re 合金中的位错环,辐照温度为 500℃,辐照剂量为 $10^{16} \sim 10^{18} W^+/m^2$(约 1.0dpa)[28]。研究发现,在损伤形成的早期阶段(剂量 $<10^{16} W^+/m^2$),在各级联区内形成了空位型位错环。缺陷产额和级联效率分别为 0.92% 和 20%(W)及 3.9% 和 8.7%(W -5Re)。原位动态观测证实了位错环之间的弹性相互作用效果,包括:①位错环的协同移动,拖拽它们形成弦;②小位错环与大位错环相互作用时伯格斯矢量的改变;③对位错环反应如位错环吸收和合并的促进。

在 W 和 W -5Re 中,约 75% 的位错环的伯格斯矢量是 $\frac{1}{2}<111>$,约 25% 是 $<100>$ 位错环。对于 W -5Re 中的 $\frac{1}{2}<111>$ 和 $<100>$ 环及 W 中的 $\frac{1}{2}<111>$ 环,间隙型与空位型位错环之比都接近 $1:1$,而 W 中的绝大部分 $<100>$ 环是间隙型位错环。在最高剂量下,W -5Re 中的位错环密度比 W 中的高,平均尺寸比 W 中的小,表明 Re 抑制了位错环的生长。这与 500℃ 下退火实验时在纯 W 中观察到了而 W -5Re 中没有观察到位错环的一维跳跃现象是一致的。

V 合金也是未来聚变堆的候选结构材料。Hayashi 等用原位高压电镜研究了 V 和 V -5Ti 合金在电子辐照下的位错环[29]。两种金属在电子辐照下都形成了自间隙原子团簇并长大。在极高的束流强度下经常观察到位错环的滑移。当团簇尺寸较小时观察到的移动更频繁,随着尺寸的长大位错环的移动减弱。所有团簇在其他两个相邻的位错环之间做前后一维滑移,表明运动的驱动力是位错环附近的应力场梯度的变化引起的。加入了合金原子和间隙型杂质原子后,位错环运动的频率和距离显著减小。在另外一些实验中,测定了纯 V、V -4Ti -4Cr、V -3Ti $-$Si 的间隙原子迁移能分别是 0.56eV、0.62eV 和 1.7eV,也说明 V 中添加合金元素对间隙原子的迁移有阻碍作用,进而将对位错环的形核和长大产生影响。

4.5 He 对位错环的影响

核工程材料中 He 的存在是导致材料性能恶化的重要因素之一。He 对微观结构的影响主要是形成 He 泡,加剧材料的肿胀;对力学性质的影响包括低温 He 脆、高温 He 脆等。材料中 He 的来源之一是入射中子与核素的 (n,α) 嬗变反应,包括材料中的 B 和 Ni 等元素在热中子辐照下嬗变产生的 He 以及各种元素在快中子辐照下嬗变产生的 He。单位体积金属的 He 生成速率为 $N\int_{E_{th}}^{\infty} \Phi(E)\sigma_{(n,\alpha)}(E)dE$,

其中 N 为被考虑核素的密度，$\Phi(E)$ 为中子通量的能谱，E_{th} 为中子能量，$\sigma_{(n,\alpha)}$ 为 (n,α) 反应截面[30]。由于 (n,α) 反应截面随快中子能量的增加而增加，而核聚变堆中聚变中子的能量高达 14MeV，比快中子堆等裂变堆的中子能量高得多（散裂中子源中子能量更高），因此未来商用大功率聚变堆结构材料中 He 的产额相当可观，其对材料性能结构和性能的影响以及相关的材料设计研发是当前甚至可能在今后相当长时间内的研究热点和难点。He 的另一个来源是 D－T 聚变反应产生的 He，这是面向等离子体材料中的 He 的主要来源。

He 的最大特点是在晶体中的溶解度极小，非常容易在晶界、空洞、位错、颗粒与基体界面等处聚集，形成 He 泡。因此，He 泡引起了非常广泛的关注，绝大部分有关 He 的微观结构研究都聚焦于 He 泡方面。相比之下，He 对位错环的影响则研究得很少。实际上，材料中一旦有了 He，就能捕陷空位，引起空位迁移能的增加，并导致与空位复合湮灭的间隙原子数减少，更多的间隙原子有机会存活下来参与位错环的演变，从而必然会影响位错环的生长。例如，Hashimoto 等研究发现[31]，Fe－8Cr 合金中加入 20appm 的 He 后，空位迁移能从 1.0eV 增加到 1.5eV；低活化马氏体钢 F82H 中加入 20appm 的 He 后，空位迁移能从 1.2～1.3eV 增加到 1.4～1.5eV。与各种合金化元素和 C、N、H 等杂质元素相比，He 对空位迁移能的影响最大。反过来，空位对 He 的捕陷阱也阻碍了 He 的迁移：密度泛函理论计算表明，替代位的 He 在 α－Fe 中的迁移能是 1.1eV，远高于间隙位的 0.06eV[32]。Wakai 等研究低活化钢 F82H 和掺 ^{10}B 的 F82H（^{10}B 在热中子辐照下可以嬗变产生 He）的中子辐照缺陷时发现，在 400℃ 下辐照剂量 7.4dpa 和 51dpa，F82H 中产生平均尺寸为 33nm 和 27nm 的两类位错环，F82H＋^{10}B 中位错环的对应尺寸分别为 20nm 和 70nm，可见高剂量下 He 使位错环的尺寸大幅增加，显示了 He 对位错环影响的严重性[33]。本书作者也通过实验观察到，低活化马氏体钢在 He 离子辐照下的位错环演变与其他种类粒子辐照存在显著差异（见 6.1 节）。

实际上，从非常基础的角度看，人们对于 He 对初级损伤的影响所知甚少。关于 α－Fe 中 He 对离位级联的影响的分子动力学研究显示[34]，与纯 Fe 相比，间隙 He 原子增加了级联期间产生的弗仑克尔对数量。也观察到 He 原子经常附着于自间隙原子团，干预了它们的迁移并稳定了大的自间隙原子团。

Yu 等通过分子动力学研究发现，在 Fe 中掺入 0.1% He，无论 He 处在间隙位还是替代位，似乎都不影响级联碰撞，但影响碰撞后哑铃型间隙原子的分布。当 Fe 中的 0.1% He 处于间隙位时，绝大多数间隙原子是混合 Fe－He 哑铃型；当 Fe 中的 0.1% He 处于替代位时，绝大多数间隙原子是 Fe－Fe 哑铃型。前者间隙原子团的数目和尺寸大得多，也比纯 Fe 的情况下大得多。混合 Fe－He 哑铃型间隙原子似乎减少了点缺陷的复合，使 0.1% He 处于间隙位的 Fe 中缺陷产生效率稍高一些。Fe－0.1% He（间隙位）合金中，小尺寸和中等尺寸的间隙原子团中包含了高比例（50%）的 He 原子，使得原子团稳定。与纯 Fe 相比，这个特征可强烈降低团簇的移动性,显著影响随后的辐照缺陷演变。在 10~523K 温度范围内,间隙原子团的数目和尺寸随 PKA 能量和温度而增加。Fe-Fe 哑铃形间隙原子沿 <110> 方向排列,混合 Fe-He 哑铃形间隙原子沿 <100> 方向排列。在间隙原子团附近,没有空位或替代位的 He[35]。

对这些基础性问题的深入研究,非常有助于理解材料在 He 离子辐照下的行为,以及 He 与离位损伤的复杂协同作用。

文献报道中有多种研究 He 对缺陷影响的实验方案:第一种是 He 与重离子同时辐照[36]。在聚变堆结构材料服役期间,He 的嬗变产率约为几个到几十个appm/dpa(SiC 比钢要高一些),若寿期内遭受的总剂量按 200dpa 计算,产生 He 的总浓度约为几千 appm,且 He 引起的离位损伤剂量跟中子损伤剂量相比可以忽略。因此,很多实验研究都按这种服役条件设计模拟实验方案,用重离子代替中子产生离位损伤,同时按 He 浓度与 dpa 之比用低 He 注量率在材料中引入一定浓度的 He,观察 He 和离位损伤的协同作用效果。第二种是在材料中掺入少量的易嬗变元素如 ^{10}B、^{58}Ni 等并进行中子辐照,在产生离位损伤的同时通过中子与易嬗变元素的 n、α 反应产生 He[33]。第三种是在材料中预先注入低浓度的 He,然后进行离子或电子辐照[37]。第四种是直接用 He 离子辐照,在对材料造成离位损伤的同时也引入了 He[38]。前两种方案的研究将在 4.7 节中介绍。本节介绍第三种和第四种方案的相关研究。

Bae 等通过对奥氏体钢进行 573K 下的电子辐照、预辐照 He 离子后电子辐照以及 He-电子同时辐照实验,发现预辐照 He 离子后电子辐照的情况下,位错环的数密度最大[37],说明了预辐照 He 离子能促进位错环形核。当 He-电子同时辐照时,电子辐照产生的间隙原子会在短程内被 He-空位团簇捕获,因此可移动的点缺陷的浓度会降低,从而阻碍位错环的形成。而且对电子辐照来说,点缺陷的结合能很高,所以形成的位错环的数密度相对较小。

在 Fe 和 FeCr 合金中,辐照可以产生伯格斯矢量为 $\frac{1}{2}$ <111> 和 <100> 的两种类型位错环,而且存在一个转变温度,当辐照温度大于这个温度时,只有 <100> 间隙型的位错环出现(图 4-11)[39,40]。例如,姚仲文等研究 Fe⁺ 辐照的纯 Fe 中的位错环发现,在辐照温度为 300℃、400℃、450℃和 500℃时,<100> 位错环的比例分别为 0、50%、90% 和 100%,即在 500℃辐照时只出现 <100> 型位错环。国际上通过中子辐照和重离子模拟中子辐照对位错环等缺陷有较多的研究,但是,He 离子辐照下的位错环研究则不多,对低活化钢中位错环的类型和转变及其机制还不是很清楚。

Arakawa 等在原位透射电镜上研究了高纯(99.999%)的 bcc Fe 在 5keV 的低能 He⁺ 辐照下的位错环[38]。在 85~770K 下辐照形成的缺陷团是间隙型位错环。绝大部分间隙型位错环位于 {100} 面上,伯格斯矢量是 $\boldsymbol{b}$ = <100>。与相同剂量率下高能电子辐照相比，He⁺辐照形成的间隙型位错环的体密度要高约 2 个数量级，因此可以推断 He 原子有加强位错环形核的作用。在辐照温度 235K 以上，空位开始做热迁移，此时位错环密度的深度分布变宽，且位错环的形成对 He⁺辐照通量的依赖很弱。鉴此，可以认为 He – 空位复合体捕陷了自间隙原子，从而加强了间隙型位错环的形核。注量率取 5.0×10^{16} He⁺/（m²·s），在 770K 下辐照至 1.4×10^{20}/cm²，出现了约 100nm 的大位错环。

我们对马氏体钢进行了 He⁺ 辐照研究[41,42]，所用材料是含 9.24Cr、2.29W、0.49Mn、0.25V、0.25Si、0.088C 和 0.0059P（质量分数）的低活化马氏体钢 SCRAM。我们发现当辐照温度达到 350℃ 以上时，样品中形成大尺寸的位错环，并且通过 inside – outside 实验确定了位错环的性质是间隙型的（见 6.1 节）。通过与其他种类的辐照进行对比，我们发现 He 离子辐照产生的位错环的平均尺寸明显更大，可能原因是：He 易与辐照过程中产生的空位形成 He – V 团簇，从而使间隙原子聚集长大形成尺寸大的位错环。为探究大位错环的形成机制，我们建立了速率理论模型，研究了 450℃ 下辐照剂量对位错环密度和尺寸的影响[43]。

下面对 He 离子辐照低活化马氏体钢的速率理论模型及模拟结果做一简单的介绍。

4.5.1　He 离子辐照低活化马氏体钢的速率理论模型描述

1. 缺陷反应及速率常数

速率理论模型可以用来解释缺陷间的演化及相互作用，间隙型团簇、空位型团簇和气泡的形核和长大以及缺陷阱对可移动的缺陷的捕获强度。在这里，速率方程描述的缺陷密度和尺寸的值是对所有同类型缺陷所取的平均值。我们这个模型中包含的缺陷类型有自间隙原子(I)、空位(V)、氦原子(He)、自间隙型团簇(IC)、空位型团簇(VC)、空位 – 氦原子对(V, He)、气泡(B)，并且假设自间隙原子、空位、He 原子和间隙型团簇可以移动。以上提到的空位 – He 原子对表示空位中进入一个 He 原子。这里气泡定义为包含 He 原子的空位团簇。由于自间隙原子和空位极易复合，因此在本章的模型中不考虑同时含有自间隙原子和空位的团簇。假设间隙型团簇只由自间隙原子组成，空位型团簇只由空位组成，并且它们的尺寸大小取决于团簇内所含有的自间隙原子数或空位数。双自间隙原子和双空位分别作为间隙型团簇和空位型团簇的形核核心，并且这些形核核心可以在级联过程中直接形成。这里我们只考虑 He – 空位对的热离解。

2. 速率方程组

下面用速率方程组来描述基体中缺陷的密度随时间的演化。在辐照过程中，点缺陷产生率为

$$G^{NRT} = \int_0^\infty \mathrm{d}E \varphi(E) \int_{E_d}^{\widetilde{E}^{\max}} \frac{\mathrm{d}\sigma(E, \widetilde{E})}{\mathrm{d}\widetilde{E}} v(\widetilde{E}) \mathrm{d}\widetilde{E} \qquad (4-3)$$

式中：$\sigma(E,\tilde{E})$ 为反应截面；$\varphi(E)$ 为入射粒子通量；$v(\tilde{E})$ 为总离位原子数。

根据 NRT 模型[44]，其可表示为 $v(\tilde{E})=0.8E^{PKA}(\tilde{E})/2E_d$（见式（1-8a）），其中 E_d 为离位阈能，E^{PKA} 为损伤能，$\tilde{E}$ 为入射粒子传递给初级碰撞原子的能量，而传递的最大能量为 $\tilde{E}^{max}=[4Mm/(M+m)^2]E$（见式（1-4））。由于 NRT 模型主要适用于产生低能反冲粒子，也即弗仑克尔缺陷对的情形，并不适合于高能粒子辐照会产生级联碰撞的过程。在级联碰撞过程中会直接产生缺陷团簇，所以在级联过程中间隙原子和空位的产生率均小于 NRT 模型中点缺陷的产生率 G^{NRT}，且由于它们二者形成团簇的份额不相同，故间隙原子和空位的产生率不相同：$G_I\neq G_V$。级联过程中点缺陷的产生率分别为

$$G_I=G^{NRT}(1-\varepsilon_R)(1-\varepsilon_V) \tag{4-4}$$

$$G_V=G^{NRT}(1-\varepsilon_R)(1-\varepsilon_V) \tag{4-5}$$

式中：ε_R 为级联过程中间隙原子和空位的回复率；ε_I，ε_V 分别为间隙原子和空位在级联过程中直接形成团簇的份额。

利用速率方程描述自间隙原子、空位和 He 原子的密度变化，有

$$\frac{dC_I}{dt}=P_I(1-\varepsilon_R)(1-\varepsilon_I)-2Z_{I,I}D_IC_I^2-Z_{I,V}(D_I+D_V)C_IC_V-Z_{I,IC}D_IC_IS_I-$$
$$Z_{I,VC}D_IC_IS_V-Z_{I,B}D_IC_IS_B-Z_{I,VHe}D_IC_IC_{V,He}-D_IC_IS_{FS} \tag{4-6}$$

$$\frac{dC_V}{dt}=P_V(1-\varepsilon_R)(1-\varepsilon_V)-2Z_{V,V}D_VC_V^2-Z_{I,V}(D_I+D_V)C_IC_V-Z_{V,VC}D_VC_VS_V-$$
$$Z_{V,IC}D_VC_VS_I-Z_{V,B}D_VC_VS_B-Z_{V,VHe}D_VC_VC_{V,VHe}-D_VC_VS_{FS}+$$
$$D_{He}T_{V,He}C_{V,He}-Z_{He,V}(D_{He}+D_V)C_VC_{He} \tag{4-7}$$

$$\frac{dC_{He}}{dt}=P_{He}-Z_{He,V}(D_{He}+D_V)C_VC_{He}-Z_{He,VC}D_{He}C_{He}S_V-$$
$$Z_{He,B}D_{He}C_{He}S_B-Z_{He,VHe}D_{He}C_{He}C_{V,He}+Z_{I,VHe}D_IC_IC_{V,He}+$$
$$D_{He}T_{V,He}C_{V,He}-D_{He}C_{He}S_{FS-He} \tag{4-8}$$

用下面 4 个方程描述间隙型团簇、空位型团簇、空位-He 原子对和 He 泡的形核率：

$$\frac{dC_{IC}}{dt}=P_I(1-\varepsilon_R)\varepsilon_I/<N_I>+Z_{I,I}D_IC_I^2-k_L^LC_{IC}^2 \tag{4-9}$$

$$\frac{dC_{VC}}{dt}=P_V(1-\varepsilon_R)\varepsilon_V/<N_V>+Z_{V,V}D_VC_V^2-Z_{He,VC}D_{He}C_{He}S_V \tag{4-10}$$

$$\frac{dC_{V,He}}{dt}=Z_{He,V}D_VC_VC_{He}-Z_{V,VHe}D_VC_VC_{V,He}-Z_{I,VHe}D_IC_IC_{V,He}-$$
$$D_{He}T_{V,He}C_{V,He}-Z_{He,VHe}D_{He}C_{He}C_{V,He} \tag{4-11}$$

146

$$\frac{dC_B}{dt} = Z_{V,VHe}D_VC_VC_{V,He} + Z_{He,VHe}D_{He}C_{He}C_{V,He} + Z_{He,VC}D_{He}C_{He}S_V \quad (4-12)$$

式中：P 为级联过程中弗仑克尔对的产生率；ε_R 为级联过程中的自间隙原子和空位的复合率；ε_I，ε_V 分别为级联过程中直接形成间隙型团簇和空位型团簇的自间隙原子份额和空位份额。

方程中所考虑的缺陷扩散系数表示为 $D = \nu\exp(-E_m/kT)$，其中 E_m、k、ν 和 T 分别为迁移能、玻耳兹曼常数、跳跃频率和辐照温度。由于辐照过程中存在 He 原子和杂质，它们易被空位捕获而阻碍空位迁移，因而同理论模型所得出的空位和自间隙原子迁移能相比，在 He 原子辐照的马氏体钢的实验中测得的空位迁移能更高，自间隙原子迁移能与理论值接近。因此，在我们模型中的自间隙原子和空位的迁移能取自 Hashimoto 等的工作[45,46]。级联过程中直接形成的间隙型团簇和空位型团簇中包含的平均原子数表示为 $\langle N_I\rangle$ 和 $\langle N_V\rangle$。$T_{V,He} = \exp(-E_B^{V-He}/kT)$ 为 He-空位对的热解离率，E_B^{V-He} 为空位和 He 原子的结合能。点缺陷被其他点缺陷或缺陷团簇捕获的反应格点数 Z 的值取自 Yoshiie 等人的工作[47]。S 为缺陷团簇对可移动的缺陷的捕获强度，表示为[48]

$$S_I = 2(\pi\eta_I C_{IC})^{1/2} \quad (4-13)$$

$$S_V = (48\pi^2\eta_V C_{VC}^2)^{1/3} \quad (4-14)$$

$$S_B = (48\pi^2\eta_B C_B^2)^{1/3} \quad (4-15)$$

式中：S_I 为间隙型团簇对点缺陷的捕陷效率，$S_I = 2\pi R_{IC}C_{IC}$，其中 R_{IC} 为团簇的平均半径，这里是以原子距离为单位的。

组成这些团簇中含有的总的自间隙原子数为 $\eta_I = \pi R_{IC}^2 C_{IC}$。因此，可求得团簇的半径为 $R_{IC} = (\eta_I/\pi C_{IC})^{1/2}$，再将其代入 $S_I = 2\pi R_{IC}C_{IC}$ 中，可得 $S_I = 2(\pi\eta_I C_{IC})^{1/2}$。对于空位型团簇的情况，其对点缺陷的捕陷效率为 $S_V = 4\pi R_{VC}C_{VC}$，其中 R_{VC} 为团簇的平均半径。这些团簇中含有的总的空位数为 $\eta_V = 4\pi R_{VC}^3 C_{VC}/3$。因此，可以得出团簇的半径为 $R_{VC} = (3\eta_V/4\pi C_{VC})^{1/3}$，再将之代入到 $S_V = 4\pi R_{VC}C_{VC}$ 中，可得 $S_V = (48\pi^2\eta_V C_{VC}^2)^{1/3}$。模拟中，假设气泡中的 He 原子均在替代位置，因此气泡的情况与空位型团簇类似，可得其对点缺陷的捕获效率为 $S_B = (48\pi^2\eta_B C_B^2)^{1/3}$。

在模型中考虑了可移动的缺陷团簇间的反应，因此速率系数定义为 $k_L^L = 2\pi R_{IC}D_L$，其中 D_L 为间隙型团簇的扩散系数，并且扩散系数的值随着团簇的增大而减小，为单个自间隙原子扩散系数的 $1/n$。这里 $n = \eta_I/C_{IC}$ 为每个间隙型团簇所含的平均自间隙原子数。为简化计算，这里假设 k_L^2 为常数，位错环半径的平均值取为几十纳米的量级，并调整其值使之与实验结果相符。

由于考虑的缺陷团簇是依靠吸收自间隙原子和空位长大，因此自间隙原子在间隙型团簇中的聚集率和空位在空位型团簇和 He 泡中的聚集率用下面的速率理论方程来描述：

$$\frac{\mathrm{d}\eta_{\mathrm{I}}}{\mathrm{d}t} = Z_{\mathrm{I,IC}}D_{\mathrm{I}}C_{\mathrm{I}}S_{\mathrm{I}} - Z_{\mathrm{V,IC}}D_{\mathrm{V}}C_{\mathrm{V}}S_{\mathrm{I}} + N_{\mathrm{I}}P_{\mathrm{IC}} \qquad (4-16)$$

$$\frac{\mathrm{d}\eta_{\mathrm{V}}}{\mathrm{d}t} = Z_{\mathrm{V,VC}}D_{\mathrm{V}}C_{\mathrm{V}}S_{\mathrm{V}} - Z_{\mathrm{I,VC}}D_{\mathrm{I}}C_{\mathrm{I}}S_{\mathrm{V}} + N_{\mathrm{V}}P_{\mathrm{VC}} - Z_{\mathrm{He,VC}}D_{\mathrm{He}}C_{\mathrm{He}}S_{\mathrm{V}} \times \frac{\eta_{\mathrm{V}}}{C_{\mathrm{VC}}} \quad (4-17)$$

$$\frac{\mathrm{d}\eta_{\mathrm{B}}}{\mathrm{d}t} = Z_{\mathrm{V,B}}D_{\mathrm{V}}C_{\mathrm{V}}S_{\mathrm{B}} - Z_{\mathrm{I,B}}D_{\mathrm{I}}C_{\mathrm{I}}S_{\mathrm{B}} + Z_{\mathrm{He,VC}}D_{\mathrm{He}}C_{\mathrm{He}}S_{\mathrm{V}} \times$$

$$\frac{\eta_{\mathrm{V}}}{C_{\mathrm{VC}}} + Z_{\mathrm{He,VHe}}D_{\mathrm{He}}C_{\mathrm{He}}C_{\mathrm{V,He}} + Z_{\mathrm{V,VHe}}D_{\mathrm{V}}C_{\mathrm{V}}C_{\mathrm{V,He}} \qquad (4-18)$$

速率理论模型中使用的参数如下：实验中损伤速率 $P = 1.2 \times 10^{-4}$ dpa/s。$E_{\mathrm{M}}^{\mathrm{I}} = 0.3\mathrm{eV}^{[45]}$，$E_{\mathrm{M}}^{\mathrm{V}} = 1.5\mathrm{eV}^{[45]}$，$E_{\mathrm{M}}^{\mathrm{He}} = 0.08\mathrm{eV}^{[49]}$，$E_{\mathrm{B}}^{\mathrm{V-He}} = 3.9\mathrm{eV}^{[50]}$，$\varepsilon_{\mathrm{R}} = 0.7^{[51]}$，$\varepsilon_{\mathrm{I}} = 0.2^{[51]}$，$\varepsilon_{\mathrm{V}} = 0.2^{[51]}$，$S_{\mathrm{FS}} = 10^{-6}$ 缺陷/原子$^{[47]}$，$S_{\mathrm{FS-He}} = 10^{-6}$ 缺陷/原子$^{[47]}$，$Z_{\mathrm{II}} = 1.0^{[47]}$，$Z_{\mathrm{V,V}} = 0.15^{[47]}$，$Z_{\mathrm{IV}} = Z_{\mathrm{I,VHe}} = Z_{\mathrm{He,V}} = Z_{\mathrm{V,He}} = Z_{\mathrm{V,VHe}} = Z_{\mathrm{He,VHe}} = 45.0^{[47]}$，$Z_{\mathrm{I,IC}} = Z_{\mathrm{I,VC}} = 40.4^{[47]}$，$Z_{\mathrm{V,IC}} = Z_{\mathrm{V,VC}} = Z_{\mathrm{I,B}} = Z_{\mathrm{V,B}} = Z_{\mathrm{He,B}} = 40.0^{[47]}$，$Z_{\mathrm{He,VC}} = 27.0^{[47]}$，$N_{\mathrm{I}} = N_{\mathrm{V}} = 4.0^{[47]}$，$\nu = 10^{-13}\mathrm{s}^{-1[47]}$，$K_{\mathrm{L}}^{\mathrm{L}} = 1.2 \times 10^{8}$ 原子/s。

4.5.2 速率理论模拟结果分析

1. 实验结果

实验结果显示，当损伤剂量为 0.1dpa 时，位错环的平均尺寸和密度分别为 48.6nm 和 $1.3 \times 10^{22}\mathrm{m}^{-3}$，最大尺寸为 90nm。当损伤剂量为 0.3dpa 时，可观察到的位错环平均尺寸为 55.6nm，最大尺寸的位错环为 141nm，平均密度为 1.2×10^{22} m^{-3}。当损伤剂量为 0.8dpa 时，位错环的平均尺寸为 142nm，最大尺寸的位错环上升为 383nm，平均密度大约为 $9.4 \times 10^{21}\mathrm{m}^{-3}$。当损伤剂量达到 1.5dpa 时，位错环的平均尺寸为 126nm，最大尺寸的位错环为 170nm，平均密度为 $1.1 \times 10^{22}\mathrm{m}^{-3}$。根据 Luo 等对 623K 下 He 离子辐照低活化马氏体钢中产生的位错环的研究$^{[41]}$，实验中观察到的位错环均为间隙型位错环，而模拟过程中的间隙型团簇即为实验中的间隙型位错环。

2. 模拟结果

为简化模型提高计算效率，假设所有的缺陷阱在材料中是均匀分布的，故将这些缺陷阱的捕陷效率用一个常数 C_{S} 表示$^{[52]}$。由于我们进行辐照实验的样品是一个薄片，故表面效应不可忽略，而样品表面也是本次模型中对缺陷的演化影响最大的固有缺陷阱。这里 C_{S} 应与 $(a/L)^{2}$ 同一个量级，其中 a 为晶格常数，L 为样品厚度或晶粒尺寸。但在本次修改的模型中，我们忽略了位错线及其他一些缺陷阱的捕陷效应，这是因为它们对缺陷演化的影响远小于表面的影响。

近年来有一系列理论和实验的研究解释了高能粒子辐照下金属中缺陷的动力学演化过程，并在其中考虑到了包含几个到几千个间隙原子的间隙型团簇的滑移过程$^{[53-57]}$。在更早的研究当中为了简化计算，仅仅考虑了单个点缺陷原子被缺陷

148

团簇的吸收和发射过程,这些简化方式在一定程度上能满足某些实际条件下的要求。但是关于大于纳米尺度的间隙型位错环能否运动和如何运动的问题却在很长一段时间内并没有得到解决。分子动力学研究表明包含几个间隙原子的团簇表现出扩散行为,并用迁移能以及扩散系数的前置因子的形式表示出来[53]。虽然一些文献已经报道过在实验中利用透射电子显微镜观察到了大尺寸团簇的移动,然而由于分子动力学方法的时间尺度限制,在其理论研究中仍很少考虑到大尺寸团簇的移动性[54-56]。值得注意的是,Arakawa 等已经观察到大于 5.9nm 的位错环的运动,并用公式表示出了其扩散系数[54]。最近,Xu 等利用速率理论系统地研究了相同辐照条件下,假设模型中的间隙型团簇可以移动和不可移动两种情况下缺陷演化的差异,并发现其对间隙型团簇的密度和尺寸有相当大的影响[57]。因此很明显,间隙型团簇的移动性在理论研究的模型描述中有很重要的作用。

模型中并没有考虑到位错环的伯格斯矢量对它们移动的影响。通过分析了实验所产生的位错环的伯格斯矢量,发现当辐照剂量为 0.1dpa 时,约有 75% 为 $<100>$ 类型的位错环,25% 为 $\frac{1}{2}<111>$ 类型的位错环。当辐照剂量为 0.3dpa 和

0.8dpa 时,$\frac{1}{2}<111>$ 类型的位错环消失,样品中只剩下 $<100>$ 类型的位错环。

由于这些位错环的伯格斯矢量是根据 $\boldsymbol{g} \cdot \boldsymbol{b} = 0$ 的不可见规则确定的,而当辐照到 1.5dpa 时,如上所述,由于一部分位错环太大,互相缠绕在一起,所以没有判断所有的位错环的伯格斯矢量,但是至少能判断大部分的位错环都为 $<100>$ 类型。我们研究了辐照温度为 623K,能量为 100keV 的 He 离子辐照低活化马氏体钢中位错环的伯格斯矢量,发现只有 $<100>$ 类型的位错环。目前来说,若要在模型中同时考虑两种类型的位错环的确存在一定的困难,因为我们并不能知道在各个损伤剂量下各种类型的位错环所占的确切比例。所以,在本次的模拟中为简化模型,仅仅考虑一种平均效应。虽然这种简化会降低模拟结果的精确度,但是仍能通过抓住主要影响因素得到与实验符合得相对较好的结果。例如,Xu 等[57] 在利用速率理论研究间隙型团簇的移动对位错环演化的影响时,在模型中也做了类似的简化。

在实验中他们观察到产生的位错环中有 77% 为 $\frac{1}{2}<111>$ 类型,23% 为 $<100>$ 类

型,而他们在模型中仅仅考虑了 $\frac{1}{2}<111>$ 类型的位错环。

利用 LSODA 方法求解速率理论方程组,然后将计算所得的结果同实验结果进行对比。首先,通过令间隙型团簇的扩散系数 $D_L = 0$,即假设模型中的间隙型团簇不可移动。模拟结果如图 4-7 所示,位错环的平均密度随损伤剂量增加呈线性增长,而当损伤剂量增至 1dpa 时,理论计算值比实验值大几个数量级。相反,如果在模型中考虑到间隙型团簇的移动性,即 $D_L \neq 0$,则计算所得出的位错环平均密度在损伤剂量小于 10^{-5}dpa 时,随损伤剂量的增加呈线性增长,当损伤剂量大于 10^{-5}

dpa 后则基本保持不变。从图 4 - 7 中可以看出，在考虑位错环可以移动的情况下模拟结果同实验结果符合得很好。

图 4 - 8 所示为位错环平均尺寸随损伤剂量的演化。在损伤剂量为 0.1dpa、0.3dpa、0.8dpa 和 1.5dpa 时，单单考虑团簇对点缺陷的吸收不能很好地解释团簇尺寸的长大，而如果在模型中考虑间隙型团簇的可移动性，则计算结果与实验结果符合得很好。通过比较这两种情况，我们发现在模型中考虑间隙型团簇不同的演化行为，会导致最终模拟的结果产生较大的差异，这是由于在辐照初期，在非常短的时间内材料中产生大量的缺陷，导致缺陷间相互作用的概率迅速增加。在级联碰撞期间可移动的缺陷团簇之间相互作用，也可导致团簇密度下降，尺寸增大。

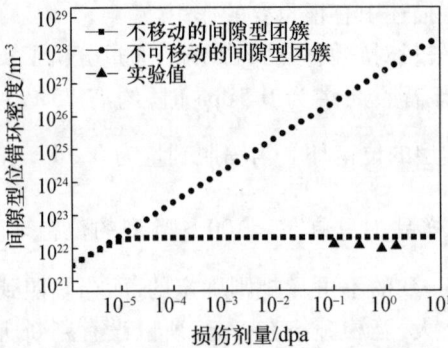

图 4 - 7　723K 下低活化马氏体钢中
间隙型位错环密度随损伤剂量的演化

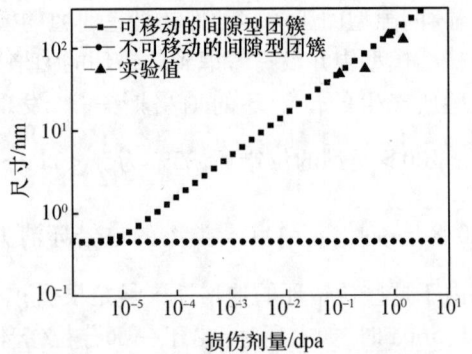

图 4 - 8　723K 下低活化马氏体钢中
间隙型位错环尺寸随损伤剂量的演化

同时由于这些缺陷团簇被一些缺陷阱（如位错、晶界和空位型团簇）所吸收，也会导致它们的密度下降。为了简化计算，我们在上述速率理论方程中忽略了这些缺陷阱对可移动的缺陷团簇的影响。而实际上在计算过程中忽略这些缺陷阱的作用得出来的结果仍与实验符合得很好，也就说明了这些阱的作用是一个次级因素。

4.6　H 对位错环的影响

H 是自然界中原子尺寸最小的元素。H 进入金属后，如果不能发生相变，有序占据格点位置形成稳定的金属氢化物（如 TiH₂），就会存在于点阵间隙中，并以很快的速度在金属中扩散。如果金属中存在缺陷，H 就能被缺陷所捕获，形成与 H 结合的缺陷团簇，或 H 泡。材料中的 H 有多种可能的来源途径，如高能中子辐照通过(n,p)反应产生的嬗变 H，以质子辐照方式进入材料中的 H，从介质中以扩散的形式进入材料中的 H，从聚变堆 D - T 等离子体中逃逸出来射入面向等离子体部件的 D 和 T，等等。H 对位错环和其他缺陷有明显影响。

考察金属中的 H 对位错环和其他缺陷的影响有多种方法：一种方法是在材料中预先注入一定剂量的 H，然后进行辐照，对比有预注入和无预注入时辐照产生的位错环等缺陷有何不同。第二种方法是与此相反，对已经形成损伤的材料进行 H 注入，观察 H 对已有缺陷的影响。这两种先后离子辐照方法是研究 H 与缺陷相互作用机理的有效策略。第三种方法是把 H 和其他离子按一定的 H/dpa 比例进行同时辐照，以考察 H 与离位损伤之间的协同作用效果（见4.7节）。

H 的最大特点是在晶体中的扩散速度快。研究金属中 H 的行为，首先需要明确 H 在金属中的存在形式。材料中的缺陷是捕获 H 的陷阱，称为 H 陷阱，根据其与 H 的结合强弱，可分为可逆 H 陷阱和不可逆 H 陷阱[58]。不可逆 H 陷阱是强束缚陷阱，陷阱体积较大，H 一旦被其捕陷就很难离开，如微空洞、气泡、大角晶界、非金属夹杂物、沉淀相与基体的非共格界面等，此时 H 一般以分子状态存在；可逆 H 陷阱是弱束缚陷阱，陷阱体积较小，被捕陷的 H 达到一定浓度后可摆脱其束缚而离开陷阱，如位错、晶界等，此时 H 以原子状态存在。最微小的缺陷阱是单空位、杂质原子或间隙原子，此时被捕陷的 H 可能以离子状态存在，其中单空位是 H 的强捕陷阱。后两种形式存在的 H 与位错和位错环直接相关，是我们的讨论对象。

H 与点缺陷结合，改变了点缺陷的迁移能。例如，纯 Fe、Fe – 8Cr 和 F82H 低活化马氏体钢（以 Fe – 8Cr 为主要成分）的空位迁移能分别为 0.7eV、1.0eV、1.2 ~ 1.3eV，Fe – 8Cr 和 F82H 中分别注入 20appm 的 H 后空位迁移能分别增加到 1.5eV 和 1.3 ~ 1.4eV[31]，说明 H 阻碍了空位的迁移，其原因是 H 被空位捕获，形成了难以迁移的 H – V 或 $H_m – V_m$ 团簇。

下面分别以纯 Fe 和马氏体钢为例，介绍 H 对位错环的影响规律和机制。

4.6.1　预注入的 H 对 Fe 中位错环的影响

万发荣等研究了预注入的 H 对 Fe 中电子辐照形成的位错环的影响[59]①。实验中先在室温下对铁试样注入剂量为 $1.5 \times 10^{21} H^+/m^2$ 的氢，形成高密度的小位错环。然后在不同温度下时效约 30min，一般位错环的数密度随时效温度升高而减小，尺寸随时效温度升高而增大。其中，400℃ 以下时效后的位错环，在电子束辐照下不断长大，说明是填隙型位错环。而在 450℃ 时效后形成的位错环，有一种在电子束辐照下不断长大，另一种在电子束辐照下则逐渐缩小直至消失。利用inside – outside 方法（见第 3 章），判定前一种即辐照长大的位错环是填隙型位错环，后一种即辐照缩小的位错环是空位型位错环（V – loop）。

在 450 ~ 500℃ 时效温度区间，形成的填隙型位错环的平均尺寸和相对数密度都随时效温度的升高而逐渐减少。在 500℃ 时效时，形成的位错环全部是空位型位错环，且绝对数密度都随时效温度的升高而逐渐减少，而平均尺寸则随时效温度

---

① 　参看文献 [59] 中第 87 – 100 页。

的升高而增大。对其进行电子辐照,观察到位错环的收缩和消失现象最为明显。当时效温度升至520℃时,已观察不到位错环,而是在晶界和晶粒内部产生大量空洞。

为什么注入 H 的铁在450℃及以上的高温时效下会形成空位型位错环呢? H 注入会产生间隙原子(I)和间隙原子团簇(Is)、空位(V)和空位团簇(Vs)4 种缺陷,它们都可成为 H 的陷阱,捕获 H 分别形成 H−I、H−Is、H−V 和 H−Vs 四种复合体。对于空位陷阱,离子沟道实验结果表明[60],H 并没有被"抓进"空位中心,而是被陷在位于空位旁边的八面体填隙位置附近,因此 H 与空位结合形成的 H−V 复合体呈哑铃形,具有明显的各向异性。在低温(300~450℃)时效时 H−I 和 H−Is 开始移动并聚集形成填隙型位错环,并在电子辐照下吸收比空位更容易移动的间隙原子而不断长大。万发荣等认为,在450℃及以上的高温下,H−V 复合体开始移动,结果一部分 H−V 被填隙型位错环所吸附,造成这种位错环尺寸逐渐减少,一部分 H−V 复合体则沿着某一平面聚集在一起形成空位型位错环。在电子辐照下,这些空位型位错环吸收填隙原子而不断缩小甚至消失。而在520℃时,H 与空位团簇(Vs)的复合体 H−Vs 开始移动,聚集在一起时形成空洞。

实验还发现,除了电子辐照温度的影响外,注 H 时样品的温度也对空位型位错环的形成也有影响。在175℃及以下的低温注 H 试样中出现了空位型位错环,400℃及以上的高温注 H 试样中则未观察到空位型位错环。这可能与 H 在高温下的扩散速度较快有关,高温注 H 时绝大部分 H 逃逸出了样品,试样中没有足够的 H 形成 H−V 复合体,因而无法形成空位型位错环。

4.6.2 预注入和后注入的 H 对马氏体钢中位错环的影响

作者研究了 H 对马氏体钢 SCRAM 中 He[+] 辐照形成的位错环的影响[61]。在450℃下,分别在马氏体钢 SCRAM 中进行 10keV H[+]、18keV He[+] 和 160keV Ar[+] 的单束辐照和先后辐照,注量如表 4−1 所列,单束辐照对应的峰值损伤剂量为 0.07NRT dpa、0.18NRT dpa 和 0.17 NRT dpa。辐照产生的位错环如图 4−9 和图 4−10 所示。

表 4−1 SCRAM 钢离子辐照剂量和位错环平均尺寸

样品	S_1	S_2	S_3	S_4	S_5	S_6
离子	H[+]	He[+]	Ar[+]	H[+] + He[+]	H[+] + Ar[+]	He[+] + H[+]
注量/m[−2]	2.1×10^{20}	5×10^{19}	1.5×10^{18}	$2.1 \times 10^{20} +$ 5×10^{19}	$2.1 \times 10^{20} +$ 1.5×10^{18}	$5 \times 10^{19} +$ 2.1×10^{20}
位错环平均尺寸/nm	4.2	80	—	6.3	6.0	101

He[+] 单束辐照比 H[+] 或 Ar[+] 单束辐照产生的位错环大得多。He[+] 辐照后再进行 H[+] 辐照进一步增加了位错环的尺寸,而 H[+] 辐照后再进行 He[+] 或 Ar[+] 辐照则位

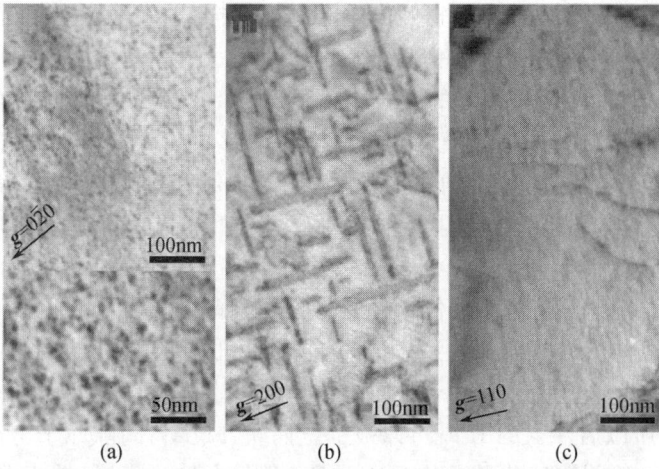

图 4 – 9　单束离子辐照下的位错环

(a)H⁺; (b)He⁺; (c)Ar⁺。

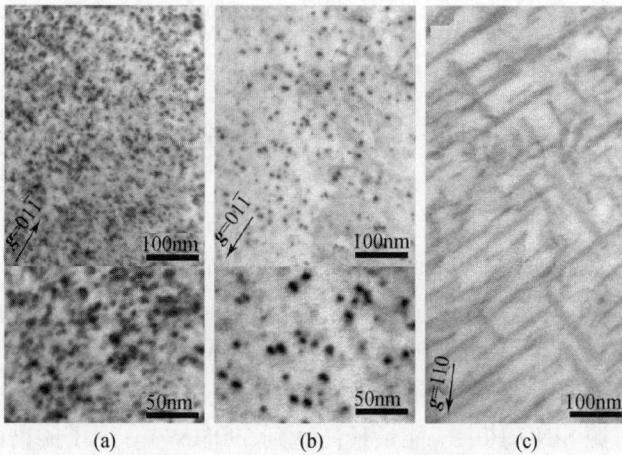

图 4 – 10　两束离子先后辐照下的位错环

(a)H⁺/ He⁺; (b)H⁺/ Ar⁺; (c)He⁺/ H⁺。

错环尺寸增加得很少,比 He⁺ 单独辐照产生的位错环小得多。由此可得出一个非常有趣的结论:对于 He⁺ 辐照产生的位错环,预注入的 H 能强烈抑制位错环的生长,后注入的 H 则显著增强位错环的生长。

关于预注入的 H 强烈抑制位错环生长的原因,可以从结合能的角度给出一种可能的解释:H⁺ 注入后,形成了大量的 H – V 团簇,可作为间隙型位错环的形核核心[62],正如所观察到的那样,形成了大量的小位错环。在 bcc Fe 中,一个 He 原子与一个空位和一个 H_mV_6 团簇的结合能是分别是 2.3eV[63] 和 4.0eV[64],因此,后注入的 He 会优先被 H – V 团所捕获,换句话说,He 后注入产生的绝大部分空位不会被 He 占据,而是像常规重离子辐照产生的空位那样,与间隙原子复合和湮灭。结果,H^+/He^+ 辐照产生的位错环尺寸几乎与 H^+/Ar^+ 辐照相同。不仅如此,由于自间隙原子与 H–He–V 团簇的结合能小于与 He–V 的结合能且结合能随 He 原子数的增加而减小[64],因此,随着 He^+ 注入时更多的 He 加入到 H–He–V 团簇中,H^+ 预注入形成的自间隙原子可能会离开 H–He–V 团簇,这也增加了空位与自间隙原子复合的可能性。在上述因素的共同作用下,预注入 H 使 He^+ 后注入时位错环的生长受到抑制。

关于后注入的 H 显著增强位错环的生长,解释如下:在 He^+/H^+ 先后辐照的情况下,He^+ 预注入形成的 He–V 团簇也能成为间隙型位错环的形核核心[62]。H 原子与空位的结合能是 $0.57eV$[65],而与 He_mV_6 团簇的结合能是 $0.8eV$[64],二者的值相当接近,所以后注入的 H 既可以被空位捕获,减少自间隙原子与空位的复合,也可以被 He–V 团簇捕获[66],形成 He–H–V 复合体,这已经被正电子淹没谱实验结果预测到[67]。通过不断的吸收 H 原子和撞出间隙原子离位,大的 He–H–V 复合体可以形成,在自身附近捕获自间隙原子,并且作为间隙型位错环的形核点。因而,自间隙原子团簇或间隙型位错环可以通过吸收更多间隙原子而变得更大。因而可增强位错环的生长。

4.7　H、He 与离位损伤的协同效应对位错环的影响

前已述及,材料中的核素在快中子的轰击下可通过 (n,p) 反应和 (n,α) 反应产生嬗变的 He 和 H,反应截面随中子能量增加而增加,且 (n,p) 反应截面比 (n,α) 反应截面高。不同类型的中子源能谱差异很大:包括快中子堆在内的各种裂变堆的中子能谱较"软"(中子能量偏低,一般低于 5MeV),聚变堆中聚变中子的能量则高达 14MeV,而散裂中子源的能谱则特硬(高能部分高达 100MeV 量级,如瑞士 PSI 的散裂中子源 SINQ 其中子能量最高达到 590MeV)。中子能谱的这种差异导致被辐照材料中嬗变 He 和 H 的产生率存在巨大差异。例如,对于裂变堆中子,He 的产生率远远低于聚变中子,一般低于 1appm/dpa;对于聚变堆结构材料低活化钢,聚变中子的 He 产生率约为 $10\sim20$appm/dpa,H 的产率比 He 高出几倍;对于散裂中子源,He 的产生率则一般远高于聚变中子,高达 $50\sim100$appm/dpa,He 的浓度在 4 天内即可达到 100appm,H 的产率比 He 高出约一个数量级。因此,对于聚变堆和散裂中子源的一些关键材料而言,在遭受高能中子高剂量辐照损伤的同时,材料中嬗变产生的 He 和 H 可达到相当高的浓度。

高浓度的 He 和 H 将使得辐照损伤进一步加剧。研究表明,不仅中子碰撞级联和 He、H 各自都会造成材料损伤,而且 He 与碰撞级联的离位损伤之间、H 与离位损伤之间存在显著的协同效应,甚至 He、H 与离位损伤 3 种因素之间也存在复杂的协同作用,使低活化钢产生最大的肿胀和硬度变化[68,69]。总之,He 和 H 与离

位损伤的综合效应比单纯的离位损伤对材料力学性能的影响更为严重。国际上把这种效应称为协同效应,是当前国际核聚变材料研究的热点和难点。

由于迄今国内外还没有高功率的聚变中子源,没有条件进行高剂量的聚变中子辐照,He、H 与离位损伤的协同效应只好用其他手段进行模拟研究,包括中子辐照、离子辐照、电子辐照和计算机模拟。中子辐照模拟办法是(中子辐照之所以也称为模拟,是因为辐照用裂变堆或散裂中子源的中子能谱与聚变堆大不相同),在材料中掺入少量的 ^{10}B、^{58}Ni 或 ^{54}Fe 等并进行中子辐照,在产生离位损伤的同时通过 (n,p) 和 (n,α) 反应产生 H 和 He。离子辐照模拟是用多束离子进行同时辐照,对应的辐照装置有两种:一是多束离子同时辐照装置;二是将加速器与透射电镜进行联机的原位透射电镜装置。多束离子辐照装置可以将重离子、He 离子和 H 离子中的 2 种或 3 种同时送入辐照靶室,其中重离子用于产生离位损伤,He 离子和 H 离子用于模拟样品中的嬗变气体 H 和 He。

裂变堆中使用的 Ni 基合金也存在 He 效应的问题,见 6.3 节的介绍。

4.7.1 He、H 与中子辐照的协同效应

Wakai 等研究了掺 ^{54}Fe 和掺 ^{10}B 的两种 F82H 低活化马氏体钢样品(分别记为 F82H(^{54}Fe)和 F82H + ^{10}B)及未掺杂的标准样品(记为 F82H - std)在中子辐照后的缺陷和力学性能变化[33]。辐照是在其具有热中子和快中子混合中子能谱的 HFIR 高通量同位素反应堆中完成的。辐照温度为 250 ~ 400℃,辐照剂量为 2.8 ~ 51dpa。对于 F82H(^{54}Fe)钢,通过嬗变反应 $^{54}Fe(n,p)^{54}Mn$ 和 $^{54}Fe(n,\alpha)^{51}Cr$ 产生 H 和 He,H 浓度为 182appm,He 浓度约为 5 ~ 10appm。辐照后材料发生了硬化和 DBTT 升高,Kawai 等认为其源自于位错环硬化和位错环上 α' 相的形成。有关 F82H - std 和 F82H(^{54}Fe)钢中位错环和空洞的主要结果如下:

(1) 250℃ 下辐照剂量为 2.8dpa:F82H(^{54}Fe)形成了小空洞,但肿胀不明显,而 F82H - std 中没观察到空洞。在很多位错环上观察到了衬度类似 α' 相的析出物。F82H - std 和 F82H(^{54}Fe)中位错环的数密度和平均尺寸分别为 $1.4 \times 10^{22}m^{-3}$ 和 7.9nm 及 $2.1 \times 10^{22}m^{-3}$ 和 6.6nm。F82H - std 中位错环的伯格斯矢量类型都是 $\frac{1}{2} <111>$,F82H(^{54}Fe)中既有 $\frac{1}{2} <111>$(约占 73%),也有 $<100>$(约占 27%)型位错环。

(2) 300℃ 下辐照剂量为 51dpa:形成了很多伯格斯矢量为 $\frac{1}{2} <111>$ 的位错环,在位错环上观察到了衬度类似 α' 相的析出物。F82H - std 和 F82H(^{54}Fe)中位错环的数密度和平均尺寸分别为 $4 \times 10^{22}m^{-3}$ 和 11nm 及 $6 \times 10^{22}m^{-3}$ 和 11nm。此时比 250℃ 下辐照 2.8dpa 时的数密度更高,平均尺寸更大。F82H - std 中没有形成空洞,F82H(^{54}Fe)中形成了空洞的数密度和平均尺寸分别为 $2.4 \times 10^{21}m^{-3}$ 和

155

2.6nm 的空洞。总之,300℃下嬗变产生的 He 对位错环的影响较小,因为在300℃时 He 和空位的移动性相对较低。

(3) 400℃下辐照剂量为 7.4dpa:形成了位错环和空洞。在位错环上没有观察到析出物。F82H - std 和 F82H(^{54}Fe)中位错环的数密度和平均尺寸分别为 6×10^{21} m^{-3} 和 33nm 及 1×10^{21} m^{-3} 和 20nm。F82H - std 和 F82H(^{54}Fe)中空洞的数密度和体积平均的尺寸分别为 9×10^{20} m^{-3} 和 15.2nm 及 1.1×10^{20} m^{-3} 和 6.3nm,F82H - std 的肿胀率为 0.17%。

(4) 400℃下辐照剂量为 51dpa:F82H - std 和 F82H(^{54}Fe)中位错环的数密度和平均尺寸分别为 6.5×10^{20} m^{-3} 和 27nm 及 2×10^{20} m^{-3} 和 70nm,位错密度稍有增加。F82H - std 空洞的数密度和体积平均的尺寸分别为 6.1×10^{20} m^{-3} 和 25.4nm,肿胀率为 0.52%;F82H(^{54}Fe)中空洞的数密度和体积平均的尺寸分别为 6×10^{20} m^{-3} 和 25.4nm,肿胀率为 1.1%。

从上述结果中的位错环变化来看,250℃下辐照 2.5dpa 时嬗变产生的 H 或 He 原子改变了一部分位错环的伯格斯矢量,并稍微增加了位错环的形成。在300℃附近 He 原子对位错环的形核有一定的促进作用。400℃下辐照,掺 ^{54}Fe 强烈减少了位错环的形核,较低剂量下抑制了位错环的生长,较高剂量下则促进了位错环的生长。

在 300℃下中子辐照剂量为 51dpa 的 F82H + ^{10}B 样品中,也观察到了数密度和平均尺寸分别为 6×10^{22} m^{-3} 和 11nm 的位错环,位错环的数密度也比 F82H 高出约 50%。

这种中子辐照的数据是非常宝贵的。但需要注意的是,由于 F82H(^{54}Fe)中的嬗变 He 和 H 是跟离位损伤"同时"产生的,虽然实验观察到了它们对位错环和空洞的协同效果,但是难以区分出这种效果到底是来自 He 还是 H 的贡献,或是它们的混合贡献。

4.7.2　He 与离子辐照的协同效应

1. 纯 Fe 的双束离子辐照

Brimbal 等研究了在 1MeV Fe$^+$ 辐照和 1MeV Fe$^+$ + 15keV He$^+$ 双束辐照下纯 Fe 微观结构的动态演变过程[36]。辐照温度为 500℃,辐照剂量为 0.81dpa,剂量率为 3.0×10^{-4} dpa/s。离子辐照和原位观察是在法国 JANNuS Orsay 的原位 FEI TECNAI G^{2}20 Twin 透射电镜上进行的。图 4 - 11 所示为单束和双束辐照下位错环的数密度和平均尺寸随剂量的变化。双束辐照的情况下,位错环的数密度和尺寸都会变大,而且当辐照剂量大的时候表现的更为明显。可见,He 的存在不仅促进了位错环的形核,而且大幅促进了位错环的生长,在 0.81dpa 时 He 的存在使位错环的密度和尺寸比无 He 辐照时增加了 1 倍。此外,还发现 500℃时只有 <100> 位错环,它们是可以移动的,而且 He 原子降低了位错环的移动性。

He 促进位错环形核的可能原因是,He 原子在位错环中心附近被捕获。Lucas

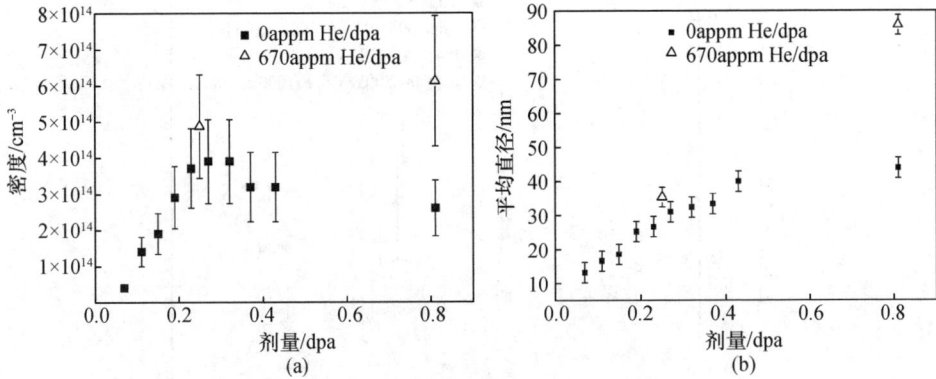

图4-11 1MeV Fe⁺辐照和1MeV Fe⁺+15keV He⁺
双束辐照下 Fe 中位错环的数密度和平均直径[36]
(a)数密度;(b)平均直径。

和 Schaublin 通过分子动力学计算发现,级联碰撞中的 He 更容易在间隙原子团簇形成的地方出现[70],Ventelon 等计算发现高温下纯铁中 He 的浓度达到 2500appm 时,会降低间隙原子团簇(20 个间隙原子)的扩散能力[71],从而有利于位错环的形核。

2. FeCr 模型合金的双束离子辐照

Prokhodtseva 等研究了在 500keV Fe⁺辐照和 500keV Fe⁺+10keV He⁺双束辐照下 FeCr 模型合金(Fe-5Cr、Fe-10Cr 和 Fe-14Cr)和纯 Fe 的微观结构[72]。辐照温度为室温,辐照剂量 1dpa,He 浓度为 1000appm。观察到的黑斑缺陷 60% 以上为 1~2nm,FeCr 模型合金在单束辐照时 $\frac{1}{2}$ 以上的可观察缺陷小于 1nm。当有 He 注入时,位错环的平均尺寸比无 He 注入时小,说明 He 阻碍位错环的生长。其中 Fe-10Cr 合金是个例外,单束辐照时平均尺寸为 1.2nm,双束辐照时平均尺寸为 1.9nm。

图4-12 所示为单束和双束辐照下位错环的密度随剂量的变化。在室温辐照下,位错环密度出现了一种有趣的现象:在纯 Fe 中 He 使位错环密度提高,而在 FeCr 模型合金中 He 使位错环密度降低。

3. 马氏体钢的双束离子辐照

Ogiwara 等通过对 JLF-1 低活化马氏体钢进行单束(6.4MeV Fe³⁺60dpa)和双束离子辐照(6.4MeV Fe³⁺60dpa 和 1.0MeV He⁺15appm/dpa),研究了 Fe 和 He 的协同效应[73]。辐照温度为 420℃,辐照剂量为 60dpa,剂量率为 1×10^{-3} dpa/s。单束和双束辐照后位错环的平均尺寸分别为 5.1nm 和 6.6nm,数密度分别为 8.4×10^{22} m⁻³ 和 1.4×10^{23} m⁻³。He 使位错环的尺寸能和密度都增加。

除双束离子辐照外,也有人用高能电子和 He 离子进行同时辐照。Yu 等在高

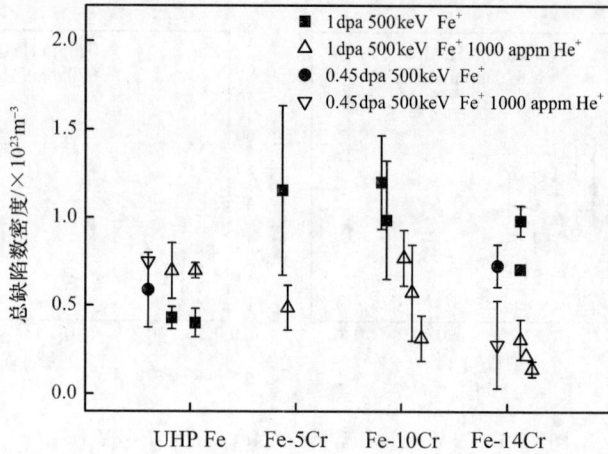

图 4 – 12　500keV Fe^+ 辐照和 500keV Fe^+ + 10keV He^+ 双束辐照下
FeCr 模型合金和纯 Fe 中的位错环总缺陷数密度[72]

压电镜中对 EUROFER97 样品进行 1.3MeV 的电子和 100keV 的 He^+ 同时辐照,辐照温度为 250℃ 和 300℃,损伤剂量率为 2×10^{-3} dpa/s,He^+ 注入浓度为 10 He appm/dpa,发现在 $1 \sim 50$dpa 范围内,形成尺寸为 $2.5 \sim 11$nm 的间隙型位错环,且位错环密度随辐照剂量单调增加[74]。

4.7.3　He、H 与离子辐照的协同效应

有趣的是,对于位错环,尽管 He 和重离子的双束辐照实验显示存在显著的协同作用,但到目前为止,He、H 和重离子的三束辐照实验却没有观察到这种显著的协同作用。与此相反,对于气泡或空洞,无论是双束还是三束辐照,都有非常显著的协同作用。

Tanaka 对 Fe – 9Cr 和 Fe – 12Cr ODS 合金进行了 510℃ 下 50dpa 的离子辐照研究,Fe^{3+} + H^+(10.5MeV Fe^{3+} 和 380keV H^+,40appm/dpa)双束辐照跟 Fe^{3+}(10.5MeV)单束辐照相比,H 的存在并没有影响微观结构,没有形成明显的位错结构,也没有形成空洞[75]。

Brimbal 等对欧洲的低活化铁素体/马氏体钢 Eurofer97 及其 ODS 合金 Eurofer97 – ODS 进行了单束(3MeV Fe^{3+})、双束(3MeV Fe^{3+} 和 1.2MeV He^+)和三束(3 MeV Fe^{3+}、1.2MeV He^+ 和 600keV H^+)离子辐照研究,辐照温度为 400℃,透射电镜观察区辐照剂量约 26dpa,He 和 H 的浓度分别约为 430appm 和 2000appm,发现在双束和三束辐照下位错环的密度、尺寸分布和伯格斯矢量与单束辐照没有任何区别,即 H 和 He 对位错环没有产生可观察到的影响[76](注意:Brimbal 等的双束辐照结果与前面提到的 Prokhodtseva 等的结果及 Ogiwara 等的结果是不一致的)。实际上,目前已发表的关于低活化铁素体/马氏体钢的三束离子辐照研究

中,都没有提到位错环,很有可能是因为三束离子辐照跟单束离子相比,位错环的确没有明显变化。

但在纯 V(纯度为 99.8%)的多束离子辐照研究中则观察到了 He、H 与离位损伤对缺陷团的协同效应迹象。Sekimura 等用单束(12MeV Ni^{3+})、双束(12MeV Ni^{3+} +1MeV He^+ 或 12MeV Ni^{3+} +350keV H^+)和三束(12MeV Ni^{3+} +1MeV He^+ +350keV H^+)辐照纯 V,辐照温度为 500℃,辐照剂量为 30dpa,剂量率为 4 × 10^{-4}dpa/s。H 和 He 都用了 10appm/dpa 和 20appm/dpa 两个注入量。H 的总浓度分别为 300appm 和 600appm,低于 H 在 V 中的溶解限。TEM 观测显示,在三束离子辐照的样品中出现了尺寸约 1nm 的小缺陷团[77],说明 H 和 He 的存在可能有助于位错环的形核。

尽管实验上三束离子辐照没有观察到对位错环的协同效应,但 Marian 等的模拟计算显示,高温下三束离子辐照有助于位错环的形核和长大[78]。Marian 等利用随机团簇动力学(stochastic cluster dynamics)模拟了 10.5MeV Fe 离子,10appmHe/dpa 和 40 appmH/dpa 的三束辐照 FeCr 合金产生的微观结构,分别模拟了温度为 300K 和 783K 下 He 和 H 原子以间隙型和替代型杂质原子形式注入(假设 He 和 H 或者处于间隙位,或者处于替代位),辐照剂量到 1dpa 的情况。研究发现在 300K 下,假设 He 和 H 以间隙型杂质注入,当辐照剂量达到 0.002dpa 时,He 原子和空位团簇将开始发生碰撞,形成间隙型 V – He 团簇。当辐照剂量达到 0.005dpa 时,形成 V – H 团簇。随后自间隙原子团簇与不可迁移的间隙型 He 和 H 原子相遇,形成 SIA – He 和 SIA – H 团簇。这些团簇都是不可迁移的,使得它们与更多可迁移的间隙型 He、H 原子和级联中产生的小的自间隙原子团簇发生反应,这个过程导致这些团簇的尺寸和密度都快速增长,并且都填充了 He 和 H 原子。这些 SIA – He – H 位错环继续长大,有效地增加了总的捕获强度。在 300K,He 和 H 原子以替代型杂质注入,所得结果与上述 He 和 H 原子以间隙型杂质注入结果类似,不同的是各种缺陷产生所需要的辐照剂量均比上述情况要低,说明气体原子以替代型注入比间隙型注入更能够加速缺陷聚集。模拟结果显示,气体原子以替代型注入会产生密度更大的小自间隙原子团簇,这些团簇尺寸最大可达到 8.5nm 左右,而以间隙型注入将会产生密度较小的更大的位错环,这些位错环最大可达到 15nm 左右。当温度为 783K,辐照剂量到 1dpa 时,所有级联中产生的空位团簇很快地离解了,其释放出来的空位也迅速地被缺陷阱所吸收,限制了其与自间隙原子的复合。因此,间隙型位错环长大到直径为 25nm 左右,远比 300K 辐照时的大。

4.8　表面和界面对位错环的影响

材料的表面和材料内部的晶界及各种界面都是缺陷阱,可对各种缺陷发生吸引作用,引起缺陷的湮灭。透射电镜实验已经观察到,在表面和晶界附件可能存在一个无缺陷带(defect – free zone)或缺陷贫化带(denuded zone),如热时效和辐照下形成的无偏析带(precipitation – free zone)[79]、无空洞带(void – free zone)和无He泡带(helium bubble – free zone)[80]。当然,在表面和晶界附近也存在一个无位错(环)带(dislocation – free zone)或位错(环)贫化带[81]。

下面分别介绍表面、晶界、纳米晶粒界面和沉淀颗粒界面对位错环的影响。

4.8.1 表面对位错环的影响

表面是一种强缺陷阱。其重要程度与被辐照靶材料的成分、厚度、辐照粒子的种类、能量和辐照温度有关。有两种情况必须考虑表面效应:一种是辐照的原位透射电镜观察实验,此时电镜样品厚度有限,样品的两个侧面就是两个表面;二是中低能离子辐照实验,由于射程有限,如果取表面附近作为观察区,必须考虑表面效应。

Ishino 等通过研究楔形的 Ni 样品在 Ar^+ 辐照下微观结构随深度的变化,证实了表面效应的存在[82]。Ar^+ 能量为 300keV,辐照温度分别为 570K、670K 和 770K。在样品不同厚度处观察到的缺陷如图 4 – 13 所示。在较厚的部分(厚于 200nm)微观结构演化与体样品中观察到的结果相似,而在较薄部分则与体样品相差甚远。这个实验中,Ar^+ 射程为 120nm,损伤峰位置略低于此值,在比 120nm 深的地方剂量随深度很快衰减。因此在辐照剂量最大的 120nm 厚度附近应该损伤最严重,但实际上观察到的 120nm 厚度附近的损伤程度比 200nm 厚度处还小,说明有些缺陷被表面吸收。此外,他们还观察到缺陷随厚度的分布与辐照温度有关。

Xu 等用速率理论研究了表面效应对纳米尺寸的缺陷团即小位错环的影响,并与原位辐照实验结果进行了对比[57]。由于表面和体内存在浓度差,驱动点缺陷和缺陷团从体内流向表面,速率方程组中必须包含随深度变化的扩散项:

$$\frac{\partial C_i^{x_n}}{\partial t} = \varphi \times P_i(x_n) + D_i \frac{\partial^2 C_i^{x_n}}{\partial x^2} + GRT + GRE - ART - ARE \qquad (4-19)$$

式中:$C_i^{x_n}$ 为深度 x_n 处第 i 个团簇(该团簇包含 i 个点缺陷)的浓度;式中右边第二项 $D_i \frac{\partial^2 C_i^{x_n}}{\partial x^2}$ 即为扩散项,这里假设扩散系数不随深度变化;φ 为离子束流强度;$P_i(x_n)$ 为辐照下在深度 x_n 处第 i 个团簇的产生概率;GRT 为其他团簇通过捕陷反应产生第 i 个团簇($A + B \to i$)的速率;GRE 为其他团簇通过发射反应产生第 i 个团簇($C \to i + B$)的速率;ART 为第 i 个团簇被其他团簇捕陷而湮灭($i + B \to C$)的速率;ARE 为第 i 个团簇自己发射缺陷而湮灭($i \to A + B$)的速率。这个方程与第 2 章介绍的速率方程的最大不同在于引入了随深度变化的浓度和扩散项,以反映表面附近的缺陷分布。初始条件中,把点缺陷浓度设为热平衡浓度,所有其他的缺陷/团簇浓度设为 0。边界条件中,在表面处所有的缺陷/团簇浓度保持为 0,点缺陷浓度保持为热平衡浓度。这个边界条件意味着把表面看成是吞没缺陷/团簇的

570K A −24nm B C −200nm D

部分空位型位错环?

非常小的空洞
(约4nm)

间隙型位错环长大

非常小的空洞 合并
(约2nm)

缠绕(到表面)

间隙型位错环

位错环-位错环
相互作用

缠绕

670K A −40nm B C 200nm D

空位型 位错附 间隙型位错环
位错环 近的位
错环 位错环-位错环
相互作用

缠绕

770K A 80~100nm B 100~150nm C 120~200nm D

不稳定空位团簇

间隙型位错环 间隙型位错环

长大(50nm) 间隙型 位错环-位错环
位错环 相互作用

不稳定空位团簇 —— 收缩 缠绕

空洞 —— 消失 长大

不稳定空位团簇 —— 收缩 合并

空洞 —— 消失 缠绕(到表面)

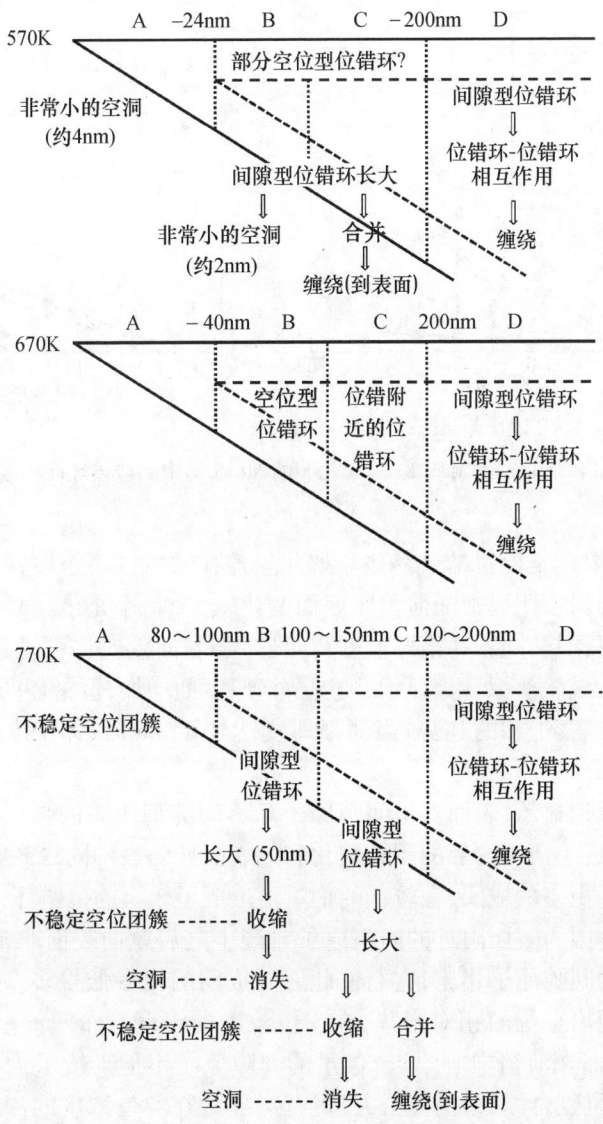

图 4-13　楔形的 Ni 样品在 300keV Ar 离子辐照下微观结构随深度的变化

"黑"阱。对在 80℃下 1MeV Kr 离子辐照的 Mo 薄箔样品中位错环面密度的模拟和实验结果如图 4-14 所示。此辐照温度低于 Mo 的空位迁移温度(第三恢复阶段温度,$(0.15\sim0.16)T_m$,T_m 是熔点,对于 Mo 为 $150\sim200℃$),因此只有间隙原子是可以移动的。

　　表面效应可以通过位错环面密度随薄箔厚度的变化进行检验。很明显,如果没有表面效应,也没有缺陷密度的空间变化,面密度应该在任何离子注量下都简单地正比于薄箔厚度,而且不同厚度处面密度的连线将是一条通过原点的直线。然

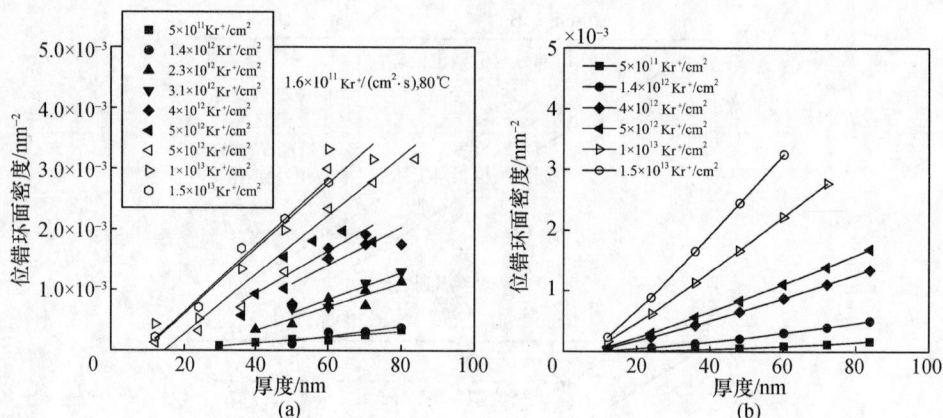

图 4-14　80℃下 1MeV Kr 离子辐照的 Mo 薄箔中的位错环面密度[57]。
(a)实验；(b)模拟。

而,无论实验结果还是模拟结果都并非如此。连接原点到每个薄箔厚度处面密度数据点的线段的斜率明显地随薄箔厚度而变化,这个斜率是位错环平均体密度的一个度量。可以预料,随着薄箔厚度变得足够大,表面效应将可以忽略,平均体密度将变成一个常数。模拟计算显示,随着薄箔厚度的增加,位错环的体密度增加速度减缓,有逐渐趋于饱和的趋势,当薄箔厚度达到 84nm 时,体密度值达到样品中心深度处约 90%。

速率理论模拟显示,表面对单间隙原子和小间隙型团簇的强烈捕陷效应将造成两个明显后果:①薄箔内部的团簇演化和近表面处明显不同,特别是薄箔中心的间隙原子经历了更多的成团,在较低的剂量下形成了较大的位错环,而近表面处位错环较小。这是因为表面附近的间隙原子自产生之后就向表面非常快地扩散,因而跟薄箔中心的间隙原子相比,它们彼此之间成团的概率低得多。②近表面处比薄箔中心处呈现出空位的相对富集,在空位浓度的深度分布图上呈现出一个“兔耳朵”的形状。而在薄箔中心附近,过量的间隙原子不但形成了大些的间隙型团簇,而且也与空位复合湮灭,消耗了大量空位,导致在空位浓度的深度分布上出现一个深谷。应该指出,当缺陷成团继续下去时,因为间隙原子 - 空位复合速率的改变或减弱,这个深谷可以变浅甚至消失。

4.8.2　晶界对位错环的影响

在速率理论模型中,一般将点缺陷与晶界之间的反应速率表示为 $k_{S+\theta}^+\big|_{\theta=i,v,He} = S_d^{sk} D_\theta C_\theta$,其中 $S_\theta^{sk} = (S_\theta^{sc})^{1/2} H$, $H = 6/d$, S_θ^{sc} 为除了晶界以外的所有缺陷阱的总的捕获强度。从此式可知晶粒的大小与晶界捕获点缺陷的速率密切相关。晶界捕获点缺陷的速率增加则会促进晶界附近位错环贫化带的形成,其物理机制是[81]:辐照引起的过饱和点缺陷向晶界阱扩散并在晶界处湮灭,晶界附近的过饱和点缺陷浓

162

度低于晶粒内部,抑制了位错环形核和空洞形成等缺陷成团过程,形成了贫化带。在额外的缺陷已经建立和溶质原子完成重新分布之后,贫化带内又开始了位错环的二次形核过程,因此随着剂量的增加贫化带宽度变窄。初始(低剂量下)贫化带宽度等于晶界对过饱和点缺陷的临界捕获半径,并正比于空位扩散系数的四次方根。

对于电子辐照,Sakaguchi 等通过原位高压电镜实验和速率理论模拟,获得了奥氏体不锈钢(Fe – 20Cr – 15Ni)中的位错环贫化带与辐照温度和辐照剂量的关系[81]。在 350℃ 下电子辐照,在 1dpa 附近贫化带的宽度是约为 20nm 的常数,然后随着辐照剂量的增加,贫化带逐渐变窄,辐照剂量增加到 10dpa 时,贫化带宽度降到 9nm。其原因是,在 1dpa 附近,流向晶界的间隙原子流和空位流强度相等,晶界充当了点缺陷的中性捕陷位置;随着剂量的增加,在贫化区内发生了位错环的形核和生长,位错环密度增加,导致贫化区变窄。随着辐照温度的增加,弗兰克位错环的数密度降低,尺寸增加,贫化带变宽,在 200℃、250℃、300℃、350℃、400℃ 下电子辐照剂量 1dpa 对应的贫化带宽度分别为 10nm、15nm、30nm、40nm 和 50nm。

对于离子和中子辐照,不同的实验给出的结果不太一致,有时还观察不到贫化带的形成[83]。这可能与晶界类型、失配角和 Σ 值等晶界性质有关,如低 Σ 值和小失配的晶界并不是完美的点缺陷捕陷位置[84,85]。也可能与贫化带宽度随辐照剂量增加而变窄有关[81]。本书作者在对奥氏体钢 AL – 6XN 的质子辐照研究中,也没有在晶界附近观察到明显的位错环贫化现象(图 4 – 15)。关于晶界对缺陷作用的强度和范围及其影响因素,还需要做深入的实验和理论研究。

最近,M. Li 等应用原位电镜研究了 Mo 的 TEM 样品在 1MeV Kr^{2+} 辐照下晶界附近的位错环缺陷变化[7]。辐照温度为 80℃,辐照剂量约为 0.015dpa,剂量率约为 5×10^{-4} dpa/s。在 $(g, 5g)$ 条件下拍摄包含晶界区域的弱束暗场像,$g = 110$,在垂直晶界的方向上每隔 10nm 测量位错环(上面晶粒中)的数密度。在晶界附近 30nm 以内的区域内,位错环的面密度减小到约为晶粒基体内的 70%,表明晶界对位错环会产生明显的影响。但是,与样品表面附近的位错环密度降为零相比,晶界对位错环的捕陷要比样品表面弱得多。

Y. Idrees 等在 500℃ 下用 1MeV Kr^{2+} 辐照 Zr 的透射电镜样品时(辐照温度 500℃,剂量约为 1dpa,剂量率约为 10^{-3} dpa/s),观察到距离晶界约 120nm 之外的区域位错环数密度达到饱和,在 120nm 之内越接近晶界位错环数密度越低,约 80nm 处位错环的数密度约为饱和值的 $\frac{1}{2}$[86],显示出晶界比表面对位错环的作用更强。这一结果与上述 M. Li 等的结果相差甚远,其原因可能与材料、辐照温度和剂量等参数的不同有关。

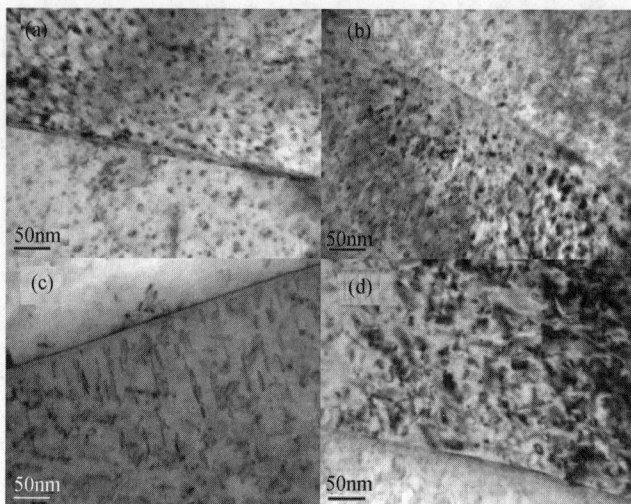

图4-15 290℃下质子辐照 AL-6XN 奥氏体钢的晶界附近的位错环分布

(a)0.5dpa；(b)1dpa；(c)3dpa；(d)5dpa。

拍摄条件：[110]带轴，<1$\bar{1}$1>方向。

4.8.3 纳米晶粒的晶界对位错环的影响

既然晶界能吸收湮灭缺陷，那么通过细化晶粒增加晶界，就有可能提高材料的抗辐照性能。基于这一设想，近年来有人尝试将晶粒降至纳米级大小，大大增加了晶界所占的体积，以显著降低辐照损伤。分子动力学模拟揭示了晶界对纳米金属辐照行为的影响：Samaras 等在自离子辐照的纳米 Ni 热峰期间观察到了原子向周围晶界的显著移动[87]；Bai 等展示了晶界向周围发射间隙原子，湮灭晶粒内附近的空位[88]，因此晶界既充当缺陷阱，也充当缺陷源。

实验也报道了纳米金属内辐照损伤显著降低的现象。如 Singh 等发现不锈钢细化晶粒后能延缓电子辐照期间空洞的形核和减轻空洞肿胀[89]。Rose 报道 Kr 离子辐照的晶粒尺寸小于 50nm 的纳米 Pd 和 ZrO$_2$ 中缺陷团密度急剧减少，在晶粒尺寸小于 30nm 的 Pd 和小于 15nm 的 ZrO$_2$ 中没有发现缺陷团[90]。Chimi 等报道在室温 C 离子辐照下纳米 Au 缺陷积累速率比多晶 Au 低[91]。Sun 等报道了晶粒尺寸约 55nm 的 Ni 经 1MeV Kr^{2+} 辐照，产生的位错环尺寸确实比通常的微米级粗晶粒的小，位错环数密度也低于粗晶粒。不仅如此，还观察到了位错环向纳米晶晶界的移动和吸收[92]。当然，尽管纳米金属有较好的抗辐照损伤性能，但实际应用中会面临纳米晶粒在辐照和高温下容易长大的问题。

4.8.4 析出物与基体界面对位错环的影响

由于析出物与基体之间的界面可作为吸收点缺陷的陷阱，因此在材料中引入数量众多的细小颗粒可大幅增加这种界面的总面积,增强对点缺陷的吸收,抑制位错环和空洞的形成。氧化物弥散强化钢(Oxide – dispersed – strengthened steel,ODS钢)就是依这种思路设计的旨在提高抗辐照性能的钢。此外,碳化物弥散的钢的辐照行为最近也有研究报道。

Kobayashi 等研究了 V – 1.6Y 合金和 V – 2.6Y 两种合金的中子辐照(0.25dpa 和 0.7dpa)缺陷和辐照硬化[93]。合金样品分为两种:一种是晶粒直径为几百纳米的细小晶粒且晶粒中弥散分布着细小的 Y_2O_3 颗粒;另一种是直径为几个微米的粗晶粒,其中没有弥散颗粒。研究表明,290℃下中子辐照的 V – 1.6Y 合金中,间隙原子在晶界处和 Y_2O_3 颗粒界面边界处湮灭,抑制了间隙型位错环的形成。在 800℃下中子辐照的 V – 1.6Y 合金中,间隙原子和空位容易迁移流进晶界和颗粒界面边界并相互复合湮灭,因此没有观察到间隙型位错环和空洞。在 V – 2.6Y 合金中,间隙原子和绝大部分空位在晶界和颗粒界面边界处湮灭,也很好地抑制了间隙原子和空洞的形成。晶粒细化和颗粒分散化都有效抑制了间隙型位错环和空洞的形成,导致较小的辐照硬化。

最近,Oka 等在原位电子辐照的 ODS 钢中直接观察到了 ODS 颗粒(Y_2O_3)与基体界面处位错环的形核和长大(0.8 ~ 1.3dpa),证实了界面对点缺陷(主要是间隙原子)的捕陷作用[94]。

钢中弥散氧化物的种类不同,辐照行为也有所不同。Yu 等研究了添加 Y 的标准 ODS 铁素体钢(Fe – 16Cr – 4Al – 2W – 0.35Y_2O_3)和添加 Zr、Hf 的另外两种钢在高能电子辐照下辐照损伤的演化[95]。辐照温度为 773K,辐照剂量为 10dpa。电子辐照期间,观察到了位错环在氧化物颗粒上的择优形核。在添加 Zr 和 Hf 的钢中,氧化物颗粒空间分布均匀,数密度高,尺寸很小,位错环的生长速率和数密度比标准 ODS 钢低,这可能是由于基体与氧化物颗粒界面对缺陷的捕陷效应抑制了位错环的生长。

Zhao 等在研究 CLAM 低活化马氏钢时发现,钢中的细小 MX 相有助于抑制位错环的长大[96]。在不含 Si(实际含 0.036%(质量分数))的普通 CLAM 中,析出物主要是沿晶界分布的尺寸为 70 ~ 350nm 的富 Cr 的 $M_{23}C_6$ 相,在晶粒内还有很少量的富 Ta 的 MX 相析出,数密度为 $6.7 \times 10^{17} m^{-3}$;而添加 0.21% Si 后制备的 CLAM 中,MX 相数密度大幅增加到 $3.9 \times 10^{19} m^{-3}$,比无 Si 样品增加了约 60 倍,说明添加少量 Si 强烈增强了 C 的活性。先在室温下用 100keV 的 He 离子辐照透射电镜样品,观察到产生了高密度的小缺陷团。然后在 723K 下进行 1250keV 高能电子辐照,剂量率为 2×10^{-3}dpa/s,通过原位 TEM 观测发现,含 Si 样品中位错环的生长速率和饱和尺寸分别为 1.56nm/mim 和 21nm,比含 Si 样品的对应值 4.02nm/min 和 54nm 都小得多。这个结果说明,MX 相可能对位错环的生长产生了抑制作用。其原因可能是,添加 Si 后形成的大量 MX 相析出物大大增加了其与基体之间的界面,而界面是吸收点缺陷的陷阱,因此更多的点缺陷流向界面,减少了流向位错环的点缺陷,从而影响了位错环的生长。

4.9　位错对位错环的影响

位错线既可捕陷点缺陷,也可捕陷滑移的位错环。在级联损伤条件下,位错线附近经常出现高密度的自间隙型位错环,特别是在充分退火的纯金属的辐照微观结构演化的早期阶段。这要么是位错应变场中自间隙原子迁移和以位错环的形式增强的聚集,要么是级联直接产生的间隙型位错环在位错应变场中的滑移和捕陷。Trinkaus 研究发现,位错的应变场会引起自间隙原子在压缩区和膨胀区的贫化,导致自间隙原子的聚集减弱了而不是加强了。因此,位错线附近出现的自间隙型位错环来自于对滑移位错的捕限[97]。这些位错线附近的位错环可锁住位错线,增加其启动阻力,造成源硬化[98]。

位错对位错环的长大有限制作用。在一定的温度下,位错环随随辐照剂量的增加而生长,但是不会无限长大,其最大尺寸 R_{max} 受位错环的密度 ρ_L 限制,有 $\frac{4\pi}{3}\rho_L R_{max}^3 = 1$。实验上也观察到位错环尺寸随辐照剂量增加到一定值后会达到饱和。其原因是:在高温和应力作用下,位错和位错环都会运动,当位错环与网络位错相遇发生反应或位错环与位错环反应而成为网状位错时,将提高网络位错的密度,而随着网络位错密度的增加,其与位错环的反应率增加,位错环的尺寸就会进一步受到限制。

但是,根据实验观察,位错网络密度并不会无限增加。由于符号相反的一对位错之间发生湮灭反应,反应速率正比于位错数目的平方,因此将抑制位错网密度的增加,使其增加到一定程度后也会达到饱和。

高温时在应力作用下可移动位错的变化率为

$$\frac{d\rho}{dt} = B\rho - A\rho^2 \qquad (4-20)$$

式中:A,B 为常数,稳态下位错的饱和密度 $\rho_s = B/A$。

由于位错湮灭反应的速率正比于位错数目的平方,上述方程可进一步改写为

$$\frac{d\rho}{dt} = B\rho^{1/2} - A\rho^{3/2} \qquad (4-21)$$

其解为

$$\rho(t) = \frac{1 - e^{-x} + \sqrt{\rho_0/\rho_s}(1 + e^{-x})}{1 + e^{-x} + \sqrt{\rho_0/\rho_s}(1 - e^{-x})}\rho_s \qquad (4-22)$$

$$x = A\sqrt{\rho_s}t = \sqrt{\rho_s}v_c t \qquad (4-23)$$

式中：$B \approx b^2\phi$，ϕ 为 $E > 0.1\mathrm{MeV}$ 的快中子注量；$A \sim v_c$，v_c 为位错的攀移速度；ρ_0 为位错的初始密度。

位错的初始密度 ρ_0 和饱和密度 ρ_s 都是实验上可以测量的。对中子辐照316不锈钢的位错密度研究表明，ρ_0 很小的固熔退火钢在较高的中子辐照剂量下逐渐增加趋于饱和值 ρ_s，而 ρ_0 很大的冷轧钢在较低的中子辐照剂量下就迅速降低到饱和值 ρ_s 附近，计算结果和实验符合得很好。这也说明，原始位错和辐照产生的位错在吸收点缺陷能力方面并无差别。

4.10　中子、离子和电子辐照引起的位错环差异

在无法获得中子辐照条件的情况下，人们常常用离子辐照和电子辐照模拟中子辐照。

电子辐照一般是在电子加速电压高于 1000kV 的高压透射电镜上进行，其最主要的优点是在辐照的同时可以进行原位观测，在点缺陷迁移能的测定等方面有重要应用（见第 7 章）。此外，高压电镜内通过聚焦可以得到非常高的电子束流强度，辐照损伤剂量率在 $10^{-3}\,\mathrm{dpa/s}$ 级别，1h 就可到几个 dpa。电子辐照最主要的不足是，受高压电镜加速电压的限制，无法获得太高的电子能量，不足以像中子辐照那样形成碰撞级联，而是只能产生点缺陷，因此其辐照缺陷的演化跟中子辐照不同。电子辐照比中子辐照更早出现空洞，而且电子辐照比中子辐照的肿胀量大得多。

离子辐照与中子辐照相似，可以在材料中产生碰撞级联，在国际上一直被当作研究核材料中子辐照损伤和辐照效应的主要模拟手段被广泛使用。离子辐照的最大优点是损伤速率快，其损伤剂量率比中子高 2 ~ 4 个量级，极大地缩短了辐照时间，可用于材料的辐照损伤机理研究和入堆进行中子辐照之前的初步筛选。离子辐照还具有低活化优点，辐照后一般无需冷却，便于辐照后的测试和各种实验操作，而高剂量中子辐照过的样品有时需要长达数年的冷却时间。此外，离子能量、剂量率和样品温度等实验参数都可以精确地控制；通过离子加速器与透射电镜联机，还可以实现辐照缺陷演变过程的原位甚至实时的观测。

离子辐照模拟的不足之处如下：

（1）损伤剂量率太高导致的辐照时间太短，不利于考察随时间演变比较慢的效应，如新相析出。对于位错环的演变而言，损伤剂量率也是一个影响因素，高剂量率导致位错环密度降低，尺寸减小（见 4.3 节）。一个解决办法是提高辐照温度，以增强缺陷的扩散，加速缺陷的演变进程。一般离子辐照温度比中子辐照温度高 70℃ 以上。

（2）离子辐照的肿胀形成温度比中子辐照高。其原因是，入射离子进入被辐照材料后形成了多余的间隙原子，它们与空位的复合减少了空位的数量，因此对空

洞的形成有一定的抑制作用。与此同时,由于空位被入射离子消耗了一部分,使级联碰撞产生的间隙原子与空位的复合湮灭减少,有利于间隙型原子团的形核。

(3) 沿离子入射方向的辐照剂量分布不均匀,导致包括位错环在内的缺陷分布不均匀。

离子辐照的一个特殊例子是质子辐照。质子的质量跟中子几乎相同,其与中子辐照的等价性问题受到了特别关注。Was 等对 304 和 316 两种不锈钢进行了 360℃下的 3.2MeV 质子辐照,并与 275℃下的中子辐照结果包括辐照偏析、辐照微观结构、辐照硬化和辐照诱发应力腐蚀开裂等进行对比,认为总体上两种辐照产生的效果非常接近[99]。其中辐照微观结构主要是小的层错环,两种辐照下层错环的尺寸分布几乎完全相同。但是细究起来,两种辐照引起的位错环还是存在显著差异。中子辐照比质子辐照的饱和位错环尺寸大约 30% ,位错环密度大 3 倍。在此实验中,质子辐照的损伤剂量率约为 7×10^{-6} dpa/s,比中子辐照的损伤剂量率 7×10^{-8} dpa/s 大两个数量级,显示质子辐照时间太短似乎不利于位错环的形核和长大。

Gan 等提出了一个速率理论模型模拟中子辐照奥氏体钢,并修改参数使之适用于更高温度和损伤速率下的质子辐照,解释了质子辐照为何能产生和中子辐照一样的位错微观结构[100]。他们研究了 275℃下损伤速率为 7×10^{-8} dpa/s 的中子辐照和 360℃下损伤速率为 7×10^{-6} dpa/s 的质子辐照,这两种辐照情况下产生的微观结构相似。辐照过程中小团簇的产生率可表示为 $G_{\theta_n} = \xi G_{dpa} f_{\theta_n}/n (\theta_n = i_n$ 和 ν_n 分别表示间隙原子团簇和空位团簇)。根据分子动力学模拟研究[101],在不同的中子辐照环境下,级联效率 ξ(见 1.2 节)均为 0.33,级联内形成的包含 2 个自间隙原子的团簇和包含 3 个自间隙原子的团簇所占份额均为 20% ,包含 4 个自间隙原子的团簇为 2% ~ 10% 。而在质子辐照情况下级联效率为 0.9,且级联过程中形成的间隙原子团簇份额比中子辐照小 10 ~ 20 倍,故取级联内形成包含 2 个自间隙原子的团簇、3 个自间隙原子的团簇所占份额只有 1% ~ 2% ,包含 4 个自间隙原子的团簇为只有 0.1% ~ 0.2% 。通过修改以上参数,可以模拟中子和质子辐照中位错环的尺寸与密度随剂量的演化,并且和实验符合得很好。可见,质子辐照的碰撞级联中形成的间隙型团簇比中子辐照情形下少得多,不利于位错环的形核和长大。

参 考 文 献

[1] Zinkle S J, Was G S. Materials challenges in nuclear energy [J]. Acta Materialia, 2013, 61(3): 735 758.

[2] Christien F, Barbu A. Effect of self-interstitial diffusion anisotropy in electron-irradiated zirconium: A cluster dynamics modeling [J]. J. Nucl. Mater. , 2005, 346: 272 – 281.

[3] Zinkle S J, Maziasz P J, Stoller R E. Dose Dependent of the microstructural evolution in neutron-irradiated austenitic stainless steel [J]. J. Nucl. Mater. , 1993, 206(2 – 3):266 286.

[4] Edwards D J, Simonen E P, Bruemmer S M. Evolution of fine-scale defects in stainless steels neutron-irradiated

at 275 C [J]. J. Nucl. Mater. , 2003, 317(1):13 31

[5] Pokor C, Brechet Y, Dubuisson P, et al. Irradiation damage in 304 and 316 stainless steels: experimental investigation and modeling. Part I: Evolution of the microstructure [J]. J. Nucl. Mater. , 2004, 326: 19 –29.

[6] Boulanger L, Serruys Y. Dislocation loops in Eurofer and a Fe Cr alloy irradiated by ions at 350 and 550 °C at 3dpa: Effect of dose rate [J]. J. Nucl. Mater. , 2009, 386 388: 441 444.

[7] Li M M, Kirk M A, Baldo P M, et al. Study of defect evolution by TEM with in situ ion irradiation and coordinated modeling [J]. Phil. Mag. , 2012, 92(16): 2048 2078.

[8] Dubinko V I, Kotrechko S A, Klepikov V F. Radiation Effects and Defects in Solids: Incorporating Plasma Science and Plasma Technology[J]. Radiation Effects & Defects in Solids, 2009, 164: 647 –655.

[9] Olsson P, Klaver T P C, Domain C. Ab initio study of solute transition-metal interactions with point defects in bcc Fe [J]. Phys. Rev. B, 2010, 81: 054102.

[10] Terentyev D, Anento N, Serra A, et al. Interaction of carbon with vacancy and self-interstitial atom clusters in α-iron studied using metallic-covalent interatomic potential [J]. J. Nucl. Mater. , 2011, 408 (3): 272 –284.

[11] Terentyev D,Martin-Bragado I. Evolution of dislocation loops in iron under irradiation:The impact of carbon[J]. Scripta Materialia, 2015, 97: 5 8.

[12] Arakawa K, Hatanaka M, Mori H, et al. Effects of chromium on the one-dimensional motion of interstitial-type dislocation loops in iron [J]. J. Nucl. Mater. , 2004, 329 333: 1194.

[13] Watanabe H, Masaki S, Masubuchi S,et al. Radiation induced hardening of ion irradiated RPV steels [J]. J. Nucl. Mater. , 2011, 417(1 –3): 932 –935.

[14] Yabuuchi K, Kasada R, Kimura A. Effect of alloying elements on irradiation hardening behavior and microstructure evolution in BCC Fe [J]. J. Nucl. Mater. , 2013,442:S790 –S795.

[15] Watanabe H, Masaki S, Masubuchi S, et al. Effects of Mn addition on dislocation loop formation in A533B and model alloys [J]. J. Nucl. Mater. , 2013, 439: 268 –275.

[16] Duparc A H, Moingeon C, Smetniansky-de-Grande N, et al. Microstructure modelling of ferritic alloys under high flux 1MeV electron irradiations [J]. J. Nucl. Mater. , 2002, 302: 143 –155.

[17] Abe H, Kuramoto E. Recovery of electrical resistivity of high-purity iron irradiated with 30MeV electrons at 77K [J] J. Nucl. Mater. , 2000: 283 –287, 174 –178.

[18] Yao Z, Hernandez-Mayoral M, Jenkins M L, et al. Heavy-ion irradiations of Fe and Fe-Cr model alloys Part 1:Damage evolution in thin-foils at lower doses [J]. Phil. Mag. , 2008, 88(21): 2851 –2880.

[19] Yoshida N, Yamaguchi A, Muroga T, et al. Characteristics of point defects and their clustering in pure ferritic steels [J]. J. Nucl. Mater. , 1988, 155 –157(2): 1232 –1236.

[20] Ono K, Arakawa K, Shibasaki H, et al. Release of helium from irradiation damage in Fe-9Cr ferritic alloy [J] J. Nucl. Mater. , 2004, 329 –333, 933 –937.

[21] Klaver T P C, Olsson P, Finnis M W. Interstitials in FeCr alloys studied by density functional theory [J]. Phys. Rev. B, 2007, 76(21): 214110.

[22] Terentyev D, Olsson P, Malerba L,et al. Characterization of dislocation loops and chromium-rich precipitates in ferritic iron-chromium alloys as means of void swelling suppression [J]. J. Nucl. Mater. , 2007, 362 (2 – 3): 167 –173.

[23] Terentyev D, Barashev A V, Malerba L. On the correlation between self-interstitial cluster diffusivity and irradiation-induced swelling in Fe-Cr alloys [J]. Phil. Mag. Lett. , 2005, 85(11): 587 –594.

[24] Terentyev D, Klimenkov M, Malerba L. Confinement of motion of interstitial clusters and dislocation loops in BCC Fe-Cr alloys [J]. J. Nucl. Mater. , 2009, 393: 30 –35.

[25] Xiong X, Yang F, Zou X, et al. Effect of twice quenching and tempering on the mechanical properties and microstructures of SCRAM steel for fusion application [J]. J. Nucl. Mater. , 2012, 430(1): 114 –118.

[26] Luo F F, Guo L P, Jin S X, et al. Effects of Ti element on the microstructural stability of 9Cr-WVTiN reduced activation martensitic steel under ion irradiation [J], J. Nucl. Mater. , 2014, 455: 37 –40.

[27] Cottrell G A, Dudarev S L, Forrest R A. Immobilization of interstitial loops by substitutional alloy and transmutation atoms in irradiated metals [J]. J. Nucl. Mater. , 2004, 325: 195 –201.

[28] Yia X, Jenkins M L, Bricenoa M, et al. In situ study of self-ion irradiation damage in W and W-5Re at 500℃ [J]. Phil. Mag. , 2013, 93(14): 1715 –1738.

[29] Hayashi T, Fukumoto K, Matsui H. In situ observation of glide motions of SIA-type loops in vanadium and V-5Ti under HVEM irradiation [J]. J. Nucl. Mater. 2002: 307 –311, 993 –997.

[30] 郁金南. 材料辐照效应[M]. 北京: 化学工业出版社, 2007.

[31] Hashimoto N, Sakuraya S, Tanimoto J, et al. Effect of impurities on vacancy migration energy in Fe-based alloys [J]. J. Nucl. Mater. , 2014, 445: 224 –226.

[32] Fu C C, Willaime F. Ab initio study of helium in α? Fe: Dissolution, migration, and clustering with vacancies [J]. Phys. Rev. B. , 2005, 72, 064117.

[33] Wakai E, Miwa Y, Hashimoto N, et al. Microstructural study of irradiated isotopically tailored F82H steel[J]. J. Nucl. Mater. , 2002, 307: 203 –211.

[34] Lucas G, Schäublin R. Helium effects on displacement cascades in α-iron [J]. J. Phys. : Condens. Matter. , 2008, 20: 415206.

[35] Yu J N, Yu G, Yao Z W, et al. Synergistic effects of PKA and helium on primary damage formation in Fe-0.1% He [J]. J. Nucl. Mater. , 2007: 367 –370, 462 –467.

[36] Brimbal D, De'camps B, Henry J, et al. Single-and dual-beam in situ irradiations of high-purity iron in a transmission electron microscope: Effects of heavy ion irradiation and helium injection [J]. Acta Materialia, 2014, 64: 391 –401.

[37] Bae D S, Lee S P, Lee J K, et al. Effect of He-Pre-injection on dislocation loop formation and irradiation-induced segregation of Fe-12% Cr-15% Mn austenitic steel [J]. Fusion Engineering and Design, 2012, 87: 1025 –1029.

[38] Arakawa K, Imamura R, Ohota K, et al. Evolution of point defect clusters in pure iron under low-energy He + irradiation [J]. J. Appl. Phys. , 2001, 89(9): 4752 –4757.

[39] Yao Z, Jenkins M, Hernández-Mayoral M, et al. The temperature dependence of heavy-ion damage in iron: A microstructural transition at elevated temperatures [J]. Phil. Mag. , 2010, 90(35 –36): 4623 –4634.

[40] Jenkins M, Yao Z, Hernández-Mayoral M, et al. Dynamic observations of heavy-ion damage in Fe and Fe-Cr alloys [J]. J. Nucl. Mater. , 2009, 389(2): 197 –202.

[41] Luo F, Yao Z, Guo L, et al. Convoluted dislocation loops induced by helium irradiation in reduced-activation martensitic steel and their impact on mechanical properties [J]. Materials Science and Engineering: A, 2014, 607: 390 –396.

[42] Luo F, Guo L, Chen J, et al. Damage behavior in helium-irradiated reduced-activation martensitic steels at elevated temperatures [J]. J. Nucl. Mater. , 2014, 455: 339 –342.

[43] Yu Y X, He X F, Luo F F, et al. Rate theory modeling of dislocation loops in RAFM steel under helium ion irradiation and comparison with experiments [J], Computational Materials Science, 2015, 110: 34 –38.

[44] Norgett M, Robinson M, Torrens I. A proposed method of calculating displacement dose rates [J]. Nucl. Eng. Des. , 1975, 33(1): 50 –54.

[45] Hashimoto N, Tanimoto J, Kubota T, et al. Analysis of helium and hydrogen effect on RAFS by means of

multi-beam electron microscope [J]. J Nucl. Mater. , 2013, 442(1 – 3, Supplement 1): S796 – S799.

[46] Fu C-C, Willaime F, Ordejón P. Stability and Mobility of Mono- and Di-Interstitials in α-Fe [J]. Phys. Rev. Lett. , 2004, 92(17): 175503.

[47] Yoshiie T, Xu Q, Sato K, et al. Reaction kinetics analysis of damage evolution in accelerator driven system beam windows [J]. J Nucl. Mater. , 2008, 377(1): 132 – 135.

[48] Yoshiie T, Kojima S, Satoh Y, et al. Detection of the role of free point defects from the variation of defect structures near permanent sinks in neutron irradiated metals [J]. J Nucl. Mater. , 1992, 191 – 194, Part B: 1160 – 1165.

[49] Morishita K, Sugano R, Wirth B D. MD and KMC modeling of the growth and shrinkage mechanisms of helium-vacancy clusters in Fe [J]. J Nucl. Mater. , 2003, 323(2 – 3): 243 – 250.

[50] Reed D J. A review of recent theoretical developments in the understanding of the migration of helium in metals and its interaction with lattice defects [J]. Radiation Effects, 1977, 31(3): 129 – 147.

[51] Phythian W, Stoller R, Foreman A, et al. A comparison of displacement cascades in copper and iron by molecular dynamics and its application to microstructural evolution [J]. J. Nucl. Mater. , 1995, 223(3): 245 – 261.

[52] Yoshida N, Kiritani M. Point defect clusters in electron-irradiated gold [J]. Journal of the Physical Society of Japan, 1973, 35(5): 1418 – 1429.

[53] Marian J, Wirth B D, Caro A, et al. Dynamics of self-interstitial cluster migration in pure α-Fe and Fe-Cu alloys [J]. Phys. Rev. B, 2002, 65(14): 144102.

[54] Arakawa K, Ono K, Isshiki M, et al. Observation of the one-dimensional diffusion of nanometer-sized dislocation loops [J]. Science, 2007, 318(5852): 956 – 959.

[55] Kiritani M. Defect interaction processes controlling the accumulation of defects produced by high energy recoils [J]. J Nucl. Mater. , 1997, 251: 15.

[56] Arakawa K, Hatanaka M, Kuramoto E, et al. Changes in the Burgers Vector of Perfect Dislocation Loops without Contact with the External Dislocations [J]. Phys. Rev. Lett. , 2006, 96(12): 125506.

[57] Xu D, Wirth B D, Li M, et al. Combining in situ transmission electron microscopy irradiation experiments with cluster dynamics modeling to study nanoscale defect agglomeration in structural metals [J]. Acta Materialia, 2012, 60(10): 4286 – 4302.

[58] Preouyre G M. Hydrogen traps, repellers, and obstacles in steel: consequences on hydrogen diffusion, solubility, and embrittlement[J]. Metallurgical Transactions A,1983,14(10) : 2189 – 2193.

[59] 万发荣. 金属材料的辐射损伤[M]. 北京:科学出版社,1993.

[60] Myers S M, Richards P M, Wampler W R,et al. Ion-beam studies of hydrogen-metal interactions [J]. J. Nucl. Mater. , 1989, 165(1): 9 – 64.

[61] Zhang W P, Luo F F, Yu Y X,et al. Synergistic effects on dislocation loops in reduced-activation martensitic steel investigated by single and sequential hydrogen/helium ion irradiation [J]. J. Nucl. Mater. , 2016, 479: 302 – 306.

[62] Arakawa K, Mori H, Ono K. Formation process of dislocation loops in iron under irradiations with low-energy helium, hydrogen ions or high-energy electrons [J]. J. Nucl. Mater. , 2002, 307: 272 – 277.

[63] Caturla M J, Ortiz C J, Fu C C. Helium and point defect accumulation: (ii) kinetic modelling [J]. C. R. Phys. 9 (2008) 401 – 408.

[64] Hayward E, Deo C. Synergistic effects in hydrogen-helium bubbles [J]. J. Phys. Condens. Matter. , 2012, 24(26): 265402 – 265411.

[65] Counts W A, Wolverton C, Gibala R. First-principles energetics of hydrogen traps in α-Fe: Point defects

[J]. Acta Mater. ,2010, 58(14): 4730 – 4741.

[66] Ogura M, Yamaji N, Higuchi T, et al. Thermal behavior of hydrogen in helium-implanted high-purity SUS316L [J]. Nucl. Instr. and Meth. Phys. Res. Sect. B. , 1998, 136: 483 – 487.

[67] Xin Y, Ju X, Qiu J, et al. Vacancy-type defect production in CLAM steel after the co-implantation of He and H ion beams studied by positron-annihilation spectroscopy [J]. J. Nucl. Mater. , 2013, 432(1): 120 – 126.

[68] Lee E H. Triple ion beam studies of radiation damage in 9Cr-2WVTa ferritic/martensitic steel for a high power spallation neutron source [J], J. Nucl. Mater. , 1999, 271 – 272: 385 – 390.

[69] Wakai E. Swelling behavior of F82H steel irradiated by triple/dual ion beams [J], J. Nucl. Mater. , 2003, 318 : 267 – 273.

[70] Lucas G, Schaublin R. Helium effects on displacement cascades in a-iron [J]. Journal of Physics: Condensed Matter, 2008, 20: 415206.

[71] Ventelon L, Wirth B, Domain C. Helium-self-interstitial atom interaction in a-iron [J]. J. Nucl. Mater. , 2006, 351(1 – 3): 119 – 132.

[72] Prokhodtseva A, De'camps B, Ramar A, et al. Impact of He and Cr on defect accumulation in ion-irradiated ultrahigh-purity Fe(Cr) alloys [J]. Acta Materialia, 2013; 61: 6958 – 6971.

[73] Ogiwara H, Kohyama A, Tanigawa H, et al. Helium effects on mechanical properties and microstructure of high fluence ion-irradiated RAFM steel [J], J. Nucl. Mater. , 2007, 367 – 370: 428 – 433.

[74] Yu G, Li X Q, Yu J N, et al. Helium effects on EUROFER97 martensitic steel irradiated by dual-beam from 1 to 50 dpa at 250 and 300 degrees C with 10 He appm/dpa [J]. J. Nucl. Mater. , 2004: 329 – 333, 1003 – 1007.

[75] Tanaka T, Oka K, Ohnuki S, et al. Synergistic effect of helium and hydrogen for defect evolution under multi-ion irradiation of Fe-Cr ferritic alloys [J]. J. Nucl. Mater. , 2004:329 – 333, 294 – 298.

[76] Brimbal D, Beck L, Troeber O, et al. Microstructural characterization of Eurofer-97 and Eurofer-ODS steels before and after multi-beam ion irradiations at JANNUS Saclay facility [J]. J. Nucl. Mater. , 2015, 465: 236 – 244.

[77] Sekimura N, Iwai T, Arai Y, et al. Synergistic effects of hydrogen and helium on microstructural evolution in vanadium alloys by triple ion beam irradiation [J]. J. Nucl. Mater. , 2000, 283 – 287: 224 – 228.

[78] Marian J, Bulatov V V. Stochastic cluster dynamics method for simulations of multispecies irradiation damage accumulation [J]. J. Nucl. Mater. , 2011, 415: 84 – 95.

[79] Jiang H, Faulkner R G. Modelling of grain boundary segregation, precipitation and precipitate-free zones of high strength aluminium alloys-I. The model [J]. Acta Mater. , 1996, 44(5):1857 – 1864.

[80] Ryazanov A I, Arutyunova G A, Sokursky V N, et al. Kinetics of the growth of helium bubbles at the grain boundaries. formation of the spatially inhomogeneous distribution of helium bubbles near the grain boundaries [J]. J. Nucl. Mater. , 1985, 135(2 – 3):232 – 245.

[81] Sakaguchi N, Watanabe S, Takahashi H. Heterogeneous dislocation formation and solute redistribution near grain boundaries in austenitics stainless stel under electron irradiation [J]. Acta mater. 2001, 49: 1129 – 1137.

[82] Ishino S. A review of in situ observation of defect production with energetic heavy ions [J]. J. Nucl. Mater. , 1997,251:225 – 236.

[83] Kano F, Fukuya K, Hamada S, et al. Effect of carbon and nitrogen on grain boundary segregation in irradiated stainless steels [J]. J. Nucl. Mater. , 1998, 258 – 263: 1713 – 1717.

[84] Watanabe S, Takamatsu Y, Sakaguchi N, et al. Sink effect of grain boundary on radiation-induced segregation in austenitic stainless steel [J]. J. Nucl. Mater. , 2000, 283 – 287,152 – 156.

[85] Duh T S, Kai J J,Chen F R. Effects of grain boundary misorientation on solute segregation in thermally sensitized and proton-irradiated 304 stainless steel [J]. J. Nucl. Mater. , 2000, 283 – 287:198 – 204.

[86] Idrees Y,Yao Z,Kirk M A,et al. In situ study of defect accumulation in zirconium under heavy ion irradiation[J]. J. Nucl. Mater. , 2013, 433: 95 – 107.

[87] Samaras M, Derlet P M, Swygenhoven H V,et al. Computer simulation of displacement cascades in nanocrystalline Ni [J]. Phys. Rev. Lett. , 2002, 88:125505.

[88] Bai X M, Voter A F, Hoagland R G, et al. Efficient Annealing of Radiation Damage Near Grain Boundaries via Interstitial Emission [J]. Science, 2010, 327(5973):1631 – 1634.

[89] Singh B N. Effect of grain size on void formation during high-energy electron irradiation of austenitic stainless steel [J]. Philos. Mag. , 1974, 29:25 – 42.

[90] Rose M, Balogh A G, Hahn H. Instability of irradiation induced defects in nanostructured materials [J]. Nuclear Instruments and Methods in Physics Research B,1997,127/128:119 – 122.

[91] Chimi Y, Iwase A, Ishikawa N, et al. Accumulation and recovery of defects in ion-irradiated nanocrystalline gold [J]. J. Nucl. Mater. , 2001, 297(3):355 – 357.

[92] Sun C, Song M, Yu K Y, et al. In situ Evidence of Defect Cluster Absorption by Grain Boundaries in Kr Ion Irradiated Nanocrystalline Ni [J]. Metallurgical and Materials Transactions A, 2013, 44A: 1966 – 1974.

[93] Kobayashi S, Tsuruoka Y, Nakai K, et al. Effect of neutron irradiation on the microstructure and hardness in particle dispersed ultra-fine grained V-Y alloys [J]. J. Nucl. Mater. , 2004, 329 – 333: 447 – 451.

[94] Oka H, Watanabe M, Kinoshita H, et al. In situ observation of damage structure in ODS austenitic steel during electron irradiation [J]. J. Nucl. Mater. , 2011, 417: 279 – 282.

[95] Yu C Z, Oka H, Hashimoto N, et al. Development of damage structure in 16Cr-4Al ODS steels during electron-irradiation [J]. J. Nucl. Mater. , 2011, 417: 286 – 288.

[96] Zhao M Z, Liu P P, Bai J W, et al. In situ observation of the effect of the precipitate/matrix interface onthe evolution of dislocation structures in CLAM steel duringirradiation [J]. Fusion Engineering and Design, 2014, 89: 2759 – 2765.

[97] Trinkaus H, Singh B N, Foreman A J E. Mechanisms for decoration of dislocations by small dislocation loops under cascade damage conditions [J]. J. Nucl. Mater. , 1997, 249: 91 – 102.

[98] Trinkaus H,Singh B N,Foreman A J E. Segregation of cascade induced interstitial loops at dislocations: possible effect on initiation of plastic deformation [J]. J. Nucl. Mater. . 1997, 251: 172 – 187.

[99] Was G S, Busby J T, Allen T, et al. Proton irradiation emulation of PWR neutron da mage microstructures in solution annealed 304 and cold-worked 316 stainless steels [J]. J. Nucl. Mater. , 2002, 300: 198 – 216.

[100] Gan J, Was G S, Stoller R E. Modeling of microstructure evolution in austenitic stainless steels irradiated under light water reactor condition [J]. J. Nucl. Mater. , 2001, 299: 53 – 67.

[101] Stoller R E, Greenword L R. Subcascade formation in displacement cascade simulations: Implications for fusion reactor materials [J]. J. Nucl. Mater. , 1999, 271 – 272: 57 – 62.

第 5 章　位错环与其他辐照效应

位错环(包括黑斑缺陷)是最常见的辐照缺陷,在低剂量的辐照下就可出现。位错环对工程上非常关心的辐照肿胀、辐照硬化、辐照脆化、辐照蠕变、辐照偏析和析出(与腐蚀性能有关)等辐照效应都有重要影响。关于位错环的形成规律和机理的研究是位错环研究的基本内容,本书前面几章已作了介绍;而关于位错环对材料性能影响的研究则构成了位错环研究的另一个重要方面,在工程上尤为重要。本章择要简述位错环与这些辐照效应之间的关系,详细论述可查阅有关论文和专著。

5.1　位错环与辐照肿胀

由于辐照肿胀$((0.3 \sim 0.6)T_\mathrm{m}, T_\mathrm{m}$ 是熔点)对材料的性能影响极大,长期以来辐照肿胀是核工程中最关心的辐照效应之一。对于快堆的燃料包壳材料而言,辐照肿胀更是其面临的最主要的辐照问题。对于聚变堆第一壁材料,尽管考虑使用比传统不锈钢抗肿胀性能更好的材料,但在高剂量的高能中子辐照加上嬗变气体的协同效应作用下,辐照肿胀仍然是最受关注的辐照效应之一。

辐照肿胀有两种来源,即空洞肿胀和气泡肿胀(主要是 He 泡肿胀)。肿胀量的大小取决于空洞或气泡的密度和尺寸。设空洞或气泡的总体积为 ΔV,则肿胀量 $S = \Delta V/V, V$ 为发生肿胀之前的体积。若用透射电镜观测空洞和气泡,观测区域的体积为 V,则肿胀量 $S = \Delta V/(V - \Delta V)$。$\Delta V$ 可以通过空洞或气泡的尺寸分布进行计算,也可以用平均尺寸和平均密度进行估算。

位错环作为最常见的点阵缺陷,一旦形成便成为点缺陷和缺陷团的陷阱,对空洞和气泡的演变产生影响。而且,位错环或缺陷团在运动和形成过程中,也可与空位团或空洞发生作用,影响它们的形核和长大,进而影响材料的辐照肿胀。反之,气泡也能通过一些机制,产生位错环,从而影响材料中位错环的形核和长大。

5.1.1　位错环与空洞肿胀

空洞肿胀随辐照剂量的变化趋势分为 3 个区域(图 5 - 1),即潜伏期、线性肿胀期和饱和期。在潜伏期,肿胀量随剂量的增加而缓慢增加;在线性肿胀期,肿胀量随辐照剂量线性增加;在饱和期,肿胀量达到最大值,不随剂量变化[1,2]。

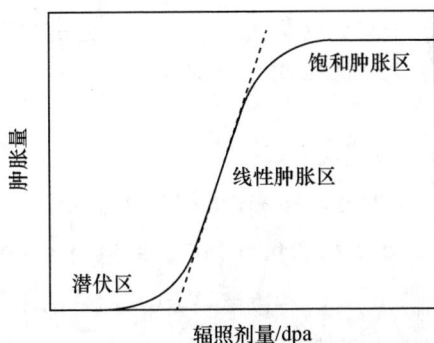

图 5-1 空洞肿胀随辐照剂量的变化

下面先介绍空洞肿胀的空位机制,该机制能定性解释线性肿胀现象;然后介绍空位加位错环机制,该机制能解释线性肿胀和饱和肿胀现象。

1. 空洞长大的空位机制

假设只有空位和间隙原子对空洞的长大和收缩有贡献:空洞吸收空位而长大,吸收间隙原子而收缩,则空洞长大的速率由流入空洞的空位和自间隙原子速率决定,空洞长大方程的一般形式为(式(2-97))

$$dR/dt = (D_V C_V - D_I C_I - D_V C_V^{eq})\Omega/R \qquad (5-1)$$

由于 $V = 4\pi R^3/3$,空洞的体积变化速率为

$$dV/dt = 4\pi R\Omega(D_V C_V - D_I C_I - D_V C_V^{eq}) \qquad (5-2)$$

式(5-1)可以用迭代法进行数值求解,方法是给定 R 的一个初始值 $R(0)$,通过求解 Brailsford 和 Bullough 建立的速率理论方程组[3]:

$$\partial C_v/\partial t = K_0 - \sum_j A_v^j - R_i^v \qquad (5-3)$$

$$\partial C_i/\partial t = K_0 - \sum_j A_v^j - R_i^v \qquad (5-4)$$

求得空位和间隙原子的浓度值 C_v 和 C_i,将其代回式(5-1),得到一个新的 R 值,在此新 R 值下再求解式(5-3)和式(5-4),依次迭代下去,可以得到非常精确的结果。式(5-3)和式(5-4)右边 3 项分别是点缺陷的产生率、流向缺陷阱的消失率和间隙原子-空位复合湮灭率。但这样求解并不能令人洞悉控制空洞长大的物理过程和参数。Brailsford 和 Bullough 将式(5-3)和式(5-4)的解插入式(5-1)中,得到了一个近似的分析结果[3],为理解控制空洞生长的参数提供了一个极好的工具:

$$C_v = \frac{D_i S_i}{2K_i^v}(\sqrt{\eta+1}-1) \qquad (5-5)$$

$$C_i = \frac{D_v S_v}{2K_i^v}(\sqrt{\eta+1}-1) \qquad (5-6)$$

式中: η 为无量纲的量, $\eta = 4K_i^v K_0 / (D_i D_v S_i S_v)$, S_i, S_v 分别为吸收间隙原子的位错、空洞和析出物 3 种缺陷阱的总强度, $S_i = Z_i \rho_d + 4\pi R \rho_V + 4\pi R_{CP} \rho_{CP}$, $S_v = Z_v \rho_d + 4\pi R \rho_V + 4\pi R_{CP} \rho_{CP}$。

将式(5-5)和式(5-6)式代入式(5-1), 得

$$dR/dt = F(\eta) dR_0/dt - dR_{th}/dt \tag{5-7}$$

式(5-7)中右边第二项是缺陷阱的热发射项, 与缺陷的产生率无关, 它强烈依赖于温度 T, 当 $T \to 0$ 时, $dR_{th}/dt \to 0$。右边第一项中, $F(\eta) = 2(\sqrt{\eta+1} - 1)/\eta$, 当点缺陷复合湮灭率 $K_i^v \to 0$ 时, $\eta \to 0$, 则 $F(\eta) \to 1$。

$$dR_0/dt = K_0 (Z_i - Z_v) \rho_d \Omega / [R(Z_v \rho_d + 4\pi R \rho_V)(Z_v \rho_d + 4\pi R \rho_V + 4\pi R_{CP} \rho_{CP})] \tag{5-8}$$

注意: dR_0/dt 正比于点缺陷产生率 K_0 和位错偏压 $(Z_i - Z_v)$, 且与温度无关。

把 η 的值代入式(5-1), 并忽略热发射项, 可得到一个影响空洞生长的关键参数的表达式[4]:

$$dR/dt = \frac{\Omega D_i D_v}{2RK_i^v} \left[\left(1 + \frac{4K_i^v K_0}{D_i D_v S_i S_v} \right)^{1/2} - 1 \right] (Z_v S_v - Z_i S_i) \tag{5-9}$$

根据式(5-9)中的 $(Z_v S_v - Z_i S_i)$ 的正负, 可判断空洞是长大还是收缩。而且, 缺陷阱强度 S_i 和 S_v 越大, 空洞生长速率越慢, 因为点缺陷更多地流向了缺陷阱而不是流向空洞。

如果 $4K_i^v K_0 / (D_i D_v S_i S_v) \gg 1$, 空洞长大是由空位 - 间隙原子复合所主导; 如果 $4K_i^v K_0 / (D_i D_v S_i S_v) \ll 1$, 则空洞长大是由缺陷阱主导。假设除空洞外只有网络位错这一种缺陷阱, 其密度为 ρ_N, 则对于缺陷阱主导的空洞长大过程, 长大速率为

$$dR/dt = \frac{\Omega K_0 Q_i Q_v}{R \rho_N (1 + Q_v)(1 + Q_i)} (Z_v Z_i^N - Z_i Z_v^N) \tag{5-10}$$

$$Q_{i,v} = \frac{Z_{i,v}^N \rho_N}{4\pi R \rho_V Z_{i,v}} \tag{5-11}$$

式中: Q 为点缺陷的位错捕陷强度与空洞捕陷强度之比。可见, 此时空洞长大速率正比于缺陷产生率 K_0, 这正是线性肿胀期的特征。将式(5-10)乘以 $4\pi R^2 \rho_V$, 考虑到 $\Omega = 1/N_0$, 则可得体肿胀的速率为

$$\frac{d(\Delta V/V)}{dt} = K_0 \left(\frac{Z_i - Z_v}{Z_v} \right) \frac{Q}{(1+Q)^2} \tag{5-12}$$

式(5-8)中忽略析出物项也能得到式(5-12)。对于 $Q = 1$ 和 $Z_i - Z_v = 0.01 Z_v$, 得

$$\frac{\Delta V}{V}(\%)/dpa \approx 1/4 \tag{5-13}$$

176

即在稳态肿胀速率约为 1/4%/dpa 比大量实验观察到的实测值 1%/dpa 小,但线性肿胀规律与缺陷阱主导过程一致。

根据上述模型,肿胀量与辐照剂量成正比,因此只要辐照不断进行下去,肿胀就不会停止!这与实验观察到的辐照到一定剂量后肿胀值将达到饱和的现象是相矛盾的。究其原因,是因为上述空洞长大模型中忽略了位错环或间隙型缺陷团的影响。

Singh 等在速率方程中考虑了碰撞级联的点缺陷产额偏压,研究了 Cu 中位错环的滑移对辐照肿胀的影响[5]。图 5 - 2 中虚线为假设所有自间隙原子团簇都不可迁移的计算结果,由于在辐照剂量大于 10^{-4} dpa 后,空洞密度为一常量,满足 $S = (Gt)^{3/5}$,但是却比实验值低很多。图 5 - 2 中的点虚线是假设位错环可滑移但只被晶界和位错捕获,不被空洞所捕获的计算结果。在这种情况下,在辐照剂量小于 10^{-2} dpa 时计算结果与实验相符合,但在更高辐照剂量下却比实验值高。而中间的实线是考虑位错环可滑移并且可以被空洞和晶界及位错捕获的计算结果,与实验结果符合得最好。可见,空洞对可滑移的位错环的捕获可以减小肿胀率,位错环与空洞的反应会影响材料的肿胀。

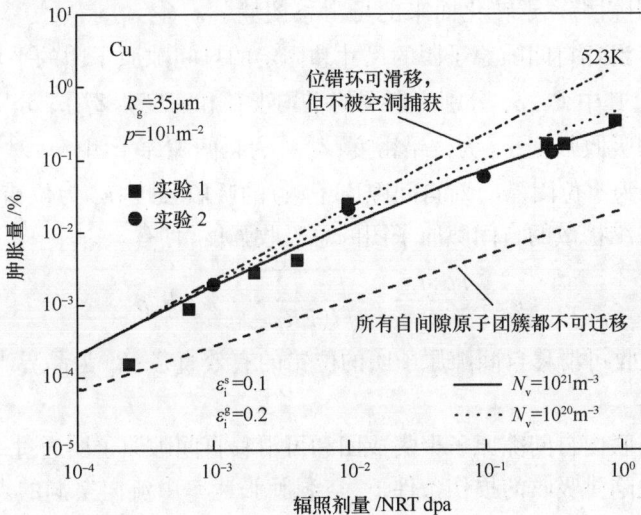

图 5 - 2 532K 下辐照铜的肿胀随辐照剂量的演化[5]

2. 可滑移位错环对空洞长大的影响

现在考虑把损伤级联形成的间隙型团簇及其移动性加入上面的空洞长大模型中,即空洞也可以因吸收移动的自间隙型原子团而收缩。最直接的处理办法是回到第 1 章和第 2 章介绍的团簇理论,在描述空洞胚胎的演化时加进间隙型团簇项。数值求解 Fokker - Planck 方程将得到空洞随时间或剂量的尺寸分布,其处理过程跟间隙型位错环类似。然而,数值求解对于理解空洞演化过程和各种参数的重要性并无太大价值。另一种办法是考虑空位和间隙原子产额不对称即产额偏压的影

177

响,这种产额偏压来自于空位聚集成空位团的比例和自间隙原子聚集成间隙原子团的比例不同,以及空位团与间隙原子团在热稳定性和迁移性方面的差异。下面考虑滑移位错环与空位和间隙型位错环的相互作用小到可以忽略不计,在此情形下发展一个仍能反映出团簇影响的肿胀表达式。

在碰撞级联中发生点缺陷聚集成团的条件下,在稳态点缺陷平衡方程中加进滑移的自间隙原子团项[5,6]:

$$(1 - \varepsilon_i^{g,eff}) K_0^{eff} = D_i C_i (Z_i^V k_v^2 + Z_i^d \rho_d) + K_i^v D_i C_i C_v + Z_v^{ic} k_{ni}^2 D_v C_v + Z_i^{vc} k_{nv}^2 D_i C_i \tag{5-14}$$

$$K_0^{eff} = D_v C_v (Z_v^V k_v^2 + Z_v^d \rho_d) + K_i^v D_i C_i C_v + Z_v^{ic} k_{ni}^2 D_v C_v + Z_i^{vc} k_{nv}^2 D_i C_i \tag{5-15}$$

$$\varepsilon_i^{g,eff} K_0^{eff} / x_g = D_g C_g k_g^2 \tag{5-16}$$

式中:$K_0^{eff} = (1 - \varepsilon_r) G_{NRT}$ 为从 NRT dpa 产生率得到的有效弗仑克尔对的产生速率,扣除了级联冷却阶段弗仑克尔对复合湮灭的部分 ε_r;$\varepsilon_i^{g,eff} = \varepsilon_i^g + \varepsilon_i^s x_g / <x_i^s>$ 为可滑移自间隙原子团的有效部分,包括级联直接产生的自间隙原子团 ε_i^g 和从级联产生的固定自间隙团簇 ε_i^s 转化而来的可滑移团簇 $\varepsilon_i^s x_g / <x_i^s>$;$x_g$,$<x_i^s>$ 分别为级联中产生的可滑移自间隙原子团的尺寸和固定的自间隙原子团的平均尺寸;$Z_{i,v}^V k_v^2$($k_v^2 = 4\pi R_v \rho_v$,其中 R_v,ρ_v 分别为空洞的平均半径和密度),$Z_{i,v}^d \rho_d$ 分别为空洞和位错对点缺陷的吸收强度;ρ_d 为位错密度;$Z_v^{ic} k_{ni}^2$ 为自间隙原子团(ic)对空位(v)的吸收强度;$Z_i^{vc} k_{nv}^2$ 为空位团(vc)对自间隙原子(i)的吸收强度;k_g^2 为位错、晶界和空洞等缺陷阱对一维扩散的自间隙原子团的总吸收强度,且有

$$k_g = \frac{\pi \rho_d d_{abs}}{4} + \sqrt{\frac{2}{l(2R_g - l)}} + \pi R_V^2 \rho_v \tag{5-17}$$

其中:d_{abs} 为吸收可滑移自间隙原子团的位错的有效直径;R_g 为晶界半径;l 为团簇到晶界的距离。

在允许级联内自间隙原子聚集成团和可滑移自间隙原子团通过一维扩散逸出级联区并被缺陷阱吸收的损伤条件下,空洞肿胀速率由流向空洞的点缺陷流和滑移间隙原子团流两个因素共同决定,于是式(5-2)变为

$$\frac{dS}{dt} = (D_v C_v Z_v^V - D_i C_i Z_i^V) k_v^2 - D_g C_g x_g k_g \pi R_V^2 \rho_v \tag{5-18}$$

式中:右侧第二项直接来自于式(5-16)。

在上述级联损伤条件下,当达到稳态时(特别是当级联中产生的团簇只有滑移的自间隙原子团,即 $\varepsilon_i^s = \varepsilon_v = 0$,$\varepsilon_i^{g,eff} = \varepsilon_i^g$ 时),流向位错的点缺陷流的差异(位错偏压)以及式(5-14)和式(5-15)右边中的复合和团簇项,在式(5-18)所描述的肿胀速率中只代表小的扰动,可以忽略式(5-14)和式(5-15)中的复合项和团簇项,式(5-18)可简写为[6]

$$\frac{dS}{dt} = K_0^{\text{eff}} \left[\varepsilon_i^g \left(\frac{Z_v^V k_v^2}{Z_v^V k_v^2 + Z_v^d \rho_d} - \frac{\pi R_v^2 \rho_v}{k_g} \right) + (1 - \varepsilon_i^g) p_l \frac{Z_v^V k_v^2 Z_v^d \rho_d}{(Z_i^V k_v^2 + Z_i^d \rho_d)(Z_v^V k_v^2 + Z_v^d \rho_d)} \right]$$

$$(5-19)$$

式中：$p_l = (Z_i^d/Z_v^d - Z_i^V/Z_v^V) \approx (Z_i^d/Z_v^d - 1)$ 为传统的单个点缺陷位错偏压。下面假设空洞是点缺陷的中性缺陷阱，$Z_v^V = Z_i^V = 1$。

从式（5-19）可见，肿胀率正比于有效弗仑克尔对的产生速率 $K_0^{\text{eff}} = (1 - \varepsilon_r) G_{\text{NRT}}$，而且通过损伤效率（$1 - \varepsilon_r$）依赖于级联参数，如反冲能、原子质量、晶体结构和辐照温度。式（5-19）右侧方括号中的第一项是产额偏压对肿胀速率的贡献，正比于做一维滑移的间隙原子团的比例 ε_i^g，第二项是单个点缺陷控制的传统位错偏压对肿胀速率的贡献，正比于做三维扩散的点缺陷的比例（$1 - \varepsilon_i^g$）。在只产生弗仑克尔对而不产生自间隙原子团的极限条件下，$\varepsilon_i = \varepsilon_i^g + \varepsilon_i^s = 0$，式（5-19）中右侧第一项消失，产额偏压模型（PBM）就变成了传统的位错偏压模型（SRT），肿胀速率只是由位错控制的单个点缺陷吸收所驱动，所得表达式与式（5-8）相同（忽略其中的相干析出项）。反之，当 $\varepsilon_i^g \to 1$，产额偏压对肿胀速率的贡献是主要的，传统位错偏压的贡献可以忽略。

利用式（5-19）及其积分后得到的解，可以定量地处理空洞式缺陷积累的不同方面，例如在低剂量下甚至低位错密度和特别靠近晶界处的高肿胀量，以及空洞生长的饱和、高剂量下的肿胀等问题[5,7-9]。

当自间隙原子团也像自间隙原子那样做三维移动时，肿胀速率可以写成类似式（5-8）那样的单个点缺陷位错偏压决定的形式，只是要把缺陷团项包括进去，而且形式与孤立点缺陷项相似：

$$\frac{dS}{dt} = K_0^{\text{eff}} \frac{Z_v^V k_v^2 Z_v^d \rho_d}{(Z_v^V k_v^2 + Z_v^d \rho_d)} \left[\frac{\varepsilon_i^g p_{\text{cl}}}{Z_{\text{cl}}^V k_v^2 + Z_{\text{cl}}^d \rho_d} + \frac{(1 - \varepsilon_i^g) p_l}{(Z_i^V k_v^2 + Z_i^d \rho_d)} \right] \quad (5-20)$$

式中：$p_{\text{cl}} = (Z_{\text{cl}}^d/Z_v^d - Z_{\text{cl}}^V/Z_v^V)$ 为位错和空洞对自间隙原子团的偏压因子。空洞不再可以被明显地当成是捕陷自间隙原子团的中性缺陷阱，$Z_{\text{cl}}^V > Z_{i,v}^V \approx 1$。

根据式（5-20），对任何微观结构而言，三维团簇反应动力学的肿胀速率是正的，意味着这种情况下肿胀饱和不会发生。

肿胀速率永远为正值在物理上是不合理的，实验上已知在高的辐照剂量和高的肿胀量下将达到饱和。实际上，Fokker-Planck 方程的解的一般特征是尺寸分布逐渐展宽，直到达到稳态，这是因为级联损伤限制了间隙原子团的进一步生长。根据式（5-19），肿胀速率是随着空洞尺寸的增加而逐渐减小的，这是因为空洞捕获滑移间隙原子团的效率增加了。当空洞尺寸达到一个最大值 $R^{\max}$ 时，肿胀速率将减小到 0。在此条件下，如果空洞密度保持为一常数，肿胀量将达到某个饱和值。在产额偏压为主的情况下，根据式（5-19），饱和空洞尺寸为

$$R^{\max} = \left[4 \sqrt{\frac{2}{l(2R_g - l)} + \pi d_{\text{abs}} \rho_d} \right] \bigg/ Z_v^d \rho_d \quad (5-21)$$

在大晶粒的内部，$l \gg 4\sqrt{\dfrac{2}{l(2R_g - l)}} + \pi d_{abs}\rho_d$，$R^{max}$ 可简化为[7]

$$R^{max} = \pi d_{abs}/Z_v^d \qquad (5-22)$$

对应的最大肿胀值为

$$S^{max} = \frac{4\pi}{3}(R^{max})^3 \rho_V \qquad (5-23)$$

可见，空洞的最大尺寸和最大肿胀量都跟级联参数 ε_r 和 ε_i^g 无关，空洞最大尺寸甚至与空洞的数密度无关。如果在式(5-19)中忽略团簇的形成，那么肿胀就会一直进行下去。因此，肿胀饱和是级联损伤条件下产额偏压的内在性质。在这些条件下的缺陷积累与只产生弗仑克尔对的情况下有着根本性的不同，后者肿胀不会饱和。肿胀饱和的根本原因是可滑移间隙原子团或位错环与空洞复合，导致空洞长大受到越来越强的抑制。

近期有文献报道，位错环的移动性降低也能抑制肿胀[10]。实验发现[11]，体心立方点阵结构的 Fe-Cr 合金中加入少量的 Cr 就可将辐照肿胀量降低一个数量级，特别是 Cr 含量在 1%～10% 范围内肿胀量低，在此范围之外将升高。在高的辐照剂量下，Cr 含量约为 9% 时肿胀量最大，3% 和 15% 时肿胀量最小，高于此含量可能增加，也可能不增加，依赖于辐照条件。Terentyev 等进行了第一性原理和分子动力学计算，根据空位与移动性降低的自间隙原子团和小位错环的复合解释了肿胀的降低现象。Terentyev 等通过计算得到了 Fe-Cr 合金中不同尺寸的自间隙原子团簇自由能随 Cr 含量的演化，再根据自由能变化与扩散系数的关系，得出扩散系数与 Cr 含量的关系。研究发现 Fe-Cr 合金中自间隙团簇的扩散系数比纯 Fe 中更小。当 Cr 含量较高时，其对团簇扩散系数的影响逐渐消失。快中子辐照中在级联过程中直接形成的小自间隙原子团簇在 Cr 含量为 9%～12% 时扩散系数最小。团簇尺寸越大，当 Cr 含量越低时团簇扩散系数越小。因此加入 Cr 后，由于 Cr 原子与自间隙原子(<111>排列子)之间的吸引相互作用，强烈降低了自间隙原子团和小位错环的移动性，减少了被位错、晶界等缺陷阱吸收的概率，因此在缺陷阱处的湮灭减少。另一方面，因挤列子与 α'-析出物(富 Cr 的析出物)存在强烈的排斥作用，辐照形成的细小弥散的 α'-析出物也将阻碍自间隙团簇的自由迁移，在发生相分离的高浓度区中阻碍了团簇在扩展缺陷阱处的湮灭。由于自间隙团簇或小位错环在缺陷阱处的湮灭减少，就为自由迁移的空位和小空位团提供了更多的复合位置。很明显，空位和小空位团与自间隙团簇或小位错环的复合都将显著降低肿胀。

5.1.2　位错环与 He 泡肿胀

1. 位错环对 He 泡肿胀的影响

理论计算表明，He 可以被位错芯所捕获。最近，Brimbal 等在纯 Fe 的原位电

180

镜研究中直接观察到了位错环对 He 泡形成的促进作用[12]。在 500℃ 1MeV Fe 离子和 15keV He 离子(He 的注入速率约为 500appm He/1dpa)的双束同时辐照下，当辐照至 0.3dpa 时，出现平均尺寸约 32nm 的位错环(主要是 b = <100>、位于{111}面上的位错环)，但没有出现 He 泡；当辐照至 0.92dpa 时，出现平均尺寸约 75nm 的位错环，而且出现了不均匀分布的 He 泡，大部分 He 泡位于位错环所包围区域内，平均尺寸约 5nm。这个实验表明位错环的存在有利于 He 泡的形成，促进了 He 泡肿胀。进一步的研究显示，He 的注入速率降至约 80appm He/1dpa 时，位错环对 He 泡肿胀的促进作用依然存在[13]。

用 H^+(10keV,$4.2 \times 10^{20}/m^2$)和 He^+(18keV,$1 \times 10^{20}/m^2$)在 450℃ 下先后辐照 SCRAM 低活化钢时，在位错环上也观察到 He 泡的聚集(图 5-3)，He 泡的平均尺寸为 2.0nm，显示位错环有利于对 He 的捕获和聚集成泡[14]。

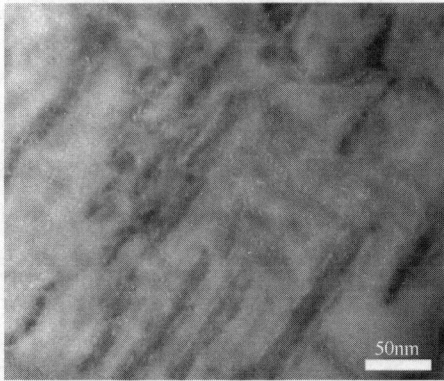

图 5-3　450℃下 H^+ 和 He^+ 辐照后的 SCRAM 低活化钢中的位错环和 He 泡

2. He 泡肿胀对位错环的影响

位错环可以影响 He 泡，有时 He 泡也可以影响位错环：通过位错环冲出机制(Loop Punching Mechanism)诱发产生位错环[15]。这种现象在 W 的低能 He 离子注入中能经常观察到。例如，用 0.25keV 的低能 He 离子注入 W 时，虽然 He 离子的能量不足以将钨原子撞出晶格格点位置形成间隙原子和空位(需要 He 离子的最低能量为 0.5keV)，但仍观察到了间隙型位错环的出现[16,17]，这种现象无法用一般的位错环形成机制来解释。这时，位错环冲出机制发挥了作用：He 原子在晶粒内聚集形成薄片状 He 团簇，并在其周围建立了应变场，当 He 团簇的尺寸足够大、压强足够高时，可以直接把邻近的 W 原子挤出晶格，产生间隙型位错环，以降低不断增加的应变场，这就是位错环的冲出机制。位错环冲出的同时 He 泡得以长大，冲出的位错环在辐照下可以继续生长(图 5-4)。这种"冲出"现象是快速发生的，在原位电镜进行视频拍摄时可以看到间隙位错环是突然出现的。实验发现，这种 He 薄片和位错环的形成在温度高达 1073K 时也能发生。

很明显，位错环冲出机制发挥作用的一个必要条件：He 团簇必须分布在晶粒

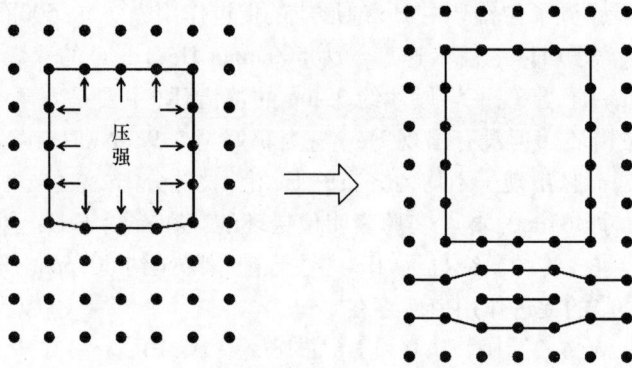

图 5 - 4 位错环冲出机制和气泡的生长[15]

内,而不是像通常那样聚集在晶界等界面处。在 W 的低能 He 离子注入实验中,很容易观察到 He 泡的这种分布特征。我们在 He 离子注入的 W 中,也观察到了 He 泡在晶粒内的这种分布,并观察到了形成的位错环(图 6 - 24)。

Watanabe 等用速率理论和结合原位电镜观察研究了 W 中间隙型位错环形核的两种机制[18]:一种是传统的双间隙原子机制,即 W 的自间隙原子迁移能极低,只有 0.08eV,室温下就可以做热迁移,自由移动的两个自间隙原子相互作用可以形成双间隙原子(di - interstitial) 构型,$I + I = I_2$,即位错环形核;另一种是跟 He - 空位复合体的形成有关的一种机制,即 He - 空位复合体 VHe_m 在其周围建立了应力场,当 He 原子数超过 10 时,若再新增加一个 He 原子会通过应力场把一个邻近的 W 原子从格点位置推开,产生一个空位和自间隙原子,有 $He + VHe_m \rightarrow V_2He_{m+1} + SIA$。自间隙原子被应力场束缚(自间隙原子与 VHe_m 之间的结合能为 0.7 eV),两个自间隙原子结合成为双间隙原子,即位错环形核。

在位错环的冲出机制和 He - 空位复合体机制下,He 肿胀促进了位错环的形核,同时位错环的形核也促进了 He 肿胀。

5.2 位错环与辐照偏析和析出

高温($(0.3 \sim 0.6) T_m$,大于 10dpa) 辐照下合金中的溶质元素容易在近表面区、晶界、位错、空洞、相界等缺陷阱处偏析,对材料的腐蚀性能和辐照脆性等有重大影响,并能引起微观结构(如产生析出相)的变化。溶质元素的尺寸在决定偏析的方向(富集或贫化)和幅度上起主要作用。从能量的角度,为减小储存在晶格中的应变能,比基体原子尺寸小(undersized)的置换位溶质原子将择优与间隙位基体原子交换位置,而比基体原子尺寸大(oversized)的溶质原子将趋于留在或返回置换位置,而且空位择优与尺寸大的溶质原子交换位置。小尺寸溶质原子易与基体原子组成混合哑铃型间隙原子,在高温辐照期间作为间隙原子向点缺陷阱迁移,在

182

缺陷阱处浓度升高即富集。大尺寸溶质原子则在空位向缺陷阱迁移时,通过与空位交换位置而与空位的迁移方向相反,形成远离缺陷阱的溶质原子流,在缺陷阱处浓度降低即贫化。

元素浓度分布可以通过求解偏微分速率方程组获得,只是在此时速率方程组中除了包含点缺陷的扩散方程外,还须添加溶质原子和基体原子扩散的方程,而且缺陷阱附近的浓度既随时间 t 变化,也随空间位置 x 而变化。以 A、B 两种元素组合的二元合金为例,基于一维 Inverse Kirkendall(IK)模型的速率方程组如下[19]:

$$\frac{\partial C_A}{\partial t} = \nabla \cdot \left[D_A \alpha \nabla C_A + N_A (d_{Av} \nabla C_v - d_{Ai} \nabla C_i) \right] \qquad (5-24)$$

$$\frac{\partial C_B}{\partial t} = \nabla \cdot \left[D_B \alpha \nabla C_B + NB (d_{Bv} \nabla C_v - d_{Bi} \nabla C_i) \right] \qquad (5-25)$$

$$\frac{\partial C_i}{\partial t} = \nabla \cdot \left[-d_{Ai} N_i \alpha \nabla C_A - d_{Bi} N_i \alpha \nabla C_B + D_i \nabla C_i \right] + K_0 - R - S_i \qquad (5-26)$$

$$\frac{\partial C_v}{\partial t} = \nabla \cdot \left[d_{Av} N_v \alpha \nabla C_A - d_{Bv} N_v \alpha \nabla C_B + D_v \nabla C_v \right] + K_0 - R - S_v \qquad (5-27)$$

上述 4 个方程分别描述了在空间某位置处,原子 A 和 B、自间隙原子 i 和空位 v 的浓度随时间的变化率。式(5-24)和式(5-25)的右边代表原子流,式(5-26)和式(5-27)的右边第一项代表点缺陷流,N 为数密度,d 为扩散率,α 为热力学因子,K_0 为缺陷产生率,R 为点缺陷复合率,S 为缺陷阱对点缺陷的吸收率。

对于自由表面和晶界作为缺陷阱的情形,已经研究了速率方程组的数值求解,可将求解区域划分成 3 个区:表面或界面附近的浓度快速变化区(如 0 ~ 4nm)、中间过渡区(如 4 ~ 18nm)和内部稳态区(距表面 18nm 以上)。但对于位错和位错环作为缺陷阱的情形,速率理论研究得很少。毫无疑问,位错环和位错线作为一种点缺陷阱,也能引起元素的辐照偏析,实验上也已经观察到。计算表明,在铁素体/马氏体钢中,位错环和位错线在总缺陷阱强度中占主要部分,而且位错环的缺陷阱强度高于位错线的缺陷阱强度[19]。

在奥氏体钢中,Ni 和 Si 是向陷阱强偏析的元素,已经在位错环处观察到 Ni 和 Si 的富集和 Cr 的贫化。例如,利用高空间分辨力的原子探针层析照相(Atom Probe Tomography, APT)技术,Fujii 和 Fukuya 在压水堆高剂量中子辐照(305℃,74dpa,1.7×10^{-7} dpa/s)过的 CW316 不锈钢中观察到了较大位错环(约 20nm)处 Ni 和 Si 的富集现象,这种富集有时会形成尺寸不超过 20nm 的溶质原子团[20]。Jiao 和 Was 在质子辐照的 CP304 不锈钢中位错环处观察到了 Si 和 Ni 的显著富集和 Cr 的显著贫化,组分变化幅度跟晶界处相当[21]。奥氏体钢中晶界处的 Cr 贫化和 Si 富集将降低其抗腐蚀性能,加速晶间腐蚀(IGC),造成晶间应力腐蚀开裂(IGSCC)等。而在晶粒内部的位错、位错环、空洞等缺陷阱处的元素偏析将改变其辐照演化行为,影响材料的力学性能。

铁素体/马氏体钢是第四代先进核能系统的候选包壳材料和未来核聚变堆的候选结构材料,辐照诱发的偏析和析出也能引起其硬化和脆化。在铁素体/马氏体钢中也观察到了辐照下在位错环和位错处的元素偏析。Jiao 和 Was 在质子辐照(400℃,7dpa)HCM12A 马氏体钢中,观察到位错环处有 Ni、Si 和 Mn 的富集,而且 Ni 的富集在位错环处比在晶界处要强,Ni 含量在位错环处相对于基体中的变化量比在晶界处相对基体中的变化量还要略大一些,但比在位错线处相对基体中的变化量要小(图 5 - 5)[22]。

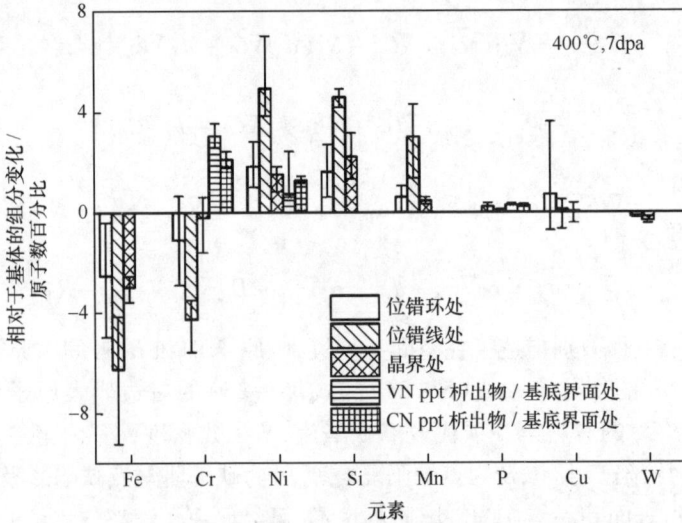

图 5 - 5　质子辐照的 HCM12A 马氏体钢中位错环、位错线、
晶界和析出物/基体界面处的组分变化[22]

根据式(5 - 24)～式(5 - 27),在铁素体/马氏体钢中缺陷阱处 Cr 既可以贫化,也可以富集,偏析方向跟合金中 Cr 的含量有关,实验上也观察到了这种现象。为更好地解释这种现象,Wharry 根据溶质原子拖拽机制,把溶质原子 – 空位复合体和溶质原子 – 间隙原子复合体的扩散也加进速率方程组中。对于 Fe – Cr 合金中溶质原子 Cr 的扩散,加入了下述两个方程:

$$\frac{\partial C_{iCr}}{\partial t} = D_{iCr}\nabla^2 C_{iCr} + K_{iCr}C_i C_{Cr} - K'_{iCr} - K_{v-iCr}C_v C_{iCr} \tag{5 - 28}$$

$$\frac{\partial C_{vCr}}{\partial t} = D_{vCr}\nabla^2 C_{vCr} + K_{vCr}C_v C_{Cr} - K'_{vCr} - K_{i-vCr}C_i C_{vCr} \tag{5 - 29}$$

方程右侧分别是复合体的扩散项、形成项、分解项和复合湮灭项。iCr 和 vCr 分别表示 Cr – 间隙原子复合体和 Cr – 空位复合体,v – iCr 表示单空位与 Cr – 间隙原子复合体的湮灭,i – vCr 表示单间隙原子与 Cr – 空位复合体的湮灭。但计算结果表明,溶质原子拖拽机制并不适于铁素体/马氏体钢中 Cr 的偏析。

位错环作为晶粒内部的缺陷阱,是晶粒内部析出物的有利形核位置。例如,在

质子辐照(360℃,5dpa)的 CP304 不锈钢中,APT 观察显示,在位错环处有富 Ni/Si 的析出物[21]。反之,这些析出物可以稳定小位错环,导致在 Si 含量高的合金中位错环的密度也高[23]。作者在 HR3C 奥氏体钢中位错环附近观察到了 $Cr_{23}C_6$ 的辐照析出现象,见 6.2 节。

5.3　位错环与辐照硬化

辐照过程中在金属内产生的缺陷会使金属出现辐照硬化(小于 $0.35T_m$,大于 0.1dpa)。如图 5-6 所示,金属材料辐照后屈服点上升(A 点),加工硬化量减少(B 点和 A 点的应力差),同时韧性减少(C 点横坐标)。造成金属硬化的方式可以分为两种,即源硬化和摩擦硬化,其中源硬化是增加位错的启动阻力,而摩擦硬化则是增加运动过程中位错的阻力。位错环硬化就属于摩擦硬化的一种。

位错环可分为层错环和非层错环。层错环属于纯刃形位错,而非层错环则属于刃形以及螺旋形混合位错。当运动的位错的滑移面离位错环很近或者是直接与位错环相遇时,位错环就会阻碍位错的运动。这里所说的位错滑移指的是在外力作用下,位错线在其与伯格斯矢量构成的晶面(滑移面)上的运动。

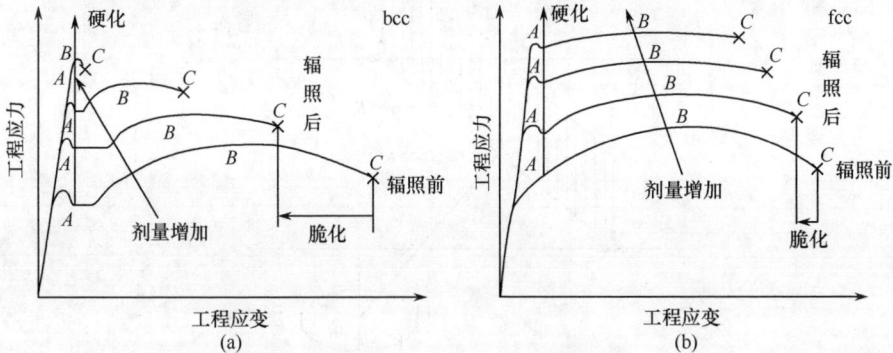

图 5-6　辐照引起的材料硬化
(a)体心立方金属;(b)面心立方金属。

由于位错环的直径一般来说比它们之间的距离要小得多,故可以假设只有当运动的位错碰上位错环时,位错环才会阻碍位错的运动。假设位错环和位错线之间的最大作用力为 F_{max},也即位错线克服位错环阻力所需要的外加剪应力。令在运动位错的滑移面上位错环之间的间距为 L,因此单位长度的位错线受到的作用力为 F_{max}/L。位错线所受的反向力可表示为 $\sigma_s b$,这里 b 为运动位错的伯格斯矢量。当 $\sigma_s b$ 大于等于 F_{max}/L 时,位错环引起的屈服应力的提高为

$$\sigma_s = \frac{F_{max}}{bL} \tag{5-30}$$

位错环就是一条环状的位错线,可以用经典的弹性理论来描述位错环和位错

线之间的相互作用。这里只分析一条刚性位错线在一个固定的位错环附近经过但并不接触时的相互作用。至于二者相互接触的情况下求得的 F_{max} 在一般形式上与根据长程弹性作用所得出的结果是相同的。

图 5-7 所示为一条伯格斯矢量为 $\boldsymbol{b}_e$ 的长直刃形位错在滑移面上运动,它的滑移面与一个伯格斯矢量为 $\boldsymbol{b}_l$ 的纯刃型位错环的面相距 y。位错环处在长直刃形位错附近的应力场中,该应力场含有正应力分量 σ_x,σ_y,σ_z 和一个剪应力分量。其中剪应力分量作用在位错环平面上,并与伯格斯矢量 $\boldsymbol{b}_l$ 垂直,故其对位错环没有作用力。同理,正应力分量 σ_x 和 σ_z 也对位错环没有作用力。而正应力分量 σ_y 对位错环有一种径向力,可以将环拉进或推开。假设刃形位错离位错环较远(即 $x^2 + y^2 > R_l^2$),此时正应力分量 σ_y 在位错环的整个面积上变化不大。如果位错线和位错环相隔很近,则需要考虑 σ_y 在整个环面上的变化,这里只考虑 $x^2 + y^2 > R_l^2$ 的情况。此时位错线对位错环的作用力可表示为 $(2\pi R_l)\sigma_y b_l$,当位错环从半径为 R_l 扩张到 $R_l + \mathrm{d}R_l$ 时,位错线所做的功为 $\mathrm{d}W = (2\pi R_l)\sigma_y b_l \mathrm{d}R_l$,则在抵抗附近刃形位错线的应力而膨胀时位错环做的总功为

$$W = \pi R_l^2 \sigma_y b_l \tag{5-31}$$

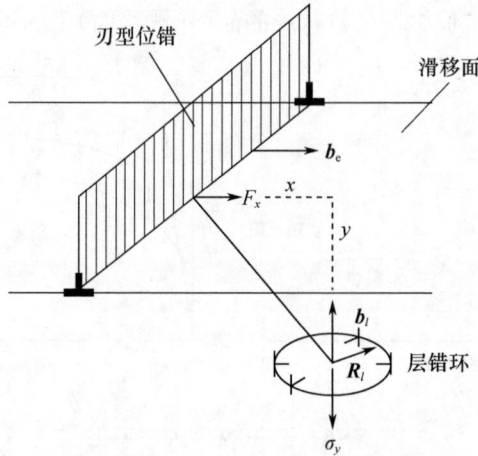

图 5-7 刃形位错在层错环旁运动

正应力分量 σ_y 为

$$\sigma_y = \frac{\mu b_e}{2\pi(1-\nu)} \frac{y(x^2 - y^2)}{(x^2 + y^2)^2} \tag{5-32}$$

将式(5-32)代入式(5-31)中,同时将总功 W 对 x 求导数,得

$$F_x = -\frac{\partial W}{\partial x} = -\frac{\mu b_e b_l R_l^2}{1-\nu} \frac{xy(3y^2 - x^2)}{(x^2 + y^2)^2} \tag{5-33}$$

由于当 $x \approx R_l$ 时,F_x 最大,且 y 越小,F_x 越大。则当 $y > R_l$ 时,有

$$(F_x)_{max} = F_{max} = \frac{\alpha\mu b_e b_l}{2(1-\nu)}\left(\frac{R_l}{y}\right)^2 \approx 0.4\mu b^2\left(\frac{R_l}{y}\right)^2 \tag{5-34}$$

186

式中：$\nu = 1/3$，$b_e = b_l$，此时力与位错环和位错线的伯格斯矢量夹角为 $40°$[5]。

由式（5－30），$F = \sigma_s bL$，代入式（5－34），得

$$\sigma_s = \frac{0.4\mu b}{L} \left(\frac{R_l}{y}\right)^2 \tag{5－35}$$

Singh 提出 $y = 1.5R_l$[24]，则

$$\sigma_s = \frac{0.09\mu b}{L} \tag{5－36}$$

假设位错环的密度为 N，位错环的平均直径为 d，有 $L = (Nd)^{-1/2}$，则

$$\sigma_s = \alpha\mu b \sqrt{Nd} \tag{5－37}$$

式中：$\alpha \approx 0.1$。

由于屈服应力和正应力分量满足关系 $\sigma_y = M\sigma_s$，故可得位错环引起的屈服应力为

$$\sigma_y = \alpha M\mu b \sqrt{Nd} \tag{5－38}$$

或屈服应力的增量为

$$\Delta\sigma_y = \alpha M\mu b \sqrt{Nd} \tag{5－39}$$

5.4　析出物和空洞引起的硬化

1. 析出物

当一个运动的位错线遇到一个障碍物（如析出物），它们之间会产生短程作用力。如果障碍物足够稳固则会使得位错线在障碍物两端发生弯曲。如果发生弯曲的部分相遇，则会相互湮灭、复合，随后位错线会继续沿着滑移面运动，直到遇到下一个障碍物。由于一个刃型位错线的线张力为

$$\Gamma \approx \frac{\mu b^2}{4\pi}\ln\left(\frac{R}{r_c}\right) \tag{5－40}$$

式中：R 为晶粒半径；r_c 为位错核半径。

剪切应力可表示为

$$\sigma_s = \Gamma/bR \tag{5－41}$$

将式（5－40）代入式（5－41）中，并令 $R = l/2$，其中 l 为障碍物间隔，则

$$\sigma_s \approx \frac{\mu b}{l}\frac{1}{2\pi}\ln\left(\frac{l}{2r_c}\right) \tag{5－42}$$

考虑障碍物的密度为 N，位错环的平均直径为 d，有 $l = (Nd)^{-\frac{1}{2}}$，得

$$\sigma_s = \alpha\mu b \sqrt{Nd} \tag{5－43}$$

式中：$\alpha \approx \frac{1}{2\pi}\ln\left(\frac{l}{2r_c}\right)$。

2. 空洞

运动的位错线也能被空洞切断,但是在这一过程前后空洞本身并不会发生变化。Olander 提出位错线切过空洞的力为[25]

$$F = \frac{U_V}{R} = \sigma_s bl \tag{5-44}$$

式中:U_V 为空腔内的弹性应变能;R 为空腔半径;l 为滑移面上空腔的间距。

由于单位体积螺旋位错的弹性能量为

$$W = \frac{\mu b^2}{8\pi^2 r^2} \tag{5-45}$$

因此可得弹性应变能为

$$U_V = \int_{r_c}^{R} 4\pi r^2 W \mathrm{d}r = \frac{\mu b^2}{2\pi}(R - r_c) \approx \frac{\mu b^2 R}{2\pi} \tag{5-46}$$

将式(5-45)代入式(5-46),得

$$\sigma_s = \frac{1}{2\pi}\frac{\mu b}{l} \tag{5-47}$$

各种类型的障碍物引起的硬化总结在表5-1中。

表5-1 辐照过程中各种类型的障碍物引起的硬化

硬化种类	障碍分类	障碍类型	应力增量	α
源硬化	—	位错环	$\sigma_s = 0.09\mu b/l$ 单个位错环	—
			$\sigma_s \approx 0.06\mu b/y$ 位错环网	—
摩擦硬化	长程	位错网	$\sigma_{LR} = \alpha\mu b \sqrt{\rho_d}$	<0.2
	短程	析出物和空洞	$\Delta\sigma_y = \alpha M\mu b \sqrt{Nd}$	1.0 弯曲 0.3~0.5 切过
		位错环		0.25~0.5
		黑斑		<0.2

辐照产生的缺陷使屈服应力增加,辐照剂量与屈服应力之间,进而与硬度变化之间存在一定的函数关系。Higgy 和 Hammad 从实验上研究了辐照对不锈钢室温性能的影响[26]。首先在小于 100℃ 时用中子辐照不锈钢,然后在室温下展开拉伸和硬度的实验。实验结果表明辐照过程中不锈钢的屈服强度明显增加。当辐照剂量小于 $5 \times 10^{19}\mathrm{cm}^{-2}$ 时,屈服应力与辐照剂量满足下述关系:

$$\Delta\sigma_y \sim \Phi^{1/2} \tag{5-48}$$

屈服应力的变化与维氏硬度变化满足如下关系:

$$\Delta\sigma_y = K\Delta H \tag{5-49}$$

速率理论可以用于研究不同辐照条件下形成的位错环的种类、尺寸和密度,以及其对辐照硬化的影响。Dubinko 等用速率理论研究了压力容器钢中空位型位错环和间隙型位错环的产生及各自引起的辐照硬化[27]。在理论分析中考虑离位级联中直接形成的位错环和点缺陷由各向同性的经典形核过程产生的位错环,并与实验结果进行对比。由于 WWER-40 中的损伤速率为 WWER-1000 的 40 倍,这导致了不同的微观结构演化。在 WWER-1000 中微观结构主要为间隙型位错环。它们的平均尺寸增长得非常缓慢,总的环密度趋向于饱和,因此在高剂量下硬化减缓。在 WWER-40 堆中微观结构主要为空位型位错环,它们的数密度随剂量增加而增长,并且不趋于饱和,因此由位错环引起的硬化比 WWER-1000 增加更快。通过速率理论,还解释了式(5-48)中指数值偏离 1/2 的原因。

5.5　位错环与辐照脆化

反应堆结构材料在辐照下的断裂行为关系到反应堆的寿命、安全和经济性,是工程上至关重要的问题。对于压力容器之类不可更换的大型结构部件,由于运行环境非常恶劣,很多因素(蠕变、腐蚀、疲劳等)都会引起材料的失效,但危险性最大的还是辐照脆化(小于 $0.35T_m$,大于 0.1dpa)引起的脆性断裂。断裂一般可分为韧性断裂和脆性断裂两种。韧性断裂是在长时间的应力作用下经过相当可观的塑性形变后发生的,而脆性断裂则是小裂纹迅速扩展至整个部件,没有大的变形,只有非常小的微观形变。因此,相对于韧性断裂,脆性断裂发生得突然而猛烈,是最不希望发生的危险断裂方式。金属的脆性用断裂前发生的塑性变形量或蠕变变形量来度量,变形量越小则韧性越小,脆性越高。辐照总是不可避免地导致韧性降低,脆性增加,韧脆转变温度上升,即出现辐照脆化现象。

多种因素对辐照脆化有影响。辐照下产生的位错环(包括小缺陷团)、空洞和析出物是辐照脆化的主要因素,它们都能阻碍位错的运动,产生摩擦硬化,同时使材料的脆性增加(图 5-6)。辐照下发生的晶界处元素偏析则降低了晶界的结合强度,也能使材料脆性增加。相对而言,辐照下的空洞、偏析和析出是在较高辐照剂量下出现的,而位错环缺陷(包括缺陷团)则是低剂量下就能出现的基础性缺陷(图 5-8)。因此,辐照产生的位错环对辐照脆化有根本性影响。

脆化意味着延伸率(可用颈缩以前的总均匀伸长度量)变小,而脆性材料就是刚要屈服就断裂了,对没有明确屈服点的材料就是不到 0.2% 永久应变就断裂了。bcc 结构的铁素体钢和 fcc 结构的奥氏体钢的应力应变曲线如图 5-6 所示。辐照前,屈服强度(对铁素体钢是下屈服点强度,对奥氏体钢是 0.2% 残余变形屈服强度)小于拉伸极限应力即塑性失稳点处的强度(UTS)。辐照后,这两种钢的屈服强度的增加都远大于拉伸极限的增加。对于 bcc 金属,当实验温度足够低、辐照剂量足够大时,应力应变曲线上这两种强度相重合,一旦应变超过弹性应变直线就会立即发生颈缩,甚至还处在弹性阶段的直线上升过程中就会断裂,材料变成完全的脆性。

bcc 金属有明显屈服点,而 fcc 金属辐照后可出现明显屈服点,辐照前则没有。

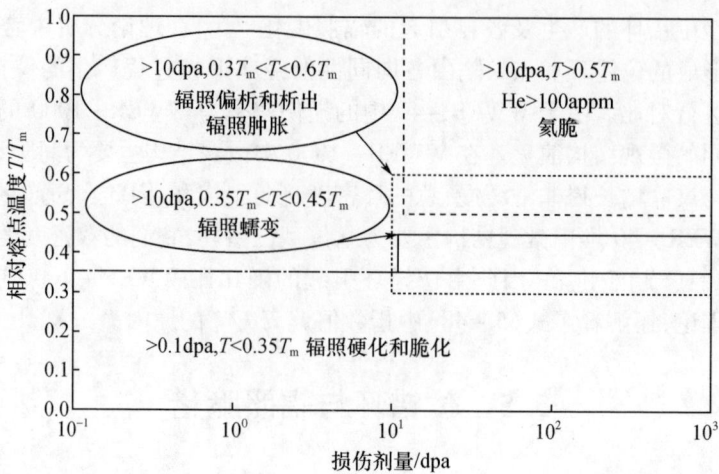

图 5-8 各种辐照效应的温度和剂量范围(T_m 表示熔点)

Cottrell 提出了一个关于有明确屈服点金属的脆性断裂理论。由 Hall - Petch 方程，屈服应力可表示为

$$\sigma_y = \sigma_i + k_y d^{-1/2} \tag{5-50}$$

式(5-50)右边两项分别代表摩擦硬化和源硬化的贡献，其中摩擦硬化项为

$$\sigma_i = \sigma_1 + \sigma_v + \sigma_p \tag{5-51}$$

分别来自位错环(σ_1)、空洞(σ_v)和析出物(σ_p)的贡献。源硬化项中 d 为晶粒尺寸，k_y 为晶界对强度贡献的常数。可见，σ_y 与 $d^{-1/2}$ 呈线性关系，如图 5-9 所示。对于韧性断裂，断裂应力大于屈服应力，$\sigma_f > \sigma_y$；对于脆性断裂，断裂应力等于屈服应力，$\sigma_f = \sigma_y$。从图 5-9 可见，断裂应力与屈服应力的交叉点就是塑性脆性过渡点。在此点右边，材料是韧性的，屈服后发生了相当大的伸长量才会断裂；在此点左边，材料是完全脆性的，屈服与断裂同时发生。利用式(5-50)，可以从实验上测定 σ_i 和 k_y。

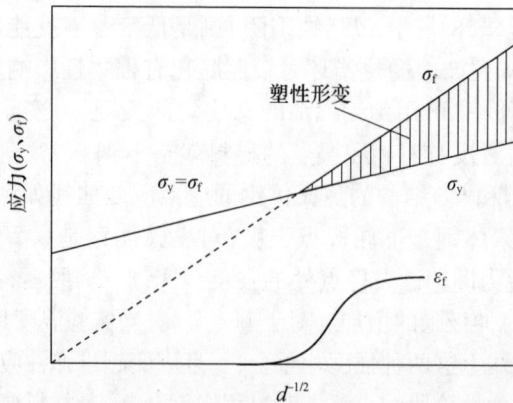

图 5-9 低温下晶粒尺寸对断裂应力和屈服应力的影响示意图

190

金属断裂的临界拉伸力为

$$\sigma_c = \frac{1}{\sigma_{xy} - \sigma_i} \frac{4\mu\gamma}{d} \qquad (5-52)$$

式中:σ_{xy}为产生晶界切变的应力;μ为剪切模量;γ为断裂产生一对单位面积的裂纹面所需的能量。

Cottrell 把式(5-50)代入式(5-52),σ_{xy}就是σ_y,计算出断裂的临界拉伸应力为

$$\sigma_c = \sigma_f = \frac{4\mu\gamma}{k_y} d^{-1/2} \qquad (5-53)$$

式(5-53)就是表示断裂应力的 Cottrell - Petch 方程,它表示脆性断裂中传播一个长度为 d 的微裂纹所需要的应力。

定义 $\sigma_f = \sigma_y$ 时对应的温度为韧脆转变温度(Ductile - to - Brittle Transition Temperature,DBTT)或无韧性温度(Nil - Ductility Temperature,NDT),则由式(5-53),有

$$\sigma_y k_y = 4\mu\gamma d^{-1/2} \qquad (5-54)$$

根据 σ_y 和 k_y 与温度的关系,原则上利用式(5-54)可求出 DBTT 的值。Petch 给出了一个计算 DBTT 移动的公式[28],即

$$\Delta T_c = C^{-1} \left[\ln B k_S d^{1/2} / (\beta\mu\gamma - k_y k_S) \right] \qquad (5-55)$$

式中:β 为与所加应力的三轴度有关的一个常数;$k_S = M^{-1} k_y$,M 为泰勒取向因子;B,C 为表示摩擦应力随温度 T(热力学温度)变化的常数,有

$$\sigma_i = B\exp(-CT) \qquad (5-56)$$

辐照对 Cottrell - Petch 方程中不同参数的影响各不相同,但肯定会引起摩擦应力 σ_i 的增加,从而引起屈服强度 σ_y 的增加,导致 DBTT 的升高。图5-10所示为辐照导致的 DBTT 的升高。辐照前后应力随温度的变化分别用曲线1和曲线2表示,可见辐照后屈服强度增加,发生了硬化,同时伴随着发生了脆化,韧脆转变温度 DBTT 升高了 $\Delta DBTT_H$,下标 H 表示硬化脆化。而如果辐照下晶界处发生了元素偏析,导致晶界结合强度降低,DBTT 也会有个附加的升高值 $\Delta DBTT_{GB}$。因此,DBTT 的增加量可表示为

$$\Delta DBTT = \Delta DBTT_H + \Delta DBTT_{GB} \qquad (5-57)$$

在低剂量下,辐照脆化基本上是硬化脆化;在较高温度和剂量下,同时发生硬化脆化和非硬化脆化。低剂量下 DBTT 的增量大致与屈服强度的增量成正比:

$$\Delta DBTT = \alpha_x \Delta\sigma_y \qquad (5-58)$$

式中:α_x 为线性系数。

图5-11所示为实验获得的低活化铁素体/马氏体钢(RAFM)和压力容器(RPV)用铁素体钢的 $\Delta DBTT$ 与 $\Delta\sigma_y$ 的关系。

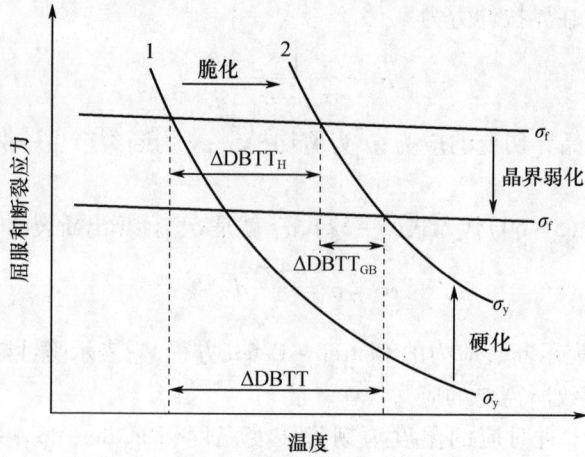

图 5 - 10 辐照硬化与 DBTT 的升高

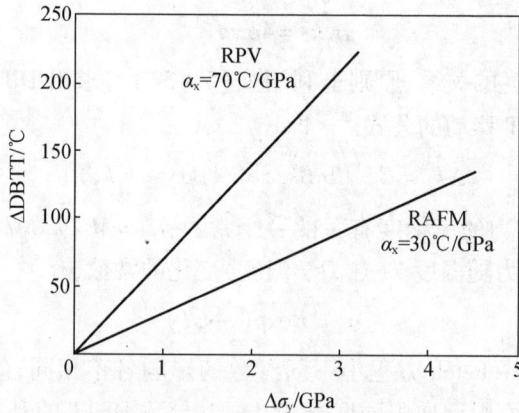

图 5 - 11 低活化铁素体/马氏体钢(RAFM)和压力容器(RPV)用
铁素体钢的 ΔDBTT 与 $\Delta\sigma_y$ 的关系

硬化与脆化的这种线性关系,起源于障碍物对位错运动的影响,可以从式(5 - 54)推导出来。式(5 - 54)的右边基本上不随辐照和温度变化,对该式求导,有

$$d(\sigma_y k_y) = \sigma_y dk_y + k_y d\sigma_y = 0 \qquad (5 - 59)$$

式中,σ_y,k_y 随辐照温度 T 和辐照剂量 Φ 改变,而辐照剂量反映辐照硬化或摩擦应力 σ_i 的变化,故

$$dk_y = \frac{\partial k_y}{\partial T} dT + \frac{\partial k_y}{\partial \sigma_i} d\sigma_i \qquad (5 - 60a)$$

$$d\sigma_y = \frac{\partial \sigma_y}{\partial T} dT + \frac{\partial \sigma_y}{\partial \sigma_i} d\sigma_i \qquad (5 - 60b)$$

忽略辐照对源硬化的影响,得 $\partial k_y / \partial \sigma_i = 0$,并根据式(5-50)得 $\partial \sigma_y / \partial \sigma_i = 1$,则由式(5-60),得

$$\frac{\mathrm{d}T}{\mathrm{d}\sigma_i} = \frac{\Delta \mathrm{DBTT}}{\Delta \sigma_i} = -\left(\frac{\sigma_y}{k_y}\frac{\partial k_y}{\partial T} + \frac{\partial \sigma_y}{\partial T}\right)^{-1} \tag{5-61}$$

式中, σ_y, k_y 及其随温度的微商可从实验得到,将式(5-61)右边记为 α_x,用 $\Delta \sigma_i$ 替代 $\Delta \sigma_y$,就得到式(5-58)。

对于典型的压力壳钢,有

$$\frac{\Delta \mathrm{DBTT}}{\Delta \sigma_i} = 3 \sim 5\,^{\circ}\mathrm{C} \quad (每 \, 10^4 \mathrm{kN/m^2}) \tag{5-62}$$

根据文献中 A533B 和 A508-3 钢的实验数据,韧脆转变温度的升高($^{\circ}\mathrm{C}$)与屈服应力的增量 $\Delta\sigma$(MPa)的关系可以拟合如下[29,30]:

$$\Delta T_{41J} = 0.53\Delta\sigma_y \tag{5-63}$$

$$\Delta T_{56J} = 0.60\Delta\sigma_y \tag{5-64}$$

美国标准中用冲击断裂实验中的 T_{41J} 值表示韧脆转变温度,法国标准使用 T_{56J} 值。

位错环对辐照脆性的影响,主要发生在较低的辐照温度下,一般随着辐照温度的升高影响会减弱。图5-12所示为 A308-2 钢 DBTT 的升高与辐照温度的关系,可见 DBTT 的升高量随着辐照温度的降低而增加,250℃ 以下的低温辐照脆化比高温下的辐照脆化严重得多[31]。由于较低温度下辐照不可避免地产生的位错环(包括小缺陷团)的摩擦硬化作用,低温辐照脆性似乎是辐照与生俱来的无解难题。

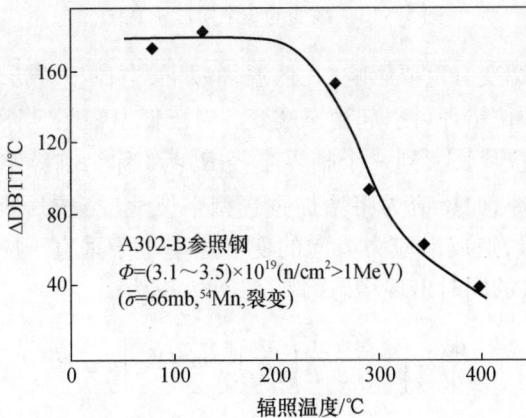

A302-B参照钢
$\Phi = (3.1 \sim 3.5) \times 10^{19} (\mathrm{n/cm^2} > 1\mathrm{MeV})$
$(\bar{\sigma} = 66\mathrm{mb}, {}^{54}\mathrm{Mn},裂变)$

图5-12　辐照温度对 A302B 钢韧脆转变温度的影响[31]

除辐照温度外,辐照通量以及溶质元素等多种因素对材料中位错环和缺陷团的形态、数量、大小和分布及其稳定性都会有直接影响(见第4章),从而对辐照脆化产生影响。而位错环除了通过摩擦硬化直接导致 DBTT 升高外,还能通过环附

近的偏析和析出,以及对空洞和气泡的影响,间接地对 DBTT 造成影响。

5.6 位错环与辐照蠕变

蠕变是一种在长期的常应力作用发生的非均匀的不可逆形变。在一定的温度
$((0.3 \sim 0.5)T_m)$下可以发生热蠕变,蠕变速率强烈依赖于温度,而辐照可以加速
热蠕变,也可以在没有热蠕变的情况下产生蠕变。典型的蠕变过程可分为 3 个阶
段,如图 5 - 13 所示。刚开始是瞬态蠕变,经过第一阶段减速后进入线性蠕变阶段
即第二阶段,最后是蠕变加速阶段即第三阶段,此时离应力断裂已经很近了。第二
阶段的蠕变速率是个常量,故又称为稳态蠕变阶段。发生辐照蠕变$((0.3 \sim 0.5)$
T_m,大于 10dpa)时,外应力作用下的非均匀变形速率随快中子的通量而改变。

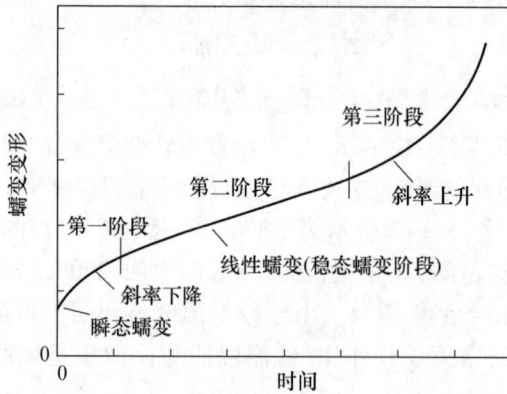

图 5 - 13 蠕变的 3 个阶段示意图

位错环对辐照蠕变有重要影响:在低温辐照下,空位型位错环引起稳态蠕变;
高温辐照下,间隙型位错环可引起稳态蠕变。对于低温辐照,当离位峰贫原子区中
小空位团形成的空位片长大到一个临界半径 R_c 后(称为临界空位片半径),将塌
陷形成空位型位错环,而压应力将增加垂直型空位片(空位片所在平面垂直于应
力方向)坍塌的数量,造成沿应力方向的变形速率小于垂直于应力方向的变形速
率,从而在发生肿胀的同时出现稳态蠕变,蠕变速率为

$$\frac{d\varepsilon}{dt} = \left[\frac{8}{3\sqrt{\pi}} \frac{1}{E} \left(\frac{\upsilon}{\ln \upsilon} \right) \sqrt{m_c} \Omega \Sigma_S \right] \Phi \sigma \qquad (5 - 65)$$

式中:E 为弹性模量;υ 为 PKA 产生的弗仑克尔对的总数;m_c 为临界空位片中所包
含的空位数;Ω 为单位体积中的点阵格点数;Σ_S 为快中子宏观散射截面;Φ 为快中
子通量;σ 为外加应力。

低温辐照在发生稳态蠕变前,可能还要经历一个由位错网络的钉扎段攀移引
起的瞬态蠕变阶段。

194

工程上更关心的是高温辐照蠕变,即在能形成空洞的高温下进行辐照时产生的蠕变。高温辐照蠕变可以由间隙型位错环的应力定向成核所引起,也可以由位错加速攀移然后滑移所引起,这里只讨论前者[32,33]。

在拉应力的作用下,间隙型位错环优先在垂直于拉应力方向的平面内形核(空位型位错环则优先在平行于拉应力方向的平面内形核),使得固体沿应力方向的长度增加,导致蠕变发生,这种机制称为辐照蠕变的应力诱发择优形核机制,或应力定向成核机制,如图5-14所示。垂直于拉应力方向的平面内形核的间隙型位错环称为垂直型间隙位错环,平行于拉应力方向的平面内形核的间隙型位错环称为平行型间隙位错环。注意,择优形核只是表示在垂直于应力方向的平面内形核的数目相对于其他平面要多一些,并不意味着全部都在垂直于应力方向的平面内形核。

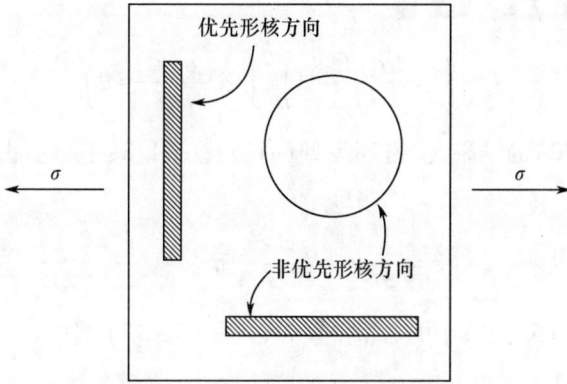

图 5 - 14   拉应力作用下间隙型位错环的优先形核方向

在没有拉应力作用时,各个方向形核的概率相等,即在3个相互垂直的平面内形核的概率各为1/3。在单轴拉应力的作用下,垂直于拉应力方向的平面内定向形核的概率超出其他平面。设 N_L 为位错环的总浓度,f 为定向位错环超出部分的比例,则定向位错环和非定向位错环的浓度分别为

$$N_{AL} = \frac{1}{3}(1-f)N_L + fN_L \tag{5-66}$$

$$N_{NL} = \frac{2}{3}(1-f)N_L \tag{5-67}$$

f 可用如下方法求得。假设在间隙原子团形核达到某个临界尺寸(所含间隙原子数为 n)时就能形成一个间隙型位错环,则在正应力的作用下,在第 i 个方向($i=1,2,3$,分别表示 3 个正交的方向)形成这样一个间隙原子团的概率为

$$p_i = \exp\left(\frac{\sigma_i n\Omega}{kT}\right) \bigg/ \sum_{j=1}^{3} \exp\left(\frac{\sigma_j n\Omega}{kT}\right) \tag{5-68}$$

在第 i 个方向的位错环的数目为

$$N_L^i = p_i N_L \qquad (5-69)$$

定义 f_i 为第 i 个方向间隙型位错环的超出部分,将式(5-68)代入式(5-69),可化成式(5-65)的形式,即

$$p_i N_L = \frac{1}{3}\left(1 - \sum_{j=1}^{3} f_j\right)N_L + f_i N_L \quad (i=1,2,3) \qquad (5-70)$$

其中

$$f_i = \left(\exp\frac{\sigma_i n\Omega}{kT} - 1\right)\bigg/ \sum_{j=1}^{3} \exp\frac{\sigma_j n\Omega}{kT} \qquad (5-71)$$

设所加拉应力是单轴拉应力,且单轴拉应力垂直于 $i=1$ 的方向,即 $\sigma = \sigma_1 \neq 0, \sigma_2 = \sigma_3 = 0$,则有 $f_2 = f_3 = 0$,且

$$f_1 = \left(\exp\frac{\sigma_1 n\Omega}{kT} - 1\right)\bigg/ \left(\exp\frac{\sigma_1 n\Omega}{kT} + 2\right) \qquad (5-72)$$

利用式(5-72)的结果,位错环类型(垂直型占 1/3、平行型占 2/3)不对称导致的蠕变应变为

$$\varepsilon = \frac{2}{3}\pi r_L^2 b N_{AL} - \frac{1}{3}\pi r_L^2 b N_{NL} \qquad (5-73)$$

将式(5-65)和式(5-67)中的 N_{AL} 和 N_{NL} 代入式(5-73),得

$$\varepsilon = \frac{2}{3}f\pi r_L^2 b N_L \qquad (5-74)$$

式中:b 为伯格斯矢量的大小;r_L 为位错环半径。

将式(5-74)给出的蠕变应变对时间求导,得到蠕变速率(假设位错环密度 N_L 不随时间改变)为

$$d\varepsilon/dt = \frac{4}{3}fb\pi r_L N_L dr_L/dt \qquad (5-75)$$

定义 $\rho_L = 2\pi r_L N_L$ 为单位体积的位错线长度,则

$$d\varepsilon/dt = \frac{2}{3}fb\rho_L dr_L/dt \qquad (5-76)$$

若(5-72)式中 f_1 表达式中指数项的自变量比 1 小得多(如 n 值小),则 $\exp(x) \sim x+1$,有

$$f_1 = \frac{\sigma n\Omega}{3kT} \qquad (5-77)$$

将其代入式(5-76),得

196

$$\mathrm{d}\varepsilon/\mathrm{d}t = \frac{2}{9}\frac{\sigma nb\Omega}{kT}\rho_L \mathrm{d}r_L/\mathrm{d}t \qquad (5-78)$$

式(5-78)表明,蠕变速率正比于应力和间隙型位错环的长大速率,也正比于位错环的密度。可见,间隙型位错环对高温辐照蠕变有重要影响。

如果只有位错环和空洞是缺陷阱,且位错环对间隙原子的吸收率等于空洞对空位的吸收率,那么蠕变速率可与肿胀关联起来[33]。在式(5-75)中,$2\pi r_L b r_L N_L$是位错环净吸收间隙原子产生的体积增长率,如果假设它被对应的空洞净吸收空位产生的肿胀率所平衡,即假设位错环内包含的间隙原子数等于空洞内包含的空位数,那么式(5-75)可表示为

$$\mathrm{d}\varepsilon/\mathrm{d}t = \frac{2}{3}f\mathrm{d}S/\mathrm{d}t \qquad (5-79)$$

在 n 值小的情况下,将式(5-77)代入式(5-79),得

$$\mathrm{d}\varepsilon/\mathrm{d}t = \frac{2}{9}\frac{\sigma n\Omega}{kT}\mathrm{d}S/\mathrm{d}t \qquad (5-80)$$

但上述假设并没有理论根据。很显然,在网络位错可以自由攀移的情况下,网络位错也可吸收过剩的间隙原子。可以通过引入网络位错密度进行修正,即把式(5-80)推广到既包含位错环也包含位错网络的一般情况,$\rho = \rho_L + \rho_N$,则

$$\mathrm{d}\varepsilon/\mathrm{d}t = \frac{2}{9}\frac{\sigma n\Omega}{kT}\frac{\rho_L}{\rho}\mathrm{d}S/\mathrm{d}t \qquad (5-81)$$

这样即使位错环内包含的间隙原子数不等于空洞内包含的空位数,也能更准确地预计蠕变速率。

关于位错环应力定向形核机制是否能精确解释观测到的高温辐照蠕变应变还有不少争议[34]。即使假设位错环临界尺寸 n 较大(n 取 $10 \sim 30$),实验观察值比择优定向机制的理论值还是要高 $2 \sim 4$ 倍。这种机制的特点是应力只影响形核过程,由此带来的最大局限性在于,一旦位错环已经形核,应变速率就由辐照剂量决定,随辐照剂量的增加而长大,而与应力无关。因此,形核后即使撤去应力,蠕变仍将继续下去。而且,如果在加载应力之前位错环已经形核完毕,再加载应力就不应发生这种辐照蠕变。虽然应力定向形核机制有明显的局限性,但对于观察到的蠕变应变的一部分仍是一个有价值的机制。进一步的解释需要考虑应力定向形核的位错环对缺陷的择优吸收。

参 考 文 献

[1] Kulchinski G L, Brimhall J L, Kissinger H E. Production of voids in nickel with high energy selenium ions [J]. J. Nucl. Mater. , 1971, 40(2): 166-174.

[2] Garner F A, Bates J F, Mitchell M A. The strong influence of temper annealing conditions on the neutron-induced swelling of cold-worked austenitic steels [J]. J. Nucl. Mater. , 1992, 189 (2) : 201 – 209.

[3] Brailsford A D, Bullough R. The rate theory of swelling due to void growth in irradiated metals [J]. J. Nucl. Mater. , 1972, 44 (2) : 121 – 135.

[4] Mansur L K. Theory and experimental background on dimensional changes in irradiated alloys [J]. J Nucl Mater. , 1994, 216 : 97 – 123.

[5] Singh B N, Golubov S I, Trinkaus H, et al. Aspects of microstructure evolution under cascade damage conditions[J]. J. Nucl. Mater. , 1997, 25 : 107 – 122.

[6] Golubov S I, Singh B N, Trinkaus H. Defect accumulation in fcc and bcc metals and alloys under cascade damage conditions-Towards a generalisation of the production bias model [J]. J. Nucl. Mater. , 2000, 276 : 78 – 89.

[7] Trinkaus H, Singh B N, Foreman A J E. Glide of interstitial loops produced under cascade damage conditions-Possible effects on void formation [J]. J. Nucl. Mater. ,1992, 199 (1) : 1 – 5.

[8] Trinkaus H, Singh B N, Foreman A J E. Impact of glissile interstitial loop production in cascades on defect accumulation in the transient [J]. J. Nucl. Mater. , 1993 : 206 (2 – 3) : 200 – 211.

[9] Singh B N, Trinkaus H, Woo C H. Production bias and cluster annihilation : Why necessary? [J]. J. Nucl. Mater. , 1994, 212 – 215 : 168 – 174.

[10] Terentyev D, Olsson P, Malerba L, et al. Characterization of dislocation loops and chromium-rich precipitates in ferritic iron-chromium alloys as means of void swelling suppression[J]. J. Nucl. Mater. 2007, 362 : 167 – 173.

[11] Garner F A, Toloczko M B, Sencer B H. Comparison of swelling and irradiation creep behavior of fcc-austenitic and bcc-ferritic/martensitic alloys at high neutron exposure [J] J. Nucl. Mater. , 2000,276 : 123 – 142.

[12] Brimbal D, Décamps B, Barbu A,et al. Dual-beam irradiation of α-iron : Heterogeneous bubble formation on dislocation loops [J]. J. Nucl. Mater. , 2011, 418 : 313 – 315.

[13] Brimbal D, De'camps B, Henry J,et al. Single-and dual-beam in situ irradiations of high-purity iron in a transmission electron microscope : Effects of heavy ion irradiation and helium injection [J]. Acta Materialia, 2014 ,64 : 391 – 401.

[14] Chen J, Guo L, Luo F,et al. Swelling of reduced-activation martensitic steel under single and sequential helium/hydrogen ion irradiation [J]. Fusion Science and Technology, 2014, 66 : 301 – 307.

[15] Evans J H. The role of implanted gas and lateral stress in blister formation mechanisms [J]. J. Nucl. Mater. , 1978 ,76 – 77 :228 – 234.

[16] Iwakiri H, Yasunaga K, Morishita K,et al. Microstructure evolution in tungsten during low-energy helium ion irradiation [J]. J. Nucl. Mater. , 2000, 283 – 287 : 1134 – 1138.

[17] Yoshida N, Iwakiri H, Tokunaga K,et al. Impact of low energy helium irradiation on plasma facing metals [J]. J. Nucl. Mater. , 2005, 337 – 339 : 946 – 950.

[18] Watanabe Y, Iwakiri H, Yoshida N,et al. Formation of interstitial loops in tungsten under helium ion irradiation : Rate theory modeling and experiment [J]. Nucl. Instru. Meth. Phys. Res. B, 2007, 255 : 32 – 36.

[19] Wharry J P. , Was G S. The mechanism of radiation-induced segregation in ferritic-martensitic alloys [J]. Acta Materialia, 2014, 65 : 42 – 55.

[20] Fujii K, Fukuya K. Irradiation-induced microchemical changes in highly irradiated 316 stainless steel [J]. J. Nucl. Mater. , 2016, 469 : 82 – 88.

[21] Jizo Z, Was G S. Novel features of radiation-induced segregation and radiation-induced precipitation in auste-

nitic stainless steels [J]. Acta Materialia, 2011, 59: 1220 – 1238.

[22] Jizo Z, Was G S. Segregation behavior in proton-and heavy-ion-irradiated ferritic-martensitic alloys [J]. Acta Materialia, 2011, 59: 4467 – 4481.

[23] Jizo Z, Was G S. The role of irradiated microstructure in the localized deformation of austenitic stainless steels [J]. J. Nucl. Mater. , 2010;407:34 – 43.

[24] Singh B N, Foreman A J E, Trinkaus H. Radiation hardening revisited: role of intracascade clustering [J]. J. Nucl. Mater. , 1997, 249: 103 – 115.

[25] Olander D R. Fundamental Aspects of Nuclear Reactor Fuel Elements[M]. TLD-26711-Pl. Technical Information Center, ERDA, Washington, DC, 1976, chap 18.

[26] Higgy H R, Hammad F H. Effect of fast-neutron irradiation on mechanical properties of stainless steels: AISI types 304, 316 and 347[J]. J. Nucl. Mater. , 1975, 55: 177 – 186.

[27] Dubinko V I, Kotrechko S A, Klepikov V F. Radiation Effects and Defects in Solids: Incorporating Plasma Science and Plasma Technology[J]. Radiation Effects & Defects in Solids, 2009, 164: 647 – 655.

[28] Petch N J. Fracture [M]. New York: Wiley, 1957: 54.

[29] Sokolov M A, Nanstad R K. Comparison of irradiation-induced shifts of KJc and Charpy impact toughness for reactor pressure vessel steels [J]. ASTM Special Technical Publication, 1999, 1325: 167 – 190.

[30] Bouchet C, Tanguy B, Besson J,et al. Prediction of the effects of neutron irradiation on the Charpy ductile to brittle transition curve of an A508 pressure vessel steel [J]. Computational Materials Science, 2005, 32: 294 – 300.

[31] Steele L E. Neutron Irradiation Embrittlement of Reactor Pressure Vessel Steels [M]. Vienna: IAEA,1975.

[32] Heskth R V. A possible mechanism of irradiation creep and its reference to uranium[J]. Phil Mag. 1962, 7 (80): 1417 – 1420.

[33] Brailsford A D, Bullough R. Irradiation creep due to the growth of interstitial loops [J]. Phil Mag. , 1973, 27 (1): 49 – 64.

[34] Matthews J R, Finnis M W. Irradiation creep models—an overview [J]. J. Nucl. Mater. , 1988, 159: 257 – 285.

第 6 章 常见核合金材料中的辐照位错环

本章介绍核工程中常用的几类核合金材料在辐照下形成的位错环,包括裂变堆中常用的奥氏体不锈钢、镍基合金和锆合金,作为聚变堆候选结构材料的低活化铁素体/马氏体钢和钒合金以及聚变堆候选面向等离子体材料钨合金。其中低活化铁素体/马氏体钢、奥氏体不锈钢和镍基合金部分介绍了本书作者的部分研究工作。

6.1 铁素体/马氏体钢中的位错环

低活化铁素体/马氏体钢(RAFM 钢)是中国聚变工程实验堆(CFETR)和未来更高功率的商用聚变堆首选的第一壁/包层结构材料,对将来聚变堆和快中子增殖反应堆的发展至关重要[1]。与裂变堆中广泛使用的奥氏体钢相比,低活化钢在机械强度、抗辐照肿胀和抗高温 He 脆等性能方面更具优势,从废物管理的角度看,低活化钢的优点是更容易调整成分,如少量不希望有的元素 Mo 和 Nb 可用 W、V 和 Ta 替代成为低活性的材料。辐照引起的各种缺陷特别是位错环是材料性能恶化的主要原因之一。在体心立方的金属中,主要有 $\frac{1}{2}<111>$ 和 $<100>$ 两种类型的位错环。低活化钢是一种 Fe 基金属,与纯 Fe 一样是体心立方结构。对纯 Fe 辐照位错环的研究有利于加深对低活化钢中辐照位错环的的理解,它们之间存在一些共性。本节先介绍纯 Fe、Fe 基合金和低活化钢中辐照位错环的研究进展,然后介绍本书作者在低活化马氏体钢辐照位错环的研究工作。

6.1.1 纯 Fe 中的辐照位错环

1. 纯 Fe 的中子辐照

20 世纪 60 年代,Eyre 和 Bartlett 开始研究纯 Fe 样品在中子辐照后的位错环[2]。他们在 60℃中子辐照后 300℃退火的纯 Fe 样品中只观察到了 $\frac{1}{2}<111>$ 类型的位错环。几乎同一时期,Bryner 也得到了同样的结果[3]。1998 年,Porollo 等发现 400℃中子辐照 5.5~7.1dpa 的 Fe 只有 $<100>$ 的位错环,尺寸约 44nm[4]。2006 年,Konobeev 等在 400℃ 中子辐照 25.8dpa 的 Fe 中观察到 85nm 的 $<100>$ 类型的位错环[5]。2009 年 Matijasevic 等在 300℃中子辐照 0.2dpa 的纯 Fe 样品中发现约 10nm 的位错环,其中 $<100>$ 间隙型的位错环占绝大比例[6]。

2. 纯 Fe 的重离子辐照

1965 年，Master 在 550℃ Fe 离子辐照后的纯 Fe 样品中只观察到 <100> 间隙型的位错环[7,8]。1984 年，Robertson 等对纯 Fe 样品在 −233℃ 进行了 50keV 和 100keV 的 Fe 离子辐照，发现了两种类型的位错环（不大于 4nm），当样品加热至室温，位错环数密度增大约 30%[9]。Jenkins 等在室温和 300℃ Fe 离子辐照后的纯 Fe 和 Fe – Cr 合金中发现两种类型的位错环，然而在 500℃ 辐照后的样品中只发现了 <100> 类型的位错环[10]。随后 Yao 等在不同温度进行原位 Kr 离子辐照，发现了 <100> 类型的位错环的比例会随着辐照温度的增加而增加，当温度高于 492℃ 之后，只有 <100> 类型的位错环[11]。由此可见，存在一个位错环类型的转变温度 T，纯 Fe 样品在中子辐照条件下的转变温度为 300 ~ 400℃，在重离子辐照条件下的温度会相对高一些。

2011 年，Brimbal 等研究了 500℃ 下 1MeVFe$^+$ 和 15keVHe$^+$ 同时注入 Fe 的情况[12]。当双束辐照至 0.3dpa（180appm He）时，位错环的平均尺寸为 32nm，数密度为 $5.5 \times 10^{20} \mathrm{m}^{-3}$；辐照剂量约 0.92dpa/540appm He 时，位错环的平均尺寸为 75nm，最大尺寸达到 190nm，数密度为 $7.3 \times 10^{20} \mathrm{m}^{-3}$，大部分位错环的伯格斯矢量 b = <100>，在位错环的里面可以看到 He 泡，平均尺寸约为 5.0nm。而 Yao 等发现当 Fe 离子单独注入达 2dpa 时，位错环最大尺寸仅为 50nm[11]，说明 He 离子对位错环的形成有一定的影响。随后在 2013 年，Brimbal 等发现 Fe 离子注入纯 Fe 100dpa 后位错环的平均尺寸为 200nm，Fe + He 双束注入对位错环没有什么影响[13]。

6.1.2 Fe 基二元合金中的辐照位错环

2013 年，Yabuuchi 等[14] 在 290℃ 和 400℃ 用 6.4MeVFe^{3+} 辐照纯 Fe，Fe – 1% Cr，Fe – 1% Mn 和 Fe – 1% Ni 至 1dpa，发现 290℃ 辐照后产生大量不均匀分布的位错环尺寸依次是 1 ~ 4nm，24.0nm，23.6nm 和 4.1nm，数密度依次为 $7.5 \times 10^{20} \mathrm{m}^{-3}$，$4.3 \times 10^{21} \mathrm{m}^{-3}$ 和 $3.5 \times 10^{22} \mathrm{m}^{-3}$；400℃ 辐照后产生的位错环尺寸分别为 0nm，73.2nm，111nm 和 33.6nm，数密度分别为 0，$1.1 \times 10^{21} \mathrm{m}^{-3}$，$1.7 \times 10^{20} \mathrm{m}^{-3}$ 和 $3.4 \times 10^{21} \mathrm{m}^{-3}$。说明不同元素对位错环的影响不同，其中 Cr 的添加会明显增加材料的抗辐照特性。

为了弄清 Cr 元素在辐照中起的作用，通常使用 Fe – Cr 二元合金作为研究对象。1998 年 Porollo 等通过研究 400℃ 中子辐照 5.5 ~ 7.1dpa 的 Fe – Cr（0,2,6,12 和 18）二元合金[4]，发现在 Fe，Fe – 2Cr 和 Fe – 6Cr 合金中，只有 <100> 的位错环，而在 Fe – 12Cr 和 Fe – 18Cr 合金中，<100> 和 $\frac{1}{2}$ <111> 这两种类型的位错环都有，说明 Cr 元素的添加对位错环类型的比例有一定的影响。Xu 等研究发现在 300℃ 下 Fe 离子辐照 1dpa 后的 Fe，Fe – 5Cr，Fe – 8Cr 和 Fe – 11Cr 中，$\frac{1}{2}$ <111> 类型的位错环所占的比例分别为 92%，30%，46% 和 37%[15]。

在 Fe - Cr 合金中,随着 Cr 的比例的增加,位错环的尺寸先增大后减小,数密度先减小后增大。与纯 Fe 相比,Fe - Cr 合金中的位错环的数密度更大,尺寸更小[10,13,15]。2009 年,Matijasevic 等在 300℃对纯 Fe 进行中子辐照 0.2dpa 后发现了约 8nm 的位错环,然而在相同辐照条件下的 Fe - 15Cr 中并未发现缺陷,同样也说明了 Cr 元素的作用[6]。

2006 年,Konobeev 等对 Fe - Cr 二元合金在 400℃进行高剂量 25.8dpa 的中子辐照[5],发现随着 Cr 元素含量的增加,位错环的尺寸由纯 Fe 中 117nm 降到 Fe - 18Cr 中的 12nm,与之前的结果一致。所有的位错环均为 <100> 类型的,说明了位错环的类型和辐照的剂量有一定的关系。

6.1.3 低活化钢中的辐照位错环

1. 低活化钢的中子辐照

低活化铁素体/马氏体钢是聚变堆的候选材料之一,其抗辐照性能得到了广泛研究。1980 年,Little 等对 380℃,420℃和 480℃中子辐照 30dpa 的 FV448 马氏体钢进行了详细地分析,发现 98% 的位错环是 <100> 类型[16]。2000 年 Schaublin 等对 F82H 钢从室温到 310℃进行中子和质子辐照 0.3~10dpa,发现在低剂量辐照时,出现了 1~2nm 的黑斑缺陷,当辐照剂量增加至 10dpa 时,产生 6.9nm 的位错环。说明辐照后会先产生小的黑斑缺陷,随着剂量的增加,位错环的尺寸会慢慢变大[17]。

随后在 2002 年他们对 F82H 在 250~310℃进行中子辐照 0.5~9.2dpa,发现低剂量辐照下的位错环的伯格斯矢量一般为 $\frac{1}{2}$ <111>,当高剂量辐照之后 <100> 的位错环占主要比例[18]。

同年,Jia 等在 140℃,175℃,210℃,255℃,295℃和 360℃下对 F82H 钢进行中子和质子辐照 10~12dpa,研究了辐照温度对 F82H 钢的微观结构的影响。他们发现当辐照温度低于 255℃时,黑斑缺陷数密度随温度的变化很小,但是在更高温度辐照时,随着辐照温度的升高,缺陷的数密度也明显地降低。当辐照温度低于 235℃时,黑斑缺陷的尺寸随温度变化很小。但是当辐照温度更高时,它们的尺寸随着温度升高明显增大[19]。

Wakai 等[20]对 F82H 钢在 250~400℃进行中子辐照 2.8~51dpa。在 250℃中子辐照 2.8dpa 条件下,F82H - std 和 F82H(54Fe) 样品中产生的位错环的尺寸分别为 7.9nm 和 6.6nm,数密度分别为 $1.4 \times 10^{23} m^{-3}$ 和 $2.1 \times 10^{23} m^{-3}$。在 F82H - std 钢中只有 $\frac{1}{2}$ <111> 的位错环,然而在 F82H(54Fe) 钢中有两种类型的位错环,其中 $\frac{1}{2}$ <111> 类型的位错环占 73%。在 300℃中子辐照剂量为 51dpa 条件下,F82H - std 钢中产生了平均尺寸为 11nm,位错环的数密度为 $4 \times 10^{22} m^{-3}$ 的 $\frac{1}{2}$ <111> 类型

位错环。在 400℃ 中子辐照 8dpa 和 51dpa 条件下, F82H - std 钢中产生的位错环平均尺寸分别为 33nm 和 27nm, 数密度为 $6 \times 10^{21} m^{-3}$ 和 $6.5 \times 10^{20} m^{-3}$。

随后 Jia 等在 2003 年对 T91 和 F82H 两种钢进行了 90 ~ 360℃ 中子辐照至 11.8dpa, 发现两种钢辐照产生的缺陷基本相同。在 90 ~ 255℃ 时, 产生的缺陷尺寸在 6dpa 的时候达到饱和, 尺寸约 4 ~ 5nm, 但是高辐照剂量(8.3 ~ 10.1dpa)条件下的缺陷的数密度比低剂量(2.7 ~ 5.8dpa)的大很多;在辐照温度高于 250℃ 时, 位错环尺寸会明显增大, 数密度会明显降低[21]。

2011 年, Klimenkov 等对 EUROFER97 钢在 250 ~ 450℃ 中子辐照至 16.3dpa, 发现辐照后产生的位错环都是 $\frac{1}{2}$ <111> 类型的, 350℃ 辐照下的位错环的尺寸最大[22]。

同一年, Gaganidze 等对 EUROFER97 在 332℃ 中子辐照 32dpa 发现位错环分布均匀, 最大为 20nm[23]。

2012 年, Weiß 等发现 330 ~ 340℃ 中子辐照至 15dpa 和 32dpa 的 EUROFER97 钢中产生的位错环大部分为 $\frac{1}{2}$ <111> 类型, 辐照剂量为 15dpa 时位错环平均尺寸为 3.4nm, 剂量为 32dpa 时位错环的平均尺寸为 4.8nm[24]。

由此可知, 位错环尺寸、数密度随辐照剂量、辐照温度的变化而变化的规律已经得到广泛研究, 但是对于位错环类型随温度的变化还有待进一步研究。

2. 低活化钢的离子辐照

在核嬗变反应中产生的 He、H 可以影响材料中间隙原子和空位的运动, 因此会对位错环的形成和演变产生影响, 虽然它们所引入的离位损伤值比中子辐照本身所产生的离位损伤值小得多[25]。双束和多束离子辐照常用来研究离位损伤、He 和 H 的协同作用[26]。

2004 年, Ando 等[27]在 360℃ 对 F82H 钢进行 Fe 离子辐照 3 ~ 50dpa 后, 产生约 20nm 的间隙型位错环、小于 5nm 的缺陷团和位错。位错环尺寸的分布随辐照剂量的变化不大, 但是它的数密度会随辐照剂量的增大而变大。

Ogiwara 等通过对 JLF - 1 钢进行单束(Fe^{3+} 60dpa)和双束离子辐照(Fe^{3+} 60dpa 和 He^+ 15appm/dpa), 研究了 Fe 和 He 的协同作用[28, 29]。他们发现, 在 420℃ 和 460℃ 单束辐照下, 位错环的平均尺寸分别为 5.1nm 和 4.0nm。位错环尺寸和数密度均随温度的升高而降低。在 420℃ 单束和双束辐照后位错环的平均尺寸分别为 5.1nm 和 6.6nm, 数密度分别为 $8.4 \times 10^{22} m^{-3}$ 和 $1.4 \times 10^{23} m^{-3}$。与单束辐照相比较, 双束辐照后产生了更多的位错环, 且平均尺寸变大。

在我们的工作中, 观察到 He 离子辐照后的低活化钢中会产生位错环, 而且尺寸与同剂量的其他辐照(如中子辐照、重离子辐照和质子辐照)相比较更大[30]。早在 2002 年, Wakai 等[20]在 400℃ 用 15keVHe$^+$ 离子辐照 Fe - 9Cr 合金至 3.5×10^{19} He$^+$/m^2(约 0.25dpa), 发现了最大位错环的尺寸约 70nm。说明 He 离子辐照后产生的位错环的尺寸会比较大。然而在低活化铁素体马氏体钢中,Fe 离子单束辐照和 Fe + He 双束辐照后的位错环都比 He 离子单独辐照产生的小。因此,在位错环演变过程中 He、H 和离位损伤之间存在的协同作用有待深入研究。

2. 低活化钢的电子束辐照

2007 年,彭蕾等[31]对电子辐照的 CLAM 钢进行研究,发现 CLAM 钢中位错环的平均尺寸和浓度随着辐照剂量的增加而增大,逐渐达到饱和;随着辐照温度增加,位错环平均尺寸会变大,数密度会变小。2010 年,黄依娜等[32, 33]对预注入氘的 CLAM 钢进行电子辐照,发现注氘 CLAM 钢中的空位型位错环形成的温度为 550℃。在室温预注入能量为 30keV、剂量为 $4 \times 10^{17} D^+/cm^2$ 的氘离子后,样品中可以观察到大量的小尺寸缺陷团。他们发现在室温电子辐照后,缺陷团的数密度明显增大,但是尺寸基本上没有变化。将室温注入氘的样品进行 500℃时效 2h,可以看到尺寸较大的间隙位错环,表明 500℃时效时,部分空位与间隙原子复合,部分间隙原子结合形成更大的缺陷原子团。将室温注入氘的样品进行 550℃高温时效 2h 会形成空位型位错环。将室温注入氘的样品进行 600℃高温时效 2h 后,位错环的相对数密度和平均尺寸进一步减小,并有空洞产生。但是在 H 离子预注入的纯 Fe 中,空位型位错环形成的温度是 450℃。2013 年,Xin 等对 CLAM 钢在 450℃进行原位电子辐照,剂量达到 0.53dpa 后在亚晶粒中发现位错环,而且其密度随着辐照剂量的增加而增加[34]。

6.1.4 辐照温度对低活化钢中位错环的影响

我们分别在室温、300℃、350℃和 450℃下进行 100keV He 离子辐照,辐照剂量是 $5 \times 10^{20} He^+/m^2$,用 SRIM2008 软件模拟计算(离位阈能 $E_d = 40eV$)得出样品的观察区对应 He 离子浓度为 890appm,峰值离位损伤剂量为 0.8dpa。电镜样品用 200kV 下工作的 JEM − 2010HT TEM 观察。试样观察区厚度用 3.6 节中介绍的等厚条纹方法测得。

1. 不同温度下辐照产生的位错环观察

1) 室温和 300℃下辐照产生的位错环

图 6 − 1 所示为室温辐照前和辐照后样品在 $g = 1\bar{1}0$ 下的微观结构。从图 6 − 1(a)中可以看到位错,位错环的数密度约为 $10^{14} m^{-2}$。在未辐照的样品中没有观察到位错环。在室温辐照的样品中发现了小的位错环或者缺陷,如图 6 − 1(b)中箭头所指之处。

300℃辐照后的样品中出现了很多小的位错环,如图 6 − 2 所示。通过 3.3 节介绍的 $g \cdot b = 0$ 的不可见规则,可以判断位错环的伯格斯矢量。A、B、C 和 D 类位错环的伯格斯矢量可以确定,分别为 $b = \pm\frac{1}{2}[111]$ 或 $\pm\frac{1}{2}[11\bar{1}]$,$b = \pm\frac{1}{2}[\bar{1}11]$ 或 $\pm\frac{1}{2}[1\bar{1}1]$,$b = \pm[100]$ 和 $b = \pm[010]$。因此,在 300℃辐照后的样品中出现了

204

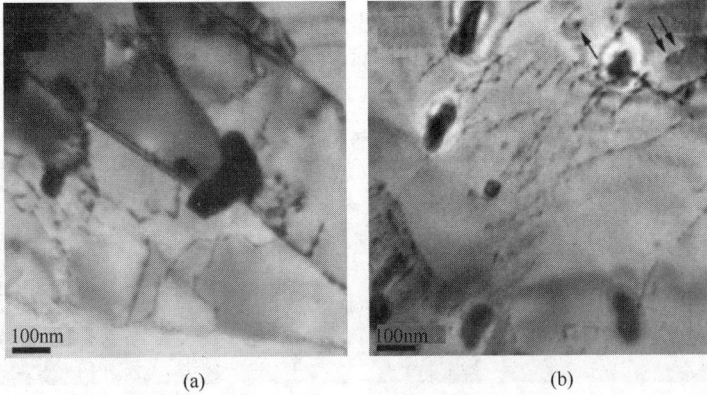

图 6 - 1 （a）辐照前和（b）室温辐照后低活化钢样品在 $g = 1\bar{1}0$ 下微观结构

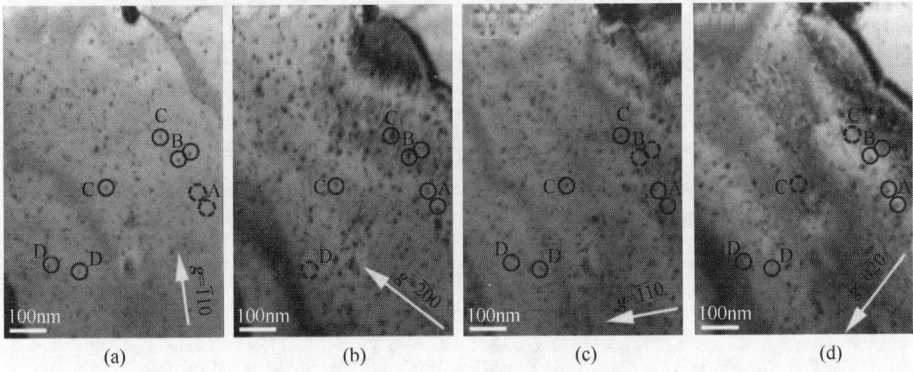

图 6 - 2 300℃下 He 离子辐照后低活化钢中位错环的 KBF 图

（a）$g = \bar{1}10$；（b）$g = \bar{2}00$；（c）$g = 1\bar{1}0$；（d）$g = 0\bar{2}0$。

$\frac{1}{2} < 111 >$ 和 $< 100 >$ 两种类型的位错环。

2）350℃下辐照产生的位错环

图 6 - 3 所示为 350℃辐照后的低活化钢在正带轴［100］附近 $g = 01\bar{1}$ 条件下的弱束明场像。为了确定这些相互垂直的线状东西，我们将样品从正带轴［100］附近倾转到正带轴［111］附近，并保持 $g = 01\bar{1}$ 不变条件。由此可以确定这些相互垂直的线是位错环。倾转之前，位错环内可以看到条纹，很像层错条纹。然而，当倾转到接近正带轴［111］之后，可以看到缠绕的位错环结构，可以确定和层错条纹完全不同。

在 350℃辐照下产生的位错环比 300℃下产生的位错环大很多。同样，通过 3.3 节介绍的 $g \cdot b = 0$ 的不可见规则可以判定 350℃辐照下产生的位错环只有 $< 100 >$ 类型，如图 3 - 21。

位错环的性质可以用 3.4 节介绍的 inside 和 outside 的变化来确定，我们对

350℃辐照下低活化钢中产生的位错环进行了位错环性质的判定,如图3-22所示,发现位错环均为间隙型的。因此在350℃辐照条件下产生的位错环可以被确定为<100>类型的间隙型位错环。

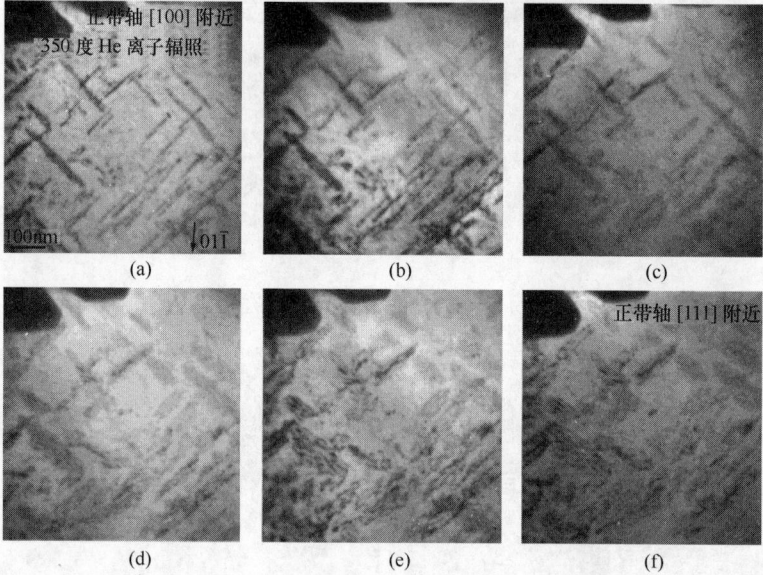

图6-3　350℃下He离子辐照后的低活化钢中的位错环微观结构,
保持$g=01\bar{1}$不变,分别从正带轴[100]开始倾转
(a)5°;(b)11°;(c)16°;(d)30°;(e)37°;(f)39°。

3)450℃下辐照产生的位错环

450℃辐照后的样品的微观结构与350℃结果相似,有大的位错环出现。图6-4 (a)~(d)分别为450℃辐照后样品在[100]带轴附近$g=\bar{1}10$、200、$\bar{1}\bar{1}0$和020的条件下的弱束明场像。由$g \cdot b = 0$的定则也可以确定E类和F类位错环的伯格斯

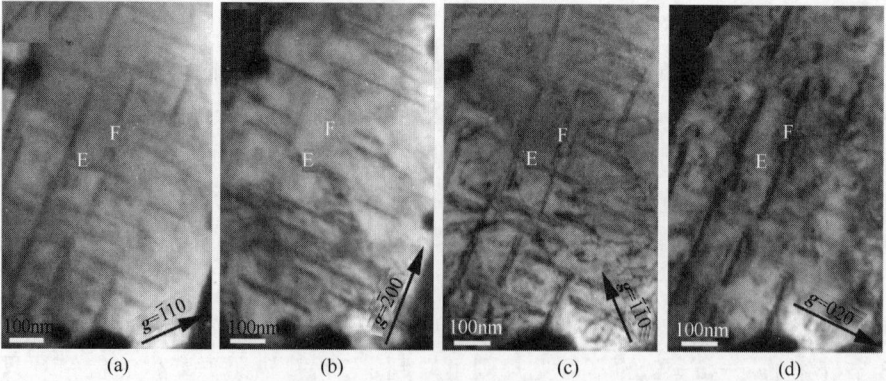

图6-4　450℃下He离子辐照后低活化钢中的位错环
(a)$g=\bar{1}10$;(b)$g=\bar{2}00$;(c)$g=\bar{1}\,\bar{1}0$;(d)$g=020$。

矢量分别为 $b = \pm[100]$ 和 $b = \pm[010]$。由此可知,在450℃辐照后的低活化钢中也只有 $<100>$ 类型的位错环。

通过实验可以发现,在350℃及其以下的温度下辐照时,样品中没有气泡产生,在450℃下辐照,样品中出现小的气泡,如图6-5所示。有报道指出样品在高温辐照下会产生 He 泡[35]。在我们的工作中,这些气泡主要分布在捕获点附近,如位错、晶界以及析出物。因为 He - vacancy(He - V)团簇在这些捕获点的形成能和迁移能低,所以 He 原子可以容易的被空位捕获形成 He - V 团簇[36,37]。高温下 He - V 团簇可以通过吸收附近的空位和 He 原子,从而在位错,晶界以及析出物周围形成 He 泡。

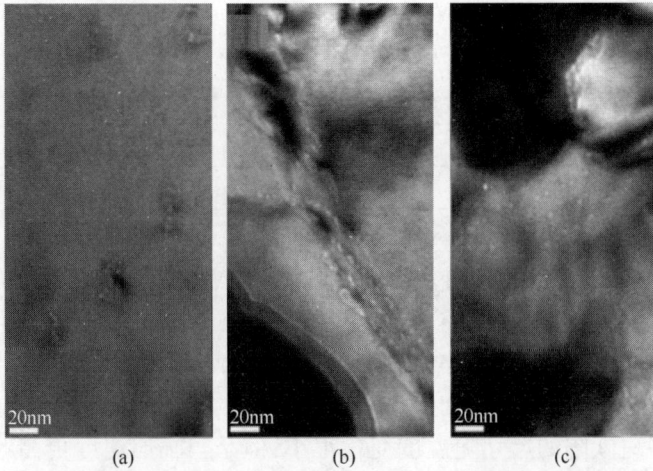

(a)　　　　　　　　(b)　　　　　　　　(c)

图6-5　450℃下 He 离子辐照后低活化钢中的气泡

2. 位错环类型随辐照温度的变化

300℃辐照下出现 $\frac{1}{2}<111>$ 和 $<100>$ 两种类型的小位错环,但是在350℃和450℃辐照时,只有 $<100>$ 类型的大位错环出现,因此位错环类型的转变温度很有可能是350℃。这与 Yao 等预测的趋势相同[11]。可能的机制如下:在级联碰撞的附近形成的小自间隙原子团可以看作是 $<111>$ 或 $<100>$ 的混合集团。然后由这些集团产生 $\frac{1}{2}<110>$ 和 $<100>$ 位错环,然后继续长大到一定的尺寸。当长大到一定尺寸时,$b = <100>$ 的位错环会稳定,而 $b = \frac{1}{2}<111>$ 的位错环依然可动。高温下可增长的 $\frac{1}{2}<111>$ 位错环的可移动性和两种位错环在小尺寸时的稳定性决定了两种位错环的比例。在高温辐照下,小的 $\frac{1}{2}<111>$ 位错环可能不形成或者形成后快速转变成 $<100>$ 的位错环。

在纯 Fe 中辐照产生的位错环类型的转变温度为 492℃[11]，而在我们所研究的马氏体钢中的转变温度为 350℃。众所周知，bcc Fe 的力学性能从 500℃开始降低。根据理论计算，这可以用 bcc Fe 中自旋波动的弹性模量来解释[38]。这些弹性不稳定是导致剪切刚度常数显著降低的主要原因。这个常数与两种类型的位错环的相对稳定性有关。钢的机械性能可能与位错环类型的转变温度相关联。

3. 位错环尺寸随辐照温度的变化

表 6-1 所列为低活化钢不同辐照温度下的位错环尺寸和数密度的统计。我们发现随着辐照温度的升高，低活化钢中的位错环的尺寸会迅速增大。样品在室温下 He 离子辐照后会产生小的黑斑缺陷；在 300℃辐照后会出现小尺寸（约 8.8nm）位错环；在 350℃辐照后的位错环平均尺寸大到超过 100nm；450℃辐照后产生的位错环的尺寸更大（约 176nm）。

表 6-1　低活化钢不同辐照温度下的位错环尺寸和数密度的统计

T_{irr}/℃	300	350	450
平均尺寸/nm	8.8	138	176
数密度/m^{-3}	2.4×10^{22}	1.0×10^{21}	4.6×10^{20}

位错环尺寸随辐照温度变化的这个趋势和 Jia 等的研究结果一致[19]，如图 6-6 所示。Jia 等通过 140℃到 360℃不同温度下对 F82H 钢进行中子和质子辐照实验，发现当辐照温度低于 255℃时，黑斑缺陷数密度随温度的变化很小，但是在更高温度辐照时，随着辐照温度的升高，缺陷的数密度也明显降低。当辐照温度低于 235℃，黑斑缺陷的尺寸随温度变化很小；但是当辐照温度更高时，它们的尺寸随着温度升高明显增大。

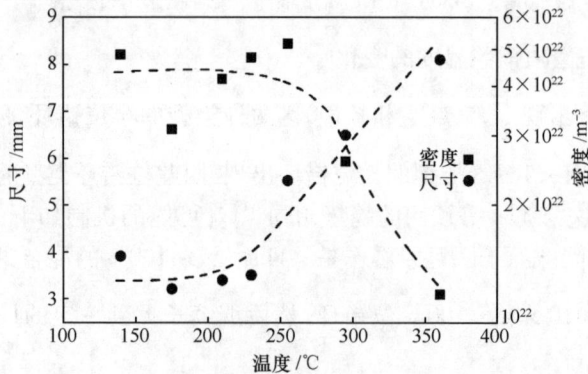

图 6-6　F82H 钢中位错环尺寸和数密度随辐照温度的变化图[19]

然而，非常值得注意的是，He 离子辐照产生的位错环的尺寸明显大得多。尤其当 He 离子辐照温度超过 350℃时，样品中会出现意想不到的大尺寸且形状很特殊的位错环。有些位错环的尺寸甚至比其他种类的辐照（中子辐照、重离子辐照等）大得多，如表 6-2 所列。材料受到 He 离子辐照后，能量高的 He 离子会将 Fe

表 6-2　Fe、Fe-Cr 合金和低活化钢在各种辐照条件下的位错环统计[30]

材料	辐照类型	辐照温度/℃	辐照剂量/dpa	尺寸/nm		位错环的数密度/m⁻³	类型		参考文献
				最大	平均		$\frac{1}{2}$<111>	<100>	
纯 Fe	离子(Fe⁺)	-233	0.3	4	—		√	√	[9]
		300	1	—	5~20	—	92%	8%	[15]
		400	1.3	68	30~50	—	√	√	[11]
		450	2	225	—	—	√	√	[11]
		500	2	50	—		×	√	[11]
			2.5	85	—		×	√	[10]
			6.5	300	—		×	√	[11]
		550	74.2	—	100~150	—	×	√	[7]
	中子	67	0.001	—	1	$1×10^{21}$	√	×	[41]
		67	0.01	—	1.8	$1×10^{22}$	√	×	[41]
		67	0.8	—	4	$5×10^{22}$	√	×	[41]
FV448	中子	380	30	110	50	$7×10^{21}$	—	>98%	[16]
		420	30	—	20	$3.5×10^{21}$	—	>98%	[16]
		460	30	>300	300	$1×10^{18}$	—	>98%	[16]
F82H	中子	250	2.8	—	7.9	$1.4×10^{22}$	√		[20]
		300	51	—	11	$4×10^{22}$	√	×	[20]
		302	8.8	—	5.4		√	√	[18]
		400	7.4	—	33	$6×10^{21}$	—	—	[20]
			51	—	27	$6.5×10^{20}$	—	—	[20]
	质子	250	1	—	2.4		√	×	[18]
Fe-9Cr	离子(He)	400	0.25	70	—				[20]
F82H(⁵⁴Fe)	中子	250	2.8	—	6.6	$2.1×10^{22}$	73%	27%	[20]
F82H+¹⁰B	中子	300	51	—	11	$6×10^{22}$	√	×	[20]
		400	7.4	—	20	$1×10^{21}$	—	—	[20]
			51	—	70	$2×10^{20}$	—	—	[20]
EUROFER 97	中子	250	16.3	—	7	$2×10^{27}$	√	×	[22]
		300	16.3	—	14	$4×10^{27}$	√	×	[22]
		350	16.3	—	35	$3×10^{26}$	√		[22]
		400	16.3	—	12	$5×10^{25}$	√		[22]
		450	16.3	—	10	$1×10^{25}$	√	×	[22]
SCRAM	离子(He)	300	0.8	—	8.8	$2.4×10^{22}$	√	√	[42]
		350	0.8	440	138	$1.0×10^{21}$	×	√	[30]
		450	0.8	—	176	$4.6×10^{20}$	×	√	[42]

离子打离平衡位置,形成自间隙原子和空位。随后 He 离子很容易被空位捕获,形成 He-V 团簇。根据分子动力学模拟计算可知,自间隙原子很容易从迁移离开 He-V 团簇;然而 He-V 团簇不容易移动[39]。所以更多的 He 原子会加入 He-V 团簇中,更多的自间隙原子也会聚集一起,形成大的自间隙原子团簇或者大的位错环。而且 Lucas 等通过分子动力学模拟发现,He 原子可以促进大的自间隙原子团簇的稳定性[40];在初始条件下加入了 1% 的间隙 He 原子,自间隙原子团簇的平均尺寸和数量都会比纯 Fe 中的要大得多。在我们的实验中,He 离子辐照的过程中会产生高浓度的 He 间隙原子,同样有利于大的自间隙原子团簇或大的位错环的形成。相对而言,在其他种类的辐照条件下,产生的间隙原子很容易与产生的空位复合。因此在相同的辐照剂量下,He 离子辐照会比其他种类的辐照产生尺寸更大的位错环。

在纯 Fe 中辐照产生的 <100> 型的位错环是方形的[41,42]。Dudarev 等位错结构的形状由弹性各向异性决定[38]。在纯 Fe 中,高温下形成的方形 <100> 型位错环对应的弹性能量是最小的。然而,在我们的工作中,<100> 型位错环的形状是缠绕的或者称为花状的。可能的形成机制如下:当位错环很小的时候,它们是规则的形状,它们可以吸收移动的小团簇从而长大。然而,这些位错环的长大在某些方向上会受到它们周围杂质原子的抑制作用,因为钢中的杂质原子可以阻碍缺陷团簇或位错环的移动,因此这里产生的位错环的边界不规则。

4. 辐照温度对位错环影响的小结

(1)位错环的类型与辐照温度有关。样品在室温下 He 离子辐照后会产生小的黑斑缺陷;在 300℃辐照后产生 $\frac{1}{2}$ <111> 和 <100> 两种类型的小位错环;在 350℃和 450℃辐照后只产生 <100> 类型的位错环。

(2)位错环的平均尺寸随着辐照温度的升高会迅速增大,这一变化趋势也和 Jia 等的研究结果一致。

(3)当 350℃辐照时,样品中发现大尺寸的位错环,并且通过 inside-outside 实验确定了位错环的性质是间隙型的。通过与其他种类的辐照进行对比,发现 He 离子辐照产生的位错环的平均尺寸明显更大,可能原因是 He 易与辐照过程中产生的空位形成 He-V 团簇,从而使间隙原子聚集长大形成尺寸大的位错环。

(4)在小于 350℃He 离子辐照下没有气泡或空洞,但是在 450℃辐照后在位错、晶界和析出物的附近有气泡或空洞出现。

6.1.5 辐照剂量对低活化钢中位错环的影响

用 30keV 的 He$^+$ 对 SCRAM 钢进行辐照,辐照温度为 (450±5)℃,辐照剂量分别为 8×10^{18} He$^+$/m^2、1.6×10^{19} He$^+$/m^2、5×10^{19} He$^+$/m^2、1.3×10^{20} He$^+$/m^2 和 2.5×10^{20} He$^+$/m^2。用 TRIM2008 软件模拟计算得出观察区对应 0.05dpa、0.1dpa、

0.3dpa、0.8dpa 和 1.5dpa。

1. 不同剂量下辐照产生的位错环观察

1）低剂量辐照产生的位错环

在 6.1.4 节中，我们观察到未辐照样品中有典型的马氏体板条结构，板条附近的 $M_{23}C_6$ 析出物，并且没有位错环。图 6-7 所示为样品在 He 离子辐照至 0.05dpa 时的弱束明场和弱束暗场像。我们发现样品中出现了小（小于 10nm）的黑斑缺陷。

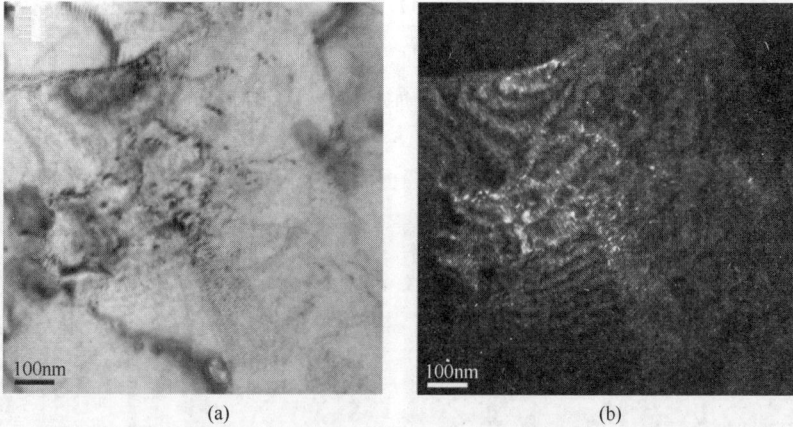

（a）　　　　　　　　　　　　　　　（b）

图 6-7　低活化钢样品在 He 离子辐照至 0.05dpa 时的弱束明场像和弱束暗场像

（a）弱束明场像；（b）弱束暗场像。

图 6-8 所示为样品在 He 离子辐照至 0.1dpa 后在 [001] 带轴附近 $g=110$，$1\overline{1}0,200$ 和 $0\overline{2}0$ 的条件下的弱束明场像。可以看出，当辐照剂量增大时，样品中出现了大的位错环。位错环的平均尺寸为 48.6nm。通过 3.3 节介绍的 $\boldsymbol{g}\cdot\boldsymbol{b}=0$ 的不可见规则，可以确定 A、B 和 C 和 D 类位错环的伯格斯矢量分别为 $\boldsymbol{b}=\pm[010]$、$\boldsymbol{b}=\pm[100]$ 和 $\boldsymbol{b}=\pm\frac{1}{2}[\overline{1}11]$ 或 $\pm\frac{1}{2}[1\overline{1}1]$。通过统计，我们发现大部分出现的是

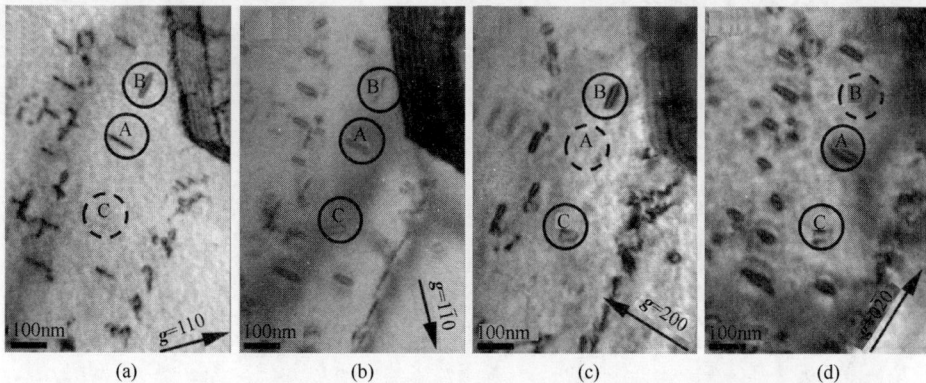

（a）　　　　　　（b）　　　　　　（c）　　　　　　（d）

图 6-8　低活化钢样品在 He 离子辐照剂量增加至 0.1dpa 后在 [001] 带轴附近 $g=110,1\overline{1}0,200$ 和 $0\overline{2}0$ 的条件下的弱束明场像

211

A 和 B 类型的位错环,仅有少量的 C 类型的位错环。我们发现在 He 离子辐照剂量 0.1dpa 时,样品中产生了大量的位错环,其中大部分是 <100> 类型,也有少量 <111> 类型的位错环出现。

2)高剂量辐照产生的位错环

图 6-9 是样品在 He 离子辐照至 0.3dpa 后在 [001] 带轴附近 $g = \bar{1}10$、110、$0\bar{2}0$ 和 200 的条件下的弱束明场像。样品中出现大的位错环,平均尺寸为 55.6nm,位错环的数密度为 $1.2 \times 10^{22}/m^3$。因此位错环的尺寸随剂量的增加而增大了,数密度随着辐照剂量的增加而减少了。同样根据图 6-9 可以对位错环的伯格斯矢量进行确定,用 3.3 节介绍的方法可以确定辐照 0.3dpa 的样品中只有 <100> 类型的位错环。

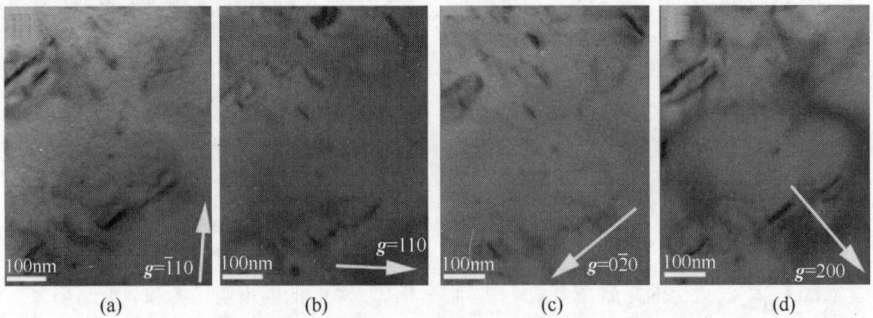

(a)   (b)   (c)   (d)

图 6-9 低活化钢样品在 He 离子辐照剂量增加至 0.3dpa 后在 [001] 带轴附近
$g = \bar{1}10$、110、$0\bar{2}0$ 和 200 条件下的弱束明场像

当辐照剂量增加至 0.8dpa 时,非常大尺寸的位错环出现。图 6-10 所示为样品在 He 离子辐照至 0.8dpa 后在 [001] 带轴附近 $g = \bar{1}10$、110、$0\bar{2}0$ 和 200 的条件下的弱束明场像。这时,辐照产生的位错环尺寸非常大,它们的平均尺寸增大至 142.8nm,最大的位错环的尺寸为 383nm。位错环的数密度稍微降低了一点,变为

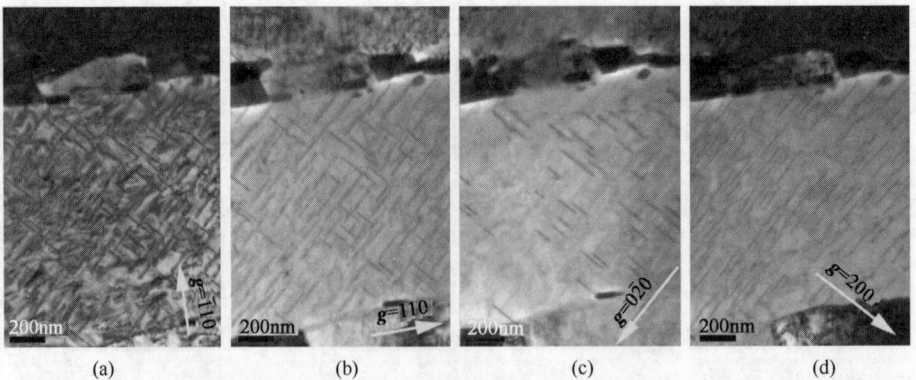

(a)   (b)   (c)   (d)

图 6-10 低活化钢样品在 He 离子辐照剂量增加至 0.8dpa 后在 [001] 带轴附近
$g = \bar{1}10$,110,$0\bar{2}0$ 和 200 条件下的弱束明场像

212

$9.4 \times 10^{21} \mathrm{m}^{-3}$。因此，辐照剂量增加至 0.8dpa 时，位错环的尺寸和数密度的变化趋势不变，依然是它们的尺寸随剂量的增加而增大，数密度随着辐照剂量的增加而减少。同样根据图 6-10 可以对位错环的伯格斯矢量进行确定，我们确定辐照 0.8dpa 的样品中只有 <100> 类型的位错环。

图 6-11 所示为样品在 He 离子辐照至 1.5dpa 后在 [100] 带轴附近 $g = 01\bar{1}$ 条件下的弱束明场像。可以观察到当辐照剂量增加至 1.5dpa 时，样品中出现缠绕的位错结构。经过统计，这时位错环的平均尺寸为 126.2nm，位错环的数密度为 $1.1 \times 10^{22} \mathrm{m}^{-3}$。因此，辐照剂量增加至 1.5dpa 时，随着辐照剂量的增加，位错环的平均尺寸没有增加，反而减小了，它们的数密度反而增加了，正好与之前的变化趋势相反。

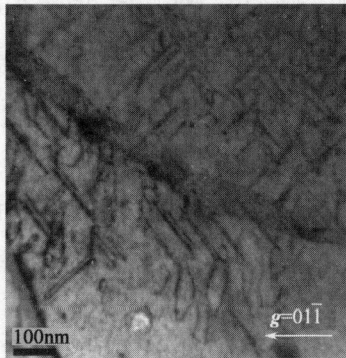

图 6-11　He 离子辐照至 1.5dpa 后在 [100] 带轴附近 $g = 01\bar{1}$ 条件下的弱束明场像

2. 位错环类型随辐照剂量的变化

Schaublin 等对 F82H 钢从室温到 310℃ 进行中子和质子辐照 0.3~10dpa，发现在低剂量辐照时，出现了 1~2nm 的黑斑缺陷，当辐照剂量增加至 10dpa 时，产生 6.9nm 的位错环。说明辐照后会先产生小的黑斑缺陷，随着剂量的增加，位错环的尺寸会慢慢变大[17]。表 6-3 所列为不同辐照剂量的位错环平均尺寸和数密度的总结。在我们的工作中，低剂量（0.05dpa）辐照时同样出现了黑斑缺陷。然而随着辐照剂量的增加（小于 0.8dpa），位错环的尺寸也会先增大，它们的数密度会减小。而且同样注意到，He 离子辐照产生的位错环的尺寸非常大，比同剂量的其他种类的辐照大很多。在 6.2.4 节中，我们讨论 He 离子辐照产生大位错环的

表 6-3　不同 He 离子辐照剂量下位错环的尺寸及数密度

He 离子剂量/cm^{-2}	8×10^{14}	1.6×10^{15}	5×10^{15}	1.3×10^{16}	2.5×10^{16}
损伤剂量/dpa	0.05	0.1	0.3	0.8	1.5
位错环平均尺寸/nm	<10	48.6	55.6	142.8	126.2
位错环最大尺寸/nm	65	90	141	383	170
位错环的数密度/m^{-3}	—	1.3×10^{22}	1.2×10^{22}	9.4×10^{21}	1.1×10^{22}

过程,它与其他辐照类型产生位错环的过程有些不同。在 He 离子辐照过程中 He 易被空位捕获形成 He – V 复合体,间隙原子不断的聚集长大形成大的间隙原子团簇或者位错环;而其他类型的辐照中,相较而言,间隙原子容易和空位复合而不容易产生大的间隙原子团簇。

当辐照剂量增加到 1.5dpa 时,位错环的平均尺寸减小,它们的数密度反而增加,说明了从 0.8 ~ 1.5dpa 过程中,位错环的尺寸不再继续增大,而是开始达到饱和,甚至平均尺寸略有减小。并且位错环的数密度增加了,出现了缠绕的位错结构。

值得注意的是,0.1dpa 辐照时,出现了少量的 $\frac{1}{2}$ < 111 > 类型的位错环,说明了位错环的类型不仅和辐照温度有关,还和辐照剂量相关。这也与 Schaeublin 等对 F82H 钢的研究结果相似。他们对 F82H 在 250 ~ 310℃ 进行中子辐照 0.5 ~ 9.2dpa,发现低剂量辐照下的位错环的伯格斯矢量一般是 $\frac{1}{2}$ < 111 >,当高剂量辐照之后 < 100 > 的位错环占主要比例[18]。

3. He 离子辐照剂量对位错环影响的小结

在 450℃ 下 He 离子辐照下,低活化钢中位错环的尺寸及伯格斯矢量的类型都与辐照剂量相关。

(1) 通过 $\boldsymbol{g} \cdot \boldsymbol{b} = 0$ 的不可见规则判定,低剂量辐照下有 $\frac{1}{2}$ < 111 > 和 < 100 > 两种类型的位错环(其中 $\frac{1}{2}$ < 111 > 类型的位错环比较少),当辐照剂量大于 5 × 10^{15} cm $^{-2}$ (0.3dpa)后,只有 < 100 > 类型的位错环。

(2) 随着辐照剂量的增加,位错环的平均和最大尺寸会先增加后减小;数密度则相反。当辐照剂量大到一个程度之后,位错环数量会增加,但是尺寸达到饱和。

6.2 奥氏体不锈钢中的位错环

奥氏体不锈钢因其具有优良的抗腐蚀性能、加工性能、可焊性和高温力学性能,在核电站结构件的制造中被大量应用。辐照下空洞肿胀率高是奥氏体不锈钢的一个主要问题,位错环是奥氏体钢中常见的辐照缺陷。在 4.1 节中已经介绍了奥氏体钢中的位错环随辐照温度和剂量变化的实验规律和速率理论,本节先介绍奥氏体不锈钢中关于位错环的形核这个基本问题,然后重点介绍本书作者在奥氏体不锈钢方面的研究工作。

6.2.1 奥氏体不锈钢中位错环的形核

奥氏体钢具有面心立方点阵结构,位错环有伯格斯矢量为 $\frac{1}{3}$ < 111 > 的弗兰克

环和 $\frac{1}{2}<110>$ 的全位错环两种[43]。反应堆用奥氏体不锈钢辐照后一般只观测到弗兰克位错环。一般认为弗兰克位错环本质上都是间隙型位错环[44-46]，最近有研究发现弗兰克位错环既有间隙型的，也有空位型的[47,48]。只有很少的文献报道了全位错环[49]，其尺寸相对较大，密度较低。

Q. Xu 等研究了 473K 下裂变中子和聚变中子辐照后奥氏体不锈钢中位错环的形核和演化[50]。辐照后位错环的数密度都随着辐照剂量的增加而增加，位错环的尺寸随着剂量的增加而增大。通过理论计算分析了位错环的形核机制，发现间隙型位错环直接在级联碰撞区域由缺陷的相互作用形核。如果假设位错环的形成效率与 PKA 的能量相关，那么位错环形成的临界能量是 20keV。

关于奥氏体钢中位错环的形核位置，实验发现间隙性位错环在间隙原子多的区域形核并长大[51]，而在晶界处可能有贫化现象（电子和中子辐照易产生贫化带，离子辐照则不易产生[52,53]）。此外，研究发现位错环能在氧化物颗粒与基体的界面处形核[54]。

奥氏体钢中添加微量元素有助于位错环的形核。胡本芙等对比研究了 15Mn 合金和 15Mn(W、V)合金辐照后微观组织变化[55]，15Mn 合金在辐照初期出现密度很低的位错环，随辐照剂量增加位错环生长速度加快，0.48dpa 后，环平均直径约 650nm。而添加了 W、V 的 15Mn(W、V)合金辐照初期形成大量高密度点状微小缺陷串，后逐渐长大形成位错环，数密度非常高，长大速度极为缓慢。可能的原因是 W、V 的加入形成了大量微细 $M_{23}C_6$、W_2C、VC 碳化物，它可以成为位错环核心，促进环的形成。也有其他实验发现 C、P、Si 等元素也可以促进位错环形核，其物理机理尚不明确[56,57]。奥氏体钢中微量元素、析出物对位错环形成的影响很大，但研究相对较少。此外，中子辐照嬗变产生的 He 原子对位错环的形核有促进作用[58]。从迁移能的角度，合金元素和杂质元素的添加会增加点缺陷的迁移能（见 1.3 节），相当于对点缺陷有一定的"钉扎"作用，这明显有利于位错环的形核而不利于位错环的长大。

除中子辐照外，人们经常用质子辐照和重离子辐照模拟中子辐照。质子辐照和重离子辐照下产生的位错环在形核方面跟中子辐照有所不同，在 1.2 节和 4.9 节中已有介绍，但位错环有着相似的的演化规律[53,59]。J. Gan 等研究发现，360℃、7×10^{-6}dpa/s 的中子辐照与 275℃、7×10^{-8}dpa/s 的质子辐照会产生非常相似的位错环结构[57]，辐照剂量从 0 增加至 1dpa 过程中，位错环的尺寸迅速增加，在 3~5dpa 时达到稳定；中子辐照位错环数密度在 3dpa 附近达到饱和，质子辐照在 1~3dpa 迅速达到饱和。通过调整质子辐照的剂量率和温度，能够让两者的实验结果拟合得更好，这为质子辐照模拟中子辐照提供了实验依据。最近，Stephenson 等对比了快堆中子辐照与质子辐照下多种奥氏体钢的微观结构[60]，中子辐照条件为 320℃下 4~12dpa，质子辐照条件为 360℃下 5.5dpa。结果发现质子和中子辐照产生的位错环尺寸相似,中子辐照位错环在 6.0nm 到 11.4nm 之间,质子辐照位错环在 5.2nm 到 9.1nm 之间,但中子辐照位错环的尺寸分布相对质子辐照要宽。中子辐照位错环数密度为 $0.47 \sim 4.4 \times 10^{23}\ m^{-3}$,质子辐照位错环的数密度为 $0.16 \times 10^{23} \sim 0.93 \times 10^{23}\ m^{-3}$。A. Etienne 等研究了 SA 304 和 CW 316 奥氏体不锈钢中离子辐照产生的位错环演化规律[59],发现在 350℃ 下 160keV Fe 离子辐照后产生了高密度的弗兰克位错环。辐照剂量高于 1.25dpa 时,弗兰克位错环的数密度和尺寸大小随着辐照剂量的增加而增加。离子辐照的实验结果与中子辐照相一致,表明重离子辐照可以较好地模拟中子辐照下的位错环演化。

6.2.2　HR3C 奥氏体不锈钢在离子辐照下的位错环[61]

到目前为止,在辐照后的奥氏体不锈钢中已经发现了富含有 Ni/Si 的析出物,例如 γ' 相(Ni_3Si)和 G 相($M_6Ni_{16}Si_7$,M 为过渡元素)[62]。最近,Jiao 和 Was 在奥氏体不锈钢中发现了辐照引起富含 Cu 的析出现象[63]。各种富含 Cr 的辐照析出物,包括 M_6C、α' 相、χ 相、Cr_2X、σ 相、Cr_3P、MP 和 $M_{23}C_6$ (主要是 $Cr_{23}C_6$,M = (Cr,Fe) 经常出现在辐照后的铁素体/马氏体不锈钢中[64]。尽管有相关的报道证明在高剂量辐照后的奥氏体钢的晶界上发生了 Cr 元素的偏析现象[65],但是还没有关于在辐照后的奥氏体不锈钢中出现富含 Cr 的析出物的报道。通常情况下,碳化物 $M_{23}C_6$ 的析出会影响许多钢的力学性能和抗腐蚀性能,一直受到人们的重视。在奥氏体不锈钢中,碳化物 $M_{23}C_6$ 通常会在高温时效过程中析出,这也要取决于钢的化学成分、时效时间和时效温度。但是,在奥氏体不锈钢中,辐照导致的 $M_{23}C_6$ 析出物的形成及其与位错环的相互作用还没有被报道过。

我们选用了一种新型的添加 N 元素的奥氏体不锈钢 HR3C 开展辐照损伤研究,其化学成分如表 6-4 所列,这种钢与 Super 304H 和 TP347HFG 钢相比拥有更好的耐高温腐蚀性能,是超临界水冷堆的候选结构材料之一[66]。在高温条件下,采用 Ar 离子对其进行辐照,用透射电子显微镜表征其微观结构变化。在 290℃ 辐照时,HR3C 钢中有位错环的出现。550℃ 条件下氩离子辐照后,我们发现了 $Cr_{23}C_6$ 析出物形成的现象,并且,还发现析出物主要出现在辐照引起的位错环周围。

表 6-4　奥氏体不锈钢 HR3C 的化学成分(质量分数%)

C	Mn	P	S	Si	Ni	Cr	N	Nb	Fe
0.07	0.4	0.016	0.008	0.2	19.7	24.8	0.18	0.4	Bal.

Ar 离子的能量为 120keV,注入剂量分别为 $2.0 \times 10^{15}\ cm^{-2}$、$6.0 \times 10^{15}\ cm^{-2}$ 和 $1.2 \times 10^{16}\ cm^{-2}$,束流强度约为 $1\mu A/cm^2$,辐照过程中样品温度分别保持在(290 ± 5)℃ 和(550 ± 5)℃。相应峰值的离位损伤分别为 4.8dpa、14.4dpa 和 28.8dpa。用 SRIM2008 程序计算(Detailed calculations with full damage cascades,离位阈能取 40eV)的离位损伤分布如图 6-12 所示。

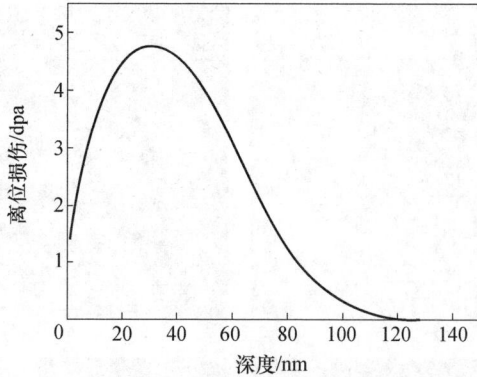

图 6 - 12　奥氏体不锈钢 HR3C 在 120keV 的 Ar 离子
辐照至 $2 \times 10^{15} cm^{-2}$ 的离位损伤分布

1. 较低的辐照温度(290℃)下 HR3C 钢的微观结构的变化

沿[011]带轴方向,在 down - zone 模式下观察了辐照形成的位错环。在这种模式下除了透射束成像之外,几种衍射束(例如 $g = 200, 1\bar{1}1, 3\bar{1}1\cdots$)也可以用来成像,这样可以最大程度上避免位错环的不可见现象。较高比例的位错环可以在同一透射电子显微照片中出现,从而可以更精确地统计位错环的数密度[67],结果如图 6 - 13 所示。在290℃下经 4.8dpa 辐照后,出现了平均尺寸为 5nm 的高密度位错环。当辐照剂量分别增加至 14.4dpa 和 28.8dpa 后,位错环的平均尺寸分别增大至约 10nm 和 16nm。位错环的平均尺寸随着辐照剂量的增大而长大,数密度则随着辐照剂量的增大而降低。

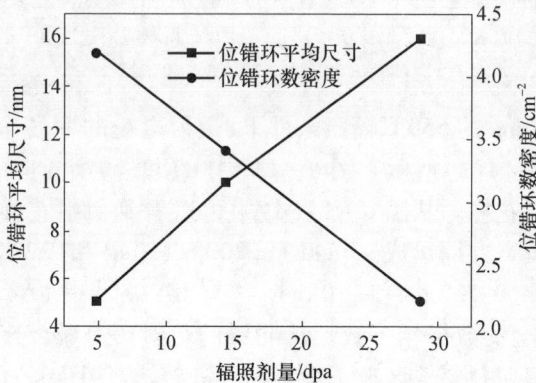

图 6 - 13　HR3C 在 290℃下辐照形成的位错环平均尺寸和数密度随辐照剂量的变化

2. 较高辐照温度下(550℃)HR3C 钢中析出物的演变行为

图 6 - 14 和图 6 - 15 所示为在高温 550℃辐照后奥氏体不锈钢 HR3C 的显微结构图像和选区电子衍射图样,可以观察到500℃的高温辐照下出现了明显变化。样品在高温 550℃氩离子辐照后出现了高密度的析出物(图 6 - 14(a)、图 6 - 15(a)、图 6 - 15(c))。析出物的数密度和平均尺寸随辐照剂量的变化情况如图 6 - 16 所示。

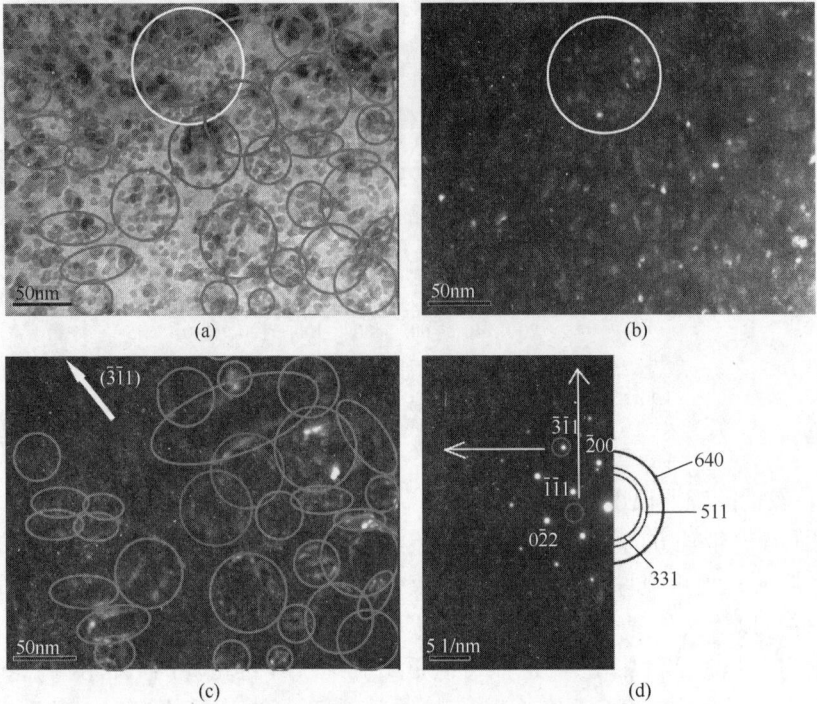

图6-14　HR3C 在 550℃ 下 Ar 离子辐照 4.8dpa 后,辐照导致的
析出物 $Cr_{23}C_6$ 的明场像和暗场像

(a)明场像;(b)图(a)所对应的暗场像(在[011]带轴方向上选取衍射环(331)和(511)的
某一段拍摄的(图(d)白色箭头所示));(c)图(a)所对应的的暗场像(选取基体的衍射斑点
($\bar{3}\,\bar{1}1$)拍摄的图(d)白色箭头所指));(d)图(a)所对应的选区电子衍射花样。
图(a),b 和 c 来自同一个拍摄区域。

在剂量为 4.8dpa 的 550℃ 辐照条件下,透射电镜的明场像中出现了高密度的析出物,如图 6-14(a)所示。图 6-14 中(d)和(a)所对应的在[011]带轴方向的选区电子衍射花样。从图 6-14(d)中可以看到衍射花样是由规则的衍射环和明锐的衍射斑点共同组成。($\bar{1}11$)、($\bar{2}00$)、($\bar{3}11$)和($\bar{2}20$)的面间距分别为0.205nm、0.177nm、0.127nm 和 1.08nm,这与 JCPDS 卡片(No. 33 - 0945)给出的 Fe - Cr - Ni 合金的数据相一致。从明锐的衍射斑点角度来看,图 6-14(d)的衍射花样与未辐照材料选区电子衍射图样一致,表明图 6-14(d)中衍射斑点是来自 HR3C 钢的基体。暗场像图 6-14(b)是通过选取图 6-14(d)中(331)和(511)的衍射环的某一段拍摄得到的(如图 6-14(d)中白色箭头所示)。图 6-14(b)中出现了高密度析出物(如白色圆圈标注中)。这说明图 6-14(d)的衍射环是由辐照导致的析出物而出现的。计算得出的(331)、(511)和(640)面间距分别为 0.244nm、0.205nm 和 0.147nm,这与 JCPDS 卡片(No. 71 -0552)给出的碳化物 $Cr_{23}C_6$ 的面间距相吻合,表明在奥氏体不锈钢中辐照导致的析出物主要为

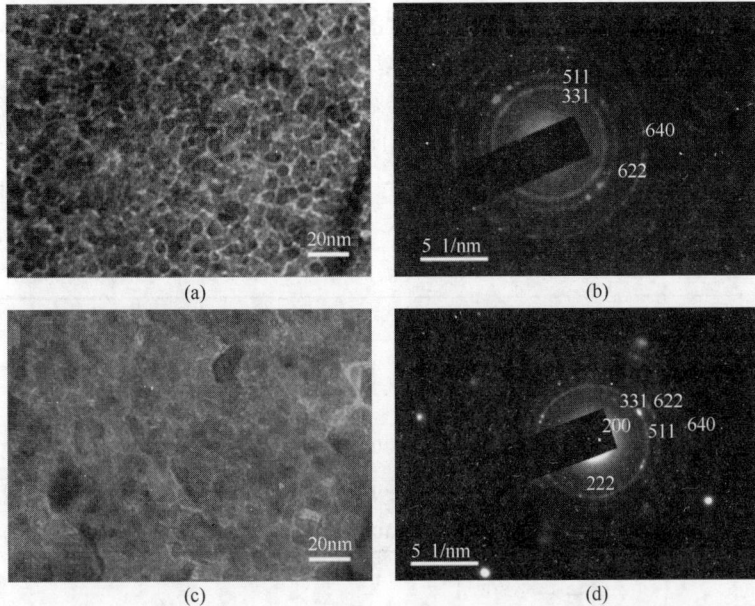

图 6 – 15　HR3C 在 550℃下经不同辐照剂量后的微观结构变化

(a)14.4dpa；(b)图(a)对应的选取电子衍射花样；(c)28.8dpa；(d)图(c)对应的选取电子衍射花样。
选区电子衍射花样中的(hkl)面分别为(200)、(222)、(331)、(511)、(622)和(640)。

碳化物 $Cr_{23}C_6$。图 6 – 14(c)也为图 6 – 14(a)所对应的的暗场像，是由选取图 6 – 14(d)中的($\bar{3}\,1\bar{1}$)衍射斑点拍摄获得的(图 6 – 14(d)中白色箭头所示)。图 6 – 14 中(c)与(a)、(b)取自于同一拍摄区域。但是，在图 6 – 14c 中可以明显地发现由 Ar 离子辐照产生的位错环，与图 6 – 14(b)相比有着很明显的不同。通过图 6 – 14(c)与图 6 – 14(a)的对比，明场相和暗场的析出物和位错环相交替的对比，我们惊讶地发现平均尺寸在 5.1nm 的析出物主要分布在位错环上和位错环里面。图 6 – 14(a)中用圆圈和椭圆圈标记的区域可以看作是对应于图 6 – 14(c)中的真实的位错环。靠近位错环位置的析出物 $Cr_{23}C_6$ 的密度明显大于在位错环中央位置的析出物的密度。不过也有很少的析出物位于位错环以外的区域。但是，根据位错的不可见判据 $\boldsymbol{g} \cdot \boldsymbol{b} = 0$，在 $\boldsymbol{g} = (\bar{3}\,1\bar{1})$ 的方向上会有一些位错环是看不到的，因此无法明确判断这些位于位错环以外的区域的 $Cr_{23}C_6$ 析出物是否位于位错环中。

在高温 550℃，辐照剂量为 4.8dpa 时(图 6 – 14(a))，析出物 $Cr_{23}C_6$ 的平均尺寸大约是 5.1nm，数密度是 $9.6 \times 10^{16}/cm^3$。随着注入剂量增加到 14.4dpa，析出物平均尺寸增大到 5.4nm，数密度显著增大到 $1.6 \times 10^{17}/cm^3$(图 6 – 15(a))。在选区电子衍射图像中，如图 6 – 15(b)所示，析出物数密度的增加导致了(622)衍射环的出现($d = 0.160nm$)。当辐照剂量增加到 28.8dpa(图 6 – 15(c))，析出物的平均尺寸增加到 8.2nm，数密度减少到 $6.9 \times 10^{16}/cm^3$。在图 6 – 15(d)中，更多的衍射环如(200)和(222)出现了(相应的面间距分别为 0.532nm 和 0.376nm)，这表明随着辐照剂量的增加,辐照导致的析出现象更加显著。新的衍射环的出现进一步证明在奥氏体不锈钢 HR3C 中辐照导致的析出物是 $Cr_{23}C_6$。关于 HR3C 钢在 550℃辐照后的析出物 $M_{23}C_6$ 的统计可详见表6-5。在图6-16 中,析出物的数密度和平均尺寸随着辐照剂量的关系清晰地表明,随注入剂量的增大,析出物在长大,并且在 28.8dpa 时没有发现饱和迹象。但是,位错环的数密度在 14.4dpa 时达到最大值,随后随注入剂量的增大而减小。

表6-5　HR3C 钢在高温 550℃辐照导致的 $M_{23}C_6$ 析出物数据统计

辐照剂量/dpa	$M_{23}C_6$ 析出物			衍射环(hkl)
	测量的析出物数目	平均尺寸/nm	数密度/cm^{-3}	
4.8	174	5.1	9.6×10^{16}	(331) (511) (640)
14.4	129	5.4	1.6×10^{17}	(331) (511) (622) (640)
28.8	74	8.6	6.8×10^{16}	(200) (222) (331) (511) (622) (640)

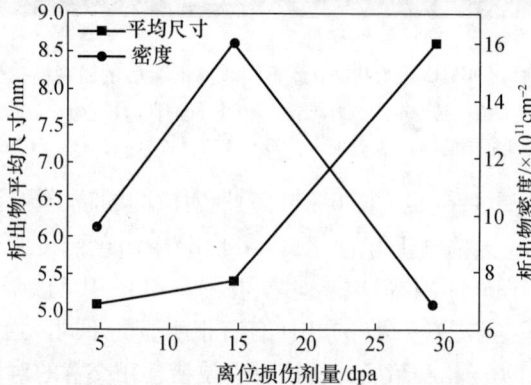

图6-16　在 550℃下,辐照析出物 $Cr_{23}C_6$ 的平均尺寸和数密度随离位损伤剂量的变化

奥氏体钢 HR3C 经过高温 Ar 离子辐照后出现富含 Cr 元素的析出物,是个值得注意的有趣现象。众所周知,辐照导致的析出开始于辐照导致元素的偏析[68-72]。辐照导致的元素偏析现象一般出现在缺陷陷阱附近,如位错、位错环、晶界以及析出物与基体的界面等缺陷陷阱,辐照导致的元素偏析会使一种元素或几种元素在基体的某一区域内富集,当富集的元素超过其在基体的溶解度时,就可能会产生析出现象。一般情况下,在奥氏体钢中,尺寸偏大的 Cr 原子(相比 Fe 原子半径)在晶界或位错环附近会出现辐照贫化的现象[69, 73],因此辐照导致的 Cr 富集的析出物不应该出现在位错环的附近。但是,在 550℃下,Cr 元素在 Fe-Cr 合金中的溶解度约为 18at.%[74],而 HR3C 中 Cr 的含量约为 25at.%,Cr 的含量是过饱和状态。根据辐照增强扩散机制[75],在 Cr 元素过饱和的情况下,高温辐照(550℃)可能会增强 Cr 在晶粒内部的偏析,加速 $Cr_{23}C_6$ 的成核。图6-14(a)中显

示细小的 $Cr_{23}C_6$ 析出物大部分分布在位错环附近和内部,根据辐照增强扩散机制,这可能是因为位错环的形成先于析出物的形成,高温 550℃辐照加速了 Cr 和 C 在位错环处的富集。因此,$Cr_{23}C_6$ 析出物很容易在高温辐照下成核,并随着辐照剂量的增加而长大。很有趣的是 $Cr_{23}C_6$ 析出物数密度在靠近位错环处大于其在位错环的中央,如图 6-14(a)所示。原因可能是位错环可以看作是缺陷陷阱,比位错环中间区域更易吸收 Cr 和 C 原子。但这还需要从理论角度得到更清楚的解释,所以 $Cr_{23}C_6$ 析出物与位错环的相互作用有待进一步研究。

曾报道称奥氏体不锈钢 HR3C 在 750℃热时效 500h 后,在其晶粒内部出现高密度的碳化物 $M_{23}C_6$[76]。与热时效的结果相比,在高温 550℃下 Ar 离子辐照极大地缩短了 $M_{23}C_6$ 的析出时间,析出温度也有明显降低,这进一步证实了由于辐照增强扩散机制,辐照会增强 Cr 和 C 元素在位错环处的偏析理论。显然,高温辐照后 $M_{23}C_6$ 的析出会影响 HR3C 钢的机械性能,包括抗晶间腐蚀强度、延展性、韧性以及硬度。

关于奥氏体不锈钢 HR3C 在 290℃和 550℃的 Ar 离子辐照位错环,得到结论如下:

在 290℃较低的辐照温度下,HR3C 钢的基体中出现高密度的位错环,位错环的平均尺寸随着辐照剂量的增大而长大,数密度随着辐照剂量的增大而降低。与较低的辐照温度(290℃)相比不同的是,奥氏体钢 HR3C 在 550℃下氩离子辐照后,在大尺寸的位错环附近出现大量的辐照析出物,并且随着辐照剂量的增大,析出物的平均尺寸逐渐变粗。选区电子衍射表明这些析出物主要为碳化物 $Cr_{23}C_6$。这是第一次在奥氏体不锈钢中的位错环附近直接观察到了辐照析出物 $Cr_{23}C_6$ 的形成。析出物 $Cr_{23}C_6$ 主要分布于位错环内部和靠近位错环的地方,可能的原因是位错环的形成先于析出物,析出物 $Cr_{23}C_6$ 的形成始于辐照导致的 Cr 和 C 元素的偏析,在 HR3C 中 Cr 元素过饱和的情况下,辐照会增强 Cr 和 C 在位错环附近的偏析。与奥氏体钢 HR3C 的热时效结果相比,氩离子辐照明显缩短了 $M_{23}C_6$ 的析出时间,降低了析出温度。

6.3 镍基合金中的位错环

相对于奥氏体不锈钢和铁素体/马氏体不锈钢,Ni 基合金具有较好的蠕变性能、高温强度和抗腐蚀性能,能够承受 600℃以上的高温,被推荐为第四代先进反应堆的核心部件材料[77,78]。Ni 基合金被认为是汽冷快堆、熔盐堆和超高温气冷堆首选的结构材料,也是超临界水冷堆有希望的候选结构材料。Ni 基合金在压水堆、沸水堆和散裂中子源中也有重要应用。

但是,关于 Ni 基合金的辐照实验数据却非常有限。Rowcliffe 等总结了以前的 Ni 基合金辐照实验数据得出两个结论[77]:一是目前大多的商业 Ni 基合金(例如

718、706 和 PE16 合金)在高温(400~600℃)高剂量的中子辐照后,其延展性能会大幅度降低,主要原因可能是晶界处 He 的聚集,但是还没有直接的证据,He 对微观结构和性能的影响需要进一步研究;二是大多数的 Ni 基合金在高温高剂量下的辐照肿胀率与 Ni 的含量有关[79],例如 Fe – 15Cr – xNi 三元合金系列中 Ni 含量为40%~50%(质量分数)时对应的辐照肿胀率最小,因此提出通过调整 Ni 的含量设计出具有低肿胀率的合金[77]。关于嬗变 He、辐照温度等因素对位错环的影响,国内外也开展了一些实验和模拟研究。本节先介绍相关的研究进展,然后重点介绍本书作者所开展的 Ni 基合金 C – 276 在离子辐照下的位错环研究。

6.3.1　He 对 Ni 基合金中位错环的影响

Ni 基合金在中子辐照期间可通过 n、α 反应生成相当浓度的 He,因此 He 对 Ni 基合金辐照肿胀和微观结构的影响引起人们的关注。天然 Ni 中含有 68% 的 ^{58}Ni 和 26% 的 ^{60}Ni。在 Ni 基合金中 He 的产生主要是通过快中子与 Fe、Cr 和 Ni 同位素的反应和两个发生在整个中子能谱的反应。对于快中子,嬗变反应是:^{58}Ni + n_f→^{55}Fe + ^{4}He,^{60}Ni + n_f→^{57}Fe + ^{4}He。He 也可通过下述两步反应而产生:^{58}Ni + n→^{55}Fe + ^{4}He,^{59}Ni + n→^{56}Fe + ^{4}He,但这个反应首先要求产生 ^{59}Ni。He 的另一个来源是 ^{10}B 在热中子作用下的嬗变反应:^{10}B + n→^{7}Li + ^{4}He。^{10}B 在天然 B 中的丰度约为20%,热中子反应截面大。He 的产额非常依赖于中子能谱、嬗变反应截面和中子注量。对于 Ni 基合金,在热中子为主的反应堆中,低辐照剂量(低于 10^{24}n/m^2)下 B 嬗变产生的 He 是主要的,高辐照剂量(大于 10^{24}n/m^2)下 Ni 嬗变产生的 He 是主要的;在快中子反应堆中,约在 100dpa 剂量内 He 的产率为 1appm He/dpa,这是对于剂量高于 40dpa 时的线性估计,对于低剂量情况则需要根据热中子通量和 ^{10}B含量进行计算[80]。

Inconel X – 750 是一种被广泛用作压水堆和沸水堆堆芯材料的 Ni 基合金,其合金成分为 Ni – 15Cr – 7.3Fe – 2.5Ti – 0.68Al – 0.99Nb – 0.15Mn – 0.067C(质量分数),其中 Ni 含量约为 73%。Yao 等对该合金进行了不同辐照条件下的系列研究[81-84]。Zhang 等研究了 Inconel X – 750 合金 60~400℃ 下 1MeV Kr^{2+} 辐照后的微观结构变化[81]。点阵缺陷由层错四面体、$\frac{1}{2}$<110>全位错环和 $\frac{1}{3}$<111>弗兰克位错环组成。层错四面体的比例与辐照温度和辐照剂量都无关,且在离子辐照下非常快地产生,且一旦形成就不再生长,表明它们是在单个级联内因级联坍塌而形成的。缺陷的数密度约在 0.68dpa 的低剂量下达到饱和,直到 5.4dpa 仍为观察到空洞,而中子辐照在相似的辐照剂量和温度下却观察到了空洞,这说明中子辐照产生的 He 对于空洞的形核和生长是至关重要的。在预注入 He 的 Inconel X –750 合金中观察到 He 的存在影响位错环和层错四面体等其他缺陷的演变[83]。在预注入 He 的样品中,400℃下 1MeV Kr^{2+} 辐照时观察到了层错四面体的大幅减少,层错四面体占全部缺陷(包括层错四面体、位错环和未鉴定缺陷)的比例从约50%降到20%以下。

Changizian 等进一步用原位电镜研究了 Inconel X - 750 超合金在 1MeV Ni$^+$ 和 15keV He$^+$ 双束同时辐照下的微观结构变化[84]，N$^+$ 辐照损伤的剂量率为 10^{-3} dpa/s，He 的注入率为 200appm/dpa，实验观察到，He 的注入有助于位错环的长大：在 400℃下辐照期间，形成了尺寸为 10~20nm 的 $\frac{1}{3}$ <111> 弗兰克位错环，而 N$^+$ 单束辐照下需要在更高的温度(500℃)下才能形成类似大小的位错环，这意味着 He$^+$ 对空位的捕陷作用有助于在更低的温度下促进位错环长大。

Hashimoto 等在 Inconel 718 合金中也观察到，跟单束 Fe$^+$ 辐照相比，He$^+$ 的注入引起了稍高的层错环密度[85]。研究是为了评估 Inconel 718 合金用作美国散裂中子源(SNS)加速器束流线窗口材料的可能性，该合金的成分(质量百分数)为 53.58 Ni，18.37 Fe，18.13 Cr，4.98 (Nb + Ta)，3.06 Mo，1.03 Ti，0.11 Si，0.48 Al，0.13 Mn，0.08 Cu，0.04 C，0.001S，0.0008 P。在 200℃下通过 3.5 MeV Fe$^+$、370 keV He$^+$ 和 180keV H$^+$ 的单束或多束同时辐照模拟 SNS 靶容器壁的损伤和 He/H 产额，辐照剂量为 0.01~10dpa，三束中 He 和 H 的注入率分别为 200appm/dpa 和 1000 appm/dpa，单独注 He 的注入率为 14000appm/dpa。固溶退火钢样品产生辐照硬化，而沉淀硬化样品出现净余的软化。TEM 分析显示，硬化与小位错环和层错结构的形成有关。He$^+$ 辐照过的样品比 Fe$^+$ 辐照样品产生了更多的位错环和空洞，He$^+$ 辐照产生了稍高的层错环密度。对于固溶退火样品，在所有辐照条件下只观察到了小位错环，辐照条件并不强烈影响小位错环的形核；对于沉淀硬化样品，小位错环的密度比固溶强化样品中的高，辐照后的软化跟 γ'/γ'' 析出物的分解有关。

6.3.2 辐照温度变化对 Ni 基合金中位错环的影响

反应堆运行期间辐照温度的变化对辐照微观结构会产生影响，但中子辐照期间温度刚刚开始变化前和变化后的短时间内的微观结构演化难以研究。Xu 和 Yoshiie 研究了 Ni 和 Ni - 2at.% Cu、Ni - 2at.% Ge 合金在两轮 533K/693K 下的中子变温辐照后的微观结构演化[86]。总剂量为 0.46dpa，在每个温度阶段剂量几乎相同，辐照期间样品取出了 5 次。第一轮的 533K 辐照后，开始 693K 辐照时，间隙型位错环和空洞的密度降低了。第一轮 533K/693K 下辐照后，开始第二轮的 533K 下辐照，位错环和空洞的形核加强了。即使再经过了 693K 辐照，空洞密度也持续增加。另处，在 Ni - 2at.% Cu 和 Ni - 2at.% Ge 合金中，Si 和 Sn 的添加抑制了空洞的形成，微观结构的演化几乎与辐照温度无关。变温辐照下，Ni - 2at.% Cu 和 Ni - 2at.% Ge 合金中的位错环较恒温辐照受到了更多的抑制。

6.3.3 原有缺陷对 Ni 基合金中位错环的影响

Ni 超合金中辐照诱发的缺陷与原有缺陷之间的相互作用问题研究得很少。

Reyes 等对熔盐堆结构材料 Ni – Mo – Cr – Fe 合金(GH3535)进行了 723K 下的 1MeV Kr^{2+} 离子辐照的原位电镜研究[87]。最大辐照剂量为 $3.3 \times 10^{16} Kr_r^{2+}/cm^2$,约对应 100dpa。辐照前 GH3535 试样中存在大量位错,可能是由热处理或机械加工造成的。

辐照后样品中出现了黑斑,且随着辐照剂量的增加,黑斑的数密度增加,但增加速度降低,可能是因为缺陷团之间的相互作用以及在原有缺陷阱如位错和晶界处达到饱和。辐照后的电镜观测发现,形成了两种不同类型的位错环:$\frac{1}{2} < 110 >$ 型全位错环和位于 $\{111\}$ 面内的位错环。

分子动力学模拟显示:级联驰豫期间在碰撞级联区中直接形成了 $\frac{1}{2} < 110 >$ 位错环。没有观察到形成的位错环与原有线位错之间的关联。当在已有的 $\frac{1}{2} < 110 >$ 刃位错附件发生碰撞级联时,级联区的离位原子直接被位错芯所吸收,余下的空位一部分聚集成 $\frac{1}{3} < 111 >$ 弗兰克环,成为 $\frac{1}{6} < 112 > \{111\}$ 位错的形核位置。$\frac{1}{6} < 112 > \{111\}$ 位错在刃位错应变场的剪切应力作用下能传播,但由于它不是 fcc 晶体的点阵矢量,因此传播时伴随形成了内禀层错。这些模拟结果与透射电镜观察结果相符,可以解释辐照下两种位错环的形成机制。需要注意,虽然自间隙位错环将阻碍 $\frac{1}{2} < 110 >$ 刃位错的运动,但被 $\frac{1}{6} < 112 >$ 型位错所束缚的层错区将不会与 $\frac{1}{2} < 110 >$ 刃位错发生强烈的相互作用,因此不会对辐照硬化明显贡献,即不会对高能粒子辐照下材料的力学性质带来太大变化。

6.3.4 Ni 基合金 C – 276 在离子辐照下的位错环

1. Ni 基合金 C – 276 在室温氩离子辐照下的位错环

Hastelloy C – 276 合金是一种商业 Ni 基合金,含有 Cr 和 Mo 元素,具有较好的抗腐蚀性能和热稳定性能,被广泛地用于航天、石油和核工业等领域。Veriansyah 等选用 Ni 基合金 C – 276 作为超临界水氧化实验堆的结构材料[88]。目前,Ni 基合金 C – 276 可应用在超临界水冷堆候选材料的潜力已经被人们发现并开始研究,近年来其在超临界水环境的抗腐蚀性已有报道[89],但辐照损伤方面研究很少。我们采用不同的离子,对 C – 276 进行了不同温度和不同剂量下的辐照,研究辐照下微观结构的演变[90-93],这里主要介绍其中的位错环部分。

所用的 Ni 基合金 C – 276 来自于美国的 Haynes 公司,化学成分详见表 6 – 6。用能量为 120keV 的 Ar 离子在室温下对 C – 276 薄箔样品进行辐照,辐照剂量分别为 $1 \times 10^{18} Ar^+/m^2$、$3 \times 10^{18} Ar^+/m^2$、$5 \times 10^{18} Ar^+/m^2$、$1 \times 10^{19} Ar^+/m^2$、$3 \times 10^{19} Ar^+/m^2$、$1 \times 10^{20} Ar^+/m^2$ 和 $3 \times 10^{20} Ar^+/m^2$,用 SRIM 程序计算(离位阈能取 40eV)

得到相应的最大位移损伤分别为 0.28dpa、0.83dpa、1.38dpa、2.75dpa、8.25dpa、27.5dpa 和 82.5dpa。

表 6 – 6　Ni 基合金 C – 276 的化学成分（质量分数%）

P	C	S	V	Si	Mn	Co	W	Fe	Mo	Cr	Ni
0.006	0.002	0.002	0.01	0.02	0.52	0.89	3.47	5.24	15.55	15.76	Bal

1）室温低剂量辐照导致黑斑缺陷的出现

图 6 – 17 所示为 Ni 基合金 C – 276 在室温辐照下，在低辐照剂量范围内（0 ~ 2.75dpa）的微观结构变化图像。图 6 – 17（a）是 C – 276 合金未辐照的图像，从观察的区域中几乎看不到缺陷存在，说明 C – 276 是一种缺陷很少的合金。当辐照剂量为 0.28dpa 时，仍然没有辐照缺陷出现，如图 6 – 17（b）所示（图中黑色条纹为消光条纹）。随着辐照剂量增加到 0.83dpa，出现了很多黑斑状缺陷，如图 6 – 17（c）中黑色箭头 A、B、C 所示。在透射电镜下观察时，倾转样品台大约 2°左右，发现现黑色斑点消失。根据缺陷和析出物成像的原理，说明经过样品台倾转后能够消失的黑斑缺陷为 Ar 离子辐照产生的缺陷，而不是辐照导致的析出物[94]。此时，黑斑缺陷的尺寸为 1 ~ 3nm，数密度为 $3.0 \times 10^{10} cm^{-2}$。当辐照剂量增大到 1.38dpa 时，黑斑的尺寸增大，见图 6 – 17（d），最大的黑斑尺寸约为 5nm 左右，黑斑缺陷的

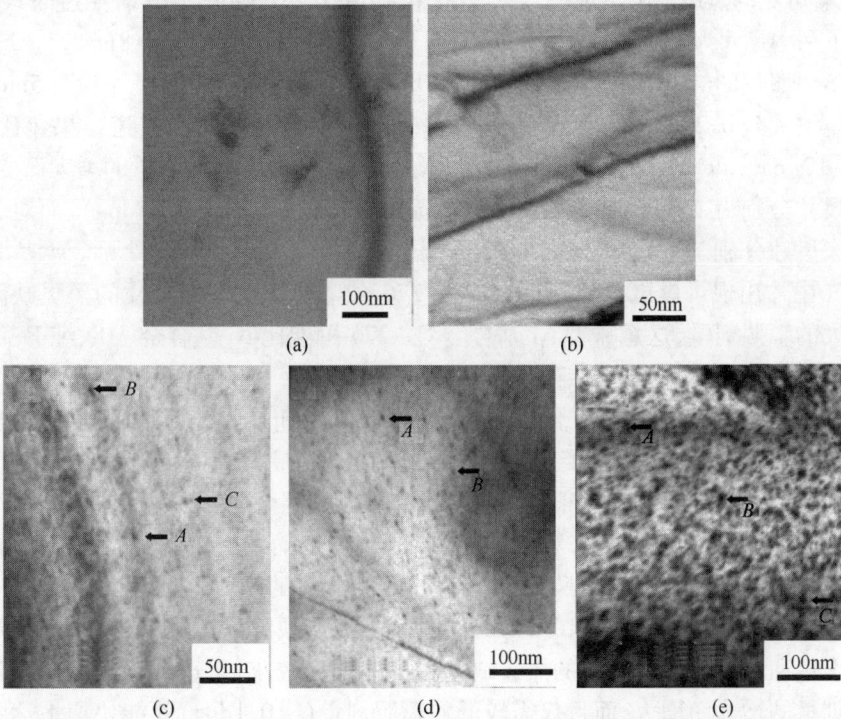

图 6 – 17　Ni 基合金 C – 276 在室温低剂量下 Ar 离子辐照前后的微观结构变化
（a）0dpa；（b）0.28dpa；（c）0.83dpa；（d）1.38dpa；（e）2.75dpa。

数密度也增大到 $7.0 \times 10^{10} cm^{-2}$。随着辐照剂量从 1.38dpa 增加到 2.75dpa 时,辐照导致黑斑缺陷的数密度和尺寸都进一步增加,见图 6 - 17(e)。辐照 2.75dpa 下的黑斑数密度较 1.38dpa 时几乎增加 100%,达到 $1.4 \times 10^{11} cm^{-2}$,最大的黑斑缺陷尺寸也从 1.38dpa 下的 5nm 增大到 10nm 左右。当 Ar 离子的辐照剂量达到 8.25dpa 时,样品中也存在着黑斑缺陷(图 6 - 18(a)),但是与在低辐照剂量范围内(0 ~ 2.75dpa)相比,数量明显降低,其数密度大约为 $2.2 \times 10^{10} cm^{-2}$。这说明在较高剂量的辐照下,辐照导致的主要缺陷不再是细小的黑斑缺陷,而是大尺寸的位错环。随着辐照剂量升高到 27.5dpa 时,黑斑缺陷数密度仅为 $1.25 \times 10^{9} cm^{-2}$。所以我们预测这些细小的黑斑缺陷会随着辐照剂量的增大而长大,并且能发生聚集,当辐照剂量到达一定程度时形成位错环。在高剂量辐照下,仍有黑斑缺陷产生,但其能融入大的位错环缺陷中,从而在高的辐照剂量下黑斑缺陷的数密度很小。

黑斑缺陷是电镜不易分辨的点缺陷团簇,一般都是小位错环。相关文献曾经报道,在辐照过的 Fe - Cr 合金中辐照导致的黑斑结构是非常有效的缺陷陷阱,能同时吸收点缺陷和 He 原子[77]。如前所述,Ni 基合金在中子辐照下通过核反应会产生 He 原子,这些 He 原子可能会被黑斑缺陷捕获,导致 He 脆。据报道,辐照导致的黑斑缺陷也发生在中子辐照过的 Ni - Au 基合金 718 中,中子的辐照剂量仅为 0.1dpa 时,就有可见的黑斑缺陷出现[95]。经过剂量为 0.001 ~ 0.79dpa 中子辐照过的 Fe 中,发现了平均尺寸为 1 ~ 4nm 的黑斑缺陷,而相应的最大尺寸为 1.5 ~ 8nm[96]。230℃下中子辐照过的纯 Ni 中,当辐照剂量为 0.1dpa 时,黑斑缺陷的尺寸为 3.5nm;辐照剂量增大到 0.25dpa 时,尺寸增大到 4.3nm[97]。与这些文献报道结果相比,从图 6 - 17(c) ~ (e) 中我们可以看出,黑斑缺陷的尺寸随着辐照剂量的增大而变大,平均尺寸分别为 1.5nm(0.83dpa)、2.5nm(1.38dpa) 和 5nm(2.75dpa),而对相应的最大尺寸分别为 3nm、5nm 和 10nm。辐照剂量高于 0.28dpa 之后,Ni 基合金 C - 276 中才出现了黑斑缺陷,所以在 C - 276 合金中产生相似尺寸的黑斑缺陷需要较大的辐照剂量,这意味着 Ni 基合金 C - 276 可能比 Ni 基合金 718、纯 Fe 和纯 Ni 等具有较好的抑制黑斑缺陷的能力。

从图 6 - 17 可以看出,在低辐照剂量下(0 ~ 2.75dpa),黑斑缺陷的数密度呈现出随辐照剂量增加而增大的趋势,到 2.75dpa 时达到最大,但是继续增大辐照剂量黑斑缺陷的数密度变小。有很多关于离子和中子辐照金属材料导致黑斑缺陷产生的报道[45, 96, 98]。其中 Zinkle 等总结了在面心立方体合金(如 Ni、Cu 合金)中辐照导致的黑斑缺陷的规律:黑斑缺陷出现在中子辐照过的纯 Ni 合金和 Cu 合金中,需要的辐照剂量很低,仅约为 10^{-5}dpa,此时产生的点缺陷浓度很低,这说明由点缺陷的聚集和形核而形成可见的黑斑缺陷的可能性比较小;黑斑缺陷的数密度随着辐照剂量的增大而增大,而且仅需较低的辐照剂量(> 0.1dpa)就能快速地达到饱和状态,这又意味着辐照过的纯 Ni 合金和 Cu 合金中的黑斑缺陷可能直接来自于辐照导致的级联碰撞而不是点缺陷的聚集形核过程[99]。这里的实验结果跟上述规律有两点不同：一是在 Ni 基合金 C-276 中，出现黑斑缺陷的所需的辐照剂量比上述要高，这可能是在 C-276 合金中产生的黑斑缺陷不同于 Ni 合金的黑斑缺陷，需要的时间较长，因此在 C-276 合金中黑斑缺陷的产生可能是点缺陷的聚集和形核导致的，而不是直接来自于级联碰撞产生的。二是 C-276 合金中黑斑缺陷的数密度在辐照剂量为 2.75dpa 时才达到一较高值，并且随后会随着辐照剂量的提高数密度会降低。据此我们可以做一大胆的推测，即辐照产生的黑斑结构可能是由点缺陷聚集而形核产生的，然后多个黑斑缺陷聚集在一起形成位错环，而形成的位错环又可以作为缺陷陷阱吸收尺寸较小的黑斑缺陷而长大，黑斑缺陷的数密度随之会降低。

2）室温较高剂量辐照导致大尺寸位错环的出现

图 6-18 是 C-276 在较高的 Ar 离子辐照剂量下导致的位错环的形貌。Ar 离子的辐照剂量为 8.25dpa 时，可以看到清晰的位错环出现，平均尺寸约为 15nm 左右，主要分布在 5~10nm 之间，最大 25nm。当辐照剂量达到 27.5dpa 时，平均尺寸略增至约 16nm，主要分布在 5~20nm 之间，最大 40nm，位错环的密度也增加了。

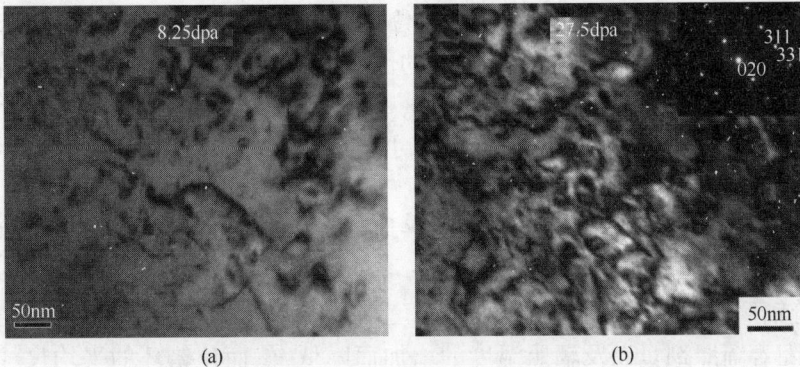

图 6-18　Ni 基合金 C-276 在室温高辐照剂量 8.25dpa 和 27.5dpa 下的微观结构变化。
(a)8.25dpa；(b)27.5dpa。

据文献报道，在 Ni 基合金 718、716 以及 PE16[77] 和铁素体/马氏体钢如 EP-450 中[100]，辐照导致的位错环数密度的增加是合金延展性逐渐丧失的一个原因。一般来说位错环的密度随着辐照剂量的增加而增大[96,101]。例如，F82H 钢被中子辐照 1.5dpa 后，位错环的密度为 $3.9 \times 10^{14} \mathrm{cm}^{-3}$，Fe-8% Cr 合金被 1.5MeV 的 Fe 离子辐照 1dpa 后，位错环的密度为 $1.6 \times 10^{15} \mathrm{cm}^{-3}$[15]。然而在本节的研究中，在 Ar 离子辐照 Ni 基合金 C-276 中，存在一个剂量阈值（约 2.75dpa），低于此阈值，没有位错环出现，在较高的辐照剂量下，Ni 基合金 C-276 才有位错环的出现。因此，相比上述两种合金，Ni 基合金 C-276 有较好地抑制位错环的性能。在目前的研究中，随着辐照剂量的增加，位错环的密度增大，所以在 Ar 离子辐照的 C-276 合金中延展性也可能会逐渐丧失。但是相比其他合金，C-276 合金中延展性丧失的速度可能会较缓慢些。

2. Ni 基合金 C – 276 在高温氩离子辐照下的位错环

1) 300℃和550℃下氩离子辐照后的位错环

在300℃和550℃下用能量为120keV 的 Ar 离子对 C276 薄箔样品进行辐照，辐照的剂量分别为 $2.0 \times 10^{19} Ar^+/m^2$ 和 $3.4 \times 10^{19} Ar^+/m^2$，相应的最大位移损伤为6dpa 和 10dpa。

图 6 – 19 所示为 Ni 基合金 C – 276 在能量为 120keV 的 Ar 离子辐照后的微观结构变化。为了便于统计位错环的数密度，最大程度上避免位错环的不可见现象，所有透射电镜照片都是拍摄模式为"down – zone"，在近似文献[112]带轴下拍摄，在这种模式下除了透射束成像之外，几个衍射束（如 $g = 11\bar{1}, 2\bar{2}0, 3\bar{1}\bar{1}, \cdots$）也可以用来成像[67]。图 6 – 19(a) 是经过 300℃/6dpa 辐照后的微观结构图像，可见有大量的细小的位错环出现了。对比图 6 – 17(e)，即在室温 2.75dpa 辐照下的图像，在图 6 – 19(a) 中明显看到了高温辐照导致的位错环的形成，平均尺寸为 7nm 左右，略大于图 6 – 17(e) 中黑斑缺陷的平均尺寸。图 6 – 19(a) 中位错环的数密度为 $2.4 \times 10^{16} cm^{-3}$，图 6 – 19(b) 为其相应位错环的尺寸分布。在相同温度（300℃）下，辐照剂量增加到 10dpa 时，辐照导致的位错环尺寸增加到 12nm，而密度降低到 $7.1 \times 10^{15} cm^{-3}$（图 6 – 19(c)）。图 6 – 19(e) 是 C – 276 合金在 550℃/6dpa 下的微观结构，图 6 – 19(f) 是相应的位错环尺寸分布，此时，位错环的数密度为 $4.8 \times 10^{15} cm^{-3}$，平均尺寸为 26nm。在 550℃下，辐照剂量增加到 10dpa（图 6 – 19(g)），位错环的数密度降低到 $2.6 \times 10^{15} cm^{-3}$，平均尺寸增加为 32nm。通过对比图 6 – 19(b) 和图 6 – 19(f)，图 6 – 19(d) 和图 6 – 19(h)，在辐照剂量为 6dpa 或 10dpa时，随着辐照温度的提高，位错环的数密度降低，平均尺寸增大。因此，位错环的数密度随着辐照剂量以及辐照温度的增加而降低，然而位错环的平均尺寸会随之增大。

从图 6 – 19(g) 中看不到氩泡的形成。本节中采用"Fresnel contrast"的方法来检验 Ni 基合金 C – 276 在 550℃/10dpa 下是否生成了氩泡，即采用透射电镜拍摄"欠焦—正焦—过焦"照片进行对比的方法，据报道这种方法可以分辨尺寸为 1nm左右的气泡或空洞[95]。然而，在 550℃/10dpa 辐照的样品中并没有发现氩泡的形成。一般来说，辐照导致肿胀出现的温度范围为 $(0.3 \sim 0.55) T_m$（T_m 表示金属材料的熔点）。Ni 基合金 C – 276 的熔点为 1323℃，因此，理论上 C – 276 合金在550℃/10dpa 下可以产生辐照肿胀。许多 Ni 基合金在高于 400℃下辐照时，产生了辐照肿胀现象。例如，500℃/7dpa 质子辐照过的 Ni 基合金 690[102,103]，525℃/30dpa 的 Ni^{6+} 离子辐照的 PE16 合金[104]，100keV Ni^+ 离子在 475℃/9dpa 下辐照的Ni – C 二元合金[105]。与上述的 Ni 基合金相比较，C – 276 合金在高温条件下有较好的抵抗辐照肿胀的性能。如前所述，Rowcliffe 等曾指出在 Ni 基合金中 Ni 元素的含量对辐照肿胀行为有重要的影响。采用中子对三元合金 Fe – 15Cr – xNi 进行

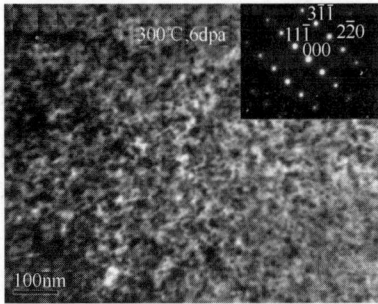
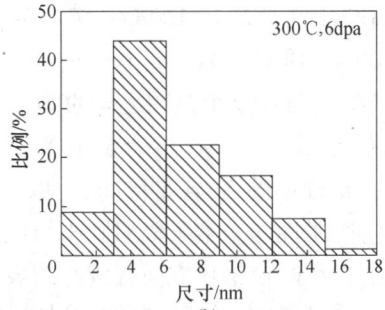

(a)

(b)

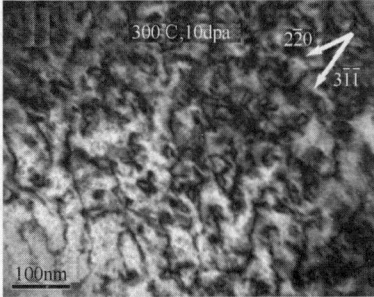
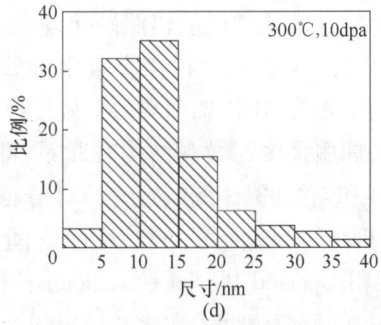

(c)

(d)

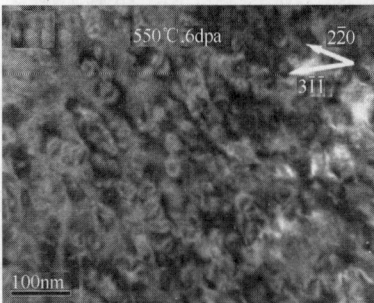
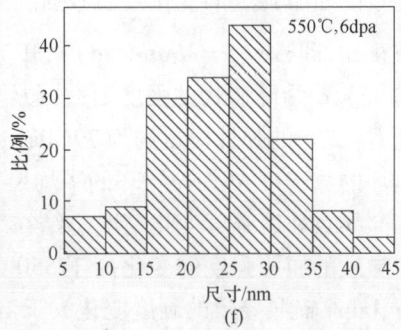

(e)

(f)

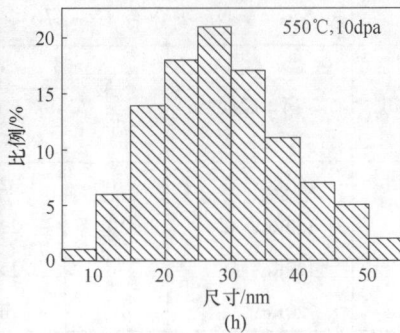

(g)

(h)

图 6-19　Ni 基合金 C-276 在 120keVAr 离子辐照后的微观结构变化

（a）300℃,6dpa；（c）300℃,10dpa；（e）550℃,6dpa；（g）550℃,6dpa。

（b）、（d）、（f）、（h）分别为相应的位错环的尺寸分布。

所有 TEM 照片都是在文献[112]带轴方向 down-zone 模式下拍摄的。

辐照,辐照的剂量高达 100dpa,辐照的温度为 538 ～ 650℃,发现 Ni 元素含量在 40% ～ 60%(质量分数)范围内的三元合金 Fe － 15Cr － xNi 的肿胀量很小(约 10%)。Ni 含量在这个范围之外的 Fe － 15Cr － xNi 合金,肿胀量随 Ni 含量的升高 或降低而变大[79]。C － 276 合金中 Ni 元素的含量为 58.8%(质量分数),此值正好 落在肿胀量较小的 Ni 含量区间,所以可能是 Ni 元素的含量的原因使该合金具有 较好的抗肿胀性能。鉴于辐照肿胀与位错环之间的高度相关性,可以推测 C － 276 合金可能在抑制位错环方面有较好的表现。

在金属材料中位错环和空洞及析出物一样,可以阻碍位错的运动,导致屈服强 度的提高,这就是常说的辐照硬化现象。Ar 离子辐照后 C － 276 合金中出现了大 量的位错环,这必然会在该合金中导致该材料硬化[106]。然而,离子辐照的样品 中,损伤层很浅,所以辐照导致的硬度以及屈服强度的改变不易直接测得。值得庆 幸的是,屈服强度与微观结构有联系,即屈服强度的改变可以通过测量微观结构 (位错环和空洞的尺寸和数密度)计算得出[107]。在屈服强度和微观结构(位错环, 空洞和析出物等的尺寸和数密度)之间存在一个计算关系式,这个关系式是建立 在 DBH(Dispersed Barrier － Hardening)模型基础上的[108-110]。根据 DBH 模型,位 错环导致的屈服强度的变化及屈服强度的变化与位错环的尺寸和数密度之积的平 方根成正比,即 $\Delta\sigma_{loop} = M\alpha\mu b(Nd)^{\frac{1}{2}}$,$M$ 为泰勒常数(对于面心立方的金属材料,其 值为 3.06),α 为障碍物的强度因数(位错环的强度因数为 0.6),μ 为弹性模量(Ni 基合金 C － 276 的弹性模量约为 79GPa),$b = 2.5 \times 10^{-8}$cm 是位错的伯格斯矢量,N 为位错环的数密度,d 为位错环的平均尺寸。根据 DBH 模型和微观结构得出的 Ar 离子辐照导致屈服强度变化情况总结在表 6 － 7 中。在相同的辐照剂量下,300℃ 下辐照导致的屈服强度的变化高于 550℃ 辐照时屈服强度的变化;在相同的辐照 温度下,6dpa 辐照导致的硬度变化大于 10dpa 辐照导致的硬度变化。

表 6 － 7　Ni 基合金 C － 276 在 Ar 离子辐照下的位错环数据

辐照温度	离子能量	剂量 /dpa	位错环			$\Delta\sigma_{micros}$/MPa
			测量的位 错环个数	平均尺寸 /nm	数密度 /cm^{-3}	
300℃	120KeV Ar$^+$	6	324	7	2.4×10^{16}	470
300℃	120KeV Ar$^+$	10	221	12	7.1×10^{15}	335
550℃	120KeV Ar$^+$	6	155	26	4.8×10^{15}	405
550℃	120KeV Ar$^+$	10	101	32	2.6×10^{15}	330

2)位错环尺寸的实验结果与理论模拟的对比

贺新福等用速率理论并结合分子动力学对 C － 276 的离子辐照位错环进行了 模拟研究[111]。模拟中考虑了材料辐照过程中点缺陷(填隙原子和空位)的演化和 间隙型位错环的形成,采用分子动力学模拟计算了模型中涉及的微观参数(缺陷特征能、扩散系数等）。通过模拟得到了 Ar 离子在高温条件下（300℃和550℃）辐照 Ni 基合金 C-276 位错环尺寸随辐照剂量（0~10dpa）的变化，实验结果与理论模拟的对比如图 6-20 所示。理论模拟结果显示随着辐照剂量和辐照温度的提高，位错环的尺寸逐渐增大，并且辐照温度越高，位错环尺寸增长得越快。重要的是从图 6-20 中可以看出我们的离子辐照实验结果与理论模拟符合得较好。

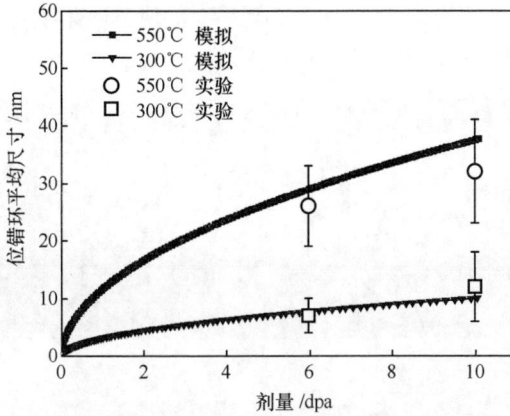

图 6-20　Ni 基合金 C-276 中位错环平均尺寸的实验结果和速率理论模拟结果的对比

3. Ni 基合金 C-276 在 500℃ 下的自离子辐照损伤研究

在 500℃ 下对 C-276 薄箔样品进行自离子辐照，Ni$^+$ 能量为 300keV，辐照剂量为 1×10^{19}Ni$^+$/m^2，对应的最大位移损伤为 4.5dpa。

图 6-21 所示为自离子辐照样品的 TEM 照片和尺寸分布，可见形成了大量位错环，位错环的数密度约为 8.2×10^{15}cm^{-3}，平均尺寸为 15nm。从位错环的尺寸分布图中可以看出尺寸为 5~20nm 的位错环占得比例约为 74%。由位错环的平均尺寸和数密度，用 DBH 模型可估算出位错环导致的屈服强度的增量约为 388MPa。

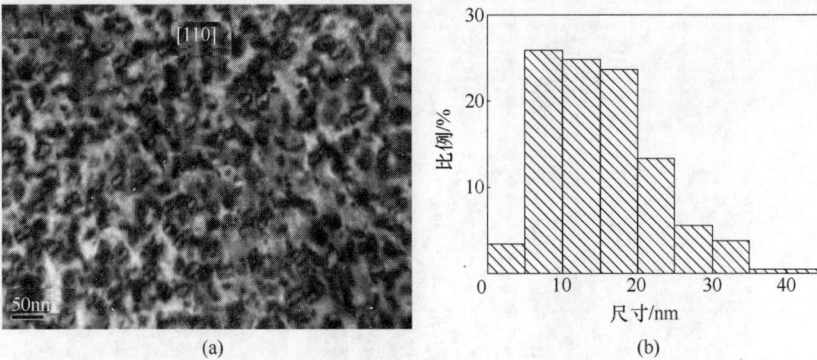

(a)　　　　　　　　　(b)

图 6-21　Ni 基合金 C-276 在高温 500℃ 下 300keV 自离子（Ni$^+$）辐照剂量为 4.5dpa 时[110] 带轴方向的位错环照片和尺寸分布[32]

(a)位错环照片；(b)尺寸分布。

231

从图 6 - 21 中可以看到许多黑点,为验证黑点是否为位错环或是析出物,我们采用小角度倾转电镜样品的方法来鉴别,如图 6 - 22 中所示。图 6 - 22 (a)、(b) 和(c)分别是样品在 0°、0.5°和 1°时的照片,这些黑点经过小角度倾转后变为位错环结构或逐渐消失,如图 6 - 22 中椭圆标记中所示,这说明在 Ni 基合金 C - 276 辐照导致的黑点为位错环,而不是辐照导致的析出物。采用 Fresnel contrast 的方法 ("欠焦—正焦—过焦"的图像对比)来观察,发现 Ni 基合金 C - 276 在 500℃、4.5dpa 的自离子辐照下没有产生空洞肿胀。

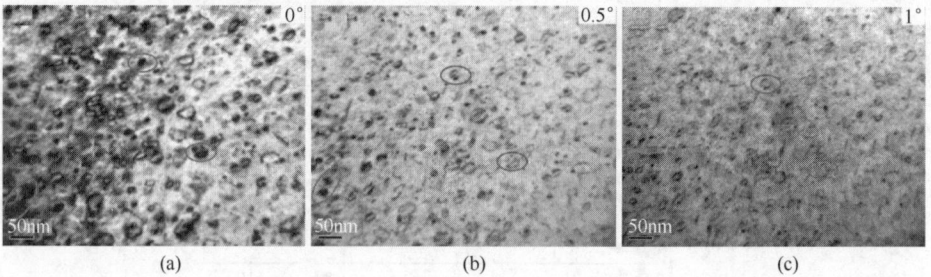

图 6 - 22　Ni 基合金 C - 276 中位错环随着样品在不同倾转角度下的照片[32]
(a)0°; (b)0.5°; (c)1°。

图 6 - 23 所示为在双束条件下拍摄的位错环的明场像。图中实线环标注的是可见的位错环,虚线标注的是不可见的位错环。位错环的伯格斯矢量可以通过位错的不可见判据|$\boldsymbol{g} \cdot \boldsymbol{b}$| =0 确定。参考表 6 - 8 可知,A 为 $\frac{1}{3}$ <111> 型位错环,B、C 和 D 为 $\frac{1}{2}$ <110> 型位错环。可见,Ni 基合金 C - 276 经过自离子辐照后,出现了 $\frac{1}{3}$ <111> 和 $\frac{1}{2}$ <110> 两种类型的位错环。

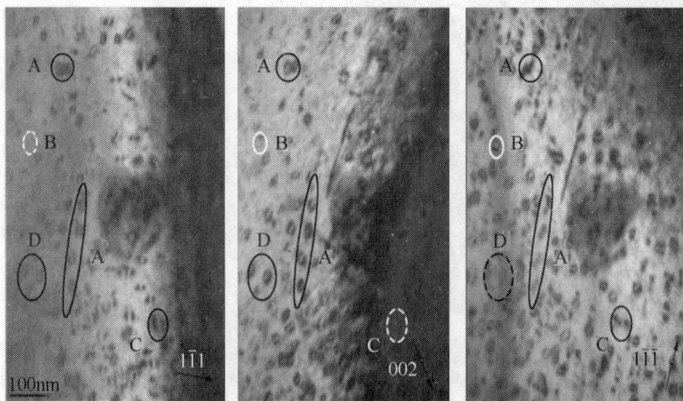

图 6 - 23　在 [110] 带轴方向不同 $\boldsymbol{g}$($\boldsymbol{g} = 1\bar{1}1$、$\boldsymbol{g} = 002$ 和 $\boldsymbol{g} = 1\bar{1}\bar{1}$)下位错环的明场像

232

表 6-8　[110]带轴方向的 $|g \cdot b|$ 表

g \ b	110	101	011	$1\bar{1}0$	$10\bar{1}$	$01\bar{1}$	111	$11\bar{1}$	$\bar{1}11$	$1\bar{1}\bar{1}$
002	0	×	×	0	×	×	×	×	×	×
$1\bar{1}1$	0	×	0	×	0	×	×	×	×	×
$11\bar{1}$	0	0	×	×	×	0	×	×	×	×

关于 Ni 基合金 C-276 在离子辐照下的位错环研究,结果总结如下:

在室温 120keV Ar 离子辐照下,低辐照剂量(0.83~2.75dpa)的辐照导致了黑斑缺陷的形成,其数密度随着辐照剂量的增加而增大。高剂量的辐照(8.25~27.5dpa)导致的主要缺陷是大尺寸的位错环。在高剂量辐照下仍有黑斑缺陷产生,但其能融入大的位错环缺陷中,位错环因为不断吸收黑斑缺陷而长大,而黑斑缺陷的数密度则非常小。

在高温(300℃和550℃)120keV Ar 离子辐照下,高密度的位错环出现在所有的辐照样品中。随着辐照温度和辐照剂量的提高,位错环的数密度降低,尺寸增加。根据 DBH 模型的计算结果,在相同的辐照剂量下,300℃下辐照导致的屈服强度的变化高于 550℃辐照时屈服强度的变化;在相同的辐照温度下,6dpa 辐照导致的硬度变化大于 10dpa 辐照导致的硬度变化。速率理论模拟给出 Ar 离子在高温条件下(300℃和550℃)辐照 Ni 基合金 C-276 位错环尺寸随辐照剂量(0~10dpa)的变化,实验结果与模拟结果符合较好。

在高温(500℃)能量为 300keV 的自离子辐照下,4.5dpa 辐照后出现了高密度的位错环,平均尺寸约 15nm,位错环的伯格斯矢量类型有 $\frac{1}{2}<110>$ 和 $\frac{1}{3}<111>$ 两种。

6.4　钨和钨合金中的位错环

W 及 W 合金是面向等离子体材料(Plasma Facing Materials,PFM)中最具有应用前途的候选材料,因为在所有金属中,它的熔点最高(3410℃),蒸气压最低(1.3×10^{-7}Pa),导热性好,高温强度高,不形成氢化物,不与氚共沉积,是一种很好的高热流密度部件的护甲材料[112]。据此,国际热核聚变实验堆(International Thermonuclear Experimental Reactor,ITER)已确定了一条从铍/碳/钨到铍/钨,最后变成全 W 的路线[113]。然而,在聚变堆环境下,PFM 会遭受到 14MeV 的中子辐照,高剂量的氘氚等离子体和 He 离子的辐照,导致材料热导率下降,力学性能和热学性能降低,从而严重影响材料的服役性能及聚变装置的安全可靠性[114,115]。在这些过程中,辐照引起的各种缺陷是材料性能恶化的主要原因之一。本节介绍 W 中的辐照位错环和 W 合金中的辐照位错环。

6.4.1 W 中的辐照位错环

1. W 的中子辐照

迄今国内外还没有条件进行高剂量的 14MeV 高能中子辐照实验,对 W 的中子辐照实验是利用现有反应堆和散裂中子源获得低辐照剂量的微观结构和力学性能数据。Tanno 等[116-119] 和 Hasegawa 等[120,121] 研究了中子辐照下,辐照温度、辐照剂量和 Re 等元素出现对 W 微观结构和力学性能的影响。这些中子辐照实验都是在裂变堆(钠冷快堆 JOYO;日本材料测试堆 JMTR;美国高通量同位素反应堆 HFIR)中进行的。Tanno 等对纯 W 进行 400℃ 下 0.17dpa 中子辐照(JOYO),发现了空洞和较小尺寸的位错环;在 538℃ 下 0.96dpa 中子辐照的 W 中发现了略大尺寸的空洞和位错环;约在 740℃ 中子辐照的 W 中主要是空洞为主[118]。Tanno 等的观察结果显示,W 在低温辐照下更易出现位错环,随着辐照温度的增加,位错环的数密度会大幅减小。

最近,Fukuda 等在不同的反应堆中进行了 W 的中子辐照,并进行了比较。在 HFIR 反应堆中,进行了 90 ~ 800℃,0.15 ~ 2.88dpa 的中子辐照。结果发现,在 430℃,0.90dpa 辐照时,只有位错环的出现;在 710 ~ 770℃,0.15 ~ 0.70dpa 辐照时,有位错环和空洞均出现。在 JMTR 反应堆中子辐照下,800℃,0.15dpa 条件下也有位错环和空洞的出现,但是尺寸更大,密度更小[122]。两个不同反应堆中辐照产生的位错环差别,可能与两个反应堆的损伤速率有关:HFIR 和 JMTR 反应堆的损伤速率分别约为 2.3×10^{-7} dpa/s 和 3.3×10^{-8} dpa/s[123,124]。因此,高损伤速率下有利于 W 中位错环的形核,低损伤速率则有利于位错环的生长。

2. W 的重离子辐照

众所周知,当金属材料被能量大于 10keV 重离子辐照时,材料中会产生尺寸小于 10nm 的空位型位错环[125]。早在 20 世纪 70 年代,Hausernann、Wilkens、Ruhle 和 Jager 等在室温下对纯 W 进行了 20 ~ 70keV 金离子的辐照研究,发现 W 在辐照后会产生空位型位错环,且大部分是 $\frac{1}{2}$ < 111 > 类型,出现了少量的 $\frac{1}{2}$ < 110 > 类型,但是没有 < 100 > 的位错环[126-128]。这是因为辐照能量较低,位错环在还没有级联重叠的情况下产生了,也就是说它是由单级联中空位富集核心坍塌而形成的位错环。Yi 等在室温和 800℃ 下 150keV W 离子自辐照中发现了类似现象[129]。他们发现位错环都是空位型的,而且大部分都是 $\frac{1}{2}$ < 111 > 类型,但是出现了少量的 < 100 > 类型的位错环。

Sand 等的计算也得到了一致结果,发现 150keV 的 W 离子辐照会产生 $\frac{1}{2}$ < 111 > 和 < 100 > 两种类型的位错环[130]。奇怪的是低辐照剂量的重离子辐照下,没有观察到空洞的出现。Gilbert 等通过对各种小尺寸(小于 10nm)缺陷团簇的稳定性计算提出一种可能性:W 中产生缺陷区域是很小的,大部分级联不坍塌形成位错环,而是在未坍塌区域形成不可用电镜分辨出来的小的空洞或空位团簇[131]。这些缺陷团簇可能是间隙型或空位型位错环,或空洞。最稳定的间隙型团簇是 $\frac{1}{2}<111>$ 位错环,最稳定的空位型团簇是球形的空洞。空位型 $\frac{1}{2}<111>$ 的位错环也有可能出现,但是当它的尺寸大于 3.4nm 的时候,它才会比较稳定[131]。总之,W 在低剂量自离子辐照下产生的空位型 $\frac{1}{2}<111>$ 和 $<100>$ 类型的位错环是一种内在的级联现象,而不是外在的级联演化。

随后 Yi 等的实验发现 W 中自离子辐照产生的两种类型的位错环比例与温度有关,温度越高,$\frac{1}{2}<111>$ 位错环所占的比例越高。在 300℃ 辐照下 $\frac{1}{2}<111>$ 类型位错环比例为 79%,而辐照温度为 750℃ 时,$\frac{1}{2}<111>$ 类型位错环比例为 90%,说明了 W 在辐照过程中产生的 $\frac{1}{2}<111>$ 类型的位错环更稳定[132]。

Ferroni 等通过对自离子辐照后的 W 进行原位和非原位的退火实验,研究了缺陷随温度的变化[133]。研究发现,500℃ W 离子辐照后样品中会产生小的 $\frac{1}{2}<111>$ 间隙型位错环,当退火温度为 800℃ 时,位错环消失重组形成位错环链,超过 900℃ 时形成了线状位错环,随着退火温度增加至 1400℃ 时,位错环迁移被自由表面吸收而消失。因此,对辐照后的 W 进行热处理,W 中位错环的尺寸随着退火温度的升高而增大了,数密度随着退火温度的升高而减小了。

3. W 的 He 离子辐照

当 W 处于 He 离子辐照下时,如果单个 He 的能量大于 W 的离位能,在样品表面下方的较窄范围内会形成同样数目的空位与间隙原子,加之 W 中间隙原子的迁移能较小,哪怕在室温下间隙原子也会发生热迁移,并在辐照一开始就形成间隙型位错环[134]。

Iwakiri 等通过原位 He 离子辐照实验对 W 在 He 离子辐照下的位错环进行了研究[135]。他们通过 0.8keV He 离子辐照实验发现,W 在 He 离子辐照下有间隙型位错环的生成,并且位错环会随辐照剂量和辐照温度的变化而变化。随剂量增加,位错环的数密度和尺寸增加。数密度增加至一定后达到饱和。在数密度饱和后,位错环的尺寸继续增加。当其他条件相同,辐照温度升高时,位错环的数密度明显下降,而尺寸随辐照温度升高而增大。

Iwakiri 等改变 He 离子能量至 0.25keV(不足以在 W 中产生移位损伤)时,仍能观察到间隙型位错环生成,这可能是由于注入时 He 小板(He platelet)的形成而产生。He 小板在刚形成时,应力场较弱。随着辐照进行,He 小板越来越厚,应力场越来越强,最终,一个间隙型位错环被挤出以降低应力场。这一过程会重复两到三次,最终在辐照剂量达到较高水平,He 泡形成时停止。这是由于 He 泡对于 He 的吸引要大于 He 小板。

He 离子辐照的位错环另一特征是在高温下同样有间隙型位错环生成[135]。这是由于 W 在 He 辐照下产生 He 与空位的复合体,这种复合体在高温下有很强的稳定性,而这种复合体会吸引间隙原子聚集在其周围,加强位错环的形成。在我们的工作中,发现了 W 在 800℃辐照下有位错环和气泡的产生,并研究了不同辐照剂量的影响,如图 6-24 所示。随着辐照剂量的增加,位错环尺寸变大,数密度变少,不断消失重组,形成了明显的线状位错环。

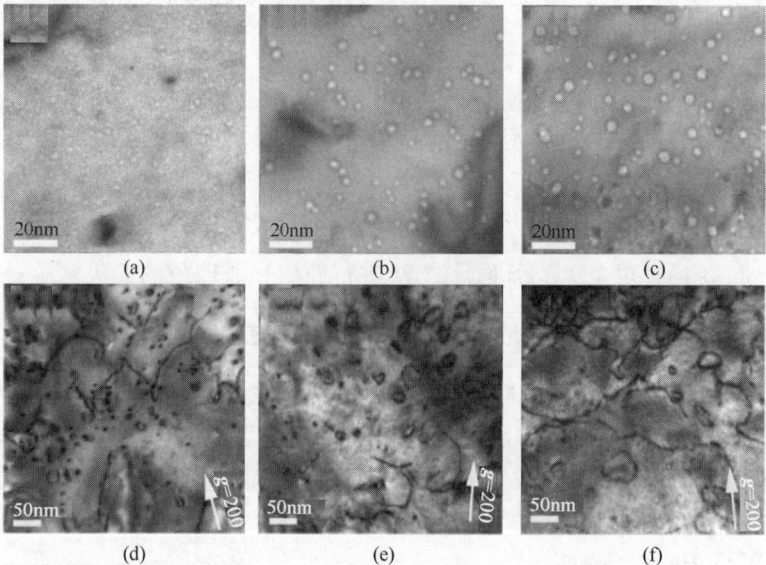

图 6-24 W 在 800℃,20keV He 离子辐照下的微观结构

(a),(d) 5×10^{19} He$^+$/m^2; (b),(e) 1×10^{20} He$^+$/m^2; (c),(f) 5×10^{20} He$^+$/m^2。

4. W 的 H 离子辐照

Sakamoto 等对 H 离子辐照下 W 中位错环数密度与辐照剂量、辐照温度和 H 离子能量的关系进行了系统研究[136]。他们在不同温度(室温约 1073K)下对单晶 W 和多晶 W 进行了不同能量的 H 离子辐照研究。研究发现,位错环的形成与辐照温度和辐照剂量有关。在单晶 W 中,当辐照温度在 773K 以下时,有位错环形成,而在多晶 W 中,在所有温度下,都有位错环生成。说明样品中的杂质原子会加强位错环的形成。当辐照剂量升高时,位错环的数密度随之增长直至饱和。当温度升高时,位错环开始出现时的辐照剂量升高,而位错环达到饱和时的密度降低。

H 离子辐照产生的位错环和辐照能量也有关。当 H 离子能量很低(小于

2keV)时,H 离子能量无法使样品产生离位损伤,在样品中没有观察到位错环生成。当 H 离子辐照能量高于 4keV 时,样品中会有位错环生成。当 H 离子辐照能量更高时,位错环出现时的辐照剂量以及位错环达到饱和时的数密度都随之降低。Sakamoto 等同时对辐照后的样品进行了退火。随着退火温度升高,位错环复合并最终消失。多晶 W 中残留的位错环较单晶 W 中的而言,具有更高的数密度。他们同时观察到,在退火过程中,位错环在没有预先缩小的情况下突然消失。这有可能是因为位错环滑移到表面逃脱了[136]。

Matsui 等对氪离子辐照下的 W 中的位错环的性质进行了研究[137]。他们使用能量为 10keV 的氪离子在室温下对纯 W 进行了不同剂量的辐照,辐照剂量为 $5 \times 10^{21} \sim 3 \times 10^{22} \mathrm{m}^{-2}$。研究发现 W 中会产生位错环,而且均为 $\frac{1}{2} < 111 >$ 类型的间隙型位错环。同时 Matsui 等通过超高压电镜观察,偶然发现了位错环的生长。这些生长现象发生在接近观察区域中心的位置,电子束在这些位置会聚。这种现象可能是由于自间隙原子和氪的复合体,在高能电子的辐照下分解。释放出来的间隙原子被邻近的位错环吸收,从而造成了位错环的生长。

6.4.2　W 合金中的辐照位错环

Tanno 等对 W 和 W 合金在中子辐照的微观结构变化进行了研究[118],发现中子辐照后的样品中会出现位错环,空洞或析出等。在 538℃、0.96dpa 辐照时,与纯 W 中位错环相比较,W-10Re 合金中的位错环的数量极少,对辐照硬化的贡献可以忽略。这说明合金元素 Re 在一定程度上能抑制位错环的产生。

Yi 等对纯 W、W-5Re 合金和 W-5Ta 合金进行了自离子辐照研究[138]。研究发现,W 和 W 合金辐照后均由位错环出现,而且是间隙型和空位型位错环并存的状态。比起 W-5Re 合金和 W-5Ta 合金,纯 W 里面更易出现大尺寸的位错环,说明合金元素 Re 和 Ta 原子可以阻碍位错环的移动,特别是纯 W 中间隙型位错环容易移动,这也和 Muzyk 等的计算结果一致[139]。Muzyk 等通过 DFT 计算发现 W 中 Re 原子和 < 111 > 挤列原子之间的辐照能量是正的而且很大(最大 0.9eV),说明了 Re 原子很有可能捕获自间隙缺陷。同样,W 中 Ta 原子也会阻碍间隙型缺陷形成,但稍微弱一点(辐照能量最大 0.6eV),从而也会阻碍自间隙原子的迁移。W-5Ta 合金中位错环的数密度比 W-5Re 中的要更大,这也和 Armstrong 等人通过纳米硬度测试发现的 W-5Ta 合金的辐照硬化更明显结果一致[140,141]。合金元素使得位错环的迁移能力变弱,从而影响 W 合金中位错环的尺寸和数密度。

6.5　锆合金中的位错环

Zr 合金以其热中子吸收截面低和耐高温高压水腐蚀等优良性能,而成为"原子能时代的第一号金属",被用作压水堆核电站的燃料包壳和结构材料[142]。普通 Zr 合金中通常含有 1% ~3% 的铪(Hf),然而铪元素的中子吸收截面大约是 Zr 的 600 倍,严重影响中子的传输,所以在核工业中必须把铪从中分离出来,成为核级 Zr。常用核级 Zr 有 Zr - 2 合金、Zr - 4 合金、M5、Zr - 2.5Nb 等[143]。

作为燃料棒包壳材料,Zr 合金所处的环境有强烈的中子辐照及腐蚀,研究 Zr 合金的辐照和腐蚀行为对于反应堆的安全运行和经济性能非常重要。在中子和离子辐照下,Zr 合金中出现两种类型的位错环: <a> 型位错环和 <c> 型位错环[144,145]。下面介绍这两种位错环的性质、形成及与元素成分和辐照条件等因素的关系。

6.5.1　Zr 合金中的 <a> 型位错环

<a> 型位错环的伯格斯矢量 $b = \frac{1}{3} <11\bar{2}0>$,位于棱柱面 $\{10\bar{1}0\}$ 上。空位型和间隙型都存在。所有辐照的 Zr 和 Zr 合金中都有 <a> 型位错环,并且行为相似[144-146]。密度泛函理论计算得到最稳定的空位团簇是位于棱柱面上的位错环,因此在 Zr 合金中 <a> 型位错环最容易形成[147]。

<a> 型位错环的形核和长大与辐照参数和合金元素成分有关。 <a> 型位错环的密度和平均尺寸随辐照剂量的增加而增加;相同剂量下,随着辐照温度的升高, <a> 型位错环的平均尺寸长大,数密度降低[148,149]。在 205 ~500℃ 范围内(不同 Zr 合金的温度范围略有不同),随着温度增加,位错环的直径呈抛物线增长,密度呈抛物线减小[150]。合金化元素的添加,无论是进入间隙位还是替代位,都会增加位错环的密度,即有利于位错环的形核。间隙氧原子对位错环的长大有减缓作用,Nb 的加入可以明显增加电子辐照时产生的位错环的密度并且降低位错环的生长速率[151]。

<a> 型位错环中间隙型和空位型二者之间的比例主要由辐照温度决定[150]。在 300℃ 辐照, <a> 型位错环大部分是间隙型的;350℃ 时,尺寸增加(7 ~22nm),数密度下降(5×10^{20} ~5×10^{22} n/m²),间隙型位错环和空位型位错环各约占 50% ; 400℃ 时,尺寸进一步增加(16 ~23nm),数密度进一步下降(2×10^{21} ~2×10^{22} n/m²),空位型的约占 70%[142];450℃ 时,由于热扩散效应,位错环很不稳定,空位型的只占不到 20%[152];500℃ 以上没有观察到位错环[142]。

影响 <a> 型位错环稳定性的因素有级联碰撞、合金元素或杂质、晶界、位错网络等[153]。

6.5.2　Zr 合金中的 <c> 型位错环

<c> 型位错环在 1974 年透射电镜采用灯芯结构后才得以观察到[154]。它们的伯格斯矢量为 $b = \frac{1}{2} <0001>$ 或者 $b = \frac{1}{6} <20\bar{2}3>$,位于底面 $\{0001\}$ 上,只有辐照剂量超过一定阈值后才会形成,并且只有空位型[142,146,153,155]。 <c> 型位错环尺

寸比 <a> 型位错环要大很多,密度则要小得多,而且 <c> 型位错环的形成会造成 <a> 型位错环的减少[155,156]。

位错环的产生会引起材料的辐照生长,而 <c> 型环的产生可加速辐照生长[152,157],对材料尤为有害,因此 <c> 型位错环得到了更多的研究。研究表明,<c> 型位错环与辐照温度、辐照剂量、辐照剂量率、合金元素、冷加工、应力、各向异性扩散等多种因素有关。

高的辐照温度下,合金元素更多地溶入 Zr 基体中,降低了基体的层错能,有利于 <c> 型环的形成。Idrees 等使用 1MeV Kr^{2+} 在不同温度(300～500℃)下低剂量(小于 1dpa)原位辐照纯 Zr,发现 <c> 分量的螺位错与空位结合形成 <c> 型位错环,且形成位错环的剂量阈值随着温度的增加也在增加,300℃ 下没有产生 <c> 型位错环,400℃ 下 0.8dpa 时开始产生位错环[149]。使用 1MeV Kr^{2+} 在不同温度(100～400℃)下原位辐照 Zr – Excel 合金,400℃ 下 2.5dpa 时开始产生位错环。随着温度的增加,位错环的数密度下降,尺寸增加[158]。PWR 辐照后的 Zr 合金经过退火,数密度减小尺寸增加,间隙型位错环会更快地复合,所以经过长时间的高温退火,只有低密度的空位型位错环存在,用速率理论计算所得结果与实验符合得很好[159]。

离子辐照下,随着辐照剂量的增加,<c> 型位错环的尺寸变大,密度降低[160]。

辐照剂量率也对 <c> 型位错环有显著影响。Tournadre 等的研究显示[160],对于中子、质子和 Zr 离子辐照 Zr – 4 合金,中子辐照剂量率为 7.29×10^{-8} dpa/s,质子和 Zr 离子辐照剂量率分别约为中子的 200 倍和 7000 倍,当辐照总剂量大于产生 <c> 型位错环的临界损伤剂量(2.9dpa)时,在总剂量相差不大的情况下,<c> 型位错环的平均尺寸分别为 150nm、123nm 和 24～36 nm。显示高剂量率会产生大量的小位错环,低辐照剂量率会产生少量的大位错环,即高剂量率增强了 <c> 型位错环的形核,但抑制了它的生长。

用电子辐照 Zr 也观察到 <c> 型位错环[161],所以级联碰撞不是产生 <c> 型位错环的必要条件。用速率理论计算电子辐照的 Zr 的位错环的演化[162],与实验数据符合得很好。大部分情况下,<c> 型位错环均匀分布。如果 <c> 型位错环密度过高,通常意味着第二相的出现[152]。

第一性原理计算表明,添加合金元素 Sn 和 Nb,可以降低 Zr 合金密排六方结构的底面 {0001} 层错能,这已为 X 射线衍射测量所证实[163]。此外,溶质元素如 Fe 与空位的结合也对 <c> 型位错环的形成有影响,因为 Zr 合金中 Fe 的扩散速度很快,可带动空位扩散,有利于形成空位型团簇。关于 <c> 型位错环的形成与 Fe 和 Sn 元素的关系,仍处在研究之中[164-166]。

Zr 合金仍将是第四代反应堆中包壳材料的主要候选材料,但是 <c> 型位错环的行核机制还没有完全清楚[158]。在近年来的反应堆设计中 ZrHB、ZrH 等材料将作为中子屏蔽材料[167,168],但是关于这些材料的辐照研究少之又少。也有将 Zr 薄膜作为面对等离子体材料的研究[169],也没有相应的辐照实验作为依据。通过选择合金化元素形成新型的 Zr 合金[170]，是改善 Zr 合金使用性能的主要途径，也需要研究其辐照性能和辐照环境下的微结构演变。

6.6　钒和钒合金中的位错环

钒（V）位于元素周期表第 4 周期第 VB 族。钒为体心立方晶胞，每个晶胞含两个原子，原子序数为 23，相对原子质量为 50.9414。是一种银灰色的金属，熔点（1919 ± 2）℃，属于高熔点 - 稀有金属之列。钒的沸点为 3380℃，密度为 6.11 g/cm³，质坚硬，无磁性。相对于其他低活化材料，钒合金具有较高的导热性、较低的热膨胀系数、较低的弹性系数以及较低的热应力和较高的热流密度。对于快堆的辐照，钒合金也表现出了很强的抗辐照肿胀性能。这些性能使得钒合金成为了核聚变反应堆中低活化结构材料的三大备选材料之一（另外两个是碳化硅复合材料和低活化铁素体/马氏体钢）。并且，钒合金是这 3 种材料中唯一既具有塑性又具有非磁性的材料。因此，钒合金可作为后期聚变反应堆的结构材料。在极端的聚变堆工作环境下，材料将面临着严峻的考验。不同的掺杂原子和不同的生产工艺都会影响到钒合金的性能。在过去 20 多年的研究中，V - 4Cr - 4Ti 表现出优异的性能，因而被作为首选备选材料[171，172]。

Y. Candra 等[173]通过研究中子辐照钒合金所产生的位错环和辐照硬化的关系，发现辐照硬化似乎主要是由位错环的产生所导致的。K. Fukumoto 等在 228℃下对 V - 4Gr - 4Ti 合金进行中子辐照到 4dpa，然后分别在 500℃、600℃和 700℃下退火。发现未退火的样品硬化程度最大，随着退火温度的升高，硬化程度逐渐变小。未退火的样品中位错环的数密度很大，尺寸很小，而随着退火温度的升高，样品中位错环尺寸有所长大，数密度减小。同时，在样品中没有观察到 Ti（OCN）的析出物。这充分说明了样品中辐照产生的位错环对钒合金的硬化有很大的影响[174]。当然，位错环的产生对材料的其他性能也有影响。因此，对于辐照后产生的位错环的研究对于改进用于聚变堆的钒合金具有重大意义。

6.6.1　钒和钒合金中的点缺陷

钒的抗氧化性能差，且其他杂质元素如 N、C 的浓度相对较高，而钒的性能对这些杂质元素以及和 H 同位素、He 等敏感。由于易混入杂质元素，点缺陷的实验结果可靠性不太高。早期测得的钒中间隙原子迁移能 E_m^i 约 0.13eV，空位迁移能 E_m^v 约为 1.2 ~ 1.3eV。Nishizawa 等用原位电镜实验测得的纯 V 的 E_m^i 和 E_m^v 分别为 0.56eV 和 1.57eV，V - 4Ti - 4Cr 合金的 E_m^i 和 E_m^v 值分别为 0.62eV 和 1.02 eV，ODS - V 的 E_m^i 值为 0.55（1）eV[175]。Muroga 测定了 V - 3Ti - Si 的 E_m^i 值为 1.7eV，V - 20Ti 的 E_m^v 值为 1.36eV。

用基于原子尺度的模拟和分子动力学模拟也给出点缺陷的一些性质。Minashin 用基于 EMA 势的分子动力学模拟给出的 E_m^i 和 E_m^v 值分别为 0.14eV 和 0.80eV,间隙原子和空位扩散系数的前置因子 D_0 的值分别为 $5.57 \times 10^{-7} m^2/s$ 和 $2.34 \times 10^{-7} m^2/s$。模拟结果显示,钒中自间隙原子以 <111> 哑铃形组态存在,并沿着 <111> 方向迁移[176]。

关于钒中的杂质元素问题,Li 等用密度泛函理论研究了钒中的 O、N 和 C 杂质的能量、稳定型和扩散系数,发现它们优先占据八面体间隙位,相邻间隙位置之间的扩散势垒分别为 1.23eV、1.48eV 和 1.14eV,如此高的扩散势垒意味着这些杂质原子在钒中不容易扩散[177]。这些杂质原子与点缺陷之间的相互作用需要进一步研究。

6.6.2　合金元素对钒合金中位错环的影响

对于加入不同合金化元素的钒合金,随着辐照温度的升高,位错环尺寸和密度的变化趋势和程度不同,且出现针状析出物的温度也有高有低,说明合金元素的种类对材料的微观结构的演变有一定的影响。

例如,Y. Candra 等对钒的二元合金 V-5Fe、V-1Si、V-5Cr、V、V-5Mo、V-5Ti 和 V-5Nb(掺杂元素的原子尺寸依次增大)进行中子辐照实验,研究了不同掺杂原子对位错环形成的影响[173]。辐照温度和辐照剂量分别为 90℃、150℃下 0.03dpa 和 200℃、350℃、400℃下 0.13dpa。结果发现,对于掺杂元素的原子尺寸比 Mo 大的 V-5Nb 样品,辐照温度为 90~200℃时,位错环的数密度随着温度的增加而减小。V-5Ti 样品,随着辐照温度的升高,位错环的数密度不变。而掺杂元素的原子尺寸比 Mo 小的样品中,随着温度的升高,位错环的数密度减小(图 6-25)。在 350℃ 和 400℃ 辐照下,除了 V-5Ti,其他样品中位错环的数密度都随着辐照温度的升高而减小。并且,除了纯钒样品,其他样品中的都有位错网形成。

在 90℃ 和 120℃ 中子辐照后,纯钒和除 V-5Ti 和 V-5Nb 之外的钒合金的位错环的数密度和辐照硬化都随辐照温度的升高而升高,辐照硬化可能主要是由位

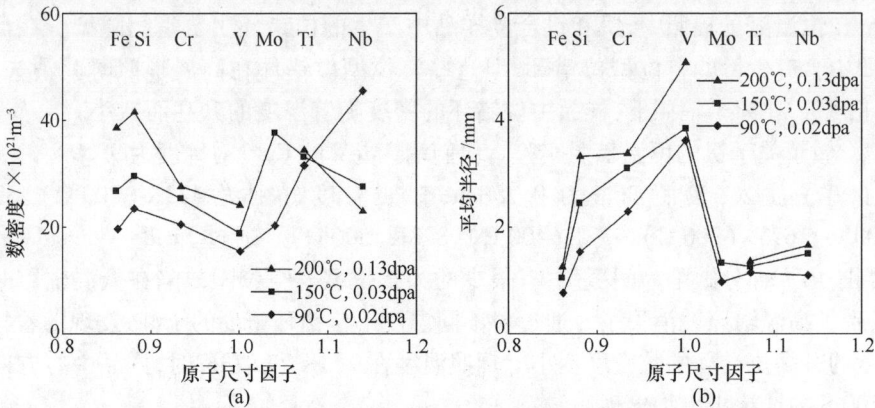

图 6-25　合金元素对低温中子辐照的钒中位错环的数密度和尺寸的影响[173]
(a)数密度;(b)平均半径。

错环引起的。在 150~350℃ 的中间温度下 O 的移动性的增加促进了位错环的形核。可以推测，低的 O 浓度可降低钒合金在低温中子辐照下的硬化和脆化。400℃ 以上的温度下辐照，所有的钒合金中发生了位错环粗化和空洞的长大，这降低了辐照硬化，大大消除了 DBTT 的升高。

6.6.3 钒中位错环的性质的模拟研究

Zepeda – Ruiz 等用基于 Finnis – Sinclair (FS) 势的分子动力学模拟，研究了钒中自间隙位错环的性质[178]。他们的模拟发现，在钒中伯格斯矢量为 $\frac{1}{2}$ < 111 > 的自间隙位错环的形成能是最低的，而且很容易沿 < 111 > 方向滑移。模拟单元在低温弛豫时，伯格斯矢量为 $\frac{1}{2}$ < 110 > 和 < 100 > 的位错环很容易就旋转为 $\frac{1}{2}$ < 111 >。在 Fe 中，亚稳态 < 100 > 型自间隙位错环的形成能和稳态 $\frac{1}{2}$ < 111 > 自间隙位错环的形成能很接近。而对于钒来说，这两种位错环的形成能相差很大，并且随着位错环尺寸的增大，这个差值会随之增大。该模拟还研究了两个 $\frac{1}{2}$ < 111 > 的自间隙位错环的相互作用。当两个 $\frac{1}{2}$ < 111 > 的自间隙位错环滑移到相遇时，重合的部分就形成了一个 < 100 > 的自间隙位错环。但重合部分的热稳定性很差，在 327℃ 到 527℃ 区间内，其方向又会旋转为 $\frac{1}{2}$ < 111 >。在许多钒的辐照实验中也没有观察到过伯格斯矢量为 < 100 > 的自间隙位错环。

6.6.4 恒温和变温离子辐照下钒和钒合金中的位错环

在恒温离子辐照中，钒和钒合金样品中产生的位错环主要是间隙型。在低温辐照中会有少量的空位型位错环，但这些空位型位错环在高温辐照时就消失了。对于纯钒，在离子辐照下，样品中位错环的密度随着温度的升高而减小。K. Ochiai 等[179]做了关于钒的恒温辐照实验。他们用 3MeV 的 Cu^{3+} 对纯度为 99.9% 的钒进行了离子注入，辐照剂量为 0.75dpa，辐照温度分别为 473K（200℃）、573K（300℃）、673K（300℃）、773K（400℃）、873K（500℃）。通过 Inside – outside 的方法判断出大部分缺陷为间隙型，有很少的为空位型。空位型缺陷在低温辐照时出现，到了高温辐照就消失了。通过对不同温度下位错环密度的统计，发现随着辐照温度的升高位错环的数密度变小。辐照温度在 773K 和 873K 时，样品中有方向为 < 100 > 的针状析出物出现。

辐照过程中温度的改变对材料微观结构的影响也是需要考虑的。在未来的聚变反应堆中，其结构材料面临着各种不稳定的条件，如不稳定的辐照温度、中子束流,反应堆的突然开启、突然停止等。已有许多辐照实验试图去了解这种辐照条件的改变会对结构材料的性能带来怎样的影响。实验发现,温度的不稳定对结构材料的微观结构和力学性能有着很大的影响[180]。缺陷团簇形核的最佳温度是低温,而缺陷团簇长大的最佳辐照温度却是高温。因此,当温度的突然大幅度升高发生在缺陷的形核到长大之间时,这种影响尤为明显。早先这些问题在低剂量的离子和中子辐照实验中得到了探究,后来进行了高辐照剂量的离子辐照研究。

N. Nita 等研究了高剂量的 4MeV 镍离子辐照下纯钒和 V - 4Gr - 4Ti - 0.1Si 的微观结构[181]。辐照条件为:500℃恒温辐照 25dpa;350℃下辐照 0.25dpa 之后,升温到 500℃继续辐照到 3 种辐照剂量(0.25dpa、2.5dpa、25dpa)。他们观察到随着辐照剂量的增加,这种辐照过程中的升温对位错环的产生起到的抑制作用越来越不明显。当辐照剂量达到 25dpa 的时候,经恒温辐照和变温辐照后样品的微观结构差异很小。

也就是说,钒和钒合金下低辐照剂量下存在一个临界温度(borderline temperature)。当辐照温度由低于临界温度变到高于临界温度时,在低温时对样品的辐照会对高温辐照时间隙型位错环的产生有抑制作用。如果变温(指升温)没有跨越这个温度,其抑制作用就不是很明显。有研究表明,对于纯钒临界温度约为400℃[179]。N. Nita 等用 4MeV 的镍离子辐照纯钒样品,500℃恒温辐照 0.5dpa,350℃/500℃、400℃/500℃、450℃/500℃变温辐照,升温前辐照 0.25dpa,升温后继续辐照到 0.5dpa[180]。实验观察到,500℃恒温辐照的样品中有位错网生成,变温辐照样品中的位错环尺寸随着升温前温度的升高而增大。450℃/500℃辐照的样品中出现了杂乱的微观结构,位错环已经长大形成了位错网,已经有点接近恒温辐照的样品了。350℃/500℃辐照样品中位错环的尺寸长大被抑制得很明显。

升温辐照产生的这种抑制作用的原因是,在升温前的低温度辐照下产生的小的间隙型位错环,当温度升高后继续辐照使其被复合变小。这是因为,温度升高使得在低温下形成的部分空位团簇分解,分解产生的空位和在高温辐照下产生的间隙团簇发生湮灭,使得间隙团簇尺寸减小。并且,辐照温度变化越大,分解出的空位就越多。于是温差大的产生缺陷的尺寸就比温差小的产生的要小[180]。对于纯钒,临界辐照温度约是在 400℃[179]。但对于钒合金,这个温度的大小和掺杂原子的种类有关。N. Nita 等[180]和 H. Watanabe 等[182]的研究表明,对于掺杂原子的尺寸比钒原子大的,其临界辐照温度就相对高一些。其原因可能是原子尺寸比钒原子大的掺杂原子与空位的结合能大,空位的迁移受到了抑制,减少了空位和间隙团簇的复合。

N. Nita 等也做了关于降温辐照的实验,发现样品中产生的空位型团簇和间隙型团簇会比恒温辐照产生的大[180]。团簇长大的原因可能是,在高温辐照时产生了密度很大的扩展缺陷(dense extended defects)使得点缺陷阱的势很高。因此,在降温后的继续辐照中,和缺陷的复合相比,点缺陷向缺陷阱的迁移就占了主导地位。扩展缺陷在高温时产生,在降温后长大。

随着技术的进步，V－4Cr－4Ti 表现出优异的性能。因此，聚变堆用钒合金的性能研究已经变成了 V－4Cr－4Ti 的性能研究。不过，目前还存在有两个影响钒合金工作温度上限和一个钒合金工作温度下限的问题。其中一个影响钒合金工作温度上限的问题就是热蠕变。这问题还需要更进一步的研究，尤其是对常规尺寸样品的测试研究。这对进一步改善合金来提高材料的工作温度意义重大；另一个影响钒合金工作温度上限的问题就是 He 脆。对于 He 脆的研究，辐照工具的有效利用是非常重要的。优秀钒合金的微观结构应该具有高密度的析出物或者纳米颗粒。这样的微观结构能够通过分散 He 原子来抑制 He 脆，同时也能增强合金的高温强度；而合金工作温度的下限是由辐照脆化决定的。有数据表明，下限温度在 400～500℃之间。但是，在更高流量和 He 存在的环境下材料的工作温度下限还需更进一步的研究以更加精准地确定[171]。

参 考 文 献

[1] Jitsukawa S, Kimura A, Kohyama A, et al. Recent results of the reduced activation ferritic/martensitic steel development [J]. J. Nucl. Mater. , 2004, 329 – 333: 39 – 46.

[2] Eyre B L, Bartlett A F. An electron microscope study of neutron irradiation damage in alpha-iron [J]. Philosophical Magazine, 1965, 12: 261 – 272.

[3] Bryner J S. A study of neutron irradiation damage in iron by electron-transmission microscopy [J]. Acta Metallurgica, 1966, 14: 323 – 336.

[4] Porollo S, Dvoriashin A M, Vorobyev A N, et al. The microstructure and tensile properties of Fe-Cr alloys after neutron irradiation at 400℃ to 5. 5 ~ 7. 1 dpa [J]. J. Nucl. Mater. , 1998, 256: 247 – 253.

[5] Konobeev Y V, Dvoriashin A M, Porollo S I, et al. Swelling and microstructure of pure Fe and Fe-Cr alloys after neutron irradiation to ~ 26dpa at 400° C [J]. J. Nucl. Mater. , 2006, 355: 124 – 130.

[6] Matijasevic M, Renterghem W V, Almazouzi A. Characterization of irradiated single crystals of Fe and Fe-15Cr [J]. Acta Materialia, 2009, 57: 1577 – 1585.

[7] Masters B C. Dislocation loops in irradiated iron [J]. Philosophical Magazine, 1965, 11: 881 – 893.

[8] Masters B C. Dislocation loops in irradiated iron [J]. Nature, 1963, 200: 254.

[9] Robertson I M, Kirk M A, King W E. Formation of dislocation loops in iron by self-ion irradiations at 40K [J]. Scripta metallurgica, 1984, 18: 317 – 320.

[10] Jenkins M L, Yao Z, Hernández-Mayoral M, et al. Dynamic observations of heavy-ion damage in Fe and Fe-Cr alloys [J]. J. Nucl. Mater. , 2009, 389: 197 – 202.

[11] Yao Z, Jenkins M L, Hernández-Mayoral M, et al. The temperature dependence of heavy-ion damage in iron: A microstructural transition at elevated temperatures [J]. Philosophical Magazine, 2010, 90: 4623 – 4634.

[12] Brimbal D, Décamps B, Barbu A, et al. Dual-beam irradiation of α-iron: Heterogeneous bubble formation on dislocation loops [J]. J. Nucl. Mater. , 2011, 418: 313 – 315.

[13] Brimbal D, Meslin E, Henry J, et al. He and Cr effects on radiation damage formation in ion-irradiated pure iron and Fe-5. 40 wt. % Cr: A transmission electron microscopy study [J]. Acta Materialia, 2013, 61: 4757 – 4764.

[14] Yabuuchi K, Kasada R, Kimura A. Effect of alloying elements on irradiation hardening behavior and micro-

244

structure evolution in BCC Fe [J]. J. Nucl. Mater., 2013, 442(1 - 3): S790 - S795.

[15] Xu S, Yao Z, Jenkins ML. TEM characterisation of heavy-ion irradiation damage in FeCr alloys [J]. J. Nucl. Mater., 2009, 386: 161 - 164.

[16] Little E, Bullough R, Wood M H, et al. On the swelling resistance of ferritic steel [J]. Proceedings of the Royal Society of London. A. Mathematical and Physical Sciences, 1980, 372: 565 - 579.

[17] Schäublin R, Victoria M. Differences in the microstructure of the F82H ferritic/martensitic steel after proton and neutron irradiation [J]. J. Nucl. Mater., 2000, 283: 339 - 343.

[18] Schaeublin R, Gelles D, Victoria M. Microstructure of irradiated ferritic/martensitic steels in relation to mechanical properties [J]. J. Nucl. Mater., 2002, 307: 197 - 202.

[19] Jia X, Dai Y, Victoria M. The impact of irradiation temperature on the microstructure of F82H martensitic/ferritic steel irradiated in a proton and neutron mixed spectrum [J]. J. Nucl. Mater., 2002, 305: 1 - 7.

[20] Wakai E, Miwa Y, Hashimoto N, et al. Microstructural study of irradiated isotopically tailored F82H steel [J]. J. Nucl. Mater., 2002, 307: 203 - 211.

[21] Jia X, Dai Y. Microstructure in martensitic steels T91 and F82H after irradiation in SINQ Target-3 [J]. J. Nucl. Mater., 2003, 318: 207 - 214.

[22] Klimenkov M, Materna-Morris E, Möslang A. Characterization of radiation induced defects in EUROFER 97 after neutron irradiation [J]. J. Nucl. Mater., 2011, 417: 124 - 126.

[23] Gaganidze E, Petersen C, Materna-Morris E, et al. Mechanical properties and TEM examination of RAFM steels irradiated up to 70dpa in BOR-60 [J]. J. Nucl. Mater., 2011, 417: 93 - 98.

[24] Weiß O J, Gaganidze E, Aktaa J. Quantitative characterization of microstructural defects in up to 32dpa neutron irradiated EUROFER97 [J]. J. Nucl. Mater., 2012, 426: 52 - 58.

[25] Schäublin R, Henry J, Dai Y. Helium and point defect accumulation: (i) microstructure and mechanical behavior [J], Comptes Rendus Physique, 2008, 9: 389 - 400.

[26] Lee E H, Hunn J D, Rao G R, et al. Triple ion beam studies of radiation damage in 9Cr-2WVTa ferritic/martensitic steel for a high power spallation neutron source [J]. J. Nucl. Mater., 1999, 271: 385 - 390.

[27] Ando M, Wakai E, Sawai T, et al. Synergistic effect of displacement damage and helium atoms on radiation hardening in F82H at TIARA facility [J]. J. Nucl. Mater., 2004, 329: 1137 - 1141.

[28] Ogiwara H, Kohyama A, Tanigawa H, et al. Helium effects on mechanical properties and microstructure of high fluence ion-irradiated RAFM steel [J]. J. Nucl. Mater., 2007, 367 - 370: 428 - 433.

[29] Ogiwara H, Kohyama A, Tanigawa H, et al. Irradiation-induced hardening mechanism of ion irradiated JLF-1 to high fluences [J]. Fusion Engineering and Design, 2006, 81: 1091 - 1097.

[30] Luo F F, Yao Z, Guo L P, et al. Convoluted dislocation loops induced by helium irradiation in reduced-activation martensitic steel and their impact on mechanical properties [J]. Materials Science and Engineering A, 2014, 607: 390 - 396.

[31] 彭蕾, 黄群英, 吴宜灿, 等. 在电子辐照下产生位错环的原位观察[J]. 原子能科学技术, 2007, 41: 111 - 114.

[32] Huang Y, Wan F, Xiao X, et al. Microstructure change in deuterium implanted CLAM steel induced by electron irradiation [J]. Science China Physics, Mechanics and Astronomy, 2011, 54: 111 - 114.

[33] 黄依娜, 万发荣, 乔建生, 等. 注氘低活化马氏体钢在电子辐照下的缺陷行为[J]. 原子能科学技术, 2010, 44: 681 - 685.

[34] Xin Y, Ma T, Ju X, et al. In Situ observation of point defect and precipitate evolvement of CLAM steel under electron irradiation [J]. Journal of Materials Science and Technology, 2013, 29:467 - 470.

[35] Trinkaus H, Singh B N. Helium accumulation in metals during irradiation-where do we stand? [J]. J. Nucl.

Mater. , 2003, 323: 228 – 242.

[36] Samaras M. Multiscale Modelling: the role of helium in iron [J]. Materials Today, 2009, 12: 46 – 53.

[37] Sugano R, Morishita K, Iwakiri H, et al. Effects of dislocation on thermal helium desorption from iron and fer-
ritic steel [J]. J. Nucl. Mater. , 2002, 307 – 311: 941 – 945.

[38] Dudarev S L, Bullough R, Derlet P M. Effect of the α-γ phase transition on the stability of dislocation loops in
bcc iron [J]. Physical review letters, 2008, 100(13): 135503.

[39] Yang L, Deng H Q, Gao F, et al. Atomistic studies of nucleation of He clusters and bubbles in bcc iron [J].
Nuclear Instruments and Methods in Physics Research Section B: Beam Interactions with Materials and Atoms,
2013, 303: 68 – 71.

[40] Lucas G, Schäublin R. Helium effects on displacement cascades in α-iron [J]. Journal of Physics: Con-
densed Matter, 2008, 20(41): 415206.

[41] Zinkle S J, Singh B N. Microstructure of neutron-irradiated iron before and after tensile deformation [J]. J.
Nucl. Mater. , 2006, 351: 269 – 284.

[42] Luo F F, Guo L P, Chen J H, et al. Damage behavior in helium-irradiated reduced-activation martensitic steels
at elevated temperatures [J]. J. Nucl. Mater. , 2014, 455, 339 – 342.

[43] Hull D, Bacon D J. Introduction to Dislocations [M]. Oxford: Butterworth-Heinemann, 2001.

[44] Hashimoto N, Wakai, E, Robertson J P. Relationship between hardening and damage structure in austenitic
stainless steel 316LN irradiated at low temperature in the HFIR[J]. J. Nucl. Mater. , 1999, 273: 95 – 101.

[45] Lee E H, Hunn J D, Byun T S, et al. Effects of helium on radiation-induced defect microstructure in austenitic
stainless steel[J]. J. Nucl. Mater. , 2000, 280: 18 – 24.

[46] Byun T S, Lee E H, Hunn J D. Plastic deformation in 316LN stainless steel-characterization of deformation mi-
crostructures[J]. 2003, 321: 29 – 39.

[47] Edwards D J, Simonen E P, Garner L R, et al. Influence of irradiation temperature and dose gradients on the
microstructural evolution in neutron-irradiated 316SS[J]. J. Nucl. Mater. , 2003, 317: 32 – 45.

[48] Stoenescu R, Schaublin R, Gavillet D, et al. Welding-induced microstructure in austenitic stainless steels be-
fore and after neutron irradiation[J]. J. Nucl. Mater. , 2007, 360: 186 – 195.

[49] Sawai T, Kitsunai Y, Saito S, et al. Microstructural evolution of SINQ irradiated austenitic stainless steels[J].
J. Nucl. Mater. , 2006, 356: 118 – 121.

[50] Xu Q, Yoshida N, Yoshiie T. Nucleation and growth of dislocation loops in austenitic stainless steels irradiated
by fission and fusion neutrons[J]. J. Nucl. Mater. , 1998, 258 – 263: 1730 – 1734.

[51] Sakaguchi N, Kinoshita H, Watanabe S, et al. Microstructural development in a model austenitic alloy follow-
ing electron and ion irradiation[J]. J. Nucl. Mater. , 2008, 382: 197 – 202.

[52] Sakaguchi N, Watanabe S, Takahashi H. Heterogeneous dislocation formation and solute redistribution near
grain boundaries in austenitics stainless stel under electron irradiation [J]. Acta mater. , 2001, 49:
1129 – 1137.

[53] Was G S, Busby J T, Allen T, et al. Andresen PL. Emulation of neutron irradiation effects with protons: val-
idation of principle[J]. J. Nucl. Mater. , 2002, 300: 198 – 216.

[54] Oka H, Watanabe M, Kinoshita H, et al. In situ observation of damage structure in ODS austenitic steel during
electron irradiation[J]. Fusion Engineering and Design, 2012, 417: 279 – 282.

[55] 胡本芙, 高桥平七郎. 低放射性 Fe-Cr-Mn(W、V)奥氏体钢抗辐照损伤特性研究[J]. 核科学与工程,
1997, 17: 2.

[56] Kano F, Fukuya K, Hamada S, et al. Effect of carbon and nitrogen on grain boundary segregation in irradiated
stainless steels[J]. J. Nucl. Mater. , 1998, 258 – 263: 1713 – 1717.

［57］ Gan J, Was G S. Microstructure evolution in austenitic Fe-Cr-Ni alloys irradiated with rotons: comparison with neutron-irradiated microstructures[J]. J. Nucl. Mater. , 2001, 297: 161 - 175.

［58］ Bae D S, Lee S P, Lee J K, et al. Effect of He-pre-injection on dislocation loop formation and irradiation-induced segregation of Fe-12% Cr-15% Mn austenitic steel[J]. Fusion Engineering and Design, 2012, 87: 1025 - 1029.

［59］ Etienne A, Hernández-Mayoral M, Genevois C, et al. Dislocation loop evolution under ion irradiation in austenitic stainless steels[J]. J. Nucl. Mater. , 2010, 400: 56 - 63.

［60］ Stephenson K J, Was GS. Comparison of the microstructure, deformation and crack initiation behavior of austenitic stainless steel irradiated in-reactor or with protons [J]. J. Nucl. Mater. ,2015, 456: 85 - 98.

［61］ Jin S X, Guo L P, Luo F F, et al. Ion irradiation-induced precipitation of $Cr_{23}C_6$ at dislocation loops in austenitic steel[J]. Scripta Materialia, 2013 68:138 - 141.

［62］ Russell K C. Phase stability under irradiation [J]. Progress in Materials Science, 1984, 28: 229 - 434.

［63］ Jiao Z, Was G S. Novel features of radiation-induced segregation and radiation-induced precipitation in austenitic stainless steels [J]. Acta Materialia, 2011, 59: 1220 - 1238.

［64］ Lu Z, Faulkner R G, Was G, et al. Irradiation-induced grain boundary chromium microchemistry in high alloy ferritic steels [J]. Scripta Materialia, 2008, 58: 878 - 881.

［65］ Kesternich W, Garcia-Borquez A. Inversion of the radiation-induced segregation behaviour at grain boundaries in austenitic steel [J]. Scripta Materialia, 1997, 36: 1127 - 1232.

［66］ 于鸿垚, 董建新, 谢锡善. 新型奥氏体耐热钢 HR3C 的研究进展[J]. 世界钢铁, 2010(2):42 - 49.

［67］ Jenkins M L, Kirk M A. Characterization of Radiation Damage by Transmission Electron Microscopy [M]. London: Institute of Physics Publishing, 2001: 11.

［68］ Jiao Z, Was G S. Precipitate evolution in ion-irradiated HCM12A [J]. J. Nucl. Mater. , 2012, 425: 105 - 111.

［69］ Jiao Z, Was G S. Segregation behavior in proton-and heavy-ion-irradiated ferritic-martensitic alloys [J]. Acta Materialia, 2011, 59: 4467 - 4481.

［70］ Nita N, Anma Y, Matsui H, et al. Irradiation induced precipitates in vanadium alloys studied by atom probe microanalysis [J]. J. Nucl. Mater. , 2007, 367 - 370: 858 - 863.

［71］ Wakai E, Hishinuma A, Kato Y et al. Radiation-Induced α′ Phase Formation on Dislocation Loops in Fe-Cr Alloys During Electron Irradiation [J]. Journal de Physique IV, 1995, 5: C7 - 277 - C277 - 286.

［72］ Nakai K, Kinoshita C, Kitajima S. Nucleation and growth mechanism of homogeneous radiation-induced precipitates in Cu-0. 18 wt% Be alloy [J]. J. Nucl. Mater. , 1985, 133 - 134: 694 - 697.

［73］ Debarberis L, Acosta B, Zeman A, et al. Effect of irradiation temperature in PWR RPV materials and its inclusion in semi-mechanistic model [J]. Scripta Materialia, 2005, 53: 769 - 773.

［74］ Massalsky T B, Okamoto H, Neumann J P. Binary alloy phase diagrams, ASM International,1993.

［75］ Barashev A V, Golubov S I, Bacon D J, et al. Copper precipitation in Fe-Cu alloys under electron and neutron irradiation [J]. Acta Materialia, 2004, 52: 877 - 886.

［76］ 方园园, 赵杰, 李晓娜. HR3C 钢高温时效过程中的析出相 [J]. 金属学报, 2010, 46: 844 - 849.

［77］ Rowcliffe A F, Mansur L K, Hoelzer D T, et al. Perspectives on radiation effects in nickel-base alloys for applications in advanced reactors [J]. J. Nucl. Mater. , 2009, 392: 341 - 352.

［78］ Ren W J, Swindeman R W. High Temperature Metallic Materials Test Plan for Generation IV Nuclear Reactors, ORNL/TM-2004, Oak Ridge National Laboratory, November, 2004.

［79］ Garner F A, Brager H R. Effects of Radiation on Materials, ASTM STP 870, American Society for Testing and Materials, Philadelphia, 1985:187.

［80］ Angeliu T M, Ward J T, Witter J K. Assessing the effects of radiation damage on Ni-base alloys for the prometheus space reactor system ［J］. J. Nucl. Mater. , 2007, 366: 223 – 237.

［81］ Zhang H, Yao Z, Judge C,et al. Microstructural evolution of CANDU spacer material Inconel X-750 under in situ ion irradiation ［J］. J. Nucl. Mater. , 2013, 443: 49 – 58.

［82］ Zhang H, Yao Z, Daymond M R,et al. Elevated temperature irradiation damage in CANDU spacer material Inconel X-750 ［J］. J. Nucl. Mater. , 2014, 445(1 – 3): 227 – 234.

［83］ Zhang H, Yao Z, Daymond M R,et al. Cavity morphology in a Ni based superalloy under heavy ion irradiation with cold pre-injected helium. I［J］. J. Appl. Phys. ,2014, 115(10): 103508.

［84］ Changizian P, Zhang H K, Yao Z. Effect of simultaneous helium implantation on the microstructure evolution of Inconel X-750 superalloy during dual-beam irradiation ［J］. Philosophical Magazine, 2015, 95(35): 3933 – 3949.

［85］ Hashimoto N, Hunn J, Byun T,et al. Microstructural analysis of ion-irradiation-induced hardening in inconel 718 ［J］. J. Nucl. Mater, 2003, 318:300 – 306.

［86］ Xu Q, Yoshiie T. Influence of temperature change on microstructure evolution in Ni alloys irradiated with neutrons ［J］. J. Nucl. Mater. , 2002,307 – 311: 380 – 384.

［87］ Reyes M, Voskoboinikov R, Kirk M A,et al. Defect evolution in a Ni-Mo-Cr-Fe alloy subjected to high-dose Kr ion irradiation at elevated temperature ［J］. J. Nucl. Mater. , 2016, 474: 155 – 162.

［88］ Veriansyah B, Kim J D, Lee J C. Destruction of chemical agent simulants in a supercritical water oxidation bench-scale reactor ［J］. Journal of Hazardous Materials, 2007, 147: 8 – 14.

［89］ Zhang Q, Tang R, Yin K J,et al. Corrosion behavior of Hastelloy C-276 in supercritical water ［J］. Corrosion Science, 2009, 51: 2092 – 2097.

［90］ Jin S X, Guo L P, Yang Z,et al. Microstructural evolution in nickel alloy C-276 after Ar⁺ ion irradiation［J］. Nuclear Instruments and Methods in Physics Research Section B: Beam Interactions with Materials and Atoms, 2011, 269(3): 209 – 215.

［91］ Jin S X, He X F, Li T C,et al. Microstructural evolution in nickel alloy C-276 after Ar-ions irradiation at elevated temperature ［J］. Materials Characterization,2012, 72: 8 – 14.

［92］ Jin S X, Guo L P, Ren Y Y,et al. TEM characterization of self-ion irradiation damage in nickel-base alloy C-276 at elevate temperature ［J］. Journal of Materials Science & Technology,2012, 28(11): 1039 – 1045.

［93］ Jin S X, Guo L P, Yang Z,et al. Structural Characterization of Nickel-base Alloy C-276 irradiated with Ar ions ［J］. Plasma Science and Technology,2012, 14(6): 548 – 552.

［94］ 赵飞, 万发荣. 低活化铁素体/马氏体钢离子辐照后的微观结构变化 ［J］. 南京大学学报(自然科学), 2009, 45: 258 – 263.

［95］ Sencer B H, Bond G M, Garner F A,et al. Correlation of radiation-induced changes in mechanical properties and microstructural development of Alloy 718 irradiated with mixed spectra of high-energy protons and spallation neutrons ［J］. J. Nucl. Mater. , 2001, 296: 145 – 154.

［96］ Zinkle S J, Singh B N. Microstructure of neutron-irradiated iron before and after tensile deformation ［J］. J. Nucl. Mater. , 2006, 351: 269 – 284.

［97］ Zinkle S J, Snead L L. Microstructure of copper and nickel irradiated with fission neutrons near 230℃ ［J］. J. Nucl. Mater. , 1995, 225: 123 – 131.

［98］ Zinkle S J, Hashimoto N, Hoelzer D T,et al. Effect of periodic temperature variations on the microstructure of neutron-irradiated metals ［J］. J. Nucl. Mater. , 2002, 307 – 311: 192 – 196.

［99］ Zinkle S J, Matsukawa Y. Observation and analysis of defect cluster production and interactions with dislocations ［J］. J. Nucl. Mater. , 2004, 329 – 333: 88 – 96.

[100] Khabarov V S, Dvoriashin A M, Porollo S I. Microstructure, irradiation hardening and embrittlement of 13Cr2MoNbVB ferritic-martensitic steel after neutron irradiation at low temperatures [J]. J. Nucl. Mater., 1996, 233 – 237: 236 – 239.

[101] Watanabe H, Muroga T, Yoshida N. Fluence dependence of defect evolution in austenitic stainless steels during fission neutron irradiation [J]. J. Nucl. Mater., 1999, 271&272: 381 – 384.

[102] Zhou R S, West E A, Jiao Z J, et al. Irradiation-assisted stress corrosion cracking of austenitic alloys in supercritical water [J]. J. Nucl. Mater., 2009, 395: 11 – 22.

[103] Teysseyre S, Jiao Z, West E, et al. Effect of irradiation on stress corrosion cracking in supercritical water [J]. J. Nucl. Mater., 2007, 371: 107 – 117.

[104] Mazey D J, Nelson B S. Observations of bubble-void transition effects in nickel alloys [J]. J. Nucl. Mater., 1979, 85 & 86: 671 – 675.

[105] Shaikh M A, Ehrlich K. Effect of solute elements on void formation in irradiated binary nickel alloys [J]. J. Nucl. Mater., 1988, 155 – 157: 1109 – 1112.

[106] Pokor C, Averty X, Brechet Y, et al. Effect of irradiation defects on the work hardening behavior [J]. Scripta Materialia, 2004, 50: 597 – 600.

[107] Busby J T, Hash M C, Was G S. The relationship between hardness and yield stress in irradiated austenitic and ferritic steels [J]. J. Nucl. Mater., 2005, 336: 267 – 278.

[108] Seeger A. Proceedings of the Second UN International Conference on the Peaceful Uses of Atomic Energy, (New York: United Nations), 1958, 6: 250.

[109] Robach J S, Robertson I M, Wirth B D, et al. In situ transmission electron microscopy observations and molecular dynamics simulations of dislocation-defect interactions in ion-irradiated copper [J]. Philosophical Magazine, 2003, 83: 955 – 967.

[110] Singh B N, Foreman A J E, Trinkaus H. Radiation hardening revisited: role of intracascade clustering [J]. J. Nucl. Mater., 1997, 249: 103 – 115.

[111] 贺新福, 郭立平, 吴石, 等. Ar$^+$ 辐照 Hastelloy C276 显微结构演化多尺度模拟研究及实验验证[J]. 原子能科学技术, 2012, 46(2): 129 – 132.

[112] Roth J, Tsitrone E, Loarte A, et al. Recent analysis of key plasma wall interactions issues for ITER [J]. J. Nucl. Mater., 2009, 390: 1 – 9.

[113] 丁孝禹, 李浩, 罗来马, 等. 国际热核试验堆第一壁材料的研究进展 [J]. 机械工程材料, 2013, 37(11): 6 – 11.

[114] Hirai T, Escourbiac F, Carpentier-Chouchana S, et al. ITER tungsten divertor design development and qualification program [J]. Fusion Engineering and Design, 2013, 88: 1798 – 1801.

[115] Hiari T, Escourbiac F, Carpentier-Chouchana S, et al. ITER full tungsten divertor qualification program and progress [J]. Physica Scripta, 2014, T159: 014006.

[116] Tanno T, Hasegawa A, He J C, et al. Effects of transmutation elements on neutron irradiation hardening of tungsten [J]. Materials Transaction, 2007, 48: 2399 – 2402.

[117] Tanno T, Hasegawa A, He J C, et al. Effects of transmutation elements on the microstructural evolution and electrical resistivity of neutron-irradiated tungsten [J]. J. Nucl. Mater., 2009, 386 – 388: 218 – 221.

[118] Tanno T, Fukuda M, Nogami S, et al. Microstructure development in neutron irradiated tungsten alloys [J]. Materials Transacations, 2011, 52: 1447 – 1451.

[119] Tanno T, Hasegawa A, Fujiwara M, et al. Precipitation of solid transmutation elements in irradiated tungsten alloys [J]. Materials Transactions, 2008, 49: 2259 – 2264.

[120] Hasegawa A, Fukuda M, Nogami S, et al. Neutron irradiation effects on tungsten materials [J]. Fusion Engi-

neering and Design, 2014, 89: 1568 – 1572.

[121] Hasegawa A, Tanno T, Nogami S, et al. Property change mechanism in tungsten under neutron irradiation in various reactors [J]. J. Nucl. Mater. , 2011, 417: 491 – 494.

[122] Fukuda M, Kumar N, Koyanagi T, et al. Neutron energy spectrum influence on irradiation hardening and microstructural development of tungsten [J]. J. Nucl. Mater. , 2016, 479: 249 – 254.

[123] Hu X, Koyanagi T, Fukuda M, et al. Defect evolution in single crystalline tungsten following low temperature and low dose neutron irradiation [J]. J. Nucl. Mater. , 2016, 470: 278 – 289.

[124] He J C, Tang G Y, Hasegawa A, et al. Microstructural development and irradiation hardening of W and W (3 ~ 26) wt% Re alloys after high-temperature neutron irradiation to 0.15 dpa [J]. Nuclear Fusion, 2006, 46: 877 – 883.

[125] Seeger A, Schumacher D, Schiling W D. Vacancies and Interstitials in Metals [M]. North Holland Pub. Co. , Amsterdam, 1970.

[126] Haussermann F. A study of the radiation damage produced by energetic gold ions in molybdenum and tungsten [J]. Philosophical Magazine, 1972, 25: 583 – 598.

[127] Haussermann F. Analysis of dislocation loops in tungsten produced by 60 keV ion irradiation [J]. Philosophical Magazine, 1972, 25: 561 – 581.

[128] Jager W, Wilkens M. Formation of vacancy-type dislocation loops in tungsten bombarded by 60 keV Au ions [J]. Physica Status Solidi (a), 1975, 32: 89 – 100.

[129] Yi X, Jenkins M L, Briceno M, et al. In situ study of self-ion irradiation damage in W and W-5Re at 500℃ [J]. Philosophical Magazine, 2012, 93: 1715 – 1738.

[130] Sand A E, Dudarev S L, Nordlund K. High-energy collision cascades in tungsten: Dislocation loops structure and clustering scaling laws [J]. Europhysics letters, 2013, 103: 46003.

[131] Gilbert M R, Dudarev S L, Derlet P M, et al. Structure and metastability of mesoscopic vacancy and interstitial loop defects in iron and tungsten [J]. Journal of Physics: Condensed Matter, 2008, 20: 345214.

[132] Yi X. Electron microscopy study of radiation damage in tungsten and alloys [Ph. D. Thesis]. University of Oxford (Wolfson College), 2013.

[133] Ferroni F, Yi Y, Arakawa K, et al. High temperature annealing of ion irradiated tungsten [J]. Acta Materialia, 2015, 90: 380 – 393.

[134] Yoshiida N, Iwakiri H, Tokunaga K, et al. Impact of low energy helium irradiation on plasma facing metals [J]. J. Nucl. Mater. , 2005, 337 – 339: 946 – 950.

[135] Iwakiri H, Yasunaga K, Morishita K, et al. Microstructure evolution in tungsten during low-energy helium ion irradiation [J]. J. Nucl. Mater. , 2000, 283 – 287: 1134 – 1138.

[136] Sakamoto R, Muroga T, Yoshida N. Microstructural evolution induced by low energy hydrogen ion irradiation in tungsten [J]. J. Nucl. Mater. , 1995, 220 – 222: 819 – 822.

[137] Matsui T, Muto S, Tanabe T. TEM study on deuterium-irradiation-induced defects in tungsten and molybdenum [J]. J. Nucl. Mater. , 2000, 283: 1139 – 1143.

[138] Yi X, Jenkins M L, Hattar K, et al. Characterisation of radiation damage in W and W-based alloys from 2 MeV self-ion near-bulk implantations [J]. Acta Materialia, 2015, 92: 163 – 177.

[139] Muzyk M, Nguyen-Manh D, Kurzydłowski K J, et al. Phase stability, point defects, and elastic properties of W-V and W-Ta alloys [J]. Physical Review B, 2011, 84: 104115.

[140] Armstrong D E J, Yi X, Marquis E A, et al. Hardening of self ion implanted tungsten and tungsten 5-wt% rhenium [J]. J. Nucl. Mater. , 2013, 432: 428 – 436.

[141] Armstrong D E J, Wilkinson A J, Roberts S G. Mechanical properties of ion-implanted tungsten-5wt% tanta-

lum [J]. Physica Scripta, 2011, T145: 014076.

[142] Onimus F, Béchade J L. Radiation Effects in Zirconium Alloys in: Comprehensive Nuclear Materials [M]. Elsevier, Oxford. 2012: 1 – 31.

[143] Strasser A, Adamson R, Cox B, et al. Welding of Zirconium Alloys [J]. IZNA7 special topic report Welding of Zirconium Alloys, 2007: I – 5.

[144] Northwood D O. Irradiation damage in zirconium and its alloys [J]. Energy Reviews, 1977, 15(4): 547 – 610.

[145] Northwood D O, Gilbert R W. Neutron radiation damage in zirconium and its alloys [J]. Radiation Effects, 1974, 22(2): 139 – 140.

[146] Northwood D O, Gilbert R W, Bahen L E, et al. Characterization of neutron irradiation damage in zirconium alloys-an international "round-robin" experiment [J]. J. Nucl. Mater. , 1979, 79(2): 379 – 394.

[147] Varvenne C, Mackain O, Clouet E. Vacancy clustering in zirconium: An atomic-scale study [J]. Acta Mater. , 2014, 78: 65 – 77.

[148] Hengstler-Eger R M, Baldo P, Beck L, et al. Heavy ion irradiation induced dislocation loops in AREVA's M5® alloy [J]. J. Nucl. Mater. , 2012, 423(1 – 3): 170 – 182.

[149] Idrees Y, Yao Z W, Kirk M A, et al. In situ study of defect accumulation in zirconium under heavy ion irradiation [J]. J. Nucl. Mater. , 2013, 433(1 – 3): 95 – 107.

[150] Jostsons A, Kelly P M, Blake R G, et al. Neutron irradiation-induced defect structures in Zirconium [J]. ASTM STP, 1979, 683: 46 – 6.

[151] Buckley S N, Manthorpe S A. Dislocation loop nucleation and growth in Zirconium-2.5 wt% Niobium Alloy during 1 MeV electron irradiation [J]. J. Nucl. Mater. , 1980, 90: 169 – 174.

[152] Choi S I, Kim J H. Radiation-Induced Dislocation And Growth Behavior of Zirconium and Zirconium Alloys – a Review [J]. Nucl. Eng. Technol. , 2013, 45(3): 385 – 392.

[153] Griffiths M A. Review of microstructure evolution in zirconium alloys during irradiation [J]. J. Nucl. Mater. , 1988, 159: 190 – 218.

[154] Adamson R B, Bell W L, Lee D. Use of ion bombardment to study irradiation damage in zirconium alloys [R]. General Electric Co. , Pleasanton, CA, 1974.

[155] Griffiths M, Gilbert R W, Fidleris V. Neutron damage in Zirconium Alloys irradiation at 710K [J]. J. Nucl. Mater. , 1987, 150: 159 – 168.

[156] Griffiths M, Gilbert R W. The formation of c-component defects in zirconium alloys during neutron irradiation [J]. J. Nucl. Mater. , 1987, 150(2): 169 – 181.

[157] Carpenter G J C, Zee R H, Rogerson A. Irradiation growth of zirconium single crystals: A review [J]. J. Nucl. Mater. , 1988, 159: 86 – 100.

[158] Idrees Y, Yao Z W, Sattari M, et al. Irradiation induced microstructural changes in Zr-Excel alloy [J]. J. Nucl. Mater. , 2013, 441(1 – 3): 138 – 151.

[159] Ribis J, Onimus F, Béchade J L, et al. Experimental study and numerical modelling of the irradiation damage recovery in zirconium alloys [J]. J. Nucl. Mater. , 2010, 403(1 – 3): 135 – 146.

[160] Tournadre L, Onimus F, Béchade J L, et al. Experimental study of the nucleation and growth of c-component loops under charged particle irradiations of recrystallized Zircaloy-4 [J]. J. Nucl. Mater. , 2012, 425(1 – 3): 76 – 82.

[161] Griffiths M, Loretto M H, Smallman R E. Anisotropic distribution of dislocation loops in HVEM-irradiated Zr [J]. Philos. Mag. A, 1984, 49(5): 613 – 624.

[162] Christien F, Barbu A. Effect of self-interstitial diffusion anisotropy in electron-irradiated zirconium: A cluster dynamics modeling [J]. J. Nucl. Mater. , 2005, 346(2 – 3): 272 – 281.

[163] Udagawa Y, Yamaguchi M, Tsuru T, et al. Effect of Sn and Nb on generalized stacking fault energy surfaces in zirconium and gamma hydride habit planes[J]. Philos. Mag. , 2011, 91(12): 1665 – 1678.

[164] Carlan Y, Regnard C, Griffiths M, et al. Influence of iron in the nucleation of < c > component dislocation loops in irradiated zircaloy-4 [J]. ASTM STP, 1996, 1295: 638 – 653.

[165] Kobylyansky G P, Novoselov A E, Ostrovsky Z E, et al. Irradiation-induced growth and microstructure of recrystallized, cold worked and quenched zircaloy-2, NSF, and E635 alloys [J]. ASTM STP, 2008, 1505: 564 – 582.

[166] Sundell G, Thuvander M, Tejland P, et al. Redistribution of alloying elements in Zircaloy-2 after in-reactor exposure [J]. J. Nucl. Mater. , 2014, 454(1 – 3): 178 – 185.

[167] Olynyk G M, Hartwig Z S, Whyte D G, et al. Vulcan: A steady-state tokamak for reactor-relevant plasma-material interaction science [J]. Fusion. Eng. Des. , 2012, 87(3): 224 – 233.

[168] Sutherland D A, Jarboe T R, Morgan K D, et al. The dynomak: An advanced spheromak reactor concept with imposed-dynamo current drive and next-generation nuclear power technologies [J]. Fusion. Eng. Des. , 2014, 89(4): 412 – 425.

[169] Liu W, Wen C W, Long X G, et al. Preparation and characterization of zirconium films for first mirror application in fusion devices [J]. Fus. Eng. Des. , 2014, 89(11): 2755 – 2758.

[170] Christensen M, Wolf W, Freeman C M, et al. Effect of alloying elements on the properties of Zr and the Zr-H system [J]. J. Nucl. Mater. , 2014, 445(1 – 3): 241 – 250.

[171] Muroga T, Chen J M, Chernov V M, et al. Present status of vanadium alloys for fusion applications [J]. J. Nucl. Mater. , 2014, 455: 263 – 268.

[172] Bloom E E. The challenge of developing structural materials for fusion power systems [J]. J. Nucl. Mater. , 1998, 258 – 263: 7 – 17.

[173] Candra Y, Fukumoto K, Kimura A, et al. Microstructural evolution and hardening of neutron irradiated vanadium alloys at low temperatures in Japan Material Testing Reactor [J]. J. Nucl. Mater. , 1999, 271&272: 301 – 305.

[174] Fukumoto K, Sugiyama M, Matsui H. Features of dislocation channeling in neutron-irradiated V-(Fe, Gr)-Ti alloy [J]. J. Nucl. Mater. , 2007, 367 – 370: 829 – 833.

[175] Nishizawa T, Sasaki H, Ohnuki S, et al. Radiation damage process of vanadium and its alloys during electron irradiation [J]. J Nucl Mater, 1996, 239: 132 – 138.

[176] Minashin A M, Ryabov V A. Molecular dynamics calculations of point defect diffusion coefficients in vanadium [J]. J. Nucl. Mater. , 1996, 233 – 237: 996 – 998.

[177] Li R H, Zhang P B, Li X Q, et al. First-principles study of the behavior of O, N and C impurities in vanadium solids [J]. J. Nucl. Mater. , 2013, 435: 71 – 76.

[178] Zepeda-Ruiz L A, Marian J, Wirth B D. On the character of self-interstitial dislocation loops in vanadium [J]. Philosophical Magazine, 2005, 85(4 – 7): 697 – 702.

[179] Ochiai K, Watanabe H, Muroga T, et al. Microstructural evolution in vanadium irradiated during ion irradiation at constant and varying temperature [J]. J. Nucl. Mater. , 1999, 271&272: 376 – 380.

[180] Nita N, Iwai T, Fukumoto K, et al. Effects of temperature change on the microstructural evolution of vanadium alloys under ion irradiation [J]. J. Nucl. Mater. , 2000, 283 – 287: 291 – 296.

[181] Nita N, Yamamoto T, Iwai T, et al. Effects of temperature change on microstructural evolution in vanadium alloys under ion irradiation up to high damage levels [J]. J. Nucl. Mater. , 2003, 307 – 311: 398 – 402.

[182] Watanabe H, Arinaga T, Ochiai K, et al. Microstructure of vanadium alloys during ion irradiation with stepwise change of temperature [J]. J. Nucl. Mater. 2000, 283 – 287: 286 – 290.

第7章 位错环的原位透射电镜观测

7.1 辐照损伤的原位 TEM 观测概述

20 世纪 60 年代后期发展起来的原位辐照透射电镜装置是一种极具特色的辐照损伤研究平台,在位错环研究方面发挥了至关重要的作用。此前,透射电镜已经被广泛用于辐照损伤表征,如研究辐照剂量和辐照温度对微观结构的影响。但是,这些透射电镜观察都属于非原位(ex situ)观察,即先制作多个样品分别进行不同参数下的辐照,再将辐照后的样品制作成电镜样品进行观察。对于非原位的电镜观察,辐照期间材料损伤的形成和演变过程信息是得不到的,而理解这种过程非常重要:这种过程信息能用于评价辐照损伤模型的正确性,有助于更好地理解核反应堆内材料的性质是如何被影响的。为了获取辐照损伤演变的动态过程信息,透射电镜观测应该在辐照期间进行,这就需要把透射电镜与辐照源连接起来,形成同时具有辐照功能和透射电镜观测功能的一体化联机装置,即原位(in situ)辐照透射电镜装置,简称原位透射电镜(本书中原位透射电镜特指具有原位辐照功能的电镜装置而言。其他虽然带有原位加热、原位拉伸、原位蒸发沉积等功能但不具有原位辐照功能的透射电镜不在本书讨论之列)。

原位透射电镜有两个独一无二的优点:一是原位观测,可以在辐照现场对辐照损伤进行在线观测,因此易于研究辐照参数对辐照损伤的影响;二是实时(real time)观测,配上高速摄像机,可以连续或接近连续地观测辐照损伤的动态演变过程[1](严格地说是"准实时",时间分辨率取决于摄像机的性能参数)。这些信息都特别重要:可以给模拟研究(如分子动力学模拟和动力学蒙特卡罗模拟)提供实验数据,使得对辐照损伤过程的从原子尺度到介观尺度的详细理解成为可能。

原位透射电镜观测还有其他的优点:减少制样、辐照和电镜观察工作量。非原位电镜研究需要制作多个样品和分别进行不同参数下的辐照和电镜观察,以获得不同辐照参数下的系列照片,需要制备的样品数量多,辐照和电镜工作量大,而原位透射电镜观测在一次实验中只需制备一个样品,即可得到丰富的实验数据。

应当注意的是,原位电镜观测与非原位电镜观测之间存在两个重大差别:

(1)原位电镜观测的是同一样品的同一区域,而非原位电镜观测的是不同样品的不同区域。前者可以看到同一区域内的特定缺陷的演变过程，即缺陷的形貌是可以直接对比的，非常直观；后者则不能直接对比，只能对大量不同区域的缺陷进行统计，再对统计结果进行对比分析。对于某些重要的辐照现象研究，非原位观测甚至很难胜任。例如，辐照非晶化问题，非原位观测由于无法进行连续改变剂量下的不间断观察，精确测定辐照非晶化的临界剂量会非常困难[2]，而原位电镜观测则能轻松完成。

（2）前者使用平面样品，后者使用截面样品。平面样品一般存在表面效应：由于表面是缺陷阱，能吸收空位、间隙原子和杂质原子，使得薄的平面样品内的缺陷演变与厚的体样品即截面样品之间存在一定的差异。但这种差异到底有多大？在什么情况下可以忽略这种差异？有人分别对高能电子辐照和离子辐照进行了研究，发现对于电子辐照，在观察区厚度低于 200nm 时表面效应比较明显，超过 200nm 时电子辐照缺陷接近体材料，而对纯钼的离子辐照缺陷，只是靠近表面 10nm 以内的区域表现出表面效应。但总体来说，这方面的研究并不多见。

由于原位透射电镜可以在辐照现场原位和实时地观察注入引起的微结构变化，研究载能粒子束作用下材料辐照损伤和远离平衡态材料微结构的形成与演化过程，因此在反应堆材料辐照损伤、核废物处理材料评价、宇宙空间辐照过程的地面加速模拟、功能材料的离子注入制备、纳米材料科学以及离子束与固体相互作用基础问题等领域的研究中有着广泛的应用[3-5]。自 1968 年英国原子能研究机构在国际上率先建立原位透射电镜以来，国际上先后建立了十余套这类装置，在快中子增殖反应堆和核聚变反应堆有关材料的辐照损伤以及核陶瓷材料抗辐照性能评价等方面开展了大量的研究工作[2,3]，并对固体物理和材料科学一些基础前沿课题，如纳米结构以及非晶、准晶、纳米晶等亚稳晶态的形成和相变等进行了探索[5,6]，发现了一些前所未知的新现象、新知识，推动了离子束技术在核工程、航天、材料表面改性等高科技领域的应用。

在核材料辐照损伤领域，原位透射电镜技术在位错环、He 泡和辐照非晶化研究等方面发挥了巨大作用。我国学者利用国际上的先进装置，做出了非常有价值的学术成果。例如，北京科技大学万发荣教授利用日本北海道大学的原位高压透射电镜完成了一系列的位错环问题研究，为深入理解 He 和 H 对位错环的影响提供了宝贵的数据。美国密西根大学王鲁闽教授利用美国阿贡国家实验室的原位透射电镜，在核废物材料的辐照非晶化方面开展了大量卓有成效的研究，并成功观测到离子束合成纳米结构的动态过程。

本章首先介绍原位透射电镜装置和实验技术。鉴于国内只有作者所在单位建立了一台这种装置，本章将对建造该装置（武汉大学原位透射电镜装置）的一些技术细节做一详细介绍，以利有志者参考，然后重点介绍原位透射电镜在位错环方面的应用，其他方面的应用不做介绍。

7.2 原位透射电镜装置和实验技术

7.2.1 原位透射电镜装置发展概述

追根溯源,原位透射电镜肇始于电镜观察过程中一个意外的实验发现。1959—1961 年, Tube Investments Research Laboratories 的 Pashley 和 Presland 在使用 100kV 的西门子 Elmiskop I 电镜观察金单晶薄膜时,在观察过程中出现了显著类似于中子辐照铜所产生的黑斑和位错环缺陷[7]。这种缺陷不可能是 100keV 能量的电子产生的,因为这个能量的电子通过碰撞所能传递给金原子的最大动能(最大 PKA 能量)远远低于金晶格原子的离位阈能,不足以将原子从晶格的格点位置击出产生弗仑克尔对(MeV 级的电子入射才有可能产生),自然更不可能形成位错环。Pashley 等通过精细的实验证明了这些缺陷是电镜中电子枪的钨灯丝发射的负离子(Surplice 指出这种负离子就是氧离子)被电镜高压加速后轰击样品产生的。他们还将灯丝上涂上一层含有钡盐和锶盐的标准的氧化物发射体,发现电镜样品的损伤速率得到相当大的增强。他们进一步对样品进行了加热退火处理,发现在 300 ~ 350℃时大部分黑斑消失,350℃以上的离子损伤由层错四面体构成。这是国际上的第一个原位辐照透射电镜实验,在辐照损伤研究领域具有非常重要的意义。眼光敏锐的研究者们在论文中指出:电镜中离子损伤的直接观察代表了辐照损伤研究的一个有力工具,特别是电镜中样品的温度可以独立地控制。

1963—1966 年,加拿大原子能有限公司的的 Howe 等报道了他们使用涂以氧化物的电子枪灯丝产生的 O – 离子对 Cu、Au、Al 等样品进行的一系列原位辐照研究,直接观察到了层错四面体的产生和消失等缺陷演变行为[8-10]。通过将样品温度控制在 30K 以下以抑制间隙原子的移动,观察到了纯辐照产生的贫原子区空位团。他们还确定了位错环的类型、伯格斯矢量、尺寸和密度。

毫无疑问,Pashley 和 Howe 等通过原位离子辐照观察到了非常有价值的辐照损伤实验现象。但是,显而易见,这种实验无法明确具体的辐照剂量,因此无法确定辐照损伤随剂量的变化规律。其实,这些早期的原位辐照电镜实验,除了温度精确可调外,离子种类、能量、辐照剂量、剂量率等参数都不能调节,更谈不上精确调节。要实现这种精确调节,必须使用外来的离子源。因此,将外部离子源与电镜联结起来,将其离子束引入电镜中进行原位辐照观察,是必然的发展趋势。

1968 年是原位透射电镜的诞生元年,第一台真正意义上的原位离子辐照透射电镜装置由 Thackery、Nelson 和 Sansom 在英国原子能机构建立。该装置由一台 120kV 的重离子加速器与一台 100kV 的 JEOL JEM – 6A 透射电镜联机构成。重离子加速器产生大多数元素的 30 ~ 140keV 离子束流(惰性气体离子能量为 10 ~ 25keV),离子束通过电镜物镜极靴上开的小孔以与电镜光学主轴成 35°角引入到电镜中样品处。该装置于 1973 年进行了升级,Whitmell 等将这台装置中的透射电镜换成电压更高的 200kV 的 JEM 200A 电镜,样品可观测区的厚度提高 60%,离子束入射角度也调整到 45°[11]。在这个电镜内安装了一个可移动的法拉第杯,当把它移动到束流路径上时就可测量束流强度;电镜内还装有一个环形探测器,离子束通过环形探测器中心的小孔入射到电镜样品上进行辐照实验,通过测量环形探测器的束流强度可对电镜样品的辐照剂量进行测定。由于离子来自于加速器,离子的种类可选,离子的能量、剂量、剂量率等参数都精确可控,可连续调节,因此极大地促进了原位辐照实验的开展。

1976 年,最早的原位离子辐照高压透射电镜装置在美国 Virginia 大学建立[12]。Jesser 等将一台加速电压达到 500kV 的 RCA – HVEM 透射电镜与一台 200kV 的离子加速器联机,离子束通过电镜的物镜极靴后以与光学主轴成 90°的角度入射到样品上,使用一个未加二次电子抑制的测量装置和置于靶样品位置的法拉第杯相结合来测量离子束流。作者进行了 304 不锈钢在 650℃下注入 60keV He 离子的实验,成功地对 He 泡和析出物的形成进行了原位观察。

1976 年,法国奥赛核谱质谱中心也建立了由 60kV 的离子注入机与 100kV 的 Philips EM300 透射电镜联机组成的原位透射电镜[13],尔后又于 1980 年将电镜换成 120kV 的 Philips EM400,离子能量也提高到 570keV。1978 年,日本东京大学也建成了由 400kV 的离子注入机与 200kV 的 JEM – 200C 透射电镜联机组成的原位透射电镜[14]。

1981 年,第一台原位超高压电镜在美国阿贡国家实验室建成,该装置由 1.2MV 的 Kratos/AEI EM – 7 型超高压透射电镜和 2MV 的 NEC Pellatron 串列加速器联机组成,同时还有一台 300kV 的离子加速器也与该电镜联机。虽然有两个离子源,但每次只能将其中一个离子束引入电镜[15]。离子束从电镜侧面开孔以与光学主轴成 33°的角度入射到样品处。扩大物镜极靴上的孔径导致了电镜分辨率的下降,在 1MeV 的分辨率估计为 0.6nm。1995 年该高压电镜被一台 300kV 日立 H – 9000NAR 型中压电镜替代。为了让离子束与电子束成 30°角进入电镜,在电镜极靴上开了一直径为 11mm 的孔,但对电镜分辨率的影响较小,该电镜 300kV 时的点分辨率为 0.25nm,晶格分辨率为 0.14nm,配有齐全的电镜样品台,包括双倾加热台(300K < T < 1200K)、双倾低温台(15K < T < 300K)以及一个单倾应力加热台。

20 世纪 80 年代,日本建立了 6 套原位透射电镜,其中以北海道大学的 1.3MV 超高压电镜最为先进。90 年代,日本新建加改造的原位透射电镜竟然高达 11 套之多,远远领先于其他国家。日本原子能研究所、金属材料技术研究所和北海道大学还相继建立了双束共辐照原位透射电镜[16-18]。这些装置的建立,极大地提升了日本在核材料辐照损伤领域的学术水平,使其遥遥领先于其他国家,也促进了日本先进核材料的研发。同时,美国阿贡国家实验室和法国奥赛核谱质谱中心也都对各自的装置进行了改造。

2008 年,欧共体国家联合投资在法国建立了 JANNUS(Joint Accelerators for Nano – Science and Nuclear Simulation)离子辐照平台,其中包括一套双束共辐照原位电镜装置[19]。武汉大学和英国 Salford 大学也先后建立了原位透射电镜[20,21]。

表 7 – 1 中按照时间先后顺序列出了国际上原位透射电镜的发展概况。

表 7 – 1 国际上原位透射电镜装置[21]

国家	单位	时间	电镜		离子源	角度①
英国	TI Res Labs②	1961	Siemens Elmiskop I	100kV	100kV O⁻	0°
加拿大	原子能有限公司③	1963	Siemens Elmiskop I	100kV	100kV O⁻	0°
英国	原子能研究中心④	1968	JEOL JEM – 6A	100kV	30 ~ 100kV 或 10 ~ 25kV	35°
英国	原子能研究中心④	1973	JEOL JEM – 200A	200kV	30 ~ 120kV	45°
美国	Virginia 大学	1976	RCA – HVEM	500kV	30 ~ 200kV	90°
法国	奥赛核谱质谱中心⑤	1976	Philips EM300	100kV	5 ~ 60kV	90°
日本	东京大学	1978	JEOL JEM – 200C	200kV	20 ~ 400kV	45°
法国	奥赛核谱质谱中心⑤	1980	Philips EM400	120kV	5 ~ 570keV	90°
美国	阿贡国家实验室⑥	1981	Kratos/AEI EM – 7	1200kV	300kV⑦ 或 2MV	33°
日本	中央电力研究所⑧	1983	JEOL JEM – 200CX	200kV	20kV	90°
日本	北海道大学	1984	Hitachi H – 1300	1300kV	20 ~ 300kV	30°
日本	日立	1984	Hitachi H – 800	200kV	10 ~ 400kV	33°
日本	理化学研究所⑨	1985	Hitachi H – 800	200kV	0.4 ~ 1.0MV	33°
日本	原子能研究所⑩	1986	JEOL JEM – 100C	100kV	10kV	18°
日本	九州大学	1988	JEOL JEM – 1000	1250kV	30kV	10°
日本	原子能研究所⑩	1990	JEOL JEM – 4000FX	400kV	2 × (2 ~ 40kV)	30°
日本	原子能研究所⑩	1990	JEOL JEM – 200CX	200kV	2 ~ 40kV	30°
日本	金属材料技术研究所⑪	1990	JEOL JEM – 2000FX	200kV	30kV 和 100kV	37.7°
日本	九州大学	1991	JEOL JEM – 2000EX	200kV	0.1 ~ 10kV	20°
日本	原子能研究所⑩	1993	JEOL JEM – 4000FX	400kV	2 ~ 40kV 和 20 ~ 400kV	30°
法国	奥赛核谱质谱中心⑤,⑫	1994	Philips CM12	120kV	5 ~ 570kV	90°
美国	阿贡国家实验室⑥	1995	Hitachi H – 9000NAR	300kV	650kV 或 2MV	30°
日本	东京大学⑬	1995	JEOL JEM – 2000FX	200kV	20 ~ 400kV	30°
日本	原子能研究所⑩	1996	JEOL JEM – 2000F	200kV	40kV	30°
日本	国立材料科学研究所⑪	1996	JEOL JEM – 200CX	200kV	5 ~ 25kV Ga FIB⑭	35°

国家	单位	时间	电镜		离子源	角度①
日本	国立材料科学研究所⑪	1997	JEOL JEM – ARM1000	1000kV	30kV 和 200kV	45°
日本	北海道大学	1998	JEOL JEM – ARM1300	1300kV	20～300kV 和 20～400kV	44°
日本	岛根大学	1998	JEOL JEM – 2010	200kV	1～20kV	17°
法国	奥赛核谱质谱中心⑤	2008	FEI Tecnai – 200	200kV	190kV 和 2MV	68°
中国	武汉大学	2008	Hitachi H – 800	200kV	200kV 或 3.4MV	90°
英国	Salford 大学	2009	JEOL JEM – 2000FX	200kV	1～100kV	25°

注：①离子束与透射电子显微镜电子束之间的夹角；②TI Res Labs（Tube Investments Research Laboratories）；③加拿大原子能有限公司（Atomic Energy of Canada Ltd.，AECL）；④英国原子能研究中心（Atomic Energy Research Establishment，AERE）；⑤法国奥赛核谱质谱中心（Centre de Spectrométrie Nucléaire et de Spectrométrie de Masse，CSNSM）；⑥美国阿贡国家实验室（Argonne National Laboratory，ANL）；⑦1987 年将 300kV 加速器替换为 650kV 加速器；⑧日本中央电力研究所（Central Research Institute of Electric Power Industry，CRIEPI）；⑨日本理化学研究所（Institute of Physics and Chemical Research，IPCR）；⑩日本原子能研究所（Japan Atomic Energy Research Institute，JAERI）2005 年并入日本原子能署（Japan Atomic Energy Agency，JAEA）；⑪日本金属材料技术研究所（National Research Institute for Metals，NRIM）2001 年并入日本国立材料科学研究所（National Institute for Materials Science，NIMS）；⑫1980 年由 Philips EM400 升级为 Philips CM12；⑬1978 年由 JEOL JEM – 200C 升级为 JEOL JEM – 2000FX；⑭聚焦离子束（Focused Ion Beam，FIB）

7.2.2　原位透射电镜装置的分类

按照所用透射电镜的电子加速电压不同，原位透射电镜可分为原位高压电镜（High Voltage Electron Microscopes，HVEM）和原位中低压电镜（Intermediate Voltage Electron Microscopes，IVEM），对应的电子加速电压分别为 1MV 以上和 300kV 以下。前者的辐照源既可以是电镜本身产生的高能电子（因 1MV 的高能电子足以产生离位损伤），也可以是外接的载能离子束；后者的辐照源则是外接的载能离子束。国际上只有几台是高压电镜，其他都是中压电镜。

按照所用离子束的产生装置不同，目前发展了两类加速系统：一种是直接连接在显微镜上的小的离子枪，一种是大的独立的加速器。前者对应的离子束能量较低，一般在 30keV 以内，后者一般是中高能加速器或离子注入机，对应的离子束能量可从几十 keV 到 MeV 量级。

7.2.3　原位透射电镜实验的分类

对辐照行为的原位透射电镜观察实验可以分为两大类：

第一类是观察辐照的"长期"效应，即辐照剂量的影响，考察微结构如何随着辐照剂量的增加而逐渐演化，因此是辐照剂量的累计效应。这种情况下原位观察的好处是实验过程中可以保持样品观察区域的位置、取向和温度不变,只需改变一个参数即辐照剂量。有关这类观察的例子有:辐照下位错环的形成和演化、离子辐照的非晶化、辐照下空洞的形成和长大、He气泡的成长和迁移、辐照诱发的析出、辐照下析出物的演化、热退火下的损伤修复等。

第二类是观察辐照的瞬时效应,利用高速摄像机对离子单独轰击事件进行记录,对这种单独辐照损伤事件连续演化的观察可以给出非原位观察所不能给出的正确理解。有关这类观察的例子有:可以产生位错环、无定型区域和表面坑洞的单独离子轰击以及单离子轰击散裂事件。

这两类原位电镜观察实验都是在尝试解释辐照损伤的产生、积累和演化下的动力学特征,观察到的现象和获得的演变过程数据对于理解材料辐照损伤的微观机理非常有益。

7.2.4 原位透射电镜装置的技术难点

原位透射电镜装置的建立看起来简单,似乎只需把离子源与电镜连接起来即可,实则建造难度非常之大。困难主要包括如下几个方面。

1. 物镜极靴的改造

离子束可以以两种角度引入电镜:

第一种是沿水平方向引入电镜,此时离子束与电镜的电子束成90°夹角。这种引入方式存在的一个重要问题是阴影效应,即样品台的边沿挡住了一部分离子束,使得其沿着离子束传播方向的阴影部分得不到辐照。为克服阴影效应,要求电镜样品台能倾转较大的角度如45°才能使样品受到离子束的辐照。早期的一些电镜设计的可倾转角比较大,如H800的单倾样品台最大倾转角高达60°,可以满足这种引入方式对大倾转角的要求。现在的新电镜最大倾转角在35°左右,不太适合这种引入方式。一个解决办法是在样品台遮挡离子束的边沿上凿开一个缺口,使离子束能通过缺口打到样品上。法国奥赛核谱质谱中心和武汉大学的原位电镜的双倾样品台就是采取了这种办法。

第二种是从电镜样品的斜上方引入电镜,此时离子束与电镜的电子束的夹角小于90°,一般在30°左右,最小的达到10°。这种引入方式能更好地克服阴影效应,因此被大部分原位电镜所采用。这种方式最大的困难是需要在电镜的物镜极靴上沿着离子飞行路径斜着开一个长孔,形成一个离子束通道,让离子束穿过极靴打到样品上。毫无疑问,这种极靴开孔的工作最好是由电镜生产厂家来配合完成。极靴开孔一般会影响电镜内电子束的光学传输,降低电镜的分辨率,具体降低多少由孔径的大小决定。目前FEI、JEOL和日立等电镜厂商都可以提供极靴开孔服务。

不管离子束以什么角度引入电镜,实验时一般都将样品台向离子束方向转动一个角度,使得样品表面法线基本上平分离子束与电子束的夹角,即让离子束与电子束关于样品表面法线对称，以尽可能避免离子束和电子束的阴影效应。

2. 系统隔振

透射电镜的空间分辨率极高，非常微小的振动都会造成分辨率的下降，因此良好的隔振措施是一个基本要求。实际上，即便是不与加速器相连的独立电镜，在安装时也需要采取隔振措施。与加速器连接后，由于加速器的真空系统运行时有较大的机械振动，如果这些振动传递到电镜上，将会严重影响电镜的分辨率。因此，消除加速器振动对电镜的影响是建设原位电镜的关键要求之一。一般是将电镜安装在一个隔振效果良好的地基上，以隔离从加速器运行室地面传递过来的震动。在电镜与加速器连接的离子束流传输光路上，采用波纹管连接，以隔离从光路上传递过来的振动。另外，还可采取措施如在光路上设置重的光学部件或重物等以最大限度地吸收或减弱加速器运行时产生的振动。

3. 束流测量

精确的辐照剂量测量对于辐照损伤研究是必不可少的，这就要求精确地测定离子束流。离子束流测量本来是一件简单的事情，但是要在电镜内实现却并非易事。许多原位电镜是通过一个安装有微型法拉第杯的电镜样品杆来测量入射到样品上的束流。如果离子束流稳定，那么在原位辐照实验之前测量一次束流即可。但离子束流一般会有波动，因此若要尽可能准确地测量辐照剂量，应该在原位辐照期间多次取出辐照样品杆，换上测量杆，因此这种方法需要频繁地更换样品杆，十分麻烦。更为有效的束流测量方法是在电镜镜筒内安装一个可移动的法拉第杯。这就需要对电镜进行改造，或在出厂时就做好特殊设计，以容纳可移动法拉第杯和移动机构，并确保电镜有良好的真空。

4. 离子束的高效率传输

加速器离子束从离子源传输到电镜内，一般要通过几米甚至更长的距离。由于离子束的发散性，在传输过程中束流损失可能会很大。为在电镜样品处获得足够大的束流强度，必须提高离子束传输系统的束流传输效率。这就需要做反复的离子束输运计算，以优化离子光学系统。如欧盟在联合建设其 JANNUS 平台时，其离子光路就是经过了多年的计算和优化后才确定下来的。

7.2.5　武汉大学原位透射电镜装置简介

2008 年，武汉大学加速器实验室初步建立了国内第一套原位透射电镜装置[20]。该装置由一台日立 H800 透射电镜与一台 200kV 离子加速器和一台 2 × 1.7MV 串列加速器联机构成，下面对该装置作一简单介绍。

1. 总体布局和光路计算

图 7 - 1 是装置的总体布局，图 7 - 2 是其实物照片。从 2×1.7MV 串列加速器引出的 MeV 级能量的离子束和 200kV 离子注入机引出的 keV 级能量的离子束，通过离子束联机传输系统引入 H800 透射电镜，飞行总长度分别为 1920cm 和

1420cm。联机传输系统由二单元静电四极透镜、联机偏转磁铁、二单元磁四极透镜、静电扫描器和真空管道构成。四极透镜用来聚焦离子束流,联机偏转磁铁用于实现注入机引出的离子束的偏转。在离子束进入 TEM 前的联机束线上,安装了一台卢瑟福背散射/沟道(RBS/C)能谱仪,用于在线离子束分析和吸收振动。离子源除一条束线用于与电镜联机外,在串列加速器的开关磁铁后安装了高能离子注入、质子荧光 X 射线分析(PIXE)和 RBS/C 分析束线。200kV 离子注入机产生的离子束,既可通过偏转磁铁进入电镜做原位实验,也可在偏转前的靶室内进行离子注入。

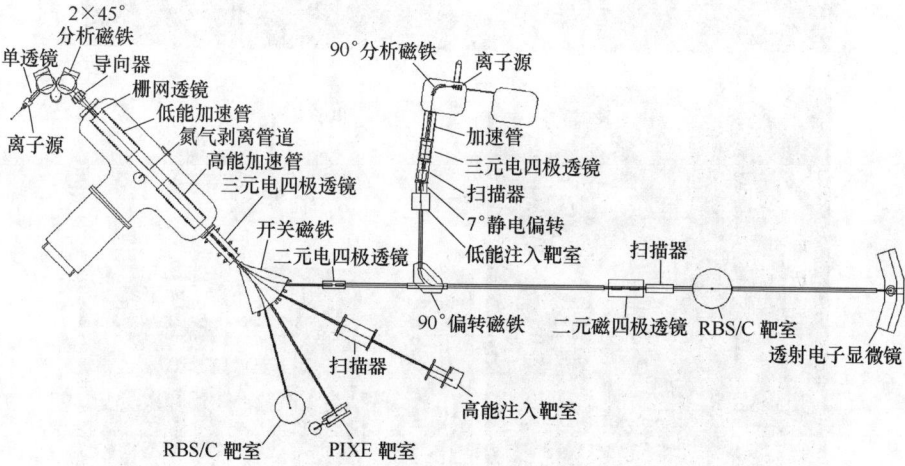

图 7-1　武汉大学原位透射电镜装置布局示意图

该装置的离子光学系统用北京大学重离子所软件 LEADS(Linear and Electrostatic Accelerator Dynamics Simulation)进行了计算,部分结果如图 7-3 所示。计算表明,所用光路系统可以把离子束传输到电镜样品室:离子束从 1.7MV 串列加速器到达透射电镜的束斑在 x(水平方向)与 y(竖直方向)两个方向上的尺寸分别是4.5mm 和 1.6mm;离子束从 200kV 离子注入机到达透射电镜的束斑在 x 与 y 两个方向上的尺寸分别是 6.9mm 和 6.2mm。

2. 电镜安装和隔振处理

联机所用的 H800 型透射电镜最大工作电压为 200kV,最大放大倍数为 60 万倍,设计晶格分辨率达到 0.204nm。为将离子束引入电镜样品室,在与侧插样品台成 90°夹角且与样品位于同一高度处设计安装了一个直径 1mm 的水平离子束光阑,光阑前安装一个离子束流监视器和观察窗。为调整电镜的位置和方向,电镜挂在可在水平面内平移和转动的吊车上,调整前未安装聚光镜和电子枪,而是露出物镜顶端且低于离子束中心高度,便于观测激光束标定的离子束方向。将激光器置于联机偏转磁铁出口处,用于标定离子束的水平方向。水平方向移动电镜,令离子束光阑入口中心与激光束中心在水平方向对齐;然后转动电镜,将镜筒中心即电子

(a)

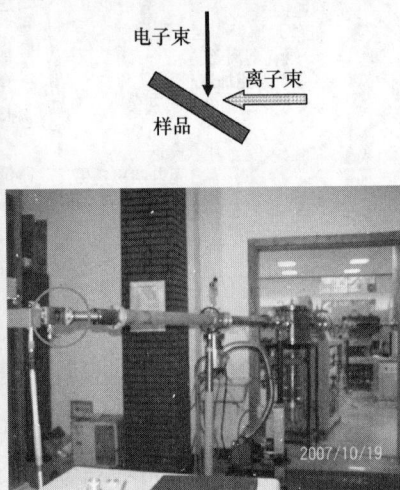

电子束

离子束

样品

(b)

图 7-2 武汉大学原位透射电镜装置照片

(a)加速器大厅；(b)电镜室以及电子束、离子束和样品角度关系示意图。

束光路中心转至与激光束中心相交；调节电镜底座弹簧使电镜升高，令电镜上的离子束光阑入口中心与离子束中心高度相同。经过这些调整后，样品中心在水平和垂直两个方向上均与离子束中心重合，也即电子束与离子束在样品中心相交。微调弹簧使电镜保持水平无倾斜，以保证电子束与水平面垂直，也即与水平方向入射的离子束相互垂直（图 7-2）。最后降下电镜底座上的刚性支撑杆令其支撑电镜，装上聚光镜和电子枪。

3. 联机调试和初步原位观测实验

我们采取了 3 条措施解决电镜与加速器系统的隔振问题：①电镜基座防振处理：电镜地基下挖 2m，铺上 10cm 厚的砂子，再填上 1.9m 厚的水泥块，水泥块与周围地基用泡沫塑料隔开，间距 8cm；②加大电镜至加速器、注入机的距离，采用小分子泵机组分散抽气布置，减小泵组振动源的影响。同时各泵组间插入质量巨大的

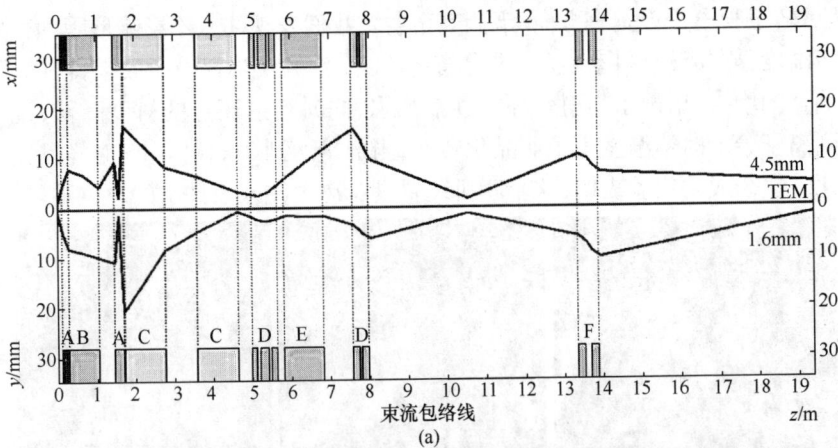

A—单透镜；B—分析器；C—加速管；D—电四极透镜；E—磁开关；F—磁四极透镜。

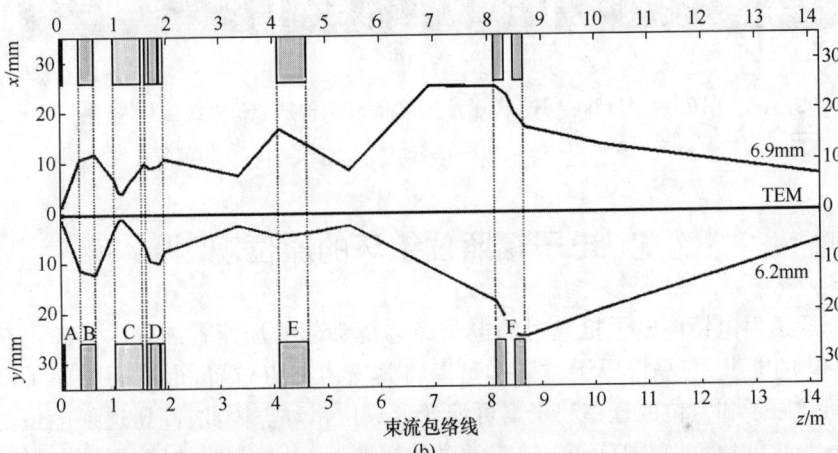

A—单透镜；B—分析器；C—加速管；D—电四极透镜；E—磁偏转；F—磁四极透镜。

图7-3 离子束传输光路的束流包络图

(a)从1.7MV串列加速器到透射电镜；(b)从200kV离子注入机到透射电镜。

开关磁铁、偏转磁铁、在线 RBS 靶室等,完全吸收了前端传来的振动,起到震动阻隔的作用,因此,电镜样品室受到的来自加速器系统的振动大幅衰减;③靠近电镜端用小分子泵抽真空,采用不锈钢制波纹管进行加速器与电镜的软连接,以进一步隔断加速器系统的机械振动对电镜高倍成像的影响。经测试,加速器、注入机及联机传输系统都开机运行时,透射电镜工作正常。

用 N_2^+ 离子进行了联机总调,115keV N_2^+ 离子在注入机靶室测试束流达到 40μA,联机偏转磁铁出口 3μA,电镜入口 180nA。此外,还先后用 He 离子、氩离子和 H 离子进行了调试,电镜入口处离子束流均达到 20nA 以上,可以满足原位观测需要。图7-4 是用 115keV 氮离子注入单晶 Si 的同时拍摄的原位电镜观测结果,对应的注入剂量分别为 0、$1.5 \times 10^{14}/cm^2$ 和 $3 \times 10^{14}/cm^2$。样品倾转 52° 做离子注入,然后转至与电子束垂直方向,观测其衍射。我们发现注入不影响形貌和衍射图样的清晰度,样品没有抖动现象,图像稳定清晰,表明该装置隔振效果良好。随着注入剂量的增大,出现了衍射晕环并逐渐加强,同时衍射斑点的衬度降低,说明样品受到离子轰击时逐渐发生了非晶化转变,当剂量达到 $3 \times 10^{15}\,cm^{-2}$ 时样品完全被非晶化。这个成功实验表明,这套联机装置具有离子注入条件下的原位观测能力。

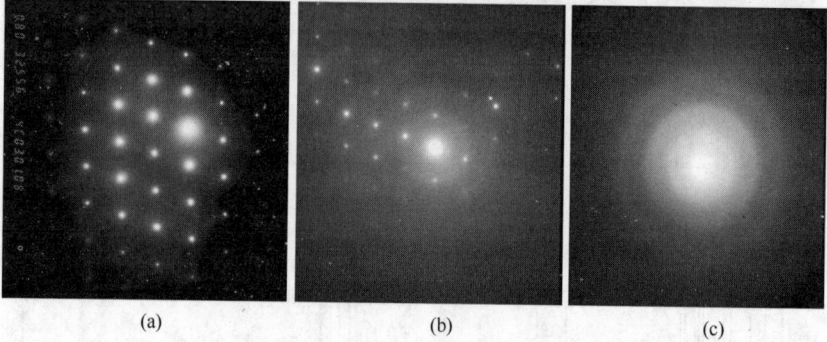

图 7-4   115keV N_2^+ 离子注入单晶 Si 结构的原位电镜照片
(a)未注入 Si;(b)注入引起的多晶环;(c)注入引起的非晶化。

7.3   电子辐照位错环的原位观测

高压透射电镜内电子枪发射的电子经电镜头部的加速管加速后最高可获得 1300keV 的能量,与晶格原子碰撞时足以将其撞出格点位置,形成间隙原子和空位。间隙原子和空位的迁移和聚集可演变形成位错环。因此,高压透射电镜的电子束身兼双重角色:它既是产生缺陷的高能辐照源,又是观察缺陷的高分辨探针。利用高压透射电镜的这一独特特点,可开展位错环形成和演变的原位观察研究。

7.3.1   位错环长大的原位观测和点缺陷迁移能的测定

高压电镜的一个重要用途是可用于测定空位迁移能 E_v^m 和自间隙原子迁移能 E_i^m。这两个常数是模拟研究所需要输入的重要基本参数。

测定方法是基于 Kiritani 和 Yoshida 提出的一个模型[22-25]。根据该模型,E_v^m 可由位错环的生长速率随温度变化的化学动力学分析给出,E_i^m 由位错环的饱和数密度的温度变化关系给出:

$$dL/dt = C_1 \exp(-E_v^m/2kT) \qquad (7-1a)$$

$$C_{LS} = C_2 \exp(-E_i^m/2kT) \qquad (7-1b)$$

式中:$dL/dt,C_{LS},k,T$ 分别为位错环的生长速率、饱和位错环密度、玻耳兹曼常数和热力学温度。

264

对上述两式分别取对数,得

$$\ln dL/dt = -\frac{E_v^m}{2k}\frac{1}{T} + \ln C_1 \qquad\qquad (7-1c)$$

$$\ln C_{LS} = -\frac{E_i^m}{2k}\frac{1}{T} + \ln C_2 \qquad\qquad (7-1d)$$

式(7-1a)和式(7-1b)即阿伦尼乌斯方程,式(7-1c)和式(7-1d)是其对数式。

应用高压电镜可测出不同温度下位错环的生长速率 dL/dt 和饱和位错环密度 C_{LS},然后对其取对数,以 $1/T$ 为横坐标做图,称为阿伦乌斯图,根据式(7-1c)和式(7-1d),得到的应该是两条直线,其斜率的 $2k$ 倍即为 E_v^m 和 E_i^m。

下面以金属 V 为例,说明用高压电镜测定 E_v^m 和 E_i^m 的过程[26]。

首先,在 H-1300 高压电镜内分别在 373K、473K、523K 和 573K 下用 1000keV 的高能电子对 V 的透射电镜样品进行辐照,并原位拍摄样品位错环随时间演变的照片。对照片中的位错环进行统计,获得位错环的数密度 C 和尺寸 L。由此图可以得到不同温度下的饱和数密度 C_{LS},对 $1/T$ 作图后做直线拟合得到斜率,用式(7-1d)进一步得到自间隙原子迁移能 E_i^m 的值为 0.56(1) eV。通过实验测定了不同温度下位错环尺寸 L 随时间的变化,是一条直线,拟合得到直线的斜率就是位错环的生长速率 dL/dt,然后对生长速率值取对数并做随 $1/T$ 的变化图,做直线拟合得到斜率,用式(7-1c)进一步得到空位迁移能 E_v^m 为 1.57(1) eV。

该方法已被广泛应用于点缺陷迁移能的测定。例如,Yang 等用此方法测量了奥氏体钢 SUS316L 在电子辐照、激光辐照和热退火 3 种情况下的空位迁移能,分别是 1.11eV、1.13eV 和 1.05eV[27]。电子辐照温度分别为 623K、673K、723K 和 773K;激光辐照是由安装在高压镜筒外的激光器实现,辐照温度为 723~803K,在此温度范围内空位是高度移动的。图 7-5 所示为原位电镜照片,图 7-6 所示为位错环生长速率(a)和阿伦尼乌斯图(b)。3 种实验都是在同一台高压电镜内完成的。这个实验也显示激光-高压电镜为研究点缺陷提供了一种新技术。

应用这种方法的前提是没有表面效应,而实际上表面效应始终是存在的。为克服表面效应,必须把表面附近的位错环排除出去,因此需要测量位错环在厚度方向的分布,这在实验上是非常困难的。一般采取的处理办法是,在分析数据时把计算结果偏差太大的位错环当作表面附近的位错环而舍弃不用,其缺点是对实验结果的使用有一定的任意性。万发荣提出了一个可以消除表面影响的方法[28]:分别测量 3 个温度 T_1、T_2 和 T_3 下位错环的生长速率 V_1、V_2 和 V_3,用式(7-2)求解空位迁移能:

$$a_1\exp(b_1 E_m^v) + a_2\exp(b_2 E_m^v) - 1 = 0 \qquad\qquad (7-2)$$

其中

$$a_1 = \frac{V_2 - V_3}{V_1 - V_3}\left(\frac{V_1}{V_2}\right)^2; \quad a_2 = \frac{V_1 - V_2}{V_1 - V_3}\left(\frac{V_3}{V_2}\right)^2; \quad b_1 = \frac{1}{k}\left(\frac{1}{T_1} - \frac{1}{T_2}\right); \quad b_1 = \frac{1}{k}\left(\frac{1}{T_3} - \frac{1}{T_2}\right)_\circ$$

式(7-2)可通过数值方法使用计算机求解。

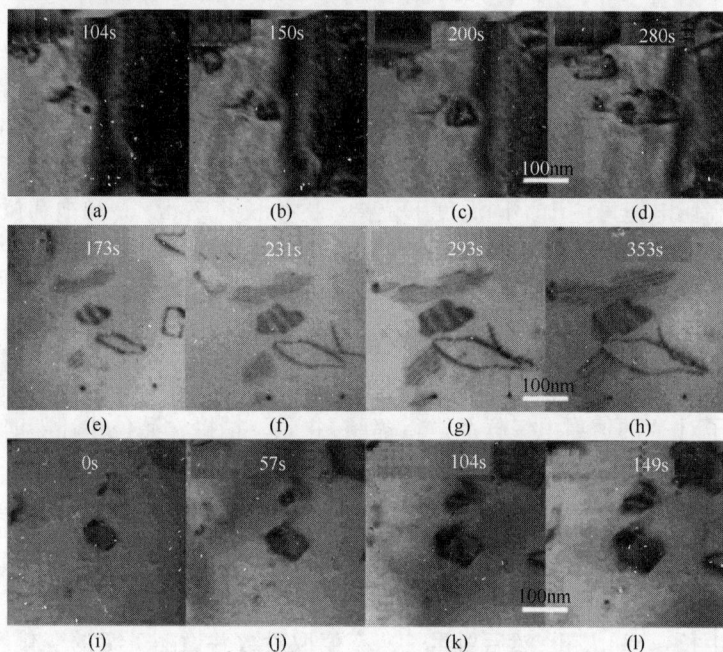

图 7-5　SUS316L 奥氏体钢在电子辐照、激光辐照和热退火下的电镜照片[27]

（a）~（d）1000keV 电子辐照下的原位高压电镜照片（辐照剂量率 2×10^{-3} dpa/s，辐照温度726K）；

（e）~（h）为激光辐照照片（激光波长 532nm，功率 24mJ/cm²，辐照温度726K）；

（i）~（l）1064nm 激光（功率 104mJ/cm²）辐照后的热退火照片（退火温度780K）。

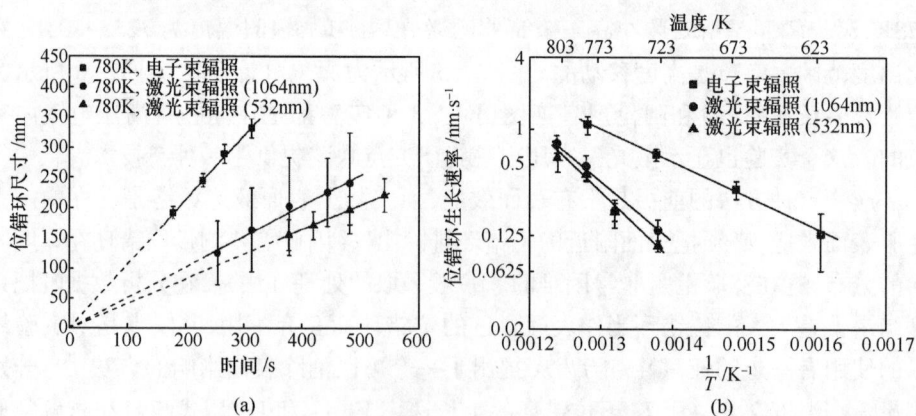

图 7-6　SUS316L 奥氏体钢在电子辐照和激光辐照下的
位错环生长速率和阿伦尼乌斯图[27]

（a）位错环生长速率；（b）阿伦尼乌斯图。

式(7-2)和式(7-1)都是在假设间隙原子迁移率远大于空位迁移率的情况下推出的,并且忽略了温度等因素对一些参数的影响。实际上在某些合金中会出现间隙原子迁移率小于空位迁移率的情况[29],此时上述方法就不再有效。

7.3.2 位错环收缩的原位观测和空位型位错环

高压电镜的另一个重要用途是可用于判定位错环是间隙型还是空位型。对于较大的位错环,可应用 inside-outside 衬度技术直接判定,但对于很小的斑点状缺陷团,环平面的倾斜不能通过立体观察清晰地鉴别,在这种情况下 inside-outside 衬度技术很难应用。此时,通过原位观察一定温度下辐照时位错环的长大和消失,可以大致判断是间隙型位错环还是空位型位错环。

一般情况下,空位型位错环会在电子辐照下逐渐缩小,间隙性位错环则在电子辐照下长大。其原因是,电子辐照产生间隙原子和空位,间隙原子的移动性一般比空位强,因此空位型位错环主要吸收间隙原子而缩小,而不是吸收空位长大。间隙性位错环的行为正好与此相反。

例如,Watanabe 等在研究 Fe-0.8Ni 模型合金时[30],除了观察到位错环的长大外,也观察到了位错环的缩小和消失现象。在 200℃ 下电子辐照先形成了间隙型位错环,这种位错环达到饱和后又出现一种小的缺陷团,然后在室温下继续进行电子辐照,发现这些小缺陷团逐渐缩小直至消失。由于室温下空位的迁移率很低,这些小缺陷团主要是吸收间隙原子而缩小的,因此判定其为空位型位错环。原来形成的间隙性位错环则在室温下电子辐照时继续长大。

当然,这种判断方法也可应用于较大的位错环。

一个有趣的例子是 Fe 中注 H 形成的位错环。一般情况下,Fe 在辐照下形成的位错环是间隙型位错环(I-loop),其尺寸随辐照剂量的增加而长大,位错环的数密度随辐照剂量的增加而降低[31]。这种现象具有普遍性,在各种金属被中子、离子和电子辐照后很容易观察到。万发荣在利用原位高压电镜研究 H 对位错环的影响时,发现随着电子辐照剂量的增加,注 H 的 Fe 中某些位错环的尺寸逐渐减小直至消失[28]①。应用 inside-outside 方法,判定辐照下缩小的位错环是空位型位错环(V-loop)。

需要注意的是,上述通过观察辐照下位错环的长大和缩小判断其属性的方法的前提是间隙原子迁移率大于空位迁移率。如果反过来,间隙原子迁移率小于空位迁移率,例如在某些合金中[29],那么上述方法应该反过来使用,即位错环在辐照下长大为空位型,辐照下缩小为间隙型。

7.3.3 电子束与激光束双束原位辐照下的位错环演变

2007 年,日本北海道大学在其高压电镜内再安装了脉冲激光器,建立了第一

---

① 参看文献[28]中第 87-100 页。

台激光高压电镜[32]。其中高能电子辐照可在材料中引入随机分布的空位和间隙原子(弗仑克尔对),脉冲激光束辐照可进行快速加热和淬火,引入附加的空位。该装置已被用于原位观察激光辐照下空位型位错环的形成,并提出了两种新的测量空位迁移能的方法[33]。一旦与加速器联机,不但可用于表面改性和辐照损伤研究,还可应用于纳米技术以及聚合物材料和食品的辐照效应等更广泛领域的科学研究。

Yang 和 Watanabe 应用该装置研究了 SUS316L 不锈钢在激光束辐照、激光束 – 电子束先后辐照和激光束 – 电子束双束同时辐照下位错环的演化[33]。用激光束在 723K 下辐照 10min,形成了大量的层错环。然后在该温度下热退火 90min,得到尺寸约 200nm 的大位错环。应用 inside – outside 技术测定其为空位型位错环。而如果在 540K 下对这些激光束辐照形成的位错环进行电子束辐照,则位错环逐渐缩小直至消失。在双束同时辐照下,根据不同辐照区域电子束的强度不同,出现两种不同的结果:在电子束强的区域,出现位错线而不是位错环,同时出现空洞;在电子束弱的区域,出现小的位错环。

其机制可用如下模型进行解释[33]:

(1)单束电子束辐照,迁移率高的间隙原子扩散聚集在一起形成间隙型位错环。

(2)单束激光束辐照,产生的空位扩散聚集在一起形成空位型位错环。

(3)先激光束辐照后电子束辐照,则激光束辐照产生的空位型位错环吸收迁移率高的间隙原子,尺寸将缩小。

(4)激光束和电子束双束同时辐照,则在电子束弱的区域,以激光束产生空位型位错环的过程为主,同时吸收电子束产生的少量间隙型原子,抑制间隙型位错环的长大,因此在该区域出现小的空位型位错环;在电子束强的区域,间隙原子聚集成间隙型位错环的过程占主导地位,同时吸收扩散而来的激光束辐照产生的空位,因此在该区域将出现小的间隙型位错环;当电子束强与激光束的强度之比达到某个合适的值时,可能既不出现空位型位错环,也不出现间隙型位错环。因此,决定位错环类型的主导因素是激光束和电子束的相对强度,通过仔细选择束流强度之比可以控制不同类型位错环的形成。

7.3.4　电子束与离子束双束原位辐照下的位错环演变

材料中的 He 行为是核材料研究中的一个重要问题,在研究 He 对缺陷行为的影响时,原位离子辐照高压电镜可发挥独到的作用:利用高压电子辐照在材料中引入损伤,利用加速器离子注入引入 He,便可原位观察 He 的引入对位错环的影响。Seto 等研究了核聚变堆候选结构材料低活化钢的模型钢 Fe – 8Cr 在 300 ~ 500℃下电子束单束辐照和电子束 – He 离子束双束同时辐照下位错环的演变[34]:位错环的尺寸和数密度都随辐照剂量增加而增大;双束辐照下,位错环的生长速率更依赖于辐照温度,而饱和数密度基本上与电子束单束辐照没有差别。两种辐照条件下测得的间隙原子迁移能都为 0.23eV,He 对间隙原子的迁移没有影响;电子束辐照下的空位迁移能为 0.95eV,双束辐照下由于 He 对空位的捕获使得空位迁移能有所增加。

7.3.5 位错环运动的原位观测

分子动力学模拟研究发现,在辐照期间特别是级联碰撞情况下缺陷团簇可以做一维迁移,这种运动会在损伤产生、偏压机制和微观结构演化方面发挥重要作用[35,36]。缺陷团簇能做一维迁移的主要原因是其激活能特别低,最小可低至 0.03～0.05eV[37-41]。M. Kiritani 等先后在高压电镜上原位观察到了金属中间隙原子缺陷团即间隙型位错环在高能电子辐照下的运动[42,43],其特征如下:

(1)运动在电镜照片上的投影轨迹显示,在 fcc 和 bcc 金属中位错环的运动方向是沿着原子密堆积方向(沿着[110]和[111]方向)或位错环的伯格斯矢量方向,因为该方向迁移激活能低。

(2)运动不是连续而是断断续续的。一些位错环运动时,其他的位错环不动。

(3)运动速度太快,无法用常规的摄像机(60 帧/s)记录和分析。

(4)周围团簇的尺寸和分布的连续变化是位错环运动的有利环境,因此位错环在生长期间运动更频繁。

(5)关联运动经常被观察到,团簇在附近其他团簇运动后接着运动。

(6)小间隙型团簇的典型运动是在两个位置之间重复做来回运动。当一个环非常接近邻近的一个环时停止运动,因此其来回运动的距离几乎是两个现存环之间的距离,有时候环似乎停在两端。

(7)运动开始之前团簇的电镜像开始变弱,运动停止后强的像衬度就恢复了。

已经在多种材料如 V 和 V-Ti 合金[44]、Fe[45]、Fe-Cr 合金[46]、Fe-Cu 和 Fe-Si 合金[47] 等 Fe 基二元合金、316 不锈钢[48] 和用于核电站反应堆的 A533B 钢[49]中观察到了电子辐照下位错环的运动现象。例如,Satoh 等用高压电镜研究了 SUS316L 不锈钢及其模型钢在高能电子辐照下间隙型缺陷团的运动[48]。电子能量为 1250keV,电子束流强度为 $15 \times 10^{24}/(cm^2 \cdot s)$。通过摄像,原位观察到间隙缺陷团的一维迁移、突然出现和突然消失。缺陷团沿着 <110> 方向迁移,迁移距离小于 10nm,比例最高的迁移距离约为 2～5nm,远远低于纯 Fe 中的迁移距离 100nm;迁移频率正比于辐照的电子束流强度,为 $10^{-3} \sim 10^{-2} s^{-1}$,约为纯 Fe 在相同电子束流强度下对应频率的 1/10。若用损伤剂量 dpa 表示,纯 Fe($E_d = 20eV$) 和 SUS316L($E_d = 40eV$)中的迁移频率分别为 1/dpa 和 0.6/dpa。4 种成分的合金中缺陷团的迁移距离和频率没有明显区别,显示少量杂质元素对缺陷团的一维运动没有明显影响。

突然消失的原因如下:

(1)缺陷团从观察区运动到观察区之外。

（2）缺陷团运动到样品表面而湮灭。

（3）缺陷团迁移到正好跟其他缺陷团重叠而被"挡住视线"的隐藏地点。

（4）缺陷团的伯格斯矢量从一个被电镜可见的条件变成一个不可见的条件（即 $g \cdot b = 0$）。突然出现的原因正好对应上述第（1）、（3）、（4）项的逆过程。

杂质原子在缺陷团的一维迁移中发挥重要作用[45,50]，其作用包括：

（1）从根本上说间隙型团簇在低的激活能下是可动的，但却通常处于静止状态，这是它与杂质发生原子弹性相互作用而被捕陷的结果。

（2）团簇一维迁移的距离对应于它在随机分布的杂质间迁移的自由程，这意味着某些杂质原子充当了阻碍团簇一维迁移的角色。

（3）一维迁移的频率正比于电子束强度，意味着高能电子辐照使得团簇摆脱杂质原子的束缚，启动了一维迁移。

7.3.6　位错环伯格斯矢量变化的原位观测

Arakawa 等应用高压电镜原位观察到了在高能电子辐照或加热条件下纯 Fe 中位错环的移动方向发生了变化[51]。由于位错环沿着它的伯格斯矢量方向运动，运动方向的改变意味着伯格斯矢量发生了改变。bcc Fe 中尺寸小于 50nm 的小间隙型位错环从 $\frac{1}{2} <111>$ 环转变成另一个 $\frac{1}{2} <111>$ 环或能量上不利的 $<100>$ 环，或者反过来一个 $<100>$ 环转变成 $\frac{1}{2} <111>$ 环。图 7-7 所示为室温下电子辐照时一个位错环自发转变过程的原位 TEM 照片。电子能量为 1000keV，流强为 $1 \times 10^{20} e^-/(cm^2 \cdot s)$，可见在 1.50s 时运动方向自发地从 $[110]$ 变为 $[1\bar{1}0]$，这对应于伯格斯矢量从 $\frac{1}{2}[11 \pm 1]$ 转变为 $\frac{1}{2}[\bar{1}1 \pm 1]$。关于发生这种转变的原因，一种解释

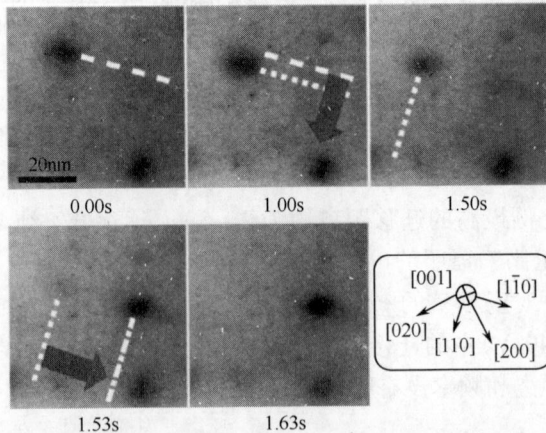

图 7-7　间隙型位错环在运动投影方向的自发改变[51]，$g = 020$，
观察轴近似沿 $[105]$ 方向

是全位错环上发生剪切环的形核和扩展,给观察的位错环施加了巨大的切应力,促使其伯格斯矢量方向发生变化。

7.4　离子辐照位错环的原位观测

核材料的中子辐照是在反应堆或散裂中子源等中子源装置的内部进行的,其损伤形成和演变的动态过程目前只能用各种模拟方法(如分子动力学和缺陷反应速率理论)进行研究,从实验上却无从得知。离子辐照可以像中子辐照那样引起级联碰撞,因此被广泛应用于模拟研究中子辐照损伤,而将离子束送入透射电镜进行辐照原位观测,则为研究辐照损伤的演变过程提供了一种独特的方法。但是,总体而言,由于离子束流输运调试过程比较复杂,这种实验难度相当大,已经见于报道的离子辐照原位透射电镜观测比电子辐照原位透射电镜观测(原位高压电镜)研究工作要少得多。

7.4.1　表面效应对位错环影响的原位观测

在离子辐照和电子辐照的原位电镜研究中,都是预先制作好透射电镜样品然后对其进行辐照的。目前大部分原位电镜使用的是电子加速电压为 200kV 或 300kV 的中压电镜,为获得较好的分辨率,一般选定厚度约 100nm 甚至更薄的薄区进行辐照观察。由于观察区较薄,其表面效应就不得不考虑。原则上说,表面是一种强的缺陷阱,因此在原位电镜观察实验中,表面效应总是存在的。但是,到底这种表面效应严重到什么程度,或者什么情况下可以忽略表面效应? 这个问题涉及原位电镜结果的可靠性,是必须回答的一个重要问题。而且,搞清楚这个问题,也可为离子辐照实验选择合适的离子能量,以获得合适的损伤区域到样品表面距离提供依据。但遗憾的是,这方面的实验研究非常之少。虽然在原位辐照技术发展过程中,有不少学者已经使用原位高压电镜对表面效应进行了研究[52],也有人应用缺陷反应速率理论对电子辐照的薄箔中缺陷的深度分布进行了理论研究[53-56],但是,由于电子辐照只能产生弗仑克尔对,不能产生碰撞级联,而离子和中子辐照存在严重的碰撞级联,因此不能把电子辐照的研究结论简单地平移到离子和中子辐照中来。

最近,M. Li 等应用美国阿贡国家实验室的原位电镜装置,研究了 Mo 箔在离子辐照下的表面效应[57]。在 80℃ 下使用能量为 1 MeV 的 Kr 离子进行辐照,辐照剂量为 0.0015 ~ 0.045dpa。此辐照温度低于 Mo 的第三恢复阶段温度(空位迁移温度,$(0.15 \sim 0.16) T_m$,T_m 为熔点,对于 Mo 为 150 ~ 200℃),因此只有间隙原子是可以移动的。样品中主要出现伯格斯矢量为 $\frac{1}{2} < 111 >$ 的位错环,包含少部分的 $< 100 >$ 位错环。辐照薄箔中形成的表面缺陷贫化带用 TEM 平面观察(plane - view)像间接地测量和 3D 衍射衬度电子形貌像直接地测量。对录下的视频所做的测量显示，少于 6% 的可见缺陷团簇滑移到了薄箔的表面。在所检测的辐照条件下，缺陷尺寸分布对箔的厚度、辐照剂量和辐照剂量率不敏感。例如，对于辐照剂量约 0.015dpa（离子注量 $5 \times 10^{12} Kr^+/cm^2$）、辐照剂量率为 $10^{-4} dpa/s$（注量率为 $1.6 \times 10^{11} Kr^+/(cm^2 \cdot s)$）的样品，从面密度—厚度分布图上估计的表面贫化区厚度约 7nm，3D 电子形貌测量值约 10nm。作者将实验结果与模拟结果进行了对比（图 7 - 8）。图中给出了 1.3nm 和 2.5nm 两种不同分辨极限下，在 80℃ 辐照至 0.015dpa 的 Mo TEM 薄箔样品中可见的缺陷团簇沿样品厚度的空间分布。可见，对于金属 Mo 而言，在低于空位迁移温度下做低辐照剂量离子辐照，表面效应是很小的。对于在较高温度和较高辐照剂量下离子辐照的表面效应，目前还没有见到实验研究报道。

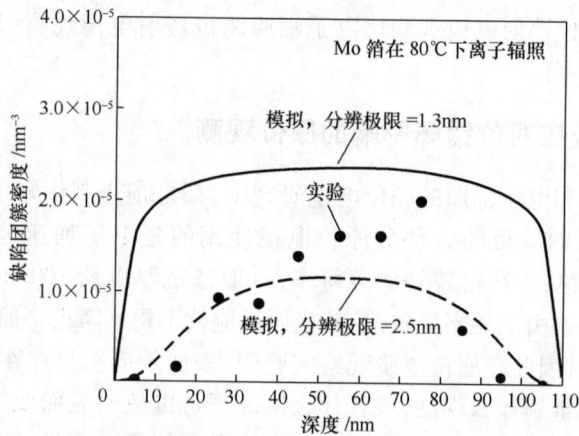

图 7 - 8　原位离子辐照实验与模拟计算的比较
实验数据（黑圆点）只包含 2.5nm 及以上的缺陷团簇[57]。

7.4.2　多束辐照下位错环的原位观测

　　离子辐照原位透射电镜观测的一个非常重要的应用是模拟高能中子辐照损伤及其与嬗变气体 H 和 He 的协同效应。前已述及，高能中子辐照的这种嬗变气体效应主要采取两种方法研究：一是在材料中掺入少量 ^{11}B、^{58}Ni 等元素在反应堆中进行中子辐照，利用掺入元素在中子辐照下 He 产额高的特点，研究嬗变 He 与中子辐照损伤的协同作用；二是在多束离子辐照平台上利用多束离子同时进行辐照，其中用高能重离子模拟高能中子产生离位损伤，用 H 和 He 离子辐照在材料中引入一定浓度的 H 和 He 气体，研究 H、He 和离位损伤三者之间的协同效应。在国际上已有的多束离子辐照平台中，只有少数装置可将两种离子同时送入透射电镜中以实现多束离子同时辐照的原位观测。欧盟在法国 Orsay 建立的 JAN-NUS 装置拥有目前国际上领先的多束离子同时辐照原位观测平台。下面举例说明其应用。

姚仲文等在 JANNUS 的 200kV 中高压原位电镜上,用 1MeV Kr$^+$ 和 15keV He$^+$ 双离子束对氧化物弥散强化(ODS)的 316 奥氏体钢进行辐照,研究气泡和位错环的演化行为[58]。1 MeV Kr$^+$ 可以穿透透射电镜样品的可观察区(对于钢约为 200nm),并在观察区内留下比较均匀的离位损伤分布,而 15keV He$^+$ 在钢中的射程约为 60nm,因此可留在观察区内,考察其对样品损伤的影响。原位实验观察到,辐照引入的点阵缺陷主要是小的 $\frac{1}{2}$ < 110 > 完全位错环和 $\frac{1}{3}$ < 111 > 弗兰克位错环,随着辐照剂量的增加,位错环的数密度显著增加,辐照剂量为 5dpa 时位错环的数密度达到 $7 \times 10^{22}\text{m}^{-3}$。有趣的是,He 可以剧烈影响位错环的生长,He 注入速率的增加极大地增强了 $\frac{1}{3}$ < 111 > 位错环的长大:用 20appm/dpa 的 He 速率辐照剂量增加至 5dpa 时位错环平均尺寸只有 3nm,而用 200appm/dpa 的 He 速率辐照至相同辐照剂量时位错环平均尺寸却达到约 10nm,明显要大得多。He 增强位错环长大这一现象的机制尚不清楚。此外,还观察到 He 对空洞的形成有显著影响,Y - Ti - O 颗粒与基体界面和晶界、相界及孪晶界处形成了空洞,并观察到辐照后出现了 $M_{23}C_6$ 析出物的现象,He 可能对其形成发挥了关键作用。

参 考 文 献

[1] Birtcher R C, Donnelly S E. Plastic flow induced by single ion impacts on gold[J], Phys. Rev. Lett., 1996, 77: 4374.

[2] Wang L M. Applications of advanced electron microscopy techniques to the studies of radiation effects in ceramic materials[J], Nucl. Instr. Meth. B, 1998, 141(2):312 – 325.

[3] Birtcher R C, Kirk M A, Furuya K, et al. In situ transmission electron microscopy investigation of radiation effects[J], J. Mater. Res., 2005, 20(7): 1654 – 1683.

[4] Ishino S. A review of in situ observation of defect production with energetic heavy ions[J], J. Nucl. Mater., 1997, 251: 225 – 236.

[5] 蒋昌忠, 任峰, 张丽, 等. 加速器 – 电子显微镜联机进行材料科学研究的新进展[J], 原子核物理评论, 2003, 20(3): 201 – 207.

[6] Wang L M, Wang S X, Ewing R C, et al. Irradiation-induced nanostructures [J]. Mater. Sci. and Eng. A, 2000, 286(1): 72 – 80.

[7] Pashley D W, Presland A E B. The relation between specimen contamination and the movement of dislocations produced in metal films during E. M. examination [J]. Philos. Mag., 1961 6: 1003 – 1012.

[8] Howe L M, Gilbert R W, Piercy G R. Direct observation of radiation damage produced in copper below 30K during ion bombardment in the electron microscope [J], Appl. Phys. Lett. 1963, 3(8): 125 – 127.

[9] Howe L M, McGurn J F. Direct observation of disappearance and collapse of stackingfault tetrahedra in gold foils during ion bombardment in the electron microscope [J]. Appl. Phys. Lett., 1964, 4(6): 99 – 102.

[10] Howe L M, McGurn J F, Gilbert R W. Direct observation of radiation damage produced in copper gold and a-

luminum during ion bombardments at low temperatures in the electron microscope [J]. Acta Met. , 1966, 14 (7): 801 – 820.

[11] Whitmell D S, Kennedy W A D, Mazey D J, et al. A heavy ion accelerator electron microscope link for the direct observation of ion irradiation effects [J]. Radiat. Eff. , 1974, 22: 163 – 168.

[12] Jesser W A, Horton J A, Scribner L L. Adaptation of an ion accelerator to a high voltage electron microscope [J]. Radiat. Eff. , 1976, 29: 79 – 82.

[13] Ruault M O, Lerme M, Jouffrey B, et al. Adaptation of an ion implanter on a 100 kV electron microscope for in situ irradiation experiments [J]. J. Phys. E: Sci. Instrum. , 1978, 11: 1125 – 1128.

[14] Ishino S, Kawanishi H, Fukuya K, et al. In situ studies of the effects of ion beams on materials using the electron microscope ion beam interface [J]. IEEE Trans. Nucl. Sci. , 1983, 30(2): 1255 – 1258.

[15] Taylor A, Wallace J R, Ryan E A, et al. In situ implantation system in Argonne national laboratory HVEM-tandem facility [J]. Nucl. Instrum. Methods Phys. Res. , 1981, 189: 211 – 217.

[16] Furuno S, Hojou K, Otsu H, et al. System for in situ observation and chemical analysis of materials during dual-ion beam irradiation in an electron microscope [J]. J. Electron Microsc. , 1992, 41(4): 273 – 276.

[17] Furuya K, Mitsuishi K, Song M, et al. In situ analytical high voltage and high resolution transmission electron microscopy of Xe ion implantation into Al [J]. J. Electron Microsc. , 1999, 48: 511 – 518.

[18] Takeyama T, Ohnuki S, Takahashi H. Study of cavity formation in 316 Stainless steels by means of HVEM/ion-accelerator dual irradiation [J]. J. Nucl. Mater. , 1985, 133 – 134: 571 – 574.

[19] Chauvin N, Henry S, Flocard H, et al. Optics calculations and beam line design for the JANNUS facility in Orsay [J]. Nucl. Instrum. Methods Phys. Res. B, 2007, 261: 34 – 39.

[20] Guo L P, Liu C S, Li M, et al. Establishment of in situ TEM-implanter-accelerator interface facility at Wuhan University [J]. Nuclear Instruments and Methods in Physics Research A, 2008, 586: 143 – 147.

[21] Hinks J A. A review of transmission electron microscopes with in situ ion irradiation [J], Nuclear Instruments and Methods in Physics Research B, 2009, 267: 3652 – 3662.

[22] Kiritani M, Yoshida N, Tanaka H, et al. Growth of interstitial type dislocation loops and vacancy mobility in electron irradiated metals [J]. J. Phys. Soc. Jpn. , 1975, 38(6): 1677 – 1686.

[23] Yoshida N, Kiritani M, Fujita F E. Electron radiation damage of iron in high voltage electron microscope [J]. J. Phys. Soc. Jpn. , 1975: 39(1): 170 – 179.

[24] Kiritani M, Takata H, Moriyama K, et al. Mobility of lattice vacancies in iron [J]. Philos. Mag. A. , 1979, 40: 779 – 802.

[25] Tabata T, Fujita H, Ishii H, et al. Determination of mobility of lattice vacancies in pure iron by high voltage electron microscopy [J]. Scripta Metallurgica, 1981, 15(12): 1317 – 1321.

[26] Nishizawa T, Sasaki H, Ohnuki S, et al. Radiation damage process of vanadium and its alloys during electron irradiation [J]. J. Nucl. Mater. , 1996, 239: 132 – 138.

[27] Yang Z, Sakaguchi N, Watanabe S, et al. Dislocation Loop Formation and Growth under In Situ Laser and/or Electron Irradiation [J]. Scientific Reports, 2011, 1: 190.

[28] 万发荣. 金属材料的辐射损伤[M]. 北京:科学出版社,1993.

[29] Takahashi H, Urban K. A study of the point-defect mobility in Ag-Cu by high-voltage electron microscopy [J]. Physica Status Solid A-Applied Research, 1981, 67(1): 347 – 359.

[30] Watanabe H, Masaki S, Masubuchi S, et al. Effects of Mn addition on dislocation loop formation in A533B and model alloys [J]. J. Nucl. Mater. , 2013: 439: 268 – 275.

[31] Myers S M, Richards P M, Wampler W R, et al. Ion-beam studies of hydrogen-metal interactions [J]. Nucl J. Mater. , 1989, 165(1): 9 – 64.

[32] Watanabe S, Yoshida Y, Kayashima S, et al. In situ observation of self-organizing nanodot formation under nanosecond-pulsed laser irradiation on Si surface [J]. J. Appl. Phys. , 2010, 108: 103510.

[33] Yang Z B, Watanabe S. Dislocation loop formation under various irradiations of laser and/or electron beams [J]. Acta Materialia, 2013, 61: 2966 –2972.

[34] Seto H, Hashimoto N, Kinoshita H, et al. Effects of multi-beam irradiation on defect formation in Fe-Cr alloys [J]. J. Nucl. Mater. , 2011, 417: 1018 –1021.

[35] Trinkaus H, Singh B N, Foreman A J E. Glide of interstitial loops produced under cascade damage conditions: Possible effects on void formation [J]. J. Nucl. Mater. , 1992, 199(1): 1 –5.

[36] Trinkaus H, Singh B N, Foreman A J E. Segregation of cascade induced interstitial loops at dislocations: possible effect on initiation of plastic deformation [J]. J. Nucl. Mater. ,1997,251:172 –187.

[37] Wirth B D, Odette G R, Maroudas D, et al. Energetics of formation and migration of self-interstitials and self-interstitial clusters in α-iron [J]. J. Nucl. Mater. , 1997,244:185 –194.

[38] Soneda N, Diaz de la Rubia T. Defect production, annealing kinetics and damage evolution in α-Fe: An atomic-scale computer simulation [J]. Philos. Mag. A,1998,78(5):995 –1019.

[39] Soneda N, Diaz de la Rubia T. Migration kinetics of the self-interstitial atom and its clusters in bcc Fe [J], Philos. Mag. A,2001,81(2):331 –343.

[40] Osetskey Yu N, Bacon D J, Serra A, et al. Stability and mobility of defect clusters and dislocation loops in metals [J]. J. Nucl. Mater. ,2000,276:65 –77.

[41] Osetskey Yu N, Bacon D J, Serra A, et al. One-dimensional atomic transport by clusters of self-interstitial atoms in iron and copper [J]. Philos. Mag. , 2003,83(1):61 –91.

[42] Kiritani M. Defect interaction processes controlling the accumulation of defects [J]. J. Nucl. Mater. , 1997, 251: 237 –251.

[43] Westmacott K H, Roberts A C, Barnes R S. The growth of dislocation loops during the irradiation of aluminium [J]. Philos. Mag. , 1962, 7: 2035 –2049.

[44] Hayashi T, Fukumoto K, Matsui H. In situ observation of glide motions of SIA-type loops in vanadium and V-5Ti under HVEM irradiation [J]. J. Nucl. Mater. , 2002,307 –311:993 –997.

[45] Satoh Y, Matsui H, Hamaoka T. Effects of impurities on one-dimensional migration of interstitial clusters in iron under electron irradiation [J]. Phys. Rev. B, 2008, 77: 094135

[46] Arakawa K, Hatanaka M, Mori H, et al. Effects of chromium on the one-dimensional motion of interstitial-type dislocation loops in iron [J]. J. Nucl. Mater. , 2004,329 –333:1194 –1198.

[47] Hamaoka T, Satoh Y, Matsui H. One-dimensional motion of interstitial clusters in iron-based binary alloys observed using a high-voltage electron microscope [J]. J. Nucl. Mater. , 2013,433:180 –187.

[48] Satoh Y, Abe H, Kim S W. One-dimensional migration of interstitial clusters in SUS316L and its model alloys under electron irradiation [J]. Philosophical Magazine, 2012, 92(9): 1129 –1148.

[49] Hamaoka T, Satoh Y, Matsui H. One-dimensional motion of self-interstitial atom clusters in A533B steel observed using a high-voltage electron microscope[J]. J. Nucl. Mater. , 2010,399 :26 –31.

[50] Satoh Y, Matsui H. Obstacles for one-dimensional migration of interstitial clusters in iron [J]. Philosophical Magazine, 2009, 89(18): 1489 –1504.

[51] Arakawa K, Hatanaka M, Kuramoto E, et al. Changes in the burgers vector of perfect dislocation loops without contact with the external dislocations [J]. Phys. Rev. Lett. ,2006,96:125506.

[52] Kiritani M. Microstructure evolution during irradiation [J]. J. Nucl. Mater. , 1993, 216: 220 –264.

[53] Sizmann R. The effect of radiation upon diffusion in metals [J]. J. Nucl. Mater. , 1978, 69 & 70: 386 –393.

[54] Rothman S J, Lam N Q, Sizmann R, et al. Steady state point defect diffusion profiles in solids during irradiation, Rad. Eff. , 1973, 20: 223 –227.

[55] Lam N Q, Rothman S J. Steady-state point-defect diffusion profiles in solids during irradiation, Rad. Eff. , 1974, 23: 53 –59.

[56] Lam N Q. Radiation-induced defect buildup and radiation-enhanced diffusion in a foil under energetic bombardment [J]. J. Nucl. Mater. , 1975, 56 (2): 125 –135.

[57] Li M M, Kirk M A, Baldo P M, et al. Study of defect evolution by TEM with in situ ion irradiation and coordinated Modeling [J], Philosophical Magazine,2012, 92(16): 2048 –2078.

[58] Zhang H K, Yao Z W, Zhou Z J, et al. Radiation induced microstructures in ODS 316 austenitic steel under dual-beam ions [J], J. Nucl. Mater. , 2014, 455: 242 –247.

后　记

2007 年,我有幸结识了万发荣教授和郁金南研究员两位辐照损伤领域的前辈专家,在他们的建议和支持下开始进入辐照损伤领域,迄今已经 9 年了。万老师鼓励我做原位电镜和速率理论研究,而郁老师则建议我用多束离子辐照研究低活化钢的氢氦协同效应。衷心感谢两位前辈的指点迷津,让我这个"新人"一下子从设备和理论两个方面看到了国内外的巨大差距,明确了努力方向。当我了解到多束辐照装置和原位电镜装置的重要性后,便以极大的热忱投入到装置建设和改建中。虽然在大学里自己搭建设备,工作条件异常艰苦不易,哪怕是每前进一小步都备感曲折艰难,但我至今仍在尽自己的微薄之力,带领科研组坚持着做下去,力争做出一些成效来。如今蓦然回首,才发现进入辐照损伤领域的门槛远不是当初想象的那么容易。

在利用现有装置开展氢氦协同效应研究时,本来是重点关注"天字一号"的辐照肿胀问题的,但是做着做着就发现,有一个基本的效应是怎么也绕不开的,它就是位错环,而且在实验上观察到了一些有趣的位错环现象。在做超临界水堆候选材料的辐照损伤时,也观察到了跟位错环有关的有趣现象。随着研究的逐步深入和跟位错环的"亲密接触",令我感到惊讶的是,一根小小的橡皮筋似的环状位错线,背后却隐藏着如此精彩的故事!它不但精彩,而且重要,甚至可以说对材料的力学性能影响深远。而要真正读懂它的故事,则非万老师力倡的速率理论莫属!因此,我给学生打了个比喻:如果说透射电镜是观察位错环的"眼睛",那么原位电镜就是"天眼",它如同天上的卫星,将位错环的一举一动尽收眼底;而速率理论则是神通广大的"慧眼",能看透位错环的过去和未来。

开展位错环研究,无论实验上还是理论上都是比较困难的。十分幸运的是,我们在研究位错环的过程中,遇到了真正的良师益友!他们是北京科技大学的万发荣教授、加拿大皇后大学的姚仲文教授、中国原子能科学研究院的郁金南研究员和贺新福博士,以及中国科学院固体物理所的李永钢博士。这些造诣精深的专家学者,在学术或技术上都给予了我们莫大的帮助,我们在位错环研究中取得的进展,与这几位专家学者的指导、交流和合作是分不开的,在此对他们表示最衷心的感谢!

感谢武汉大学电镜中心的领导和同事,在机时长期紧张的情况下为我们科研组安排了较多的电镜机时,使得我们有时间进行非常耗时的位错环观察。特别要感谢电镜中心的任遥遥老师多年来对科研组学生们的帮带。非常感谢武汉理工大学电镜室的杨世柏老师,近 10 年来一直负责维护作者实验室的 H800 透射电镜和帮带学生。

感谢我们科研组的龙云翔和魏雅霞两位研究生为图表的绘制付出了辛勤的汗水,郑中成、张伟平、沈震宇、温永明、魏雅霞和龙云翔几位研究生进行了文献调研工作,靳硕学完成了一些位错环的研究。

感谢本书的另两位作者罗凤凤博士(现在江西省科学院工作)和于雁霞博士(现在广东石油化工学院工作),一个专攻电镜,一个精研速率,参加工作后为本书的写作花费了很大精力。罗凤凤撰写了第 3 章和第 6.1、6.4、6.5 节,于雁霞撰写了第 2 章和第 4.2、4.5、5.3 节。

本书得到了国家国际科技合作专项(批准号:2015DFR60370)和国家自然科学基金(批准号:11275140)的资助。

郭立平

2016 年 8 月